EL DISCO CELESTE
DE NEBRA

EL DISCO CELESTE DE NEBRA

La clave de una civilización extinta en el corazón de Europa

Harald Meller y Kai Michel

Traducción de Jorge Seca

Antoni Bosch editor, S.A.U.
Manacor, 3, 08023, Barcelona
Tel. (+34) 93 206 07 30
info@antonibosch.com
www.antonibosch.com

Título original de la obra: *Die Himmelsscheibe von Nebra*

Copyright © Harald Meller y Kai Michel, 2019. Todos los derechos reservados.
© de la traducción: Jorge Seca, 2019
© de esta edición: Antoni Bosch editor, S.A.U., 2020

ISBN: 978-84-949331-0-3
Depósito legal: B. 14228-2020

Diseño de la cubierta: Klaus Pockrandt
Maquetación: JesMart
Revisión técnica: Montserrat Menasanch
Corrección de pruebas: Ester Vallbona
Impresión: Akoma

Impreso en España
Printed in Spain

Índice

Prefacio

Pocos hallazgos arqueológicos recientes han tenido tanto impacto científico y social como la recuperación del disco de Nebra del mercado de antigüedades en 2002. Tres años antes, dos furtivos habían dado con este objeto singular de bronce y oro, oculto junto con varias armas, adornos y herramientas de metal igualmente excepcionales, mientras buscaban insignias y monedas en la montaña de Mittelberg, cerca de la pequeña localidad de Nebra, en el centro de Alemania. La recuperación pública de lo que hasta el momento es el primer calendario europeo y la localización del lugar donde fue colocado cuidadosamente hace unos 3.600 años desencadenaron una investigación frenética en la que se combinaron múltiples disciplinas y se desarrollaron nuevas metodologías. En la actualidad, la arqueología solo puede ser concebida como una ciencia multidisciplinar en la que confluyen conocimientos sobre física, química, geología, genética, sociología y antropología, entre otros muchos campos que, en el caso del disco celeste, incluyen también la astronomía. Harald Meller y Kai Michel ofrecen un relato fascinante de cómo se logró evitar que el depósito de Nebra se perdiese para siempre por la codicia de unos pocos, y de cómo esta investigación multidisciplinar ha revolucionado la visión que teníamos de la Edad del Bronce en Europa. En este sentido, estamos ante un libro de (pre)historia que es al mismo tiempo un manual de lo que puede ser la arqueología en el siglo XXI.

El disco de Nebra y su historia confirman una vez más lo simplistas y primitivas que suelen ser no las sociedades prehistóricas, sino nuestras visiones sobre ellas. Cada descubrimiento excepcional, como el denominado Hombre de los Hielos del glaciar alpino de Similaun o los hallazgos de las cuevas de Es Càrritx y Es Mussol en Menorca, ponen de manifiesto unas capacidades técnicas y cognitivas y unas formas de organización social y política que tendemos a negar en aquellas sociedades, quizá para evitar reconocer nuestras propias limitaciones, sobre todo en lo que a convivencia y satisfacción social se refiere. El disco celeste y la cascada de estudios e investigaciones a la que dio origen han proporcionado pruebas sólidas que tras la denominada «Cultura de Unetice», documentada en buena parte de Europa central entre 2200 y 1600 a.n.e., se esconde uno de los primeros Estados —es decir, el mismo tipo de organización política y social en la que la mayoría de la población mundial sigue anclada en el siglo XXI— del continente; un sistema, en síntesis, en el que una élite muy reducida —el famoso «1 %» al que aluden los actuales movimientos sociales— controla los recursos y los destinos de la inmensa mayoría, principalmente gracias a un cuerpo militar especializado y una administración centralizada.

Desde el siglo XIX se ha repetido que el origen de estos Estados o «civilizaciones» se encuentra en Egipto y Oriente Próximo. Desde allí, el sistema se habría introducido en Europa con las antiguas Grecia y Roma. El disco de Nebra ha puesto en duda este relato. Mientras que cualquier sociedad campesina del Neolítico era capaz de determinar las fechas clave del ciclo agrícola, la necesidad de acompasar el año lunar (354 días) con el solar (365 días) en realidad solo interesa a los Estados y sus dinastías. Ante esta paradoja, Harald Meller y otros investigadores comenzaron a dudar de que Unetice fuese sencillamente una sociedad de jefaturas basada en una economía doméstica.

La misma crisis del concepto «jefatura» como forma política típica de las sociedades prehistóricas complejas se había producido también en la investigación arqueológica de la península Ibérica, concretamente en relación con la denominada «cultura» de El Argar. El descubrimiento de la ciudad fortificada de La Bastida en 2012 y de la estructura palacial de La Almoloya un año mas tarde, ambas en la actual provincia Murcia, reforzó todavía más la idea de que entre 2200 y 1600 a.n.e.surgieron sociedades con una clara centralización de los medios de producción y de la riqueza, y con una organización política y militar encaminada a fijar los privilegios de su clase dominante en el tiempo (herencia) y el espacio (territorio). Investigaciones futuras deberán confirmar si también existieron estructuras de explotación y dominación similares en los Cárpatos (culturas de los *tells*) y a ambos lados del Canal de la Mancha (culturas de los *túmulos Armoricanos* y de *Wessex*). De momento sabemos que entre estas regiones y seguramente entre sus élites se establecieron vínculos económicos y ancestrales, como está mostrando la genética. Igualmente interesante es la repentina crisis y desaparición de todas estas sociedades alrededor de 1600 a.n.e., fecha de la ocultación del disco de Nebra en el monte Mittelberg y de los incendios que destruyeron muchos de los asentamientos de la sociedad de El Argar. Hasta la Edad del Hierro —un milenio después— no vuelven a encontrarse en Europa evidencias de una centralización política y económica similar, salvo en el mundo micénico. Aunque cueste imaginarlo, el Estado no es la única forma de organizar la convivencia social. Todas estas cuestiones, cuyo interés trasciende al estrictamente arqueológico, son abordadas en este libro por Harald Meller y Kai Michel.

La generación de conocimiento siempre está vinculada a personas concretas, pero depende sobre todo de las condiciones materiales en las que dicha generación tiene lugar. La historia que Harald Meller y Kai Michel nos presentan desde diferentes ángulos no hubiese podido escribirse sin una praxis de recuperación, investigación y difusión de la herencia pública («patrimonio»), social y científicamente comprometida. El motor de esta praxis es el Servicio Estatal de Arqueología y Patrimonio de Sajonia-Anhalt, un estado federal con unos 2,2 millones de habitantes y 20.450 km^2 de extensión, en el que ninguna excavación arqueológica de urgencia se deja en manos de empresas privadas para las que, inevitablemente, el beneficio económico prima en mayor o menor grado sobre el valor social del hallazgo. Personal altamente cualificado del propio Servicio interviene en los espacios amenazados por la construcción de carreteras, trazados ferroviarios, polígonos industriales, etc., y excava anualmente las evidencias arqueológicas de unas 250 hectáreas. El objetivo de la recuperación de este inmenso legado arqueológico e histórico no puede ser su —nueva— «ocultación» en almacenes. Por ello, la segunda responsabilidad del Servicio consiste en hacerlo accesible a través de publicaciones, documentales, prensa, exposiciones temporales y, sobre todo, del magnífico Museo de Prehistoria de Halle, una de las mejores instituciones museísticas de Europa. Los contenidos que se ofrecen al público viven una constante ampliación y renovación a la luz de los nuevos descubrimientos, pero sobre todo de la investigación que lleva a cabo el propio Servicio con el apoyo de universidades alemanas y extranjeras. Y es que el tercer compromiso de un Servicio de Arqueología debe ser científico. No es posible socializar el pasado solamente mostrando ruinas y fragmentos si estos no se restauran y se investigan para desvelar las historias que conservan.

La vinculación entre, por un lado, excavaciones arqueológicas sistemáticas a cargo de organismos públicos y, por otro, programas de restauración, investigación y divulgación de los hallazgos, tal vez una obviedad a ojos de la ciudadanía, sigue siendo insólita en la mayoría de países, incluido el nuestro. Museos, universidades y servicios de arqueología tienden a ignorarse mutuamente, por lo que las escasas colaboraciones dependen de iniciativas y afinidades personales. La mayoría de las instituciones encargadas de la salvaguarda de la materialidad arqueológica se limitan a dejar constancia administrativa de la imparable destrucción de la herencia pública, al carecer de personal para estudiar los restos recuperados y de una vinculación estructural con museos, universidades y otros centros de investigación. Tal vez este libro contribuya también a concienciar de los beneficios sociales y culturales de una forma diferente de practicar la arqueología en el siglo xxi.

Roberto Risch

Momento estelar

Sucedió a plena luz del día y no en una noche neblinosa, como se rumorea por ahí. Un cálido mediodía del mes de julio, dos personas provistas de detectores de metales se toparon en la montaña de Mittelberg, cerca de la localidad alemana de Nebra, con un tesoro de bronce y oro. Había espadas, hachas, brazaletes y también un curioso disco que ellos tomaron al principio por la tapa de un cubo. Ya al día siguiente, los expoliadores vendieron su botín a un traficante de obras de arte. Tendrían que pasar casi tres años hasta que pudo confiscarse ese hallazgo en una espectacular operación policial en Suiza. Uno de nosotros dos vivió aquellos hechos muy de cerca.

Desde entonces, el disco celeste de Nebra resplandece en el oscuro santuario del Museo Estatal de Prehistoria de la ciudad de Halle an der Saale y hechiza a sus visitantes. Con una antigüedad de más de 3.600 años, representa el cielo nocturno en una imagen de una belleza arquetípica, que parece recoger una experiencia humana primitiva. ¿Quién no conoce ese suave estremecimiento que nos sobreviene al contemplar de noche la infinitud del cielo estrellado sobre nuestras cabezas? El disco celeste une los misterios del pasado con los del universo. Una unión más que inspiradora.

En este libro se cuentan, por primera vez y de primera mano, las historias en torno a su rescate y la investigación que suscitó. Pero, ante todo, emprendemos la aventura de esbozar un panorama de aquella cultura extinta en el corazón de Europa de la cual procede. El disco celeste finalmente resulta ser mucho más que un objeto arqueológico maravilloso. Sin duda, sorprende comprobar todas las cosas que es.

Es un enigma

Quien contempla el disco celeste, inevitablemente se pone a cavilar. Cualquier niño o niña cree reconocer en él el sol, la luna y las estrellas. Ahora bien, esos cuerpos celestes no brillan nunca juntos en el firmamento. ¿Tal vez el gran círculo dorado representa más bien la luna llena en lugar del sol? Pero entonces ¿por qué aparece la media luna? ¿Y qué es ese barco que navega por el borde del disco? ¿Y esos arcos? ¿Y esas siete estrellas?

Semana tras semana llegan al museo sugerencias acerca de lo que podría ocultarse tras el misterio del disco celeste, cartas que pesan más de dos kilos. Y no es que el museo haya convocado un concurso ni haya solicitado ayuda al respecto. Las cartas llegan de manera espontánea. Hay de todo en ellas, desde complicados cálculos astronómicos sobre calendarios menstruales basados en las fases lunares, hasta el aviso del próximo fin del mundo. Incluso llega a pensarse en máquinas complejas, capaces de llevar a cabo las acciones más maravillosas, cuya pieza central sería este disco celeste. Es como la esfinge: no deja en paz a quien lo contempla hasta que encuentra una solución para su enigma.

Es una provocación

El disco celeste obliga también a la ciencia a dar respuestas. Enterrado en torno al año 1600 a. C., es la representación concreta del cielo más antigua hallada hasta el momento. No representa los astros como dioses, vírgenes o animales míticos, tal como sucedía en las culturas de la Antigüedad, sino que nos muestra los cuerpos celestes de una manera muy naturalista, tal como se presentan a los ojos humanos en el cielo: como objetos brillantes de distintas formas y tamaños. ¿De dónde proviene ese racionalismo temprano? ¿Qué conocimiento ancestral esconde?

Si la representación del cielo más antigua de la historia universal hubiera sido descubierta en Egipto, Mesopotamia o en la antigua Grecia, nadie se habría sorprendido. Los expertos habrían chascado la lengua en señal de reconocimiento, pero eso habría sido todo. Sin embargo, el hecho de que proceda de una época a la que nuestros libros escolares no dedican ninguna frase, una época muy anterior a los celtas y a los germanos, convierte a este disco en un enigma, en una provocación incluso, puesto que cuestiona los conocimientos que poseemos hata el momento sobre nuestro propio pasado.

Es un momento estelar de la humanidad

¿No resulta cuando menos curioso? El disco de Nebra nos ofrece el testimonio de un momento estelar de la humanidad y nosotros no tenemos prácticamente ni idea acerca de la cultura en la que surgió. Entretanto se ha reconocido de manera oficial que se trata de una genialidad. La UNESCO lo ha calificado como parte de la «herencia documental del mundo», tal como se dice en alemán. De acuerdo, en alemán suena como si se le hubiera concedido un puesto de honor en el salón de la fama de la burocracia. La denominación en inglés, *Memory of the World*, quizá sea más acertada: la UNESCO asigna al disco celeste un puesto en la memoria del mundo, al lado de la Carta Magna, la Biblia de Gutenberg, la Declaración francesa de los Derechos del Hombre y del Ciudadano, y la Novena Sinfonía de Ludwig van Beethoven.

Y con razón. ¿No dijo ya Aristóteles que en el origen de la filosofía se encuentra el asombro que experimentamos las personas al mirar el cielo nocturno? Desde entonces, a nuestros antepasados ya no les interesó la mera supervivencia; fueron más allá de las condiciones de su existencia e intentaron comprender las leyes del mundo y del cosmos. Tampoco hoy en día existe nada que nos haga percibir con tanta claridad nuestra propia ignorancia como la inmensidad del cosmos; ni hay nada que continúe fascinándonos más que el universo. Es el mayor misterio de todos los tiempos.

El disco celeste documenta el intento sistemático más antiguo que se conoce de indagar en ese misterio, lo que le asegura un puesto de honor en la memoria cultural de la humanidad. El hecho de que podamos estar confrontándonos con un instinto humano primitivo, algo así como una constante antropológica, lo indica su sorprendente similitud con un objeto extraordinario de nuestro tiempo, un objeto que, de manera provisional, marca el punto final de lo que dio comienzo con el disco celeste.

Nos referimos al «Disco de oro de las Voyager» que fue montado en 1977 en las sondas Voyager lanzadas al espacio por la NASA. Su misión es ofrecer información sobre la vida en la Tierra a seres extraterrestres. Para tal fin, ese disco de oro contiene saludos en 55 idiomas, fotografías, y también definiciones matemáticas y físicas. Jimmy Carter, presidente de los Estados Unidos de América en aquel momento, incluyó el siguiente mensaje: «Este es un regalo de un mundo pequeño, muy alejado, una muestra de nuestros sonidos, de nuestra ciencia, de nuestras imágenes, de nuestra música, de nuestros pensamientos y de nuestros sentimientos. Intentamos sobrevivir a nuestra época para poder vivir en vuestro tiempo». Entretanto, el disco de oro es el primer objeto construido por el ser humano que ha abandonado el sistema solar.

Aunque hay más de 3.600 años entre esos dos objetos, muchas cosas los unen. En primer lugar, su sorprendente parecido: si el disco celeste hubiera permanecido oculto y hubiera sido desenterrado dos décadas antes de los años setenta del siglo pasado, estaríamos seguros de que había servido de inspiración al equipo de investigadores dirigido por el famoso astrónomo Carl Sagan. Tanto el disco celeste como el disco de oro son discos redondos, aproximadamente del mismo tamaño que un elepé. Ambos están compuestos principalmente de cobre; en uno se ha refinado con estaño para formar bronce; en el otro ha recibido un baño de oro. Y en ambos, el oro sirve para transmitir los mensajes.

En segundo lugar, ambos son mensajes a inteligencias no humanas. El disco de oro quiere informar a alienígenas sobre la vida en el planeta Tierra. El disco celeste de Nebra fue enterrado como ofrenda a las fuerzas sobrenaturales. ¿Por qué? Esta es una de las grandes preguntas de este libro.

En tercer lugar, ambos responden a la misma motivación, al mismo impulso ancestral, el no detenerse ante los límites de nuestro mundo. «La investigación forma parte de nuestra naturaleza», dice una famosa cita de Carl Sagan. «Comenzamos como caminantes y seguimos siendo caminantes. Nos hemos demorado ya suficiente tiempo en las orillas del océano cósmico. Es hora de izar las velas y de partir hacia las estrellas.» Ambos discos deben su existencia a este anhelo. El disco celeste documenta la primera chispa del deseo de comprender el enigma del universo; con él, los seres humanos nos situamos en el mirador al borde del océano cósmico. En cambio, el disco de oro convierte en realidad ese deseo 3.600 años después; con la sonda Voyager, la humanidad izó las velas para abandonar los límites del sistema solar. El disco celeste y el disco de oro son el alfa y el omega del asalto humano a los cielos.

Es un mensaje en una botella

Carl Sagan describió el disco de oro como «un mensaje en una botella arrojada al océano cósmico». Y esa metáfora es válida también para el disco celeste de Nebra. Ciertamente no viajó por el océano del espacio, pero sí por el de los milenios. También él esconde el mensaje de una cultura desaparecida hace mucho tiempo. Por ello nos sentimos de alguna manera solidarios con los pobres extraterrestres que algún día tendrán que ponerse a averiguar qué extraña cápsula del tiempo es ese disco de oro que el azar galáctico les ha puesto entre las manos (si es que tienen manos). Ellos se formularán las mismas preguntas que nos formulamos nosotros con el disco celeste: «Por todos los cielos, ¿qué es esto?». «¿Nos está gastando alguien una jugarreta?» «Y si este objeto fuera auténtico: ¿quién lo hizo? ¿Por qué? ¿Para qué? ¿Cuál es su mensaje?» «¿Qué aspecto tiene el mundo del que procede?»

Nadie andaba tampoco a la búsqueda del disco celeste. Igual que ocurre con las botellas que contienen un mensaje, fue más bien el azar el que hizo que uno de nosotros dos, Harald Meller, se topara con él. No fue durante un paseo por la playa, sino mientras estaba sentado en un sofá de estilo Biedermeier en el Palacio Charlottenburg de Berlín. En esta ocasión, la botella con mensaje adoptó la forma de unas fotos de mala calidad y lo pilló totalmente desprevenido. Junto con la fiscalía general del Estado y la brigada de investigación criminal de la policía, se puso a la caza de los expoliadores de tumbas y el traficante de obras de arte que se habían hecho con el disco, siempre con el temor de no andar más que tras una quimera. Finalmente, Meller se puso a disposición de la policía suiza como señuelo para confiscar el disco en una operación policial absolutamente dramática (al menos para él). No es habitual para un arqueólogo tener que actuar como agente secreto. El hallazgo del disco celeste fue tan inesperado como inimaginable: nadie habría considerado la posibilidad de que existiera un objeto similar en la Europa Central de hace algunos milenios. El disco era todo un interrogante. Primero había que hallar el mundo del que procedía. Por ello existieron algunas resistencias al principio. Surgieron dudas: esa cosa, ¿era realmente auténtica? ¿Procedía de verdad de Sajonia-Anhalt? ¿Era cierta su datación en más de 3.600 años? Kai Michel, el otro autor de este libro, ya estaba documentándose por aquel entonces para una colaboración en el semanario *Die Zeit*, con el fin de aclarar qué había de cierto en las acusaciones de que el disco era una falsificación. Cuando llegó a la conclusión de que esas acusaciones eran infundadas, el artículo pasó de la portada a las páginas interiores de la sección de ciencia. Desde entonces, Michel acompaña estas investigaciones en torno al disco celeste en calidad de periodista científico e historiador, anduvo a la búsqueda del oro del disco celeste y participó en el descubrimiento del que tal vez sea el primer asesinato documentado de un príncipe en la historia universal.

Por supuesto, la tarea de intentar descifrar el mensaje de nuestra botella resulta más sencilla para nosotros que para los hipotéticos extraterrestres que encuentren el disco de oro. No en vano nosotros pertenecemos a la misma especie que los creadores del disco celeste. Y no puede decirse que la Edad del Bronce centroeuropea sea una desconocida para nosotros. A pesar de que el trabajo de los arqueólogos en ese sentido no haya calado aún demasiado entre la opinión pública, estos han hecho una gran labor. Ahora bien, la información de que se disponía no encajaba bien con nuestro hallazgo, ya que este parecía transmitir mensajes de una cultura mucho más compleja de lo que se consideraba que era la temprana Edad del Bronce europea. Así que nos pusimos manos a la obra. La tentación de ser los primeros en leer el mensaje de esa botella de casi cuatro milenios de antigüedad era enorme.

Es la clave de una cultura desconocida

Por eso, un gran número de expertos se pusieron a investigar el disco con los medios más sofisticados de los que disponían, desde arqueólogos, astrónomos y arqueometalúrgicos, hasta físicos, químicos y geólogos. Se pusieron todos los medios para descifrar hasta el último secreto de ese conjunto. Desde entonces, el disco celeste forma parte de esos objetos arqueológicos que reúnen la mayor producción científica por centímetro cuadrado de superficie.

De momento, sabemos con detalle cómo se elaboró, qué estrella fue la primera en ser fijada, cuántos artistas distintos de la Edad del Bronce trabajaron en él, cuánto tiempo estuvo en uso, de dónde procedían el cobre y el oro, y sabemos también que codifica un extraordinario conocimiento astronómico de una manera elegante. El disco celeste, digámoslo así por ahora, es el producto de un mundo globalizado cuyas conexiones alcanzan desde Stonehenge hasta Oriente.

¿Cómo es posible? Para averiguarlo se puso en marcha una investigación sin precedentes. Los arqueólogos detectaron impresionantes santuarios y el mayor túmulo de la Europa Central; los antropólogos reconstruyeron el estado físico de la población a partir de sus esqueletos, los análisis genéticos desvelaron la procedencia de aquellos seres humanos de la Edad del Bronce. El disco celeste resultó ser la llave adecuada para abrir el portón de un mundo desconocido hasta entonces. Fue como iluminar la oscuridad con una linterna. Al principio distinguíamos únicamente contornos, que fueron adquiriendo cada vez más nitidez a medida que nuestros ojos se acostumbraban a aquella penumbra.

En este libro vamos a hablar por primera vez de lo que vimos allí; en él ofrecemos la descripción de una cultura extinta, un reino olvidado con príncipes y reinas, una primera Edad de Oro de Europa.

Es el comienzo de nuestro mundo

Por último, aunque no menos importante, el disco celeste es también una clave para descifrar nuestra propia historia. Nos permite practicar una suerte de arqueología de la sociedad moderna. Resulta fascinante observar cómo un conocimiento muy desarrollado hizo surgir una sociedad a la que vamos a conceder el rango de «primer Estado» en la Europa Central. Esa sociedad del conocimiento no solo inventó la producción en serie, sino que dio lugar a un poder y una riqueza de una magnitud hasta entonces desconocida. El resultado fue una escisión entre los de arriba y los de abajo, entre pobres y ricos, que a la larga tendría consecuencias fatales. Además, esta sociedad revolucionó el mundo de la fe: los santuarios excavados testimonian el origen de un tipo de religión que dominaría los tiempos desde entonces. Y los análisis más recientes muestran que, en esa época, se formaron tanto el perfil genético como lingüístico de nuestro continente. Todos nosotros somos herederos y herederas del mundo del disco celeste.

Estamos ante unos avances que, en última instancia, transcurrieron de una manera diferente de los que conocemos de las tempranas civilizaciones de Oriente. Son unos avances que plantean un interrogante acerca de lo que, en la actualidad, deberíamos entender por «cuna de la civilización». Sin duda, la Edad del Bronce europea no nos ha dejado las magníficas ruinas ni los vestigios que existen en Egipto o Mesopotamia. Es posible que no encontremos ninguna Nefertiti. Eso se debe probablemente a que el experimento que llamaremos Estado fracasó en suelo europeo y a que, durante mucho tiempo, se tomaron otras vías, pero no, como se acepta generalmente, a que sus pobladores fueran «primitivos» y «bárbaros». El disco celeste es la mejor prueba en contra de esa afirmación. No. Aquí fueron otras las condiciones; aquí fracasó el intento de establecer de manera permanente una sociedad con soberanos similares a dioses, como ocurrió en Oriente. El experimento de una desigualdad desmesurada en la sociedad condujo al colapso tras un breve periodo dorado; y descalificó el despotismo en Europa durante muchísimo tiempo.

* * *

Enigma, provocación, momento estelar, mensaje en una botella, clave de una cultura extinta, comienzo de nuestro mundo: son motivos más que suficientes no solo para otorgar al disco celeste un lugar en la memoria del mundo, sino también a la cultura que nos lo brindó: la cultura Unetice, conocida hasta el momento solo por los especialistas.

¿Cuántas cosas no conocemos ya de Egipto, de los imperios a orillas del Éufrates y del Tigris, de los incas, de los mayas y de los aztecas? Sin embargo, una de las culturas más sorprendentes de nuestro propio pasado, ¡nos es absolutamente desconocida! Y ello, a pesar de que la opinión pública muestra un interés mayor que nunca por la arqueología. Esto queda demostrado solo con echar un vistazo a la programación diaria de la televisión. Ahora bien, curiosamente apenas nos enteramos de nada acerca del hondo pasado de nuestro propio continente. Como máximo se habla de los celtas y de los germanos y, por supuesto, de Stonehenge y de Ötzi, pero ¿quién sabe qué aspecto tenía el mundo al norte de los Alpes hace más de 4.000 años? También los libros de texto escolares se ocupan sobre todo de las grandes civilizaciones del Próximo Oriente y de la cuenca mediterránea. El mensaje parece claro: aquí, en el corazón de Europa, no habrá habido apenas más que tribus primitivas que, cuando no andaban rompiéndose las cabezas, cultivaban esforzadamente sus terrenos y pastoreaban sus rebaños. Nada de lo que merezca la pena hablar.

Dígamoslo sin ambages: la prehistoria de Europa llevó durante la mayor parte del tiempo una vida de Cenicienta. La investigación tuvo que lidiar con la desventaja de tener que apañárselas sin fuentes escritas. Y cuando se depende solamente de huesos, de fragmentos de cerámica o de hoyos para postes, resulta difícil contar historias cautivadoras. Este desinterés por el pasado propio procede también del menosprecio, heredado del siglo XIX, por las culturas sin escritura: se decía que la época anterior a los romanos no era digna de reseñarse en la historia, pues lo histórico era algo que solo podía atribuirse a aquellas «civilizaciones» que habían desarrollado el elevado arte de la escritura. Todo lo demás era únicamente prehistoria, a la que seguían los verdaderos logros de la humanidad.

Se aprovecharon de la circunstancia de que el mapa de la Europa prehistórica estuvo durante mucho tiempo compuesto por muchas manchas blancas. No había nada que pusiera límites a la imaginación. Por esta razón, en las representaciones especializadas solía aparecer llamativamente la niebla, los druidas realizaban procesiones a la luz de las antorchas y fulgía a la luz de la luna el oro en el pelo de las vírgenes que estaban al servicio de la diosa madre. También puede incluirse en este contexto el abuso que la ideología nacionalsocialista del *Blu und Boden* [«Sangre y tierra»] hizo de la prehistoria. La ausencia de hechos es terreno abonado para las teorías más burdas.

Por todos estos motivos ha habido muy poca preocupación por la prehistoria europea, cuando no ha sido silenciada por completo. Un ejemplo destacado es uno de los libros de arqueología de mayor éxito de todos los tiempos, *Dioses, tumbas y sabios,* de C. W. Ceram, que sigue reeditándose en la actualidad. Tiene capítulos dedicados a las pirámides, a los zigurats de Babilonia y a los palacios asirios en las arenas del desierto. Sin embargo, la prehistoria de Europa, dejando aparte la antigua Grecia, no tiene ningún capítulo en esa «novela de la arqueología» basada en hechos. Ni siquiera a Stonehenge le dedica Ceram más que media frase, y ello únicamente porque un egiptólogo cosechó allí sus primeros éxitos como excavador.

Todo esto ha cambiado radicalmente en estos últimos años. El empleo de métodos utilizados en las ciencias naturales ha revolucionado la arqueología. En la actualidad puede hacerse hablar incluso a los objetos más insignificantes: el polen revela el clima; los anillos en los troncos de los árboles, la edad; el esmalte dental proporciona información sobre el origen de los seres humanos; los huesos, sobre su alimentación. Los genetistas reconstruyen las relaciones de parentesco y detectan epidemias antiquísimas; los análisis de isótopos y las proporciones de los elementos cuentan de dónde proceden los metales, y los antropólogos desvelan, a partir de los esqueletos, algunos excesos violentos de la prehistoria. Ya no dependemos en absoluto de la escritura para reconstruir nuestra historia.

Precisamente las investigaciones de la genética molecular de estos últimos años han transformado nuestra visión de Europa. Prácticamente a un ritmo semanal aparecen investigaciones de herencia genética milenaria, llamado *ADN antiguo*. Estas investigaciones muestran qué movimientos migratorios se originaron en Europa, en qué momento aparecieron por primera vez qué enfermedades, y ponen al descubierto nuestra propia herencia genética. Por decirlo de otra manera, vuelven a poner la carne en los huesos desenterrados por los arqueólogos.

Al mismo tiempo se está volviendo cada vez más claro lo erróneo que es examinar tan solo ese periodo relativamente corto de la historia de la humanidad que está iluminado por las fuentes escritas. Los restantes periodos, que conforman más del 99 % de la historia de la humanidad, son como mínimo igual de importantes. Y es que, en aquel tiempo en que los seres humanos vagaban por el mundo en grupos igualitarios como cazadores y recolectores, se desarrollaron los modelos de conducta, las predisposiciones psicológicas y las intuiciones morales que han influido y siguen influyendo en la vida humana hasta la actualidad. Si deseamos entendernos a nosotros mismos, tenemos que saber de dónde venimos. Entonces entenderemos también por qué seguimos luchando en el mundo moderno una y otra vez con los mismos problemas. Esto convierte a la prehistoria en la auténtica historia de la humanidad. Ella es la que nos ha marcado con mayor fuerza, más que los momentos excepcionales en Egipto o a orillas del Éufrates y del Tigris, por muy espectaculares que sean los testimonios que esos imperios nos han legado de sus esplendorosas épocas.

Gracias a esta perspectiva sobre la historia del *Homo sapiens*, autores como Jared Diamond o Yuval Noah Harari están cosechando grandes éxitos. Los temas que ellos tratan con la vista puesta en la historia global de la humanidad, nosotros los demostraremos con el ejemplo de nuestro pasado europeo. Vamos a relatar la prehistoria, perdón, la historia de nuestro propio tiempo, al menos de aquella a la que nos conduce el disco celeste. De esta manera tendremos claro qué encrucijada decisiva nos marca este hallazgo, que probablemente fue creado entre los años 1800 y 1750 a. C. y depositado en la tierra alrededor del año 1600 a. C.; y, al mismo tiempo, conoceremos también qué problemas aparecieron en el mundo con el comienzo de la Edad del Bronce, que siguen acompañándonos en la actualidad.

Si podemos hacer esto es porque el disco celeste de Nebra sacó provecho de una manera impresionante de las posibilidades que se abrieron a la arqueología gracias a la revolución en las ciencias naturales. Además, el disco celeste fue por sí mismo un acicate para una ofensiva investigadora en cuyo estadio final podemos perfilar la imagen de una grandiosa cultura extinta. De todas estas cosas trata este libro.

* * *

Tal como ya hemos mencionado, uno de nosotros dos rescató el disco celeste para el público en el año 2002. Desde entonces, a Harald Meller, en calidad de director del Museo Estatal de Prehistoria de Halle y de arqueólogo territorial del estado federado de Sajonia-Anhalt, le incumbe la restauración y la presentación, pero sobre todo también la coordinación de las investigaciones en torno a este hallazgo histórico y el mundo de la Edad del Bronce. Trabajó y sigue trabajando con él una red internacional de especialistas, pertenecientes a diversas disciplinas, que ya han abordado dos proyectos de investigación de la Sociedad Alemana de Investigación. Así pues, nadie mejor que él puede dar información sobre el disco celeste de Nebra y la extraordinaria cultura que lo creó.

Gracias a la inmensa adquisición de conocimientos de estos últimos años, estamos por primera vez en disposición de escribir una nueva «novela de la arqueología» basada en hechos pese a la ausencia de fuentes escritas, y ello sin correr el peligro de precipitarnos en relatos fantásticos o en oscura charlatanería. Ciertamente, nos sentimos un poco más cerca de *Dioses, tumbas y sabios*, cuyo éxito no se fundamentó en último lugar en la convicción de Ceram de que no existe nada más emocionante que conducir al lector exactamente «por la misma senda» que recorrieron también los científicos. Por tanto, usted estará presente tanto en el rescate del disco como en las investigaciones que se iniciaron a partir de su descubrimiento; revivirá el proceso judicial en el que se trató sobre la autenticidad del hallazgo, participará en la búsqueda del oro y en las excavaciones que expusieron a la luz del día el Reino del disco celeste. Cavilará sobre sus mitos y asistirá a los dramáticos sucesos que conmovieron a toda Europa y que condujeron a que el disco celeste iniciara aquel viaje al mundo subterráneo que algunos milenios después nos lo pondría en nuestras manos.

Sin duda es ambicioso el intento de bosquejar el panorama de una cultura que no posee escritura. Aún nos faltan muchas más piezas del puzle de las que desearíamos. Sin embargo, las piezas ya descubiertas pueden reunirse para formar una visión de conjunto de una coherencia asombrosa. Algunos aspectos son solamente especulación argumentada, pero eso es también lo que ocurre en nuestra visión de Stonehenge, de Ötzi o de Troya. Las especulaciones forman parte de la arqueología. Sin embargo, no vamos a dejar nunca al lector con la incertidumbre de si se trata solo de una especulación, y siempre les señalaremos algunas interpretaciones alternativas. A cambio tenemos por ofrecer una arqueología puntera: el lector de este libro se enterarán de muchas cosas antes que nadie.

Por supuesto, estaría muy bien poseer las sagas y las leyendas, las epopeyas y los conjuros del Reino del disco celeste. ¡Qué no daríamos por un Homero del Norte que nos transmitiera mensajes como los que pueden leerse en *El señor de los anillos* de J. R. R. Tolkien: «¡En pie, en pie, jinetes de Théoden! Un momento cruel se avecina: ¡fuego y matanzas! Trepidarán las lanzas, volarán en añicos los escudos, ¡un día de la espada, un día de sangre antes de que ascienda el sol! ¡Galopad ahora, galopad! ¡Galopad a Gondor!».

Ahora bien, nosotros también tenemos algunas cosas que ofrecer a la manera de Tolkien: unos anillos del poder, túmulos de un blanco resplandeciente, jinetes de las estepas, espadas legendarias… Por no mencionar los sacrificios humanos y un Stonehenge en tierras alemanas. Así pues, ¡bienvenido o bienvenida a la cultura Unetice, al mundo del disco celeste de Nebra, el reino más poderoso del cual haya oído usted hablar jamás.

Primera parte
El cielo forjado

Una cosa distingue al disco celeste de Nebra de la mayoría de las demás «estrellas» de la arqueología: se trata de algo completamente inesperado. Por muy espectaculares que puedan ser muchos hallazgos, la mayoría de ellos no representan, en rigor, ninguna sorpresa. Cuando el egiptólogo Howard Carter dio en 1922 con el sarcófago de oro de Tutankamón, era exactamente lo que habían buscado él y muchos otros arqueólogos antes que él: la tumba intacta de un faraón. Heinrich Schliemann estaba firmemente convencido de haber descubierto en las obras de Homero suficientes indicios como para encontrar las ruinas de Troya en el estrecho de los Dardanelos. Cuando se topó realmente con ellas, aquello causó sensación, pero para él mismo no fue sino la confirmación de sus expectativas. Y el antropólogo Donald Johanson se hallaba a la búsqueda de vestigios fósiles de nuestros antepasados humanos, cuando encontró en un uadi de Etiopía el fragmento de un antebrazo homínido. Lo sorprendente en él fue tan solo averiguar a qué esqueleto completo pertenecía aquel hueso. Por la noche, mientras el equipo de las excavaciones celebraba el hallazgo, sonó la canción de los Beatles *Lucy in the Sky with Diamonds* y le confirió a esa mujer primitiva su legendario nombre de Lucy.

Sin embargo, nadie se hallaba a la búsqueda del disco celeste. No se tenía ni la más remota idea de que pudiera existir algo de ese tipo. La cultura de la que procedía, la cultura Unetice, solo les sonaba a los especialistas, y ni siquiera ellos habrían contado con toparse en la actual Alemania Central la representación más antigua, hasta el momento, del universo.

Si el disco celeste hubiera sido encontrado en Egipto, se habría tenido un contexto cultural que facilitaría su comprensión. En tal caso, los egiptólogos podrían compararlo con el techo estrellado de la pirámide de Unis del Imperio Antiguo de Egipto, en el que las estrellas están alineadas sobre un papel mural con una función puramente decorativa. Y lo habrían contrastado con otros techos astronómicos, históricamente posteriores, como el famoso techo de la cámara funeraria del faraón Seti I. Este es algunos siglos más reciente que el disco celeste. En él pululan seres mitológicos de todo tipo. A la vista de la representación racional del disco celeste, los egiptólogos habrían llegado a la conclusión de que la astronomía a orillas del Nilo era mucho más científica de lo que se había supuesto hasta entonces. Eso habría sido una sorpresa, tal vez habría causado furor, pero no habría representado ninguna revolución en nuestro saber.

Sin embargo, en el caso del disco celeste de Nebra, todo es diferente. No en vano tenemos que vérnoslas con una región que los romanos calificarían de «bárbara» 2.000 años más tarde. Nadie habría buscado un logro magistral de la astronomía allí donde ni siquiera existía la escritura. Así pues, mientras que la mayoría de los hallazgos arqueológicos confirman el conocimiento que ya se poseía en el momento del descubrimiento, el disco celeste lo pone patas arriba. Primero teníamos que detectar el rastro de la cultura que fue capaz de crear semejante portento.

Todavía hay un detalle más que distingue al disco celeste de otros hallazgos arqueológicos normales. Su existencia al principio tan solo era un rumor oscuro que corría por el mundillo de los buscadores de tesoros; era absolutamente confuso quién lo tenía en su poder y qué era exactamente. De ahí que el relato de su descubrimiento no arranque con ninguna campaña de excavaciones, sino con una orden de búsqueda y captura. Por ese motivo no podemos iniciar nuestro libro con un inventario científico de la cultura de la que procede, sino que nos vemos obligados a comenzarlo como una novela negra: con el rescate novelesco del disco celeste de las manos de los peristas.

A esto se suma otra particularidad. Apenas confiscado el disco, hubo que buscar aquello que siempre está presente en la arqueología: el lugar del hallazgo. Solo él podía contar la historia del disco celeste. Por esta razón resultaba imprescindible tomar declaración a los buscadores de tesoros y conseguir que confesaran dónde habían empleado su detector de metales. Solo después fue posible investigar el disco celeste y penetrar en el mundo oculto del que parecía salir, y de cuyo esplendor nos hablaba el destellar de sus estrellas. Así pues, lo que ejercimos fue una suerte de arqueología hacia atrás.

Solo entonces pudieron ponerse manos a la obra los científicos de las diferentes disciplinas. Resulta fenomenal la cantidad de informaciones que extrajeron de ese objeto realmente tan pequeño. El proceso judicial en torno al disco celeste también contribuyó a la investigación, ya que una de las cuestiones centrales que se intentaron esclarecer en él fue si se trataba de una falsificación. Por ello se invirtió mucho más en probar su autenticidad de lo que habría sido normal en temas arqueológicos.

De todo esto trata la primera parte de nuestro libro. Exploramos universos estrellados de la prehistoria, nos adentramos en los secretos de la metalurgia de la Edad del Bronce, desciframos la clave estelar del cielo forjado, fuimos a la búsqueda del oro y, durante las pesquisas sobre el origen de aquel conocimiento astronómico, no nos arredramos siquiera ante los mundos de los espíritus malignos de la antigua Mesopotamia. Sin embargo, comenzaremos con esa historia que uno de nosotros no puede dejar de contar, por la cual la prensa sensacionalista lo apodó el «Indiana Jones de Halle» de una manera completamente injustificada. Harald Meller no lleva sombrero de ala ancha, ni látigo, y su búsqueda del disco celeste lo llevó hasta un lugar al que Harrison Ford, el actor que da vida al personaje de Indiana Jones, seguramente habría rechazado acudir por ser demasiado raro. Pero es que la arqueología es capaz de ofrecer también este tipo de cosas.

1
Arqueología secreta

Si los arqueólogos saben hacer algo de verdad, es soñar. Sobre todo por las noches, junto al fuego, después de que el día les haya vuelto a ofrecer tan solo un puñado de esquirlas. Cuanto más intenso sea el dolor de huesos, más apasionada será la fabulación. ¡Con toda seguridad al día siguiente se encontrará por fin una gran cantidad de objetos! ¡Un príncipe celta en una tumba repleta de tesoros! ¡Un neandertal con un bifaz en la mano! ¿O tal vez una segunda Pompeya? O quizá la esposa de Ötzi, helada y tan fresca como en el primer día. Está claro que los arqueólogos sienten debilidad por las sorpresas. Ahora bien, ni en el más disparatado de sus sueños, Harald Meller habría podido imaginar que la búsqueda de la pieza arquológica más importante descubierta en su vida fuera a llevarlo hasta el lavabo de caballeros del bar de un hotel.

Bueno, al menos se trataba del Hilton de Basilea, aunque eso tampoco mejoraba demasiado la situación. Era el 23 de febrero de 2002. Desde hacía casi un año, Meller trabajaba como arqueólogo del estado federado de Sajonia-Anhalt y como director del Museo Estatal de Prehistoria en la localidad de Halle an der Saale. Llevaba casi el mismo tiempo siguiendo el rastro de una pieza que lo fascinaba y extrañaba a partes iguales: un disco de bronce que, con su sol, su luna y sus estrellas de oro, parecía ser la representación más antigua del universo. Había además unas espadas decoradas con oro, hachas, brazaletes y un cincel, todo de una antigüedad de más de 3.600 años. Aquel día, por fin, se había reunido con los peristas, había tenido el disco en las manos y ahora se hallaba en una situación desesperada.

Meller se encontraba en los aseos lavándose las manos. Había intentado encarar su teléfono móvil en todas direcciones en aquel espacio. Pero no había cobertura en ningún lado. El bar del hotel estaba en el sótano. ¿Cómo era posible que la policía lo hubiera perdido de vista? Aquella mañana, a primera hora, había conversado en la Fiscalía de Basilea con la policía sobre cómo debía transcurrir su encuentro con los peristas, y habían repasado todos los detalles. Se habían barajado diferentes escenarios. Meller haría de señuelo, pero su papel terminaba ahí: «¡No emprenda ninguna acción por propia iniciativa! ¡Lo tendremos a usted a la vista en todo momento!», le había repetido con insistencia Mario Plachesi, el comisario jefe de la brigada criminal, un hombre tan amable como decidido: «¡No se suba a ningún coche! De ese modo podrían llevarlo a Francia muy rápidamente. Y allí ya no podríamos ayudarlo. ¡No sería usted el primero que sacáramos de las aguas del Rin!».

Lo habían hablado todo, pero nadie le había aconsejado: «¡No vaya al bar de ningún hotel!». ¿Cómo iba a saber él que se podía dar el esquinazo a la policía con un ardid tan sencillo? ¿Y ahora qué? ¿Se acababa todo en un aseo de caballeros?

La situación era rara. Tenían su objetivo casi al alcance de la mano, y entonces se torcía todo terriblemente. Cualquier intento de hacer una llamada de socorro fracasaba frente el hormigón armado del subsuelo de Basilea. Afuera, a pocos metros de la puerta de los lavabos, estaban sentados los dos peristas. Su pinta no era sospechosa en absoluto: una señora rubia de unos 40 años y un caballero de pelo cano, con aspecto de catedrático de instituto, unos veinte años mayor que ella. Nadie habría sospechado nada al verlos con él hacía unos minutos en el bar.

Oficialmente se habían reunido para que Meller examinara si se trataba de una falsificación. Decidieron hacerlo en Basilea porque los dos tenían miedo de que la policía alemana los detuviera acusándolos de traficar con objetos robados. Pero de manera no oficial, todo aquel asunto era una trampa. Meller estaba sirviendo de señuelo a la policía suiza para detener a los peristas y poder confiscar aquella misteriosa pieza arqueológica en forma de disco.

Sin embargo, en esos momentos era el propio Meller quien se hallaba metido en una trampa, la policía lo había perdido de vista. ¿Cómo era posible? Al encontrarse poco antes en el vestíbulo del Hilton con la mujer, Hildegard B., no se dirigieron, como habían acordado, a un sillón, ni a una habitación del hotel, sino que bajaron al bar con revestimiento de madera situado en el sótano, que estaba prácticamente vacío. Solo había una mujer joven y un caballero con una sola pierna. Ni rastro de la policía. El supuesto propietario de la pieza de bronce estaba sentado en un tresillo. No reveló su nombre. Pidieron café.

—No saben ustedes lo que me alegra ver por fin el disco —el director del museo decidió ir al grano, no le quedaban ganas de andarse por las ramas después de un viaje agotador a causa de la nieve—. He traído todo lo necesario para el examen.

Les enseñó su maletín amarillo con el instrumental. Christian-Heinrich Wunderlich, director de la sección de restauración del museo, le había provisto de utensilios que tenían una pinta científica muy sofisticada para que pudiera examinar de la manera más efectista si se trataba o no de piezas de bronce. En realidad, las comprobaciones que iba a hacer con ellas no podían demostrar su autenticidad; todo ese despliegue no tenía otro propósito que entretener a los peristas hasta que apareciera la policía.

El hombre sacó un paquete de una bolsa; envuelta en un film plástico de burbujas había un hacha con una pátina verde.

—Comencemos con esto.

Meller revolvió en su maletín y extrajo una espatulilla de media caña para muestras. Utilizándola como una lima, extrajo una muestra finísima de bronce. Echó encima algunas gotas de un frasquito con una solución de ácido nítrico al noventa por ciento. «¡Úsalo con mucho cuidado!», le había advertido encarecidamente el restaurador del museo. A continuación esperó unos instantes y de un segundo frasquito aplicó unas gotas de una solución de sulfito de sodio; finalmente echó otras gotas de un tercer frasquito que contenía el impronunciable ditioltolueno. De haber estaño, tendría que teñirse de rojo. «Un test de embarazo para el bronce», le había dicho en broma Wunderlich. Funcionó.

El caballero sin nombre sacó una espada de la bolsa. Una labor excelente, la empuñadura poseía un adorno de oro. Sin embargo, Meller estaba sorprendido porque había echado un vistazo a la bolsa y dentro no había ningún otro objeto de gran tamaño. ¿No habían traído el disco de bronce? ¿Todo aquel montaje iba a ser en vano?

Estaba aturdido; se volvió rápidamente para comprobar si la señora B. llevaba consigo alguna bolsa, y por esa razón debió de hacer algo equivocado con los productos químicos. Fuese lo que fuese, el examen de autenticidad de la espada dio resultó negativo. «No hay embarazo», llegó a pensar, pero a sus acompañantes no les habría parecido divertido. El ambiente se enrareció. Sin embargo, a Meller eso le traía sin cuidado; a él solo le interesaba una cosa: ¿dónde estaba el disco? Había esperado todo un año para tenerlo entre las manos. Se le había agotado la paciencia.

—Disculpen —dijo—, puede ser que haya confundido los líquidos. Probemos con el disco de bronce.

El hombre interrogó con la mirada a su acompañante. Esta asintió con la cabeza. El caballero del pelo cano miró a su alrededor y se levantó entonces su jersey a cuadros de maestro de escuela. Debajo aparecieron unas toallas que se había atado a la panza. Se desprendió de ellas tomándose mucho tiempo y mucho cuidado. Quedó entonces a la vista un objeto grande, redondo. Meller no podía creérselo: ¡aquel hombre se había atado el disco celeste a la barriga!

Meller tuvo que dominarse durante algunos instantes para no echarse a reír a carcajadas, pero el el disco captó ahora toda su atención. Hasta entonces solo lo conocía por fotografías; sabía que era del tamaño de un elepé, cubierto de carbonato de cobre, bajo el cual refulgían los cuerpos celestes dorados. El hombre tendió el disco al director del museo con actitud titubeante. Sorprendido por el peso, Meller no pudo menos que preguntar con insistencia para cerciorarse. En las fotografías tenía un aspecto más fino y ligero, como si fuese una lámina de bronce. Sin embargo, el disco era macizo y pesaba de verdad.

Con posterioridad, a Harald Meller le han preguntado a menudo sobre lo que sintió al tener por primera vez en las manos el disco celeste de Nebra. «Para ser sincero —suele responder—, no era el momento para grandes sentimientos. La situación me parecía demasiado peliaguda, por la cabeza me pasaron infinidad de cosas.» Por supuesto que se sentía orgulloso y feliz de haberlo encontrado por fin. Incluso con la débil luz del bar del Hilton pudo reconocer que se trataba de una pieza arqueológica única. «Fue un momento solemne, sí, pero en aquellos instantes estaba preocupado sobre todo por una cosa: tenía que evitar que los peristas sospecharan nada.»

Meller se dispuso a realizar el test de autenticidad acordado. No porque albergara alguna duda sobre su autenticidad. Esta era evidente. En algunos lugares, la pátina de malaquita estaba firmemente compactada con tierra y arena. También estaba extremadamente claro que la piqueta del expoliador lo había dañado, incluso se apreciaba que había sido arrancado un fragmento de oro. Pero todo esto lo observó de pasada. La situación era demasiado delicada. ¿Dónde demonios estaba la policía?

Bajo la mirada escéptica de sus acompañantes, Meller se puso a realizar el examen del disco. Volvió a frotar el bronce con la espatulilla, pero esta vez fue muy meticuloso en administrar las gotas en el orden correcto. Y mira por dónde, la muestra se tiñó de color rojo. Incluso en la cara del hombre imperturbable se dibujó algo similar a una sonrisa. Meller se sintió aliviado. Al menos durante unos instantes; acto seguido lo invadió el nerviosismo. ¿Por qué no venía la policía? Puso el disco en alto como para dar a entender: «¡Está aquí! ¡Ya lo tengo!». No sucedió nada. Meller miró discretamente a su alrededor. Ni siquiera había ningún camarero por allí. Solo estaban el hombre de una sola pierna y la mujer joven removiendo con la cucharilla en sus tazas. Entonces sucedió algo imprevisto. Hildegard B. revolvió en su bolso de mano, extrajo un contrato y se lo tendió a Meller. Querían fijar las modalidades para la venta.

El director del museo miró sorprendido y negó con la cabeza.

—Esto no lo acordamos. Entenderán ustedes que no puedo firmar nada relacionado con esto.

No tenía ni idea de las consecuencias que podría acarrearle el hecho de que él, en calidad de arqueólogo del estado de Sajonia-Anhalt, firmara un contrato de compraventa con los peristas. Pero ¡maldita sea!, ¿qué iba a hacer si no venía la policía? Si no firmaba ese contrato, ¿volverían esos dos a atarse el disco a la barriga y se largarían?

Meller preguntó si no sería mejor hacerse simplemente con el disco celeste y punto. Él era más joven, seguramente también más fuerte que aquel hombre. La señora B. no podría detenerlo tampoco si agarraba el disco y echaba a correr escaleras arriba. Sus ojos fueron a parar a una mano del hombre. La mantenía metida en un bolsillo. ¿Y si guardaba en él una pistola?

«No se arriesgue lo más mínimo —le había repetido la policía—, por mucha pinta de inofensivos que tengan. Nunca se sabe con quién se las está viendo uno.» La policía le había infundido el debido temor. «¡En ningún caso intente hacerse el héroe! ¡Y no se engañe! El comercio ilegal de antigüedades y de obras de arte es una especialidad del crimen organizado. Está emparentado con el contrabando de armas, con el comercio de drogas y la trata de personas. Si usted supiera las cosas que hemos tenido que ver...»

Meller notaba sudor en la frente. ¿Qué debía hacer a hora? La señora B. estaba buscando un bolígrafo. Entonces se le ocurrió algo: ¡si la policía no aparecía, iría él a buscarla!

—Discúlpenme, por favor, tengo que ir a lavarme las manos. Las sustancias químicas me han abrasado un poco la piel.

Y así fue como entró en la ratonera. Se puso a dar vueltas como una pantera por el aseo de caballeros, con la mirada puesta alternativamente en el móvil y en la puerta de entrada. Estaba seguro de que el hombre iba a aparecer enseguida preocupado por la larga ausencia del director del museo. ¿Dónde se había metido?

* * *

La verdad es que podría haber estado preparado para algo así. Ya fue raro el modo en el que Harald Meller tuvo conocimiento por primera vez de aquel extraño hallazgo. Ocurrió el año anterior, el 10 de mayo de 2001, el día que cumplía 41 años. Por aquel entonces viajó a Berlín en calidad de nuevo arqueólogo territorial de Sajonia-Anhalt y director del Museo de Prehistoria para realizar una visita de cortesía a Wilfried Menghin, su colega en la capital alemana. Ya se conocían y pronto quedaron despachadas las cuestiones oficiales. Menghin, director del Museo de Prehistoria y Protohistoria de Berlín, llenó su pipa y abrió una ventana. El despacho se hallaba en un ala lateral del Palacio de Charlottenburg; las ventanas daban al parque. Menghin se dirigió a su escritorio y regresó con una pila de fotografías. Lentamente fue depositando una imagen tras otra sobre la mesa de cristal, al tiempo que sonreía con la misma satisfacción de un jugador de póker que enseña una escalera de color.

Las fotografías, con un exceso de exposición a la luz, mostraban dos espadas, hachas, brazaletes y un cincel. Las piezas eran de bronce y estaban sucias de tierra, como si hubieran sido extraídas recientemente de esta. Estaban colocadas sobre toallas de rizo de color verde y azul. Era evidente que no habían sido descubiertas por profesionales. A continuación llegaron unas fotografías que mostraban un disco de bronce con una pátina verde, y a su lado un metro plegable. Aquel objeto medía más de 30 cm de diámetro. Meller, sentado en un sofá de estilo biedermeier, se quitó las gafas para estudiar con más detenimiento las imágenes. Por debajo de la suciedad se apreciaba un brillo dorado. Reconoció un sol, una media luna, y los puntitos repartidos por el disco parecían ser estrellas. No había visto nunca una cosa igual. En el margen del disco estaban fijados unos arcos de oro. ¡Por todos los cielos!, ¿qué era aquello?

Acto seguido, Meller agarró las fotografías de las espadas. ¡Eran unas piezas maravillosamente elaboradas! Las hojas estaban decoradas. ¿No había allí representada una serpiente de tres cabezas? En la empuñadura saltaban a la vista unas arandelas de oro. Recordaban a las famosas espadas de tipo Apa halladas en Hungría a orillas del mar Negro. Fueron objetos prestigiosos en su época, copiadas por los forjadores de armas hasta Escandinavia. Lo curioso en aquel caso era que, salvo el disco y el cincel, todos los objetos estaban repetidos dos veces. Esta clase de ofrendas opulentas ya se conocían de las espléndidas tumbas de príncipes en Leubingen y Helmsdorf, datadas en el Bronce Antiguo, cuyos ajuares funerarios se caracterizaban por la misma combinación de oro y bronce.

Si todas las piezas pertenecían a un mismo conjunto, habría que fecharlas a finales de esa misma época, en torno al 1600 a. C. Por aquel entonces aparecieron las primeras espadas en Europa. ¡Eso era toda una sensación! Meller no conocía ninguna representación del cielo más antigua, y desde luego ninguna que lo mostrara de una manera tan concreta.

Menghin comenzó a explicarle su historia. En el otoño de 1999 lo llamó un hombre que le contó que tenía algo de extraordinario interés. Se encontraron en el café Castello, situado en la avenida berlinesa de Spandauer Damm. Se presentó también un segundo hombre que hablaba con fuerte acento de Colonia. Le enseñaron a Menghin las fotografías: exigían un millón de marcos alemanes por las piezas.

—¡Se apoderó de mí una gran exaltación! A pesar de que el precio era exorbitante, lo habría pagado de inmediato. Sin embargo, no estaba autorizado para una transacción semejante.

—¿Por qué no?

Menghin inspeccionó su pipa.

—Aquellos hombres fueron muy estúpidos al explicarme dónde habían encontrado el disco. ¡Nada menos que en un estado federado con una ley sobre tesoros ocultos!

Meller se echó a reír. Al ver las toallas de rizo ya había supuesto que se trataba de objetos expoliados, pero no contaba con que esos hombres fueran tan descarados como para ofrecerle sin tapujos a Menghin, el director de un museo, una mercancía ilegal. Y es que en los estados federados con una normativa específica sobre tesoros ocultos, cualquier hallazgo importante desde un punto de vista arqueológico no pertenece a los descubridores, ni tampoco al propietario del terreno en el que se encontró, sino que es propiedad del estado federado. Así pues, sacar el disco del lugar del hallazgo ya era un delito de robo. De haberlo comprado, el director del museo de Berlín se habría convertido entonces en traficante de obras de arte.

—Por cierto —dijo Menghin esgrimiendo una amplia sonrisa—. ¡Ese objeto que se ve en las fotografías procede de Sajonia-Anhalt! Y usted es el arqueólogo responsable en ese estado federado. ¡Querido colega, el disco es asunto suyo!

* * *

Así fue como supo de la existencia del disco celeste. ¿Y ahora iba a tener que acabar todo allí, en Basilea? ¡Menudo recorrido! Desde el sofá de estilo biedermeier en el Palacio de Charlottenburg de Berlín hasta el lavabo de caballeros en el bar del Hotel Hilton de Basilea. A eso se le llama «caer muy bajo». Meller soltó un taco. ¿Qué podía hacer? No podía quedarse allí eternamente. Seguro que esos dos ya hacía rato que sospechaban algo raro. ¿Y si la policía estaba en lo cierto y los dos estaban compinchados con la mafia de obras de arte? ¡Entonces aparecerían enseguida para ver qué pasaba! Pero también podía ser que todo el asunto aquel les fuera grande y sintieran temor; tal vez estuvieran pensando en largarse. Entonces todo aquel dispositivo de búsqueda habría sido en vano. ¡Eso no podía suceder de ninguna manera! Meller tenía que regresar al bar.

El mes de mayo anterior, Menghin había informado a su colega de que los dos hombres contaban que el hallazgo lo habían realizado dos excavadores clandestinos en la muralla de un poblado de la

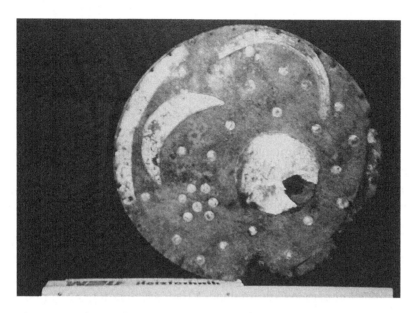

Hallazgo millonario: un traficante de obras de arte contactaba con los museos para venderles el disco celeste enviándoles esta fotografía, en la que se aprecian con claridad los desperfectos de la pieza.

Edad del Bronce situado sobre un cerro cercano a la localidad de Sangerhausen, en la zona del monte Kyffhäuser. Decían que primero habían ofrecido las piezas a la Colección Arqueológica del Estado de Baviera, sin resultado. Menghin les aconsejó entonces que se dirigieran al museo correspondiente en Halle. «Eso fue antes de su toma de posesión del cargo, señor Meller.» Sin embargo, en Halle no se mostraron especialmente cooperativos. «Lo único que tienen que hacer es traernos esas piezas —parece ser que les contestaron al teléfono—. Aunque tendrán que ser valientes. ¡Mandaremos a la policía a que los detengan!»

Eso había ocurrido en mayo de 2001, hacía más de un año. En el ínterin, un comerciante de objetos de arte se puso en contacto con Menghin y le dijo que el disco se hallaba de nuevo en el mercado. El comerciante prometió prestar oídos e informarse al respecto, a pesar de que se trataba de un asunto delicado. La pieza procedía de una excavación clandestina y, por consiguiente, había ido a parar ilegalmente a manos de sus actuales propietarios. «No actúo en calidad de comerciante —dijo el hombre—, ni tampoco soy ningún traficante de obras de arte. Únicamente quiero ayudar a que esta pieza esté donde debe estar. Quizás exista una posibilidad.»

De vuelta en Halle, Meller habló con el Ministerio de Educación y Ciencia y la Brigada Regional de Investigación Criminal de Magdeburgo. A pesar de que no estaba definitivamente confirmada la autenticidad de lo que por aquel entonces se denominaba *el hallazgo de bronce de Sangerhausen*, muchos detalles apuntaban a que podría tratarse de un descubrimiento clave para la prehistoria de Europa. Si se lograba descifrar el mensaje del disco, tal vez eso ayudara a entender mejor los monumentos prehistóricos como Stonehenge, sobre cuya relación con la astronomía llevan muchas generaciones especulando los arqueólogos.

Las autoridades fueron conscientes rápidamente de que aquella pieza de bronce tenía que ser rescatada para el estado federado de Sajonia-Anhalt. Por un lado debía estudiarse si una institución como la Fundación para la Cultura de los Estados Federados (KSL) podría adquirir esa pieza arqueológica. Sin embargo, por otro lado, la policía secreta de la brigada estatal de investigación criminal se haría cargo de las investigaciones y, de acuerdo con la fiscalía general del Estado, apoyaría en todos sus pasos al director del museo. El objetivo era claro: confiscar la pieza, así como rastrear todos los eslabones que habían formado la cadena de personas por cuyas manos había pasado el disco, desde los peristas hasta los expoliadores.

No había otra alternativa: la compra llevaría siempre el estigma de haber pagado por una mercancía obtenida ilegalmente. Y lo que es peor: en esos casos no es raro que se mienta sobre la procedencia del objeto, lo cual lo priva de su contenido histórico y lo convierte en inútil para la investigación. Un ejemplo de esto último fue la «tira de oro» de Berlín, también de la Edad del Bronce, que Menghin había adquirido en una habitación trasera de un hotel de Zúrich. No hay ningún detalle acerca de las circunstancias de su descubrimiento. «De una colección suiza», es lo único que se dice acerca de él. Probablemente fue desenterrado en algún lugar del sur de Alemania en una acción clandestina. Desde entonces, ese sombrero no es apenas nada más que una belleza misteriosa envuelta en el silencio.

Sin embargo, la búsqueda se convirtió pronto en un hurgar en la niebla. La pista candente se enfrió, el comerciante de objetos de arte no se dejó oír más. Y así se rompió la única conexión que existía con el disco. ¿Acaso se había marcado un farol el comerciante, y su contacto con los propietarios no era tan bueno como había dicho? ¿O le había entrado el canguelo? Al fin y al cabo, se movía por una quebradiza pista de hielo y corría el peligro de figurar como traficante de obras de arte a ojos de la policía.

Andaban a tientas en la oscuridad. No había pistas sobre quiénes eran aquellos con quienes tenían que vérselas. La inspección de los sospechosos habituales —de los buscadores de tesoros más famosos, por ejemplo— no dio ningún resultado. Era un mundillo difícil de controlar. En toda la parte oriental de Alemania imperaba la normativa sobre tesoros ocultos. Esto no arredraba para nada a los aficionados a los detectores. Los coleccionistas de objetos militares buscaban los lugares de las grandes batallas de la Segunda Guerra Mundial, ávidos de insignias nacionalsocialistas, cascos o armas. Tras la reunificación alemana, la parte oriental se convirtió en El Dorado de los buscadores de tesoros. Los detectores de metales estaban prohibidos en la RDA. Con la caída del muro de Berlín proliferó un ambiente de buscadores de oro. Muchos procedían de la parte occidental, se procuraban mapas en los que estaban registrados los yacimientos arqueológicos, y se ponían en marcha. También aprovisionaban con detectores a trabajadores en paro y les dejaban sus números de teléfono para que los llamaran si encontraban algo. Algunas zonas boscosas se convirtieron pronto en un paisaje lunar, jalonadas de cráteres hechos por los expoliadores. Mientras la policía atrapaba y multaba *in situ* a algún que otro aficionado a los detectores, los verdaderos cerebros actuaban de tapadillo en la parte occidental y hacían su agosto con los hallazgos.

En este sentido, la imaginación no tenía límites cuando trataban de hacerse una idea en Halle acerca de quiénes podían tener en su poder el disco de bronce y lo que podían estar tramando. Tal vez hubieran vendido el disco en el extranjero hacía tiempo y que ahora sirviera de frutero a algún coleccionista rico, colocado encima de una cómoda estilo Luis XVI. Esta idea hizo pasar a Meller muchas noches en blanco.

Había un segundo pensamiento que lo torturaba: ¿qué pasaría si solo fuera una falsificación, si, igual que don Quijote, estaba persiguiendo gigantes que en realidad no eran más que molinos de viento? ¿Y si estaba soñando con un descubrimiento sensacional que no era tal?

Sin embargo, por muy aficionados que fueran quienes lo tuvieran en su poder y por mucho que tuviera que restaurarse la pieza, una falsificación tan elaborada no se presentaría en un estado tan lamentable, porque eso ahuyentaría a cualquier comprador. Y sobre todo: ¿quién iba a inventarse una historia tan absurda sobre un descubrimiento así? ¡Y en un estado federado con una normativa específica sobre esta clase de hallazgos! ¡Ello hacía las piezas prácticamente invendibles! No, todo ese asunto era demasiado rocambolesco para haber sido inventado. Cuando se falsifica algo, se escoge algo seguro, una pintura de Picasso tal vez o un dibujo de Dalí, pero no algo completamente sorprendente. O bien se hace un objeto bonito, de oro, se embadurna con un poco de barro y se le atribuye una procedencia creíble, como por ejemplo Baviera, que no tiene normativa sobre tesoros ocultos.

En Berlín se puso en contacto con Menghin un abogado que afirmaba representar al hombre que estaba en posesión de las piezas de bronce. Deseaba saber si Menghin quería dar noticia o no de esos objetos en una publicación científica. Cuando Menghin se lo contó a Meller, ambos tramaron un plan para seguir la pista a las piezas tirando de ese hilo. Por desgracia, la policía no se contagió del entusiasmo de los directores de museo. El Departamento de la Brigada Criminal comunicó que investigarían ese asunto con sus métodos habituales. Los arqueólogos se vieron obligados a permanecer de brazos cruzados.

No fue sino hasta enero de 2002 cuando volvió a detectarse otra pista buena. Un redactor del semanario *Focus* de Múnich comunicó que tenían unas fotografías del hallazgo de Sangerhausen y solicitó la valoración de diversos arqueólogos. El redactor confirmó también que las piezas permanecían juntas, tal como habían sido encontradas, sin que se hubieran despersado, si bien no podía citar su fuente porque las fotografías se habían tomado de forma encubierta. Sin embargo, el tiempo apremiaba, ya que en Estados Unidos había personas interesadas en comprar esas piezas. Y no, sobre la gente que las tenía ahora en su poder no podía decir nada.

Meller se quedó como electrizado, llamó por teléfono al Ministerio de Educación y Ciencia, llamó a Menghin. Si el disco de bronce llegaba a aparecer en las noticias, sin duda los arqueólogos consultados lo calificarían como el «descubrimiento del siglo», y para las piezas extraordinarias siempre hay un mercado. Era imposible evitar la publicación del artículo, pero quizá pudiera aplazarse su salida hasta haber podido hablar con quienes habían iniciado la maniobra. Al menos, la policía dio permiso a Menghin para volver a contactar con el abogado que lo había llamado tiempo atrás.

Y esto dio resultado. Aunque el abogado afirmó que él no tenía nada que ver con el dudoso hallazgo de bronce, media hora después sonó el teléfono en casa de Menghin. Era una tal señora Hildegard B. Dijo que se dedicaba a la pedagogía de los museos y que estaba en posesión de algunas fotografías del tesoro del «disco de las estrellas». Las piezas se encontraban actualmente en Suiza. Un particular las había comprado porque quería rescatarlas para Alemania. Y ella misma había escrito una novela sobre el disco celeste. Menghin se quedó atónito. Ella prometió ponerse en contacto con Harald Meller en Halle.

Y eso es lo que hizo Hildegard B. el 12 de febrero de 2002. Contó al teléfono que desde siempre había sido una entusiasta de la historia y que regentaba un restaurante que se llamaba así, «Historia», en el curso bajo del río Rin, que era una especie de museo privado en el que se reunían coleccionistas y arqueólogos aficionados. Hacía ya bastante tiempo que conocía la existencia del disco de las estrellas, y este era el gran tema de conversación en ese mundillo. Ahora, por fin, había logrado convencer a un conocido suyo para que lo comprara. Para tal fin, ese hombre había sacado 700.000 marcos alemanes de su fondo de pensiones, sin que se enterara de ello su esposa. De lo contrario, el tesoro habría sido vendido con toda seguridad en Estados Unidos o en Suiza. Sin embargo, ella se había tomado como una cuestión personal que el disco fuera a parar allí donde tenía que estar: en el museo de Halle. Ahora, ese hombre tenía que recibir su dinero de vuelta para no arruinar a la familia. Meller tenía que entenderlo.

Ella misma tuvo una vez el disco en sus manos —siguió diciendo— y percibió una energía mágica. Esperaba que no la tomara por una loca si le contaba que había experimentado una visión. Por unos instantes creyó encontrarse con el disco de las estrellas en la Edad del Bronce, en un claro en mitad de un bosque oscuro. Tal vez le apetecería a Meller ir a comer alguna vez al «Historia», le sugirió, y de ese modo podrían hablar de todos los detalles.

Y así fue. Meller realizó un pequeño viaje algunos días después de la llamada y fue a comer al restaurante «Historia», a orillas del curso bajo del Rin. Tras la conversación telefónica había informado a la Brigada Criminal. La policía autorizó esa visita, preparó al arqueólogo en las tácticas de negociación y puso a su lado a un agente encubierto a quien él debía presentar como el señor Kaiser, el nuevo director administrativo del museo.

Cuando llegaron al lugar, en las proximidades de Düsseldorf, estaban preparados para muchas cosas, pero no para la presencia de Schröder. Este era el *yorkshire terrier* del abogado, bautizado con ese nombre por el hombre que ostentaba el cargo de canciller federal alemán en aquel momento. Durante toda la tarde, el perrito estuvo saltando una y otra vez a una silla, se estiraba para mirar por encima de la mesa y ladeaba la cabeza con sus ojitos brillantes, como si meditara con atención sobre cada una de las frases pronunciadas.

La conversación recayó rápidamente en el hallazgo de Sangerhausen. Meller se enteró de que sus descubridores recibieron 32.000 marcos por él. Al parecer, un primer intermediario obtuvo una ganancia de 270.000 marcos. Para rescatar aquellas piezas incomparables, la señora B. había convencido a un conocido para que las comprara. A ella no le importaba en absoluto ganar dinero; lo único que quería era rescatar ese tesoro para todo el mundo y que su conocido recuperara sus 700.000 marcos. Meller tenía que comprender que su conocido estaba preocupado y que era muy prudente. Sentía un miedo atroz ante la posibilidad de perderlo todo. Por esa razón esa suma no era negociable. El disco de las estrellas no iba a resultar más barato, pero tampoco más caro.

Meller explicó que era imposible que el Estado se hiciera cargo de la adquisición de las piezas, pero que tal vez la Fundación para la Cultura de los Estados Federados sí podría comprarlas. En los años noventa había comprado el tesoro de la catedral de Quedlinburg, a pesar de que tras la Segunda Guerra Mundial había ido a parar de manera ilegal a Estados Unidos. Por aquella época, un proceso parecía un asunto demasiado incierto, razón por la cual se decidieron por la vía no burocrática de la compra a través de la Fundación para la Cultura.

Hildegard B. asintió; esa podría ser una solución.

—Para ello es forzosamente necesario examinar su autenticidad —replicó el director del museo.

El abogado, que insistió en estar en aquella reunión como amigo y no como asesor jurídico, mencionó que el estado federado de Sajonia-Anhalt podía renunciar a su derecho de propiedad y, en ese caso, podría negociarse libremente la compraventa del hallazgo. Meller hizo un gesto negativo con la mano; el señor Kaiser, el nuevo director administrativo del museo, también negó con la cabeza. Hildegard B. sacó a colación a Suiza, en donde se encontraba el disco en esos momentos. Meller podría verificar la autenticidad del disco de las estrellas en Basilea, por ejemplo. A pesar de que el abogado se mostró disconforme, ese fue el plan en el que finalmente se pusieron de acuerdo. Si el propietario estaba de acuerdo, el examen de autentidad se llevaría a cabo en la habitación de un hotel o en la cámara acorazada de un banco en Basilea. Schröder ladró dos veces; no fue posible concluir si de felicidad o como advertencia.

* * *

Una semana después, el 22 de febrero de 2002, Meller se subía al coche y conducía en dirección a Suiza. A la mañana siguiente, a primerísima hora, se reunía en la fiscalía general del Estado para analizar la situación con la policía. Asistían al encuentro la policía cantonal de Basilea y también tres comisarios del Departamento de la Brigada Criminal de Magdeburgo. Suiza había atendido rápida y positivamente la petición alemana de asistencia jurídica. Todo transcurrió de forma rutinaria: la lucha contra el comercio ilegal de bienes expoliados formaba parte de las actividades cotidianas en Basilea. Se repartieron entre los presentes fotografías de Harald Meller. «Este es el bueno —bromeó Mario Plachesi, el comisario jefe—, ¡no vayamos a disparar luego a la persona equivocada!»

Después, estando todavía en la fiscalía general del Estado, sonó el móvil de Meller. Una llamada de Hildegard B. Lo citaba para un encuentro a las once en el hotel Hilton, en la avenida Aeschengraben. «Aunque usted no nos vea, nosotros estaremos siempre cerca —le dijo Plachesi al despedirse—, ¡no actúe en ningún momento de manera irreflexiva!» El director del museo se puso en camino con el maletín amarillo. Apenas llegó al vestíbulo del hotel, Hildegard B. le tiró de la manga por detrás. Lo llevó hasta una escalera de caracol que conducía al sótano.

—¿No tiene usted habitación aquí?

Hildegard B. negó con la cabeza. Meller se sorprendió. ¿Estaría al tanto la policía? ¿Estaban viendo que iban escaleras abajo? Descendió con el corazón encogido, como Orfeo yendo en busca de Eurídice hacia el inframundo. Ahora se daba cuenta del lío en que se había metido, pero ¿qué otra cosa habría podido hacer?

* * *

«Da lo mismo —pensó Meller en el lavabo del bar del Hilton, y se lavó las manos por tercera vez—. La cuestión es: ¿qué hago ahora? No puedo quedarme aquí escondido eternamente.» Repasó una vez más sus opciones. ¿Firmar el contrato? No. ¿Quitarles el disco a aquellos dos...?

¿Qué había sido eso?

El móvil había vibrado.

¿Acaso...? ¡Sí!

¡Efectivamente! ¡El SMS se había enviado!

El móvil tenía cobertura, pero un instante después volvió a desaparecer la barrita indicadora. ¡Daba lo mismo! La policía sabía ahora dónde estaba metido. Meller se secó las manos y salió de los lavabos.

En el bar del hotel todo estaba igual que antes: el hombre de una sola pierna, la mujer joven. Y ahora había un camarero detrás de la barra. El contrato estaba encima de la mesa.

—¡Ya está usted de vuelta, por fin! —dijo la señora B.—. ¡Ya empezábamos a preocuparnos!

A continuación pidió a Meller que firmara, pues todo tenía que realizarse como es debido.

Ahora había que ganar tiempo como fuera. ¿Quién sabe cuánto tiempo necesitaría la policía hasta aparecer por allí? Meller agarró la hoja de papel y comenzó a examinar el contrato. De pronto se produjo un alboroto, el bar se llenó de gente. Fue algo tan rápido que no pudo darse cuenta de por dónde llegaban aquellas personas. Todos iban vestidos de civil.

—¡Policía, acompáñennos!

Detrás de cada uno de ellos se habían apostado tres hombres fornidos. También detuvieron a Meller, aunque le ahorraron las esposas, que sí colocaron al caballero del pelo cano, quien no podía creer lo que le estaba sucediendo. También Hildegard B. tenía escrito el asombro en la cara. Protestó y miró consternada al director de museo. Acto seguido se los llevaron detenidos.

La policía puso de nuevo en libertad a Harald Meller en la fiscalía general del Estado. La detención solo tenía la función de impedir que, con el nerviosismo de la operación policial, se escapara la persona que buscaban. Cuando Meller les habló de su desesperación y preguntó cómo es que lo habían perdido de vista, sus ojos se toparon con caras de expresión divertida.

—No tendría que haberse preocupado lo más mínimo. Le hemos estado observando todo el tiempo.

—¿Cómo?

—¿No vio a nadie?

—Sí, a un hombre de una sola pierna y a una mujer joven.

Plachesi, el comisario de la brigada criminal, asintió con sorna.

—Utilizamos a agentes encubiertos, no a agentes normales. Usted se encontraba en las mejores manos.

Meller no sabía si reír o ponerse a maldecir, pero entonces tuvo que dirigirse a la habitación contigua, en donde se hallaban los objetos confiscados encima de una mesa de formica blanca, con el disco celeste en el centro. Cotejaron cada una de las piezas con las fotografías en las que figuraba el hallazgo completo. No estaban todas, pero en ese momento a Meller le importó poco. ¡Lo principal era que el disco estaba a salvo!

Los dos peristas se encontraban mientras tanto en unas celdas con baldosas blancas, una colchoneta verde de plástico y un aseo de acero empotrado en el suelo. El hombre, que se llamaba Reinhold S., se mostró cooperativo durante el interrogatorio. Dijo que era maestro y un coleccionista entusiasta, y que el resto de las piezas de aquel descubrimiento arqueológico se encontraba en el sótano de su vivienda unifamiliar, a orillas del curso bajo del Rin. Y, en efecto, unas pocas horas después, las autoridades alemanas comunicaban la confiscación de las piezas que faltaban. Al acabar ese día, la policía suiza entregó el disco celeste a los funcionarios de la brigada criminal de Sajonia-Anhalt, quienes lo llevaron a la cámara acorazada del Departamento de la Brigada Criminal Estatal en Magdeburgo. De esta manera —aunque parezca un tanto extraña— se cumplió el sueño de los arqueólogos. Harald Meller no había excavado por sí mismo en un yacimiento hasta encontrar el disco celeste, cierto, pero había colaborado para rescatarlo de las profundidades del mundo del hampa de Basilea, y ahora todo el mundo podría disfrutarlo.

2

Entre expoliadores de tumbas

«Ha terminado la caza de las estrellas.» Ese fue el titular que resumió la rueda de prensa que tuvo lugar el 28 de febrero de 2002 en Magdeburgo. Bajo una lluvia de *flashes,* Manfred Püchel, ministro del Interior, hizo acto de entrega del disco celeste a Gerd Harms, ministro de Educación y Ciencia. Püchel elogió la colaboración de la policía suiza y expresó su satisfacción por haber rescatado aquel singular hallazgo para el Museo Estatal de Prehistoria de Halle. Con anterioridad, el arqueometalúrgico Ernst Pernicka y el restaurador Christian-Heinrich Wunderlich habían comunicado que, en sus primeros análisis, no detectaron ningún indicio de una fabricación moderna del disco. La prensa estaba ansiosa por conocer los detalles de la operación policial en Basilea. Todo el mundo estaba satisfecho. Sin embargo, no podría haberse elegido una frase más inapropiada para la rueda de prensa. Y es que «la caza de las estrellas», en realidad, comenzaba ahora.

Desde el primer momento, a la vista de las figuras representadas en el disco celeste, se alzaron voces que afirmaban que valdría la pena explorar a fondo sus contenidos astronómicos. Al físico Thomas Richter, jefe del departamento de informática del Servicio de Arqueología y Patrimonio de Sajonia-Anhalt, le llamaron de inmediato la atención las siete estrellas que formaban un destacado rosetón entre el supuesto sol y la luna llena: las Pléyades. A pesar de que ese llamativo enjambre de estrellas en la constelación de Tauro está compuesto en realidad por más de mil estrellas, a simple vista solo pueden reconocerse en el cielo nocturno entre seis y ocho, a lo sumo diez estrellas. Sin embargo, fueron esas siete las que se impusieron como el número por el que comúnmente se conoce a las Pléyades. Muchas culturas del planeta utilizaron la aparición o la desaparición de esas siete estrellas como marcador celeste del paso del tiempo.

Además, Florian Innerhofer, arqueólogo y especialista en la Edad del Bronce, tenía una teoría sobre los dos arcos de oro en las márgenes derecha e izquierda, aunque de uno de ellos no quedara más que la huella. Propuso interpretarlos como arcos del horizonte que reproducen la carrera del sol durante el año. Los extremos de los arcos marcarían las respectivas salidas del sol en los solsticios de verano y de invierno. Tales alineaciones ya se conocían de Stonehenge o del túmulo de Newgrange en Irlanda, en donde los rayos del sol penetran en la cámara funeraria exactamente en el momento en que se produce el solsticio de invierno.

Por muy prometedores que fueran semejantes indicios acerca de que el disco contuviera un mensaje astronómico codificado, su importancia sería muy difícil de calibrar mientras permaneciera sin aclarar de dónde procedía realmente el disco celeste. Por eso, continuaba siendo prioritario llegar hasta el final con la investigación policial. Solo así podría devolvérsele al disco celeste su historia.

* * *

«¡Os pillaremos!» Tras la rueda de prensa de febrero, todos los periódicos citaban esta frase de Manfred Püchel, ministro del Interior. Durante su intervención, este lanzó el siguiente mensaje a los peristas y expoliadores: la policía no descansaría hasta esclarecer el periplo por el que había pasado el disco. Solo quien se entregara voluntariamente y colaborara en la investigación criminal podría contar con indulgencia.

Cuando el diario *Bild* publicó un artículo en que hablaba del disco como «un mapa de las estrellas de un valor incalculable», surgieron decenas de personas que aseguraban ser los descubridores del disco e intentaban vender su historia. Incluso al museo llegaron cartas de gente que explicaba que había encontrado el disco mientras hacía obras en el sótano y que lo había vendido en el mercadillo porque no imaginaba lo importante que era, y por eso rogaba que se le devolviera. Sin embargo, en esas cartas no había ninguna pista que pudiera tomarse en serio.

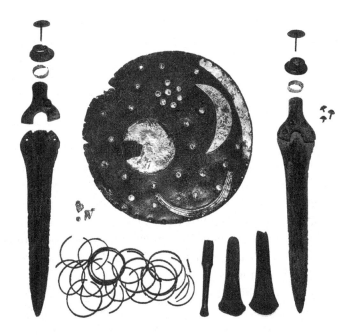

Recuperado: este era el aspecto de las piezas cuando llegaron al Museo Estatal de Halle en marzo de 2002. Además de por el disco celeste, el conjunto de Nebra está compuesto por dos espadas con arandelas de oro en la empuñadura, dos hachas, un cincel y dos brazaletes.

Todavía pasaría bastante tiempo hasta que, el 22 de julio de 2002, Eva Vogel, fiscal del Estado, llamara por teléfono al director del Museo Estatal de Prehistoria:

—Señor Meller, tengo una sorpresa para usted. Tengo a mi lado al señor Achim S. Acaba de firmar una confesión y está dispuesto a conducirnos al lugar del hallazgo del disco de las estrellas. ¿Desea venir usted?

¿Que si Meller deseaba ir?, ¡vaya pregunta!

Achim S., de unos cuarenta y cinco años, resultó ser uno de los dos hombres que, con unas fotografías de mala calidad, intentó que Wilfried Menghin, director del museo de Berlín, pagara un millón de marcos por el disco celeste y el resto de las piezas que lo acompañaban. Se trataba de la persona con fuerte acento de Colonia. Achim S. había pagado 32.000 marcos alemanes por el botín a las personas que lo encontraron, seguramente a sabiendas de que estaba haciendo un negocio sensacional.

En primer lugar intentó limpiar aquel extraño disco. Lo tuvo sumergido tres días en la bañera con agua y detergente Pril. Cuando vio que no conseguía nada solamente con el cepillo de dientes, probó con lo más fuerte que tenía en el armario de la limpieza: un estropajo. Con la lana de acero restregó la parte delantera, poniendo siempre atención en no rayar demasiado el oro.

Achim S., un montador de plataformas de plástico en paro, se dirigió a un comerciante de objetos de arte para que se hiciera cargo de la venta, pero la comisión que exigía por la transacción le pareció a Achim S. exageradamente elevada. Así que decidió vender el disco por su cuenta. Sin embargo, era complicado: si los museos se enteraban de dónde había salido el disco, se acabó.

Finalmente, Achim S. acudió a un encuentro de coleccionistas en el restaurante «Historia», en donde Hildegard B. lo puso en contacto con un coleccionista apasionado a quien llamaban «el maestro» en el mundillo: Reinhold S. Eso ocurrió a comienzos del año 2000. La apuesta de Achim S. en aquel póker de ventas fue de 250.000 marcos; se pusieron de acuerdo en 230.000 marcos. ¡Eso significaba casi 200.000 marcos de beneficio para Achim S.! Sin embargo, decidió no mencionar el lugar exacto del hallazgo. ¿Quién sabe? A lo mejor había más objetos que sacar de allí. En su lugar marcó en el mapa una cruz cerca de Wettelrode, no muy lejos de Sangerhausen. Allí había una muralla; lo sabía porque en esa zona se habían hecho otros descubrimientos arqueológicos.

Todo marchaba a las mil maravillas para Achim S., a pesar de que se le acabó el dinero enseguida. Sin embargo, dos años después volvió a oír hablar del disco: esta vez era el protagonista de una historia que tenía que ver con la policía de Basilea. Todos los periódicos venían repletos de noticias al respecto. Desde entonces, el traficante de obras de arte no tuvo ni un instante de tranquilidad. Tenía miedo de que Reinhold S. quisiera que le devolviera su dinero. ¡Pero aquel dinero ya se había esfumado! Y entonces comenzaron a torturarlo los descubridores del disco. ¡En todos los diarios podía leerse que Reinhold S. había tenido que pagar 700.000 marcos por las piezas! ¡Y Achim S. lo había obtenido por 32.000 ridículos marcos! Incluso podía comprender que los descubridores no quisieran creer que los 700.000 eran una cifra inventada y que él tan solo había cobrado 230.000 marcos. Al fin y al cabo, él mismo les mintió en su momento al decirles que había revendido las piezas por 45.000 marcos. Pero el negocio es el negocio, y cuando el dinero se va, pues adiós muy buenas.

Fue a Achim S. a quien más agobiaron las pesquisas policiales. «¡Os pillaremos!», les había advertido el ministro del Interior. Cuando Achim S. se enteró, por unos conocidos suyos, de que la policía había preguntado por él, sintió cómo se le hacía un nudo en el estómago. ¿Qué hacer? Un abogado le dio un consejo sencillo: «Vaya usted a la policía y preste una declaración».

Por ese motivo estaba sentado ahora Achim S. en un automóvil con la fiscal general del Estado. Estaban atravesando la zona forestal con los oscuros hayedos del bosque de Ziegelroda. El macizo de Mittelberg, no muy lejos de la pequeña localidad de Nebra, se elevaba 254 metros por encima del río Unstrut. Prácticamente arriba, sobre la meseta, Achim S. señaló, en las proximidades de un camino, la marca todavía sin cicatrizar en un árbol. En la tierra destacaba un hoyo. Lo habían excavado Henry W. y Mario R. hacía más de tres años y después, aquella misma noche, llamaron entusiasmados a su amigo Achim S. para explicarle lo que habían sacado de la tierra.

Sin embargo, el 22 de julio de 2002, Henry W. y Mario R. no tenían ninguna razón para el entusiasmo cuando Achim S. los llamó para contarles que acababa de prestar declaración en Halle, en la fiscalía general del Estado, y que ahora se encontraba en un coche, camino a Mittelberg, junto con la fiscal Vogel y el director de museo Meller. ¡Cómo había sido capaz de hacer algo así! ¡Ese traidor los había denunciado! ¿No podría haberlos avisado antes? Primero, Achim S. hace su agosto con una pieza que habían encontrado ellos, y ahora pretende exculparse a sus expensas. ¡Menudo canalla!

La pasada primavera, cuando el disco volvió a estar en el candelero, los tres habían acordado mantener la calma. Sin embargo, al leer en los diarios a qué precio había vendido Achim S. el tesoro que ellos habían encontrado, Henry W. y Mario R. echaron chispas de rabia. ¡Y él los había despachado con una limosna! Ahora bien, aquella traición era la gota que colmaba el vaso definitivamente. Henry W. y Mario R. se sintieron utilizados, engañados, embaucados. Y al mismo tiempo, estaban hartos de que siempre se asociara con otros algo tan importante como parecía ser el disco. ¡Ellos habían sido sus descubridores! ¡Ellos fueron quienes realizaron el gran hallazgo del que hablaban todos los periódicos! ¡Ya era hora de reclamar su parte del dinero, de notoriedad y de fama!

Henry W. y Mario R. se buscaron abogados y exigieron una indemnización en calidad de descubridores del disco celeste. Sin embargo, la situación legal no dejaba resquicio alguno para la duda. Se quedaron con las ganas. Peor aún: mientras que el embaucador de Achim S. se iba de rositas con una multa sin juicio gracias a su confesión, tanto contra Hildegard B. y Reinhold S. como contra ellos, los descubridores del disco celeste, se iba a iniciar un proceso. Entonces, los dos decidieron seguir el consejo de sus abogados y hablar con el Museo Estatal de Prehistoria. Les dijeron que eso podía beneficiarlos en el juicio. Además, tenían una historia que contar.

* * *

Si Henry W., de 35 años, y Mario R., de 28, hubieran tomado algunas cervezas menos en la fiesta a orillas del lago de Röblingen am See, seguramente hoy habría en el mundo un tesoro arqueológico menos. De haber sido así lo más probable es que al día siguiente, 4 de julio de 1999, hubiesen tomado sus detectores de metales y hubieran ido a Teupitz, cerca de Berlín, El Dorado de los coleccionistas de objetos militares a quienes no incomoda toparse con huesos humanos mezclados con la tierra. Los restos pertenecen a las 60.000 personas que perdieron la vida en la batalla de Halbe, en los últimos días de la Segunda Guerra Mundial. Pero el negocio de los objetos militares era rentable; en él, la piedad brillaba por su ausencia.

Sin embargo, si tenían que ir y volver en la tarde del domingo, Teupitz les quedaba demasiado lejos. Así que decidieron ir en el Trabant de Henry W. al bosque de Ziegelroda, que quedaba a tan solo media hora en coche. Y en el mapa figuraba marcada una muralla circular en la montaña de Mittelberg que se encontraba cerca de la localidad de Wangen, entre Memleben y Nebra, con vistas al río Unstrut. Sería allí donde tentarían a la suerte.

Algunos programas de televisión que daban cuenta de cómo fue descubierto el disco celeste de Nebra recrearon el momento ambientándolo de noche: con el ulular de los mochuelos de fondo y el haz de luz de la linterna desplazándose con rapidez por el suelo del bosque, los expoliadores se acercan al lugar del hallazgo con la cabeza cubierta por pasamontañas o la cara ennegrecida con carbón. Una versión de los hechos que no podría ser más falsa, ya que el descubrimiento del disco celeste ocurrió a plena luz del día.

Los dos hombres iniciaron su búsqueda a eso de las 13 horas, sin ninguna expectativa en concreto. Era un cálido día de verano. Primero buscaron en los alrededores de un antiguo fragmento de muralla, a continuación siguieron cuesta arriba por un camino excavado. Mario R., delgado y vivaracho, iba delante, como siempre; Henry W., corpulento, se movía lentamente detrás de él. Tenían activados los detectores, pero por sus auriculares no se oía ningún pitido que los incitara a excavar. A causa del calor, pronto realizaron un descanso, luego siguieron recorriendo el hayedo y dieron un rodeo para no molestar a una manada de jabalíes que estaba haciendo lo mejor que podía hacerse con aquel calor: revolcarse en el barro.

Cuando ya estaban a punto de alcanzar la cota más alta de la montaña Mittelberg, Henry W. observó una superficie llana. Tal vez allí hubiera habido en su día una carbonera. Decidió inspeccionar esa planicie. Sonó el detector. ¡Y de qué manera! Le dolieron los oídos. En la pantalla parpadeaba el aviso de «sobrecarga».

Eso no tenía por qué significar nada, Henry W. lo sabía bien. Ya le había sucedido con demasiada frecuencia; movido por la euforia de la señal del detector, en muchas ocasiones se había puesto a excavar para dar únicamente con chatarra. ¡Se hallaban fogones incluso en mitad del bosque! Por ese motivo apartó ahora con el pie la vegetación. Allí no había nada que llamara la atención; el suelo parecía duro como una roca. Henry W. sacó su piqueta, hecha con un hacha de bomberos reforzada, y comenzó a picar en la tierra.

Cuando Mario R. vio que su colega había comenzado a excavar, se acercó y se quedó mirando al sudoroso Henry W. batallando penosamente con el suelo duro. «¡Alto! —exclamó Mario R. de repente—. Has topado con algo.» «¡Sí, con la tapa de un cubo! Estaba a unos pocos centímetros por debajo de la superficie de la tierra.» «¡No, ahí hay oro!» Henry W. dejó de picar y ahuecó con cuidado el suelo con la piqueta; Mario R. retiraba la tierra con los dedos. Parecía un disco de metal. Estaba en posición vertical en el suelo, pero firmemente encajado, a prueba de bombas. Por detrás era imposible aproximarse a él porque había una piedra grande. Los dos continuaron profundizando en la tierra centímetro a centímetro. Transcurrieron casi dos horas hasta que lograron dejar al descubierto la mitad del disco. No sabían qué era aquello que estaban desenterrando; tenía una costra de tierra demasiado gruesa.

Entonces se toparon con una resistencia aún mayor que la del suelo, de por sí ya muy duro. ¿Se trataba de piedras depositadas delante del disco? ¡No, eran hachas! Dos. Yacían una encima de la otra, cruzadas, con las hojas en contacto y los filos en dirección opuesta. Al cabo de un rato vieron que debajo de las hachas había algo más. Un cincel de bronce. Y este, a su vez, estaba colocado encima de algo. «¡Es una espada!» Y debajo, otra más. ¡Los dos se pusieron a dar gritos de júbilo! También las espadas estaban en direcciones opuestas y se apoyaban directamente una encima de la otra. La tierra se había vuelto más lodosa y tenía una coloración más oscura alrededor de los objetos. Detrás de una de las empuñaduras de las espadas, Mario R. y Henry W. encontraron, además, dos brazaletes incrustados en la tierra.

Ya llevaban más de tres horas excavando cuando pudieron extraer por fin el disco. Era sorprendentemente pesado. Tenía agujeros en el borde. También estaba abollado. Probablemente por algún impacto del hacha de bombero. Ahora bien, ¿qué era aquello que habían encontrado? No era una tapa de cubo, eso estaba claro. ¿Un escudo tal vez? Demasiado pequeño. Henry W. había arrancado algo de la decoración dorada. Mario R. se lo metió en el bolsillo del pantalón. Y ahora había que marcharse de allí enseguida, no fuera caso que alguien los sorprendiera allí. Introdujeron las piezas pequeñas en bolsas para congelados; el disco, en una bolsa de plástico. Tuvieron que llevar las espadas en las manos. Se había soltado una empuñadura; faltaba el remache que debía fijarla a la cuchilla. Lo buscaron, pero no lo encontraron.

Antes de rellenar el hoyo, se aseguraron con el detector de no haber pasado algo más por alto. Pero la máquina no emitió ningún pitido más. Volvieron a introducir en el hoyo toda la tierra y las piedras que habían sacado; incluso arrojaron en él la botella de agua que llevaban. A continuación, allanaron el suelo y cubrieron el lugar con hojarasca. Se dirigieron rápidamente al Trabant de Henry W., y luego a casa. Había que celebrar semejante hallazgo. ¡Además querían llamar a Achim S. para que les aclarara cuánto dinero iban a recibir!

Achim S. no se hizo esperar. Acudió a Röblingen al día siguiente. Tuvo que llevarlo su compañera porque él no tenía carné de conducir, y ella fue también quien le dejó el dinero prestado. Miró las piezas. Sí, aquel viaje había valido la pena. Henry W. quería 40.000 marcos; se pusieron de acuerdo en 30.000 por el disco y las espadas, 1.000 por las hachas, el cincel y los brazaletes. Y 1.000 marcos extra para Mario R., que estaba decepcionado porque Henry W. solo quiso hacerle partícipe con un diez por ciento, aunque, bien mirado, cada uno buscaba siempre por su cuenta, aunque fueran juntos. A cambio, Mario R. le vendió a Achim S. por 50 marcos la lámina de oro arrancada del disco sin que Henry W. se enterara. Sin embargo, no dijeron nada acerca de dónde habían encontrado su botín. Quién sabía cuántas cosas más podrían encontrarse allí.

Unos pocos días después volvía por allí Achim S. Esta vez fue en tren; su compañera se había negado a llevarlo otra vez en coche por media Alemania. Faltaba el remache de bronce de la empuñadura de una de las espadas, que seguramente se había perdido durante la excavación. «¡Tenemos que ir a buscar ese remache!» «Qué se le va a hacer —se dijeron Henry W. y Mario R.—, habrá que enseñarle el lugar del hallazgo.» Y fueron con Achim S. a la montaña de Mittelberg, donde acabaron encontrando el remache que le faltaba a la espada.

Así pues, con la declaración de Henry W. y Mario R. quedaba relatada con detalle la historia de cómo fue encontrado el disco. O casi. Y es que Mario R. no explicó que, después de que el disco volviera a aparecer en febrero de 2002, Achim S. lo llamó. Insistía en volver al lugar del hallazgo ya que, según decía, las piedras en las que había estado apoyado el disco no lo dejaban dormir en paz. Henry W. y Mario R. no habían encontrado huesos al excavar, pero ¿quién sabe? ¿Y si se tratara de una sepultura? Entonces podrían acusarlos del delito de profanación de tumbas. «Vamos a desenterrar esas piedras —dijo Achim S.—, las tiramos pendiente abajo y cerramos el hoyo. Entonces nadie podrá culparnos de nada.» Dicho y hecho. ¿Tenía Achim S. ya entonces en mente entregarse? En cualquier caso, aprovechó la ocasión para realizar una marca en un árbol y señalizarlo con claridad en el bosque de Ziegelroda con la finalidad de volver a encontrarlo, porque uno nunca sabe qué puede suceder.

Harald Meller reunió un equipo de excavación en el verano de 2002; mientras tanto, la administración forestal estaba talando los árboles de aquella altiplanicie de la montaña de Mittelberg. El objetivo era explorar todo el terreno para averiguar qué función tenía el recinto amurallado dentro del cual había sido hallado el disco celeste. ¿Podría haber sido aquello una especie de observatorio astronómico de la Edad del Bronce? ¿O se trataba de una fortificación? Al mismo tiempo se rastreaba el lugar en busca de tumbas, huellas de poblamiento y otros restos enterrados.

Sin embargo, otro objetivo fue también documentar arqueológicamente la propia excavación ilegal. Así se consiguieron identificar las huellas que había dejado Henry W., que encajaban con la azada confiscada. Los arqueólogos dieron incluso con los restos de aquella botella de agua que Henry W. vació aquel tórrido día de julio de 1999 y que luego dejó tirada en el hoyo. Se haría famosa. La excavación posterior demostró también que no se trataba de ninguna tumba. Las piezas de bronce parecían haber sido enterradas como un depósito, es decir, como una posible ofrenda a los dioses.

Por consiguiente, se había logrado el principal objetivo tras la confiscación: el disco celeste, las espadas, las hachas, el cincel y los brazaletes quedaban asociados al lugar de su hallazgo. Y eso fue un revulsivo para las investigaciones posteriores. Y es que, mientras se hundían las palas en la tierra de la montaña de Mittelberg, ya se vio con claridad que aquel lugar encajaba a la perfección con un hallazgo que hablaba de la realidad celeste. No solo los arqueólogos estaban fascinados con el descubrimiento, también los astrónomos llevaban tiempo persiguiendo el rastro del disco de las estrellas.

3
El rastro de las estrellas

Cuando entran en juego conjuntamente la historia y los astros, hace su acto de presencia la arqueoastronomía; en ese momento es necesario ser prudente. La arqueoastronomía es muy popular, pero también tiene muy mala fama. Es popular porque cada una de sus tesis da alas a la imaginación de las personas al coincidir en ella dos de los grandes misterios de la humanidad: los misterios de las amplitudes infinitas del universo y los misterios de nuestro pasado más remoto. Su mala fama se debe a que desde sus filas se tiende a plantear especulaciones arriesgadas.

A la arqueoastronomía tenemos que concederle que se halla todavía en pañales como disciplina científica. Por regla general, la practican astrónomos que se atreven a explorar en los terrenos de la prehistoria; están equipados con un saber extraordinario sobre cosmología y dotados de las refinadas artes matemáticas y calculatorias, pero con frecuencia carecen de conocimientos prácticos y fundados acerca de la prehistoria.

Fueron astrónomos como Gerald Hawkins o Fred Hoyle quienes con libros como *Stonehenge decoded* (1965) o *From Stonehenge to Modern Cosmology* (1972) entusiasmaron a las masas lectoras. Interpretaron los megalitos del sur de Inglaterra como ordenadores de la Edad de Piedra, como gigantescas calculadoras que servían para pronosticar sucesos en el cielo, tales como los eclipses de sol y las fases de la luna. Por todas partes descubrían líneas visuales para seguir el movimiento de los astros. Poco les preocupaba que, para tales interpretaciones, tuviera que realizarse primero una datación fiable de esos supuestos observatorios de la prehistoria. Y ello, a pesar de que al cabo de un siglo variaba la visión terrestre del cielo en tal medida, que la colocación de las piedras ya no servía correctamente para la medición de los astros. Y, como es natural, el reajuste resultaba difícil con aquellas moles de piedra.

A pesar de ello, en las décadas posteriores quedó documentada la proyección de sombra de cualquier menhir, por pequeño que fuera, y de todo eje que cualquier pirámide pudiera proyectar hacia el universo. Los investigadores estaban firmemente convencidos de que nuestros antecesores eran fantásticos astrónomos que disponían de un conocimiento antiquísimo, que por desgracias habíamos perdido en la actualidad, y emprendían todo tipo de acciones para arrebatárselo a aquellas construcciones arcaicas.

Este fue el sustrato extraordinariamente fértil sobre el que florecieron en los años setenta del siglo pasado los mitos de la «Nueva Era», hasta el punto de que los druidas modernos celebraban sus procesiones por Stonehenge durante los solsticios de verano. Autores como Erich von Däniken lanzaron la hipótesis de visitantes venidos del cosmos. ¿Quién, si no, podía haber suministrado a nuestros ancestros un conocimiento semejante? Las líneas de Nazca en Perú, ¿no eran acaso las pistas de aterrizaje de sus naves espaciales? Los astronautas extraterrestres, ¿no sirvieron de modelos a los seres humanos para dar forma a sus dioses en consonancia con ellos? Y, del mismo modo, las pirámides fueron consideradas copias de aquellos aparatos con los que los visitantes celestiales hibernaban para viajar a través del tiempo. Así pues, los monumentos del pasado no eran otra cosa que *Recuerdos del futuro,* como rezaba el título (genial, sin duda) de uno de los éxitos de ventas de Däniken.

Por muy disparatado que pueda parecernos esto en la actualidad, no debemos olvidar que por aquel entonces reinaba un optimismo desmedido en todo lo relativo a la navegación espacial. Las misiones Apolo habían llevado al ser humano a la Luna, las sondas espaciales Pioneer estaban de camino a los planetas Venus, Júpiter y Saturno. De las misiones de las sondas Voyager más allá de los límites de nuestro sistema solar hemos hablado ya en la introducción. Sus discos de oro llevaban mensajes humanos a los posibles habitantes del universo. Así que, en sentido inverso, no quedaba demasiado fuera de lugar que la Tierra, a su vez, hubiera sido visitada en tiempos remotos por extraterrestres que dejaran su huella. Se trataba únicamente de encontrarla.

* * *

Muy pronto quedó demostrado que el disco celeste de Nebra poseía mucho potencial en ese sentido. Al museo llegaban cartas en las que se rogaba que se revelara al público de una vez el mensaje codificado de las estrellas contenido en el disco. ¿Acaso no había explicado la misma Hildegard B. que la primera vez que tuvo el disco entre sus manos había tenido una visión que la había transportado a la Edad de Bronce? «Desorientada sintió que su cuerpo se descomponía en miles de millones de partículas diminutas que, como perlas plateadas, se sumergían en la niebla reluciente que la rodeaba», así lo describe ella en su novela *Die Sternenscheibe* [El disco de las estrellas]. La historia y los astros son una mezcla inspiradora.

De ahí que no sorprenda que Harald Meller, en una rueda de prensa que ofreció a comienzos del año 2002, presentara a un adorable anciano con las siguientes palabras: «Para el análisis de los datos astronómicos contenidos en el disco celeste hemos elegido con toda la intención al menos fantasioso de los astrónomos». Lo más importante era avanzar sobre conocimientos seguros y no sobre especulaciones estelares.

Con Wolfhard Schlosser acertaron de pleno en la diana. Había escrito un libro sobre arqueoastronomía, cierto, pero asegurándose de contar con la ayuda del prehistoriador Jan Cierny en calidad de coautor. Ya en las primeras páginas de *Sterne und Steine* [Estrellas y piedras] los dos liquidan los mitos más corrientes de la arqueoastronomía: ¿Que Stonehenge servía para determinar el día del solsticio de verano? ¡Tonterías! «Ni con Stonehenge, ni con ningún otro monumento puede predecirse ese importante día del año.» La razón es simple: «El punto por donde sale el sol no varía apenas en torno al día más largo del año. Durante toda una semana sale prácticamente por el mismo lugar del horizonte, de modo que no puede fijarse de ninguna manera el día exacto del solsticio».

Los menhires, esas famosas piedras verticales, ¿eran indicadores de posición para estrellas fijas? ¡Ni hablar! «Las estrellas fijas, que supuestamente salían o se ocultaban de manera tan significativa a lo largo de los alineamientos de las construcciones pétreas megalíticas —escriben Schlosser y Cierny—, lo hacían así solo durante un tiempo, unos cien años más o menos. Después ya no coincidía la dirección, y las piedras, a menudo de varias toneladas de peso, habrían sido emplazadas en vano para las siguientes generaciones en la Bretaña y en otros lugares.» La culpa la tiene la precesión, la oscilación del eje de rotación de la Tierra en el giro de esta alrededor del Sol, que conduce lenta pero inexorablemente a un desplazamiento de la perspectiva en el cielo estrellado. Y sobre todo: incluso en un círculo de tan solo diez piedras son posibles noventa alineaciones visuales en los 360 grados de la bóveda celeste, de manera que podrían trazarse todo tipo de coincidencias entre el sol, la luna o las estrellas.

Sin embargo, sería del todo injusto tildar a Schlosser de persona carente de imaginación. Por un lado, este astrónomo posee una vena poética; solo hay que leer lo que escribe sobre los humanos de la prehistoria: «El pastor que durante el día era capaz de calcular a simple vista si su rebaño estaba completo, de noche se daría cuenta enseguida de si al rebaño de estrellas de una constelación se le había unido algún planeta». Por otro lado, Schlosser demostró ser extraordinariamente creativo en lo relativo a la elección de los métodos; ¿quién construye un planetario para focas?

* * *

Wolfhard Schlosser, nacido en 1940, catedrático de astronomía por la Ruhr Universität, de Bochum, fue director del proyecto de la misión alemana del Spacelab y comisionado de la Agencia Espacial Europea para la Estación Espacial Internacional (ISS). En sus años jóvenes estuvo un año en los desiertos de Sudáfrica inspeccionando todas las noches el cielo estrellado para localizar un lugar de emplazamiento útil para el telescopio del Observatorio Europeo Austral. Schlosser se cuenta entre los protagonistas activos que quieren erigir la arqueoastronomía sobre sólidos cimientos científicos. Por ese motivo, en *Estrellas y piedras* intentó ofrecer «una imagen prudente de los conocimientos seguros» acerca de las tempranas habilidades astronómicas de los seres humanos. Formuló esta idea fundamental de un modo tan sugerente, que vamos a citarla aquí en toda su extensión, sobre todo porque en nuestro análisis del disco celeste nos preguntaremos también por las competencias astronómicas que debemos atribuir a nuestros antepasados:

«Desde el origen de la vida, el sol ha salido y se ha puesto más de un billón de veces. La pleamar y la bajamar se han alternado más de cuatro billones de veces en las costas. Ha habido luna llena cincuenta mil millones de veces con su correspondiente luna nueva. La primavera, el verano, el otoño y el invierno se han sucedido cuatro mil millones de veces. De ahí que los órganos sensoriales que iban evolucionando lentamente se vieran expuestos a un patrón de estímulo estrictamente periódico y nunca interrumpido. No puede existir la más mínima duda de que esas salidas y esas puestas de sol, esas mareas altas y esas mareas bajas que han acompañado a la vida desde su fase más temprana han quedado acuñadas en cada célula, hasta en su microestructura química. Es aquí, pues, donde debería explicarse la raíz de los procesos periódicos en la naturaleza viva, de todos los relojes internos, desde el comportamiento de bandada de los gusanos palolo hasta el vuelo migratorio de las cigüeñas a África. Y del mismo modo puede suponerse que la dedicación a la astronomía desde los tiempos más remotos fue fomentada por la consonancia "el cielo estrellado sobre mí y la ley moral dentro de mí", parafraseando la famosa cita de Kant».

El ritmo de los astros en el cielo quedó inscrito en la vida en la Tierra desde sus comienzos. Ello condujo a logros maravillosos, como el del famoso gusano palolo citado por Schlosser, el *Palola viridis*. Se trata de un pariente lejano de nuestra lombriz, que vive en los corales del Pacífico sur. El comportamiento de bandada de este gusano depende de la posición del sol y la fase de la luna. En particular, resulta decisivo el último cuarto de la luna un mes después del equinoccio de primavera. «Como astrónomo constatas con asombro —dice Schlosser— que este gusano hace cientos de millones de años que anticipó la regla de la fiesta de Pascua.» De manera similar, esta regla hace que la fiesta más importante del cristianismo dependa de la presencia de la luna (en la fiesta de la Pascua es la luna llena de la primavera). ¿Cómo lo consigue este gusano palolo en el fondo del mar? Posee una delicada sensibilidad que registra incluso las más mínimas variaciones de las mareas, a su vez influidas por el sol y la luna.

También le dieron que pensar a Schlosser las hormigas del desierto, las *Cataglyphis*. En su búsqueda de alimento recorren cientos de metros en zigzag por entre dunas de arena idénticas y, sin embargo, en cualquier momento pueden regresar a su hormiguero recorriendo el camino directamente. ¡Gracias a la ayuda del sol como guía de navegación!

Ahora bien, los animales que fascinaron especialmente a Schlosser fueron las focas, en concreto las *Phoca vitulina*. Por las noches se adentran nadando en el mar entre diez y veinte kilómetros, pero regresan a casa, a su banco de arena, con total seguridad. Para no depender de la mera especulación sobre si estos mamíferos marinos recurren o no a la guía del cielo, Schlosser construyó un planetario improvisado para dos focas, Malte y Nick, en el zoo de Colonia. Después de que Schlosser las entrenara, ambas conseguían identificar la estrella Sirio en el cielo nocturno, incluso cuando cambiaba la ubicación de la estrella, y lo hacían con la suficiente exactitud como para alcanzar la costa guiándose por ella.

Para Schlosser está fuera de toda duda que también el *Homo sapiens* tuvo siempre un ojo puesto en las estrellas. En los oscuros tiempos remotos, es decir, en los tiempos prehistóricos en los que no estorbaba ninguna contaminación lumínica, las estrellas se presentaban a nuestros antepasados con una nitidez y una concisión mucho mayor que en la actualidad. Durante los milenios que los seres humanos recorrieron el planeta en calidad de cazadores y recolectores, debieron de utilizar siempre las estrellas para orientarse en el tiempo y en el espacio. Algunos estudios etnológicos, como por ejemplo el análisis de los mitos de los aborígenes australianos, suministran numerosos indicios de una función de calendario de los objetos cósmicos. Conocían sobre todo las apariciones tempranas de algunas constelaciones en el horizonte celeste, es decir, sus primeras apariciones visibles al alba después de un periodo largo de invisibilidad: eran consideradas señales del cielo que indicaban que había llegado el momento de recolectar pupas de hormigas, el final de la época de lluvias o la marcha anual a los campamentos de invierno.

Sin embargo, el sol era poco interesante para ellos como marcador del ritmo vital. Su importancia para el calendario no comenzó hasta la revolución del Neolítico, cuando el ser humano se hizo sedentario, pues, solo cuando se vive en un lugar fijo, pueden determinarse en el horizonte aquellos puntos por los que el sol sale y se pone en determinadas épocas del año. Con el paso hacia la agricultura y la ganadería puede comprobarse con seguridad también el conocimiento de los cuatro puntos cardinales. Dado que en la naturaleza no puede precisarse en ningún lugar exacto el norte y el sur, el oeste y el este, tuvieron que abstraerse a partir de las posiciones del sol. «Fue un logro intelectual de primer nivel», dice Schlosser. Ahora bien, ¿cómo puede demostrarse tal cosa? Por la medición de las tumbas neolíticas. En extensos periodos de la prehistoria era habitual orientar a los muertos hacia un punto cardinal determinado: con frecuencia miraban hacia el sol naciente. Tras el análisis de algunos miles de tumbas en Centroeuropa quedó demostrado que la orientación al este había sido fijada con una precisión asombrosa.

¿Cómo era esto posible? El lugar de salida del sol varía a lo largo del año. La invención de la brújula todavía tardaría algunos milenios en producirse. Y por aquel entonces no se había identificado un polo norte en el cielo, es decir, una estrella, como la estrella Polar actual, situada en la prolongación del eje terrestre. Ni siquiera la señalización del sur con el sol de mediodía es suficientemente exacta. Si se utiliza la sombra que arroja un palo al mediodía, ese punto cardinal solo puede determinarse con una exactitud de aproximadamente cinco grados. Sin embargo, el error de medición de las tumbas de la Edad de Piedra era de solo tres grados de media.

Por lo tanto, los seres humanos debieron poseer primero la idea abstracta de lo que es un punto cardinal exacto. Y esa idea no podía obtenerse de las salidas y de las puestas del sol a lo largo del año, sino que requería cierta familiaridad con una serie de fundamentos astronómicos y geométricos. Un método que quizá permitió determinar los puntos cardinales con precisión, tal vez ya en el Neolítico, es el círculo indio, de cuya utilización los etnólogos tienen constancia no solo en la India, sino también en otros lugares del planeta.

El procedimiento es simple: del mismo modo que con un reloj de sol, se clava un palo en el suelo. A continuación se traza un círculo en torno al palo, cuyo radio tiene que ser algo mayor que la longitud de la sombra que arroja el palo al mediodía. A lo largo de un día, la punta de la sombra corta el círculo en dos ocasiones. La primera, por la mañana, cuando la sombra se acorta a medida que el sol asciende; la segunda, por la tarde, cuando la sombra del palo vuelve a ganar longitud con el sol poniente. Si unimos esos dos puntos de intersección, la lína trazada señala la dirección este-oeste. Y la unión del centro de esa línea y la base del palo clavado en el suelo marca la dirección norte-sur. El margen de error del círculo indio es de un grado.

Para Schlosser, la orientación exacta de las tumbas es la prueba de que en tiempos prehistóricos ya se medía, se contaba y se construía con arreglo a la geometría. Dado que Schlosser puede apoyarse en multitud de datos para pronunciar ese juicio, el análisis de las tumbas es un buen ejemplo de cómo se imagina él la arqueoastronomía basada en fundamentos científicos. Las manifestaciones frecuentes son más significativas desde un punto de vista estadístico que los «monumentos de renombre» singulares, como Stonehenge. En él puede deberse todo simplemente al azar.

Este fue, pues, el sobrio planteamiento con el que Wolfhard Schlosser se hizo cargo del disco celeste de Nebra. A pesar de ello, llegó a conclusiones asombrosas.

* * *

«Realmente, parece que ese objeto hubiera sido enterrado por Erich von Däniken con sus propias manos», fue la primera reacción de Wolfhard Schlosser ante el disco celeste. En primer lugar, este profesor de astronomía se puso a realizar un sobrio inventario. Midió con exactitud las figuras para averiguar si determinadas anomalías eran intencionadas o se debían a una amplia tolerancia al error en los orfebres de la Edad del Bronce. Rápidamente dio con algunos indicios que señalaban que aquel cielo forjado encajaba muy bien con la montaña de Mittelberg. En concreto, sus argumentos eran dos.

También Schlosser interpretó los dos arcos laterales como curvas del horizonte, como había hecho ya el arqueólogo Florian Innerhofer. Solo se conservaba uno de los arcos, pero su opuesto podía reconocerse aún con claridad gracias a las incisiones que sirvieron para fijar la lámina de oro con la técnica del damasquinado. «Si mantenemos el disco en posición horizontal, el arco de la derecha marca el sector por el que sale el sol a lo largo de un año», según el astrónomo. Así pues, el extremo delantero señalaría el solsticio de invierno; y el extremo de detrás, el de verano. « Lo mismo se puede decir del arco de la izquierda, que marca los puntos del ocaso correspondientes.» Por consiguiente, los arcos del horizonte no solo marcan los solsticios,

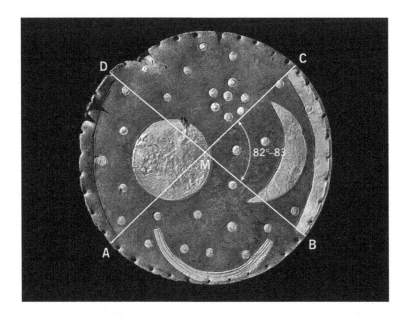

El imperio del sol: los extremos de los arcos del horizonte, situados a la izquierda (falta) y a la derecha del disco, marcan las salidas y las puestas del
sol en la época de los solsticios. Si unimos esos puntos se obtiene la latitud
geográfica del observador a partir del ángulo formado. La barca solar que
figura en el borde inferior se añadió con posterioridad.

sino también los dominios del sol: «Hay oro allí donde podía llegar el
sol; no hay oro en la zona a la que no llegaba».

Si unimos ahora los extremos de los arcos con líneas rectas (en
aspa), ello da como resultado a izquierda y derecha un ángulo de
82,7 grados. La desviación es demasiado grande como para consi-
derarlo un ángulo recto mal trazado en el caso de que el orfebre
hubiera insertado los arcos como una mera decoración. Así pues,
ese ángulo se eligió intencionadamente y documenta las asombrosas
facultades matemáticas de la época. Si es correcta la suposición de su
función como arcos del horizonte, entonces puede determinarse la
latitud geográfica del lugar de observación en el que era válido ese
ángulo. Teniendo en cuenta una cierta tolerancia en la fabricación
del disco, ello da como resultado una franja de unos treinta kilómetros al norte y otros treinta al sur de Magdeburgo. La montaña de
Mittelberg en la que fue enterrado el disco, queda a unos setenta
kilómetros al sur de esa franja. Así pues, esta era una primera prue-

ba de que los arcos del horizonte tenían que haberse montado en el territorio de la actual Alemania Central (aunque no en Nebra), y que, por tanto, el disco celeste no era un objeto traído del Mediterráneo ni de Oriente.

El segundo motivo por el cual encajaban la montaña y el disco a la perfección era que, en la Edad del Bronce, la montaña de Mittelberg no poseía arbolado. La madera no era codiciada únicamente para la construcción de viviendas y como combustible para calentar el hogar y para cocinar, sino que además se precisaba en grandes cantidades para la floreciente producción de sal y de metal. Los arqueólogos documentan esa creciente escasez de madera en la prehistoria en el hecho de que los postes utilizados para las casas eran cada vez más delgados: lo que comenzaron siendo construcciones levantadas con potentes troncos de roble acabaron convirtiéndose en delgadas estructuras de madera. Los túmulos del Neolítico reciente encontrados en la montaña de Mittelberg hablan también en favor de una cumbre pelada; no habrían podido ser construidos en un bosque. Contemplado desde la cima de la montaña, el sol se ponía en un lugar destacado en la época del solsticio de verano: por detrás de la montaña de Brocken, la más alta del macizo del Harz, el lugar en el que Fausto, el personaje de Goethe, celebra la noche de Walpurgis en compañía de Mefistófeles. Y el primero de mayo, una fecha en la que los celtas comenzaban la festividad de Beltane, el sol desaparecía por detrás de otra montaña protagonista de leyendas: el monte de Kyffhäuser. Si uno se situaba en la cima de la montaña de Mittelberg y mantenía el disco celeste en posición horizontal, podía hacer coincidir el extremo noroeste del horizonte de la izquierda con el pico de Brocken, y de esa manera orientarlo al Norte. En resumidas cuentas, la montaña de Mittelberg iba como anillo al dedo al disco celeste.

El hecho de que los arcos del horizonte estén colocados de forma un poco asimétrica demuestra también hasta qué punto la concepción del disco se basó en observaciones exactas del cielo: el sector exento de oro de la parte inferior en dirección a la barca del cielo es entre cinco y seis grados mayor que la parte superior. «Eso era de esperar también —explica Schlosser—, ya que lo que marca en el horizonte el orto y el ocaso es la aparición o desaparición del borde superior del sol.» Y debido a la refracción de los rayos solares en la atmósfera terrestre y al radio del sol, se produce un desplazamiento hacia el norte que se corresponde con esa ligera asimetría de los arcos del horizonte.

En consecuencia, para el astrónomo hay una cosa segura: en la parte inferior del disco, allí donde se colocó la barca solar, está el sur. Si la figura de oro en forma de hoz se interpreta como la luna creciente poco después de la luna nueva, significa que el oeste se localizaría a la derecha en el disco, y el este, a la izquierda. Nada raro para un astrónomo. «Puede que esto sorprenda a alguien no familiarizado en estos asuntos», dice Schlosser. El profano espera el este a la derecha y el oeste a la izquierda, igual que en un mapa. «Sin embargo, en geografía miramos a la Tierra desde arriba; en la astronomía miramos el cielo desde abajo.» Y por esta razón, la determinación astronómica de los puntos cardinales en el cielo sigue siendo hasta hoy: ¡el oeste, a la derecha; y el este, a la izquierda!

* * *

Así pues, dado que el disco celeste encajaba tan bien con la montaña de Mittelberg, al principio se extendió la tesis de que allí debía de haber existido un observatorio astronómico de la Edad del Bronce. No en vano el disco había sido depositado en el interior de una muralla circular todavía claramente reconocible; otras dos murallas al noroeste y al sudeste blindaban el acceso a la cresta de la montaña. *Der Spiegel*, una revista informativa, hablaba ya de un «templo astral» al que no podían entrar más que una suerte de «sacerdotes estelares» iniciados.

La idea no era del todo descabellada. Solo a unos 25 kilómetros de la montaña de Mittelberg, un equipo de arqueólogos bajo la dirección de François Bertemes, profesor de la Martin Luther Universität de Halle-Wittenberg, en colaboración con el Servicio de Arqueología de Sajonia-Anhalt, había excavado el recinto circular de Goseck, una especie de Stonehenge neolítico hecho de madera. Con un diámetro de unos setenta metros, el recinto tenía la casi increíble antigüedad de 7.000 años (y por consiguiente era dos milenios anterior a Stonehenge). La entrada del sudeste y la del sudoeste estaban orientadas a la salida y a la puesta del sol durante el solsticio de invierno; dos interrupciones de la empalizada de madera estaban orientadas a las salidas y puestas del sol durante el solsticio de verano. Era justamente el principio que podía visualizarse en los arcos del horizonte del disco celeste. A ello se añadía que otra interrupción de la empalizada de madera marcaba el 1 de mayo, es decir, la Noche de Walpurgis/ Beltane, igual que hacía el eje visual hacia el monte de Kyffhäuser desde la montaña de Mittelberg.

Los paralelismos son asombrosos. ¿Por qué no iba a haber existido más de 3.000 años después un observatorio astronómico en la montaña de Mittelberg? Desafortunadamente, las excavaciones refutaron esta tesis espectacular: cuando se erigió la fortificación circular, hacía siglos que el disco celeste reposaba bajo tierra. Hasta el momento no se han encontrado indicios de ningún observatorio de la Edad del Bronce.

* * *

Ahora bien, esos arcos del horizonte son, de hecho, elementos marginales. Objetos que están en los bordes y que, además, fueron añadidos con posterioridad y no pertenecían a la imagen original del disco. Esto queda demostrado al observar con atención el disco celeste. Para colocar los arcos, el orfebre tuvo que retirar dos estrellas por completo y desplazar una tercera un poco hacia el centro; los surcos seguían marcando los emplazamientos originales de las estrellas, dos de ellas son claramente reconocibles por debajo del arco del horizonte de la derecha.

El barco, la supuesta barca solar, también fue añadido con posterioridad embutiéndolo entre el borde inferior y el espacio estrellado. De hecho, en determinado punto, las finas estrías paralelas del borde superior de la figura se recortaron para que no tropezasen con una estrella. La pregunta sobre qué se colocó primero, si el barco o las estrellas, es fácil de responder. Con toda seguridad, las estrellas.

Wolfhard Schlosser midió cada estrella con exactitud milimétrica para averiguar si las diferencias de tamaño seguían algún patrón. Las estrellas más grandes podrían señalar estrellas de un brillo más potente. El análisis estadístico dio un resultado negativo. Al artesano del disco celeste le era indiferente si las estrellas variaban mínimamente de tamaño. Lo emocionante allí era que había otro detalle muy distinto que no le era indiferente en absoluto.

También Schlosser estaba convencido de que el grupo de siete estrellas juntas tenía que ver con las Pléyades, que se mencionan en muchas culturas en todo el planeta. Por esta razón, el profesor de astronomía examinó en primer lugar si detrás de las veinticinco estrellas restantes que resaltaban originalmente en el disco se escondía alguna otra constelación. También aquí obtuvo un resultado negativo, pero de todas formas fue un resultado especialmente revelador. Lo más llamativo en la distribución de las estrellas era justamente la absoluta falta de propósito en llamar la atención.

No se trataba únicamente del hecho de que las estrellas no podían asignarse a ninguna constelación concreta, sino que quien las distribuyó por el disco se había esforzado con toda claridad por no procurar ni el más mínimo asomo de semejanza con una constelación. Schlosser, científico puro, examinó esa hipótesis en un experimento. Hizo que tanto un ordenador como un grupo de personas dibujaran veinticinco estrellas de manera aleatoria en un disco circular. El ordenador producía una y otra vez acumulaciones llamativas que, en ocasiones, recordaban a constelaciones reales como Casiopea o Escorpión. Las constelaciones en el cielo nocturno no son nada más que eso. «Una distribución aleatoria produce siempre constelaciones —dice Schlosser—, eso es estadística simple.»

En cambio, las personas que se sometieron al test se cuidaron de no ubicar las estrellas demasiado pegadas unas a otras. Se preocuparon por distribuir las estrellas de la manera más regular posible. El maestro del disco celeste (así quedó demostrado por los análisis estadísticos de Schlosser) había sido incluso más escrupuloso que las personas del experimento a la hora de distribuir equilibradamente las estrellas. Así pues, en el disco celeste se creó un cielo estrellado en el que no debía reconocerse nada más que las Pléyades. Muestra, por tanto, un cielo estrellado pero sin constelaciones que otorga el protagonismo absoluto a «Las siete hermanas».

El hecho de que sean justamente las Pléyades las estrellas protagonistas del disco celeste no sorprende lo más mínimo a Schlosser: «Siempre que realizo una visita guiada para niños y niñas en el planetario, lo primero que les llama la atención es el notable grupo de estrellas de las Pléyades». En *La Ilíada* de Homero adornan el escudo del poderoso Aquiles, fabricada personalmente por Hefesto, el dios de la forja: «Allí cinceló la tierra; allí, el cielo; allí, el mar; el sol infatigable, la luna llena; allí las constelaciones todas: las Pléyades, las Híades y la fuerza de Orión». En *La Odisea,* las Pléyades guían al héroe por el mar. Hesíodo transmite el mito de cómo el imponente cazador Orión persigue a las siete hijas del titán Atlas, y Zeus salva a las vírgenes trasladándolas al firmamento, en donde Orión continúa persiguiendo a las Pléyades hoy en día durante la noche.

Ahora bien, en el disco celeste, las Pléyades resaltan entre dos objetos. Schlosser interpreta la figura en forma de hoz de la derecha como una luna creciente. El objeto de la izquierda recuerda ciertamente al sol, pero para el astrónomo representa más bien la luna llena; la suposición de que pudieran estar representados en una misma imagen el cielo diurno y el nocturno no convenció para nada a Schlosser. Además, las Pléyades tampoco son visibles en la cercanía del sol, ni siquiera durante un eclipse solar.

Ahora bien, ambas combinaciones se encuentran en el cielo durante el Bronce Antiguo en unas fechas determinadas. En Alemania Central, las Pléyades eran visibles por última vez en el cielo crepuscular en torno al 10 de marzo junto a una joven luna creciente (aunque no todos los años). En cambio, en otoño, cuando se ponían por primera vez a la luz del alba alrededor del 17 de octubre solían estar acompañadas por una luna llena o casi llena. Así pues, el cuarto creciente de marzo y la luna llena de octubre, ambas lunas en combinación con las Pléyades, señalaban en el cielo el comienzo y el final del año agrícola, probablemente las fechas más significativas del año de la Edad del Bronce.

La tesis de que el disco celeste servía de calendario para el año agrícola queda respaldada por una de las composiciones poéticas más antiguas de Europa. En el poema didáctico *Los trabajos y los días,* de Hesíodo, compuesto en torno al año 700 a. C., se hace patente la relación de las Pléyades con la agricultura:

> Cuando las Pléyades, hijas de Atlante, aparezcan, inicia la siega, y
> la arada cuando se pongan. Ellas están, como sabes, cuarenta noches
> y cuarenta días ocultas, y cuando nuevamente da la vuelta el año,
> reaparecen por vez primera al afilarse el hierro.

Las Pléyades siguieron utilizándose como marcador celeste del compás del tiempo hasta nuestro pasado más reciente. «Existe una máxima de los campesinos lituanos —comenta Schlosser— que dice: «Cuando las Pléyades estén en el arrebol vespertino, lleva a los bueyes al surco». Así pues, las Pléyades eran la señal del cielo para preparar la siembra de la primavera.

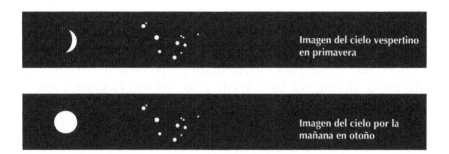

Calendario celeste: las Pléyades, en su interacción con la luna en primavera y en otoño, marcan el comienzo y el final del año campesino.

Aparte de esto, la siguiente circunstancia pudo haber desempeñado también algún papel en la función del disco: cuando la media luna se mueve por encima de las Pléyades, entonces es posible que se produzca un eclipse de luna una semana más tarde. Si lo hace por debajo, entonces queda excluido el eclipse de luna. Con este sistema no pueden predecirse ciertamente los eclipses de luna, pero sí pueden excluirse durante un determinado periodo, y esto resulta absolutamente primordial, ya que los eclipses de luna eran considerados un mal presagio.

«El disco celeste de Nebra prueba el interés por las estrellas que tenían los seres humanos prehistóricos. En todo el planeta no se encuentra nada comparable en una época tan temprana», es la conclusión de Schlosser. «En cierto modo miramos el cielo con los ojos de los seres humanos de la Edad del Bronce, o expresado con mayor exactitud: aquello que encontraban importante saber de él.»

Lo concluyente en la argumentación de Schlosser es que todos los elementos que él identifica en el disco celeste pertenecen al repertorio característico de la astronomía prehistórica, ya eran conocidos en otros contextos. Sin embargo, en el disco son mostrados de una manera inequívoca, desconocida hasta entonces. Esto lo convierte en un hallazgo clave de la arqueoastronomía. Por su forma circular, que comparte con el distintivo ITV de los vehículos alemanes, Schlosser lo eleva a la categoría de «certificado de calidad» de monumentos prehistóricos como Stonhenge o Newgrange.

Lo que más fascina al astrónomo es el modo de la representación. Comenta que el disco celeste es «sobrio como una señal de tráfico, se asemeja más a los pictogramas de un aeropuerto que a las constelaciones mitológicas de la Antigüedad». En él, ningún caballo arrastra al sol, no hay ningún personaje mítico que encarne la luna. De igual manera, las Pléyades son solamente un grupo de siete circulitos de oro, no hay ni rastro de las «hijas de Atlas» que cita Hesíodo. El disco celeste es completamente racional. «En su sobriedad carente de toda poesía —dice Schlosser—, habla por tanto más a un astrónomo moderno que un colega de profesión de antaño.»

* * *

Sin embargo, algo rompe esa sobriedad: el arco del borde inferior. Ese objeto que los arqueólogos tienen por un barco está dividido en tres partes por dos líneas existentes en su interior; por el exterior lo rodean finas rayas oblicuas, como un penacho. Por el modo en que está encajado el arco en el conjunto de la imagen, se trata claramente de un añadido posterior.

Sin embargo, presumiblemente su sentido no sea astronómico. Sea como sea, a Wolfhard Schlosser se le pasa por la mente una sola opción. Si se mantiene el disco de manera que el curioso arco quede en la parte superior, este podría interpretarse como la Vía Láctea o al menos una parte de ella. La Vía Láctea se halla en efecto por encima de las Pléyades y de la órbita lunar, y allí posee un llamativo sector en forma de arco.

Schlosser recibió muchas cartas y mensajes que interpretaban el arco como el arcoíris —las tres rayas simbolizarían entonces la sucesión cromática rojo, verde, azul—, pero él no era de ese parecer. «Un arco iris de colores y el cielo estrellado se excluyen.» Ciertamente existen también los arcoíris nocturnos, pero estos siempre carecen de color.

Por tanto solo quedan dos interpretaciones obvias: el arco podría representar una hoz o, más probablemente, un barco. En este último caso, los surcos alargados serían los tablones de la embarcación; las rayitas oblicuas podrían ser remos. Son conocidas algunas representaciones análogas ya desde el tercer milenio antes de Cristo procedentes de la zona del mar Egeo. Muestran cascos de naves con una curvatura pronunciada y rayas cortas arriba y abajo que insinúan remos.

La idea del transporte del sol por barco constituye una de las creencias centrales del antiguo Egipto. Ra, dios del sol, viaja en su barca solar por el cielo; cada atardecer transborda a la barca de la noche, con la cual, después de defenderse del ataque de la serpiente Apofis, regresa a través del reino de los muertos al lugar de la salida del sol para volver a subir a la barca solar cada mañana.

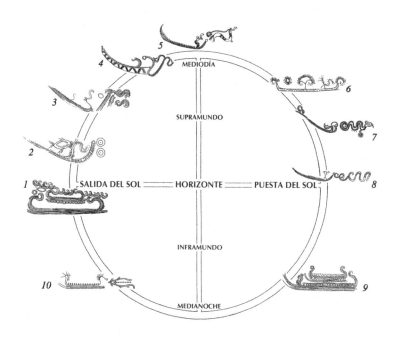

El viaje nórdico del sol: El arqueólogo danés Flemming Kaul ha reconstruido el mito del viaje del sol (círculo pequeño con los rayos) durante el día y durante la noche a partir de las imágenes halladas en navajas de afeitar de la Edad de Bronce nórdica. El sol es acompañado en su carrera por peces, caballos o serpientes. Ya sea en el supramundo o en el inframundo, el barco representa el medio de transporte más importante del sol.

A partir aproximadamente del año 1600 a. C., cuando también despuntaba la Edad del Bronce en Escandinavia, aparecen allí numerosas representaciones de barcos en petroglifos y en objetos de bronce. Los arqueólogos las interpretan como indicios de un nuevo

sisema de creencias. El arqueólogo danés Flemming Kaul cree poder reconstruir el mito nórdico del viaje diurno y nocturno del sol
a partir de las representaciones en navajas de afeitar de finales de la
Edad del Bronce. En ellas, el sol va acompañado por animales, peces, caballos o serpientes. Parecen escoltar al sol y lo transbordan
de la embarcación del día al de la noche. También algunos de los más
de cien barquitos en miniatura procedentes de la localidad danesa de
Nors presentan ornamentos formados por círculos concéntricos que
se han interpretado como símbolos del sol.

¿Existirá alguna conexión entre el Nilo, Nebra y el norte? En cualquier caso, en una de las espadas depositadas junto al disco celeste
serpentea una serpiente de tres cabezas. Hasta la fecha faltan los hallazgos arqueológicos que corroboren la transmisión directa de ese
motivo. Al menos puede decirse que, si el objeto que figura en el
disco celeste es una barca solar, tenemos ante nosotros la aparición
más temprana de esta representación en la Europa Central. Por consiguiente sería el precursor de una nueva idea religiosa que dominaría
el terreno de las creencias en Europa en los siglos siguientes. Es destacable también que con esa posible barca solar tendríamos entonces el primer elemento claramente no astronómico en el disco. ¿Se
modificó por consiguiente su carácter y pasó de ser un instrumento
astronómico a un objeto de culto?

* * *

En cualquier caso, y de esto estamos convencidos, el disco celeste nos
abre una puerta única al mundo de las creencias de hace nada menos
que 4.000 años en la antigua Europa. Fue encontrado enterrado en
posición vertical. Lo confirman las huellas del martillo que destro-
zó el borde superior del disco, y las confesiones de los expoliadores.
Por lo tanto, la barca fue colocada en la parte inferior del disco. Si
seguimos las conclusiones de Schlosser de que en esa parte inferior
se encuentra el sur y de que el este y el oeste están representados al
revés, como en los mapas astronómicos modernos, esto nos autoriza
a formular una hipótesis tentadora: el disco celeste presenta aquella
visión que se le ofrece a cualquiera que, en una noche despejada,
se tumbe boca arriba a contemplar el cielo estrellado. Los arcos del
horizonte se encuentran efectivamente en los bordes del cielo, están

allí donde la Tierra y el cielo parecen tocarse (solo que ahora el este está a la izquierda y el oeste a la derecha). Y la barca va y viene entre la puesta y la salida del sol sobre el océano celeste en el sur. En efecto, la proa, que mira hacia la izquierda, sobresale más del agua. ¿No muestra eso cómo la embarcación va surcando por entre las olas hacia el este, para llevar al sol a través de la noche a su lugar de salida por la mañana? Entonces el artesano podría haber encajado la embarcación incluso adrede tan pegada a una estrella que parece como si esta viajara como un sol en miniatura en la cubierta del barco, entre las estrellas de la noche, hacia la mañana siguiente.

Si estas suposiciones son correctas, el disco celeste nos está mostrando entonces una proyección esférica del cielo. Así pues, hace más de 3.600 años, los seres humanos de la Edad del Bronce en la Europa Central se habrían imaginado el cielo como una cúpula que aboveda la Tierra, tal como lo conocemos por los egipcios, por Tales de Mileto o por la Biblia. El disco celeste nos proporciona, por primera vez, una idea acerca de la compleja visión del mundo de las culturas prehistóricas. ¡En él se esconde todo un cosmos!

* * *

En ocasiones se considera como la religión más antigua del planeta la creencia en el poder de las estrellas. En cualquier caso es la más persistente, ¿por qué, si no, continúan los diarios llenos de horóscopos hoy en día? Y seguramente es este uno de los motivos por los cuales este disco celeste ejerce una atracción verdaderamente mágica en muchas personas: es un oráculo de las estrellas forjado en bronce.

A algunos, el poder del disco celeste parece nublarles incluso el entendimiento. En una ocasión, un hombre bajito acechó a Harald Meller en el museo, lo asaltó por detrás y le gritó que él era Neburo, el dios del disco celeste. Apenas Meller se lo quitó de encima, el dios Neburo volvió a desaparecer. ¡Vaya epifanía!

Los pleyadianos resultaron ser los más obstinados. Enviaron al museo una serie de cartas en las que comunicaban que el fin del mundo era inminente y que solo existían cuarenta personas elegidas para escapar del infierno. Ellos eran ya 39 y estaban convencidos de que no era ninguna casualidad que el director del museo hubiera dado con el disco celeste. Le pedían que les transmitiera el mensaje del disco y a cambio él se salvaría como el elegido número 40. Cuando Meller les respondió que, por desgracia, ni con la mejor voluntad podría serles de ayuda en ese asunto de extrema importancia, los pleyadianos se dirigieron a la reina de Suecia, sin olvidar dirigir una copia de su escrito al museo.

La idea de que el disco celeste de Nebra es una máquina del tiempo aparece con tanta regularidad, que hace ya mucho que se tiene preparada una respuesta al respecto. Dado que Meller no es solamente director de un museo, sino también del Servicio de Arqueología y Patrimonio de Sajonia-Anhalt, él contesta con notas pertinentes: «Por supuesto, me gustaría probar la máquina del tiempo del disco celeste, pero en un viaje en el tiempo desaparece también el disco celeste y eso, por desgracia, está prohibido por la Ley de Patrimonio».

Wolfhard Schlosser, con su habitual laconismo, en tales casos se limita a responder: «Deberíamos conversar con detalle acerca de su hipótesis de la máquina del tiempo. Vuelva a llamarme ayer».

4

A juicio

El hecho de que la decisión sobre el ser o no ser de un hallazgo arqueológico sensacional quede en manos de los juristas puede que sea una circunstancia sin parangón. Normalmente son los científicos quienes confirman que el objeto rescatado o adquirido no es una falsificación, y quienes intentan despejar cuantas dudas pueda suscitar para presentarlo ante la opinión pública. En cambio, la investigación que siguió a la recuperación del disco de Nebra tuvo que desarrollarse bajo una presión desacostumbrada, ya que fue objeto de un proceso judicial en el que se cuestionó prácticamente todo.

Ciertamente, el juzgado de primera instancia de Naumburg solo precisó de cuatro días de sesiones, en septiembre de 2003, para juzgar a los expoliadores y a los traficantes de obras de arte; pero como Hildegard B. y Reinhold S. interpusieron un recurso de apelación y no escatimaron esfuerzos para conseguir su absolución, las vistas del segundo juicio ante la audiencia territorial de Halle duraron treinta y tres épicos días. Desde el 1 de septiembre de 2004 hasta el pronunciamiento de la sentencia el 26 de septiembre de 2005, el proceso se convirtió en un desfile de expertos y en un espectáculo mediático.

La defensa de los traficantes de obras de arte se centró en todo momento en el disco celeste. Dado que el tráfico de obras artísticas solo puede sancionarse conforme a un delito anterior, ese delito debe ser seguro y estar exento de toda duda. Por este motivo, la cuestión acerca del lugar del hallazgo y su autenticidad adquirió una importancia capital ante el tribunal. Si el disco no era auténtico o no se trataba de un hallazgo de importancia histórica, la demanda judicial podía quedar anulada. Para ello bastaba la existencia de dudas razonables. En definitiva, ante el tribunal era válido el principio de *in dubio pro reo*. Ahora bien, en este caso, el enunciado de «si existen dudas, se dicta en favor del reo» significaba aquí que «si existen dudas, se dicta en contra del disco celeste».

Dado que, al mismo tiempo, el proyecto de investigación «Hacia nuevos horizontes» de la Deutsche Forschungsgemeinschaft (Fundación Alemana para la Investigación Científica) iniciaba su labor dedicada al disco de Nebra y a su entorno, el disco celeste se encontraba en la vía buena para convertirse en uno de los objetos arqueológicos probablemente mejor investigados del planeta.

* * *

El primer juicio a los expoliadores de tumbas y los traficantes del disco celeste de Nebra, celebrado en el juzgado de primera instancia de Naumburg, se desarrolló con mucha rapidez. El traficante de obras de arte robadas, Achim S., quien con su confesión había puesto a los arqueólogos sobre la pista de Nebra, había salido sorprendentemente bien parado ya en la instrucción previa: únicamente lo amonestaron por lo penal con una multa por tráfico de obras de arte robadas. En cambio, a los «buscadores de tesoros», Henry W. y Mario R., se les impusieron penas de libertad condicional de cuatro y nueve meses respectivamente por ocultar su descubrimiento de un bien de interés y por tráfico de obras de arte robadas; si bien su confesión en el último minuto hizo que el tribunal se mostrara con ellos algo más indulgente.

El último propietario del disco, Reinhold S., y su confidente, Hildegard B., fueron condenados por tráfico de obras de arte robadas o por ayudar a su comercialización: él, a una pena de reclusión de seis meses; y ella, de un año; ambas penas quedaron conmutadas por la libertad condicional. Para el juez quedaba fuera de toda duda su ánimo de lucro: adquirieron el hallazgo por 230.000 marcos alemanes y se lo ofrecieron por 700.000 a Harald Meller, arqueólogo territorial de Sajonia-Anhalt. No obstante, Reinhold S. y Hildegard B. no admitieron las acusaciones. Manifestaron que habían pretendido rescatar el disco, y era extremadamente injusto que se hubiera procedido con tanta indulgencia con el primer perista, Achim S., a pesar de haberse quedado con 230.000 marcos. Presentaron apelación.

Lo que sucedió en los siguientes meses en la ciudad a orillas del río Saale recordaba la historia del doctor Jekyll y mister Hyde. Mientras unas trescientas mil personas acudían en peregrinación al Museo Estatal de Prehistoria para ver el disco celeste, el objeto-estrella de la gran exposición «El cielo forjado», a dos kilómetros de distancia de allí no se omitían esfuerzos por desvelar su lado oscuro. Se decía que el disco era una falsificación que había sido enterrada a escondidas en la montaña de Mittelberg. Su pátina no era obra de los milenios, sino de una manipulación maliciosa. ¿Un descubrimiento arqueológico sensacional? ¡Ni hablar! No era más que una estafa barata.

Aquel fue un giro sorprendente, ya que nunca antes Hildegard B. ni Reinhold S. habían manifestado ningún asomo de duda respecto al disco celeste. ¿Por qué iban a haber invertido tanto dinero y corrido tantos riesgos si no estaban convencidos por completo de su autenticidad?

No obstante, los abogados defensores abrieron el proceso de revisión con un golpe de efecto al declarar que el lugar del hallazgo del disco no estaba claro porque la montaña de Mittelberg poseía un suelo demasiado calcáreo y, si el disco hubiera permanecido en esa tierra durante milenios, haría mucho tiempo que se habría corroído. No, el disco procedía de la antigua Checoslovaquia, si es que no había llegado incluso como una falsificación desde Turquía. Por consiguiente no existía ningún hallazgo, ninguno que fuera de importancia y, por tanto, no era aplicable la normativa sobre tesoros ocultos y había que desestimar la causa de Naumburg.

Los geólogos no tuvieron que emplearse a fondo para demostrar que el suelo de la montaña de Mittelberg no era de ninguna manera calcáreo, sino que estaba formado por la arenisca rojiza que los especialistas conocen como *Buntsandstein*. En cambio sí se requirieron mayores esfuerzos para demostrar que el disco celeste procedía en efecto de la montaña de Mittelberg, pues la defensa dudaba incluso de la confesión de los buscadores de tesoros. Y eso que ya se había confirmado ese dato en las excavaciones posteriores en la cima de la montaña de Mittelberg, en la que, entretanto, se habían talado todos los árboles. Se demostró que el hoyo no podía haber tenido una profundidad mayor de setenta centímetros porque luego se topaba uno con la arenisca. Los expoliadores habían declarado que el disco celeste estaba enterrado en el suelo en posición prácticamente vertical y que el borde superior se hallaba tan solo a unos pocos centímetros bajo la superficie. Las dimensiones del hoyo excavado por los expoliadores encajaban también con el volumen del hallazgo completo. Y, finalmente, el arqueólogo de campo Thomas Koiki identificó en el perfil del suelo las huellas del hacha de bomberos reconvertida en piqueta que utilizaron los *clandestinos* y con la cual quedó dañado también el disco celeste.

* * *

No se dejó de investigar ningún rastro, por insignificante que pareciese. De este modo, los arqueólogos se toparon también con los trozos de la botella de cristal con agua mineral que Henry W. había arrojado al hoyo vacío. La búsqueda de trazas de ADN no aportó indicios aprovechables. Christian-Heinrich Wunderlich, restaurador del museo, asumió el desafío de datar las botellas de agua del tipo *Deutscher Brunnen*. El año de fabricación correspondiente figura codificado, en efecto, en la base de cada botella. Sin embargo, faltaba justamente ese trozo en la tierra. Presumiblemente desapareció cuando Achim S. y Mario R. excavaron por segunda vez ese hoyo en el año 2002 para desenterrar los restos y eliminar toda sospecha de que se hubiera removido la tierra en ese lugar. Así pues, como único punto de apoyo para la datación quedaban las huellas de uso en el cuello de la botella: estas remitían a un periodo de circulación de un máximo de entre dos y tres años. Dado que ese tipo de botella no existía en la antigua RDA, no podía haber llegado a parar a aquel hoyo antes de comienzos de los años noventa.

Los análisis del suelo arrojaron una mayor información: en primer lugar se investigaron los restos de arena y de tierra que habían quedado incrustados en el disco celeste. Jörg Adam, químico forense de la brigada regional de investigación criminal de Brandeburgo, se puso manos a la obra. El *Süddeutsche Zeitung* lo elogiaba como el «pope del análisis forense de los suelos sedimentarios». Había contribuido al esclarecimiento de más de un asesinato porque la arena en el cadáver o la tierra en los zapatos del criminal indicaban el lugar del crimen. Así que Adam tomó pruebas de las adherencias de tierra en el disco celeste, en las espadas y en las hachas, y las comparó con las muestras de suelo del supuesto hoyo excavado en la montaña de Mittelberg. Las composiciones mineralógicas eran idénticas; no se encontró ni el más mínimo indicio geológico que indicara que el disco pudiera haber salido de otro lugar.

También el químico y arqueometalúrgico Ernst Pernicka investigó las muestras de tierra del hoyo de los expoliadores, así como del entorno inmediato. Analizó su contenido de cobre y oro. El resultado fue inequívoco: en el sedimento que estaba directamente por debajo de la zona en la que se aseguraba que habían sido enterrados el disco celeste, las espadas y las hachas hacía casi 4.000 años, pudo probarse una concentración de cobre unas cien veces más elevada en comparación con el entorno más próximo. En el hoyo cavado por los expoliadores también se encontraron contenidos de oro significativamente elevados. Estos resultados solo podían explicarse por el hecho de que en aquel suelo había habido cobre (o aleaciones de cobre como el bronce) y oro durante un periodo de tiempo muy largo.

Las investigaciones científicas corroboraron de una manera avasalladora lo que en realidad ya era seguro por la confesión de los expoliadores y por los descubrimientos astronómicos de Wolfhard Schlosser: el tesoro al que pertenecía el disco celeste de Nebra procedía del monte Mittelberg, no muy lejos del río Unstrut.

* * *

Las consecuencias de la argumentación científica obligaron a la defensa a cambiar constantemente de rumbo. El periodista del periódico *Frankfurter Allgemeine*, que cubría el juicio, estaba maravillado con los cambios de estrategia de la defensa, que, tal como describió, «estaban adoptando rasgos de grotesca desesperación». Los abogados no dudaron en cuestionar incluso la imputabilidad de su cliente alegando que no se encontraba en plena posesión de sus facultades mentales. En su opinión, Hildegard B. había actuado por una «afinidad compulsiva» con el disco celeste, lo que limitaba su culpabilidad. La prensa sensacionalista se preguntaba ya si Hildegard B. estaría afectada por la «locura del Gollum», que la hacía ir a la caza del disco celeste como si fuera su «tesoro».

La defensa solicitó un dictamen psicológico. Andreas Marneros, director de la Clínica Universitaria de Psiquiatría de Halle, ya había emitido dictámenes judiciales sobre neonazis, infanticidas y caníbales, y ahora le tocaba analizar también a Hildegard B. Su conclusión: aunque presentaba cierta tendencia a dejarse seducir por el misticismo y el esoterismo, en su caso ese era un rasgo absolutamente inofensivo. No existía síntoma alguno de perturbación psicopatológica ni obsesión enfermiza.

Entonces, los abogados colocaron a Harald Meller en el punto de mira y argumentaron que el director del museo, «al estilo James Bond», por puro egoísmo, había enfocado todo el proceso hacia lo criminal, porque se las había prometido muy felices con el hallazgo para obtener ventajas personales y dárselas de «rescatador del disco celeste» en aquel «espectáculo mediático». En su opinión, también debía realizarse un dictamen psicológico a Meller porque existían sospechas de «una perturbación patológica e histriónica de la personalidad», que presentaba una conducta egocéntrica y teatral con tintes dramáticos. Sin embargo, el tribunal lo desestimó replicando que no existía «ninguna duda» acerca de las capacidades mentales de Meller. Tampoco el tesón de Meller era razón para dudar de sus declaraciones. «Vamos a ver —comentó el juez Torsten Gester— para zanjar la cuestión, ¿qué tiene de malo que existan funcionarios que trabajan con compromiso y tesón?»

Finalmente, el juez advirtió que, a la vista de las numerosas peticiones de admisión de pruebas (en total iban a ser setenta y seis), podía sospecharse que se pretendía conseguir con ello un retraso procesal. Entonces, la defensa solicitó un cambio de tribunal por parcialidad. Sin embargo, la defensa tampoco se salió con la suya en esta demanda. ¿Qué título eligió el periódico *Frankfurter Allgemeine Zeitung* para su informe sobre el proceso?: «La comedia de los errores».

5
En el laboratorio

La arqueología es el arte de mostrar lo oculto a la luz del día. En la actualidad estamos viviendo una revolución en esta ciencia. Durante la mayor parte de su historia, los arqueólogos han tenido que limitarse a realizar excavaciones para encontrar las ruinas de templos y palacios, o a sacar a la luz tumbas o campos de batalla de antiguas guerras, y contentarse con lo que un análisis más o menos superficial les permitía deducir de sus hallazgos. Sin embargo, gracias a los modernos métodos científicos, la arqueología penetra actualmente también en la profundidad de sus objetos para arrebatarles secretos insospechados. Sherlock Holmes no saldría de su asombro.

Verdaderamente contamos con métodos que son un privilegio para cualquier laboratorio forense. Por eso sorprende que, para esta rama de la investigación arqueológica que procede mediante métodos de análisis tomados de las ciencias naturales, se inventara el término nada espectacular de *arqueometría*. A continuación hablaremos de dos investigadores que se lanzaron con sus equipos a realizar trabajos de investigación arqueométrica para hacer hablar al disco celeste de todas las maneras posibles. Nos referimos al prestigioso especialista en arqueometalurgia Ernst Pernicka y al restaurador Christian-Heinrich Wunderlich.

Ambos poseen titulación como químicos, si bien su labor recuerda más bien a la de los médicos. Pernicka es una mezcla de internista y radiólogo que explora detenidamente el disco celeste por dentro. Wunderlich sería como el médico de cabecera; lo más importante para él es el bienestar del disco. No obstante, también se ocupa de su aspecto exterior y de los factores que lo convirtieron en una belleza prehistórica.

* * *

El problema del disco celeste es que se trata de una pieza única. Si hubiese aparecido aislado, no habría suministrado ningún punto de referencia para poder datarlo. Lo habrían situado en algún momento de la Edad del Bronce, tal vez incluso de la Edad del Hierro inmediatamente posterior. Por este motivo era muy importante demostrar que encajaba con el lugar del hallazgo y con las espadas, hachas y brazaletes que supuestamente se encontraban con él. Esto ya había quedado confirmado con las declaraciones de los expoliadores de tumbas, pero fue puesto en entredicho una y otra vez por la defensa durante el juicio. Finalmente, la datación de las espadas por carbono-14 (en una de las empuñaduras se conservaba un resto de corteza de abedul que debió de servir de relleno) ofreció la única fecha absoluta segura: alrededor del año 1600 a. C.

El problema propiamente dicho está en que para los metales no existe ningún método físico de datación como sí existe, por ejemplo, para objetos de materia orgánica con el método del radiocarbono o carbono-14. Así pues, no es posible establecer la antigüedad del disco celeste en términos absolutos. Ernst Pernicka, que primero dirigió el Departamento de Arqueometalurgia de la Universidad Técnica de Freiberg, y posteriormente el Centro Curt Engelhorn de Arqueometría de Mannheim, emprendió todas las acciones posibles para compensar ese inconveniente.

Antes de aquella rueda de prensa en la que, por primera vez, se dio a conocer a la opinión pública la existencia del disco celeste, había logrado desarrollar un método que al menos permitía realizar una distinción entre metal antiguo y moderno. «Ese método está basado —aclara Pernicka— en el hecho de que la mayoría de los metales de uso corriente en la antigüedad, como el cobre, el plomo, la plata o el estaño, poseen una ligera radiactividad después de la fundición de los minerales. Esta radiactividad procede del isótopo de plomo Pb-210, presente en la naturaleza, producto de la desintegración del uranio. Puede seguir detectándose aproximadamente unos cien años después de la fundición de los minerales. Después, ese valor se reduce y pasa a estar por debajo de los límites de detección.» Dado que el metal del disco celeste no presentaba ya ninguna radiactividad, quedaba demostrada una antigüedad de más de cien años.

«Pero eso no significa ni de lejos que el disco tenga que ser auténtico —advierte Pernicka—. Podría haberse utilizado metal antiguo, o haberse usado un metal con unos niveles especialmente bajos de radiactividad. Aunque ambas posibilidades son muy poco plausibles.» Y es que tal como quedó demostrado en los análisis posteriores, el bronce del disco celeste encaja demasiado bien con las espadas y las hachas encontradas con él, sobre cuya autenticidad no existía ninguna duda. Por tanto, un falsificador tendría que haber investigado primero esa particularidad del metal para procurarse un bronce antiguo que coincidise con el de los demás objetos. La búsqueda de la aguja en el pajar no sería menos complicada. Por otra parte, el método del Pb-210 todavía no había sido publicado en el año del hallazgo de Nebra, así que un falsificador no habría podido saber en absoluto qué trampas lo acechaban en este asunto.

Para analizar el bronce del disco celeste, en el Centro de Investigación Rossendorf se recortó un cubito de cinco milímetros de lado utilizando la técnica conocida como *electroerosión*. La razón es que el bronce de la superficie de la pieza no daría resultados fiables porque estaba demasiado corroído, cosa que no sucedía con las paredes del corte fresco. Mientras que el estaño de las aleaciones de bronce suele ser muy puro, el cobre antiguo presenta una serie de impurezas metálicas. Producto de estas inclusiones son los característicos patrones de elementos traza que pueden determinarse con la ayuda de métodos con unos nombres monstruosos, como «análisis de fluorescencia de rayos X» y «análisis por activación neutrónica». La huella dactilar de los oligoelementos de los elementos traza era tan similar en todos los objetos hallados en la montaña de Mittelberg, que pueden contemplarse como pertenecientes al mismo lote. El cobre de todos los objetos procedía de la misma región, tal vez incluso del mismo yacimiento. Sin embargo, no eran producto de una misma colada, lo cual explica las sutiles diferencias entre ellos.

El elevado porcentaje de arsénico (0,2 %) en el bronce es otro de los indicios que hablan en favor de la autenticidad del disco. En la actualidad, el bronce está exento de arsénico por motivos de salud. Un falsificador habría tenido que procurarse primero ese metaloide de elevada toxicidad, lo cual no era tarea sencilla, solo hay que ver la película *Arsénico por compasión*. Si en los modernos objetos de bronce el arsénico es una rareza, en los prehistóricos era de lo más normal. Antes de que se impusieran el bronce estannífero en la Edad del Bronce, dominaban el bronce arsenical, es decir, las aleaciones de cobre con arsénico. Solo raras veces es posible determinar si se trata de aleaciones deliberadas o si son el resultado casual de la fundición. Los minerales que contienen cobre y arsénico suelen aparecer juntos en la naturaleza; en este sentido, el cobre presenta con frecuencia pequeñas contaminaciones de arsénico.

En un paso posterior, Pernicka comparó los resultados del análisis del cobre con su banco de datos de yacimientos conocidos. Lo decisivo aquí son, sobre todo, las proporciones de isótopos de plomo que aparecen en el cobre, ya que estos no experimentan ninguna transformación durante la fundición y, por consiguiente, se corresponden con los de los yacimientos originales del mineral. La comparación condujo a un resultado tan sorprendente como acertado. Fue sorprendente porque el cobre de los hallazgos de Nebra no procedía de las minas cercanas del macizo del Harz o de los Montes Metalíferos, sino de la lejana región de los Alpes orientales, con toda probabilidad de la zona de Mitterberg, localidad cercana a la de Bischofshofen, en Austria. Fue acertado porque los arqueólogos pudieron probar allí la existencia de actividades de extraccción de cobre en la temprana Edad del Bronce. Una galería que se siguió explotando durante la Edad del Bronce penetraba hasta una profundidad de doscientos metros. Por tanto, el cobre del disco celeste era un producto del comercio a distancia.

* * *

Lo mismo ocurría con el estaño, pero en mayor medida. Su presencia era escasa a pesar de su importancia en la aleación con el cobre para la fabricación del bronce. Es un viejo enigma cómo pudo aparecer el bronce en épocas tan tempranas en las civilizaciones de Egipto y de Mesopotamia, pese a no existir allí prácticamente ningún yacimiento de estaño. En la actualidad se da por hecho que estas civilizaciones obtenían el estaño de Asia Central: las actuales Afganistán y Tayikistán son posibles candidatas como lugares de abastecimiento, pues de allí procedían también la cornalina y el lapislázuli, tan codiciados en Mesopotamia. En cambio, siempre se supuso que el estaño de la Edad del Bronce centroeuropea procedía de Cornualles, en Inglaterra. Allí no solo se encuentran ampliamente difundidos los objetos de bronce más antiguos de Europa, sino que los arqueólogos también han hallado indicios de la minería de este metal en la Edad del Bronce. Por contra, en los Montes Metalíferos, donde se encontraban los únicos yacimientos de estaño de la región, faltan rastros, hasta la fecha, de su explotación en época prehistórica.

El equipo de Pernicka consiguió desarrollar un método para reconstruir la procedencia del estaño. Dado que este puede presentarse en forma de diez isótopos estables (los isótopos de un elemento se diferencian en el número de neutrones del núcleo del átomo), para cada yacimiento de estaño puede determinarse un patrón típico en la proporción de los isótopos. También esto nos suministra una huella dactilar fiable. La comparación del estaño del disco celeste con las minas de estaño de los Montes Metalíferos, Vogtland y Cornualles demostró que encaja a la perfección con el estaño de Cornualles. Así pues, las relaciones comerciales entre Inglaterra y Alemania tienen como mínimo 4.000 años de antigüedad.

* * *

El oro siempre ha sido un metal especial. En el caso del disco celeste, su análisis resultó tan difícil como revelador. El disco tuvo que salir de viaje primero para someterse a esas pruebas. También aquí se realizaron análisis con nombres rimbombantes. En el Centro de Investigación Rossendorf fue sometido a una emisión de rayos X inducida por protones (PIXE), y en el acelerador de electrones de Berlín (BESSY) volvió a someterse a un análisis de fluorescencia de rayos X por radiación de sincrotrón. Los resultados fueron sorprendentes. El oro con el que se confeccionaron los diferentes objetos del cielo en el disco procedía de fuentes distintas.

En primer lugar quedó demostrado que el círculo más grande (el sol o la luna), la luna en cuarto creciente y las estrellas estaban compuestas por el mismo oro, con un notable contenido de plata, claramente por encima del 20 %. Además llamaba la atención por la proporción relativamente elevada de cobre y de estaño. Solo una única estrella se salía de este patrón; se trataba de aquella a la que se había dado el número 23. La número 23 era nada menos que la estrella que había sido desplazada un poco hacia la parte interior del borde izquierdo del disco porque, de lo contrario, habría coincidido con el arco del horizonte que fue añadido con posterioridad (y que se halla desaparecido). Presentaba el mismo oro con una proporción de estaño algo más elevada, igual que el arco del horizonte conservado en el borde derecho del disco. Esto confirmaba la tesis de que los arcos del horizonte se fijaron al disco celeste en una época posterior. Fue necesario desplazar una estrella para tal fin; debió de quedar tan dañada al desprenderla, que el orfebre fabricó una nueva.

Tras estas observaciones apenas sorprende que fuera la barca solar el elemento que se diferenciara con claridad del resto en lo concerniente al oro: tan solo poseía una proporción de plata de aproximadamente un 14%. Dado que la barca parece tratarse más bien de un aditamento mítico y no astronómico, podría haber sido colocado en otra época o tal vez incluso por otro grupo de personas.

Así, el análisis del oro corroboraba de lleno la suposición de los arqueólogos de que la composición del disco celeste había sido modificada en varias fases claramente separadas en el tiempo. También este es un argumento contundente a favor de la autenticidad del disco. ¿Qué falsificador se habría inventado todos estos detalles para hacer coincidir sus contenidos ideológicos y materiales? Se han descubierto muchas falsificaciones porque este tipo de análisis mostraba que se trataba de oro moderno industrial con un 99,99% de pureza, algo inimaginable para épocas prehistóricas.

¿Y de dónde procedía el oro del disco celeste? Al principio, los investigadores suponían que de Transilvania, en la actual Rumanía, donde existe un oro con una proporción similar de plata en el denominado *Cuadrado de Oro*. Sin embargo, aún no se había dicho la última palabra en este asunto.

* * *

El químico y director de los talleres de restauración del Museo Estatal de Prehistoria de Halle, Christian-Heinrich Wunderlich, es algo así como el médico personal del disco celeste, el responsable último de su buena salud, y fue él quien dirigió los trabajos de limpieza y de su cuidadosa restauración. También a él le preocupaba el bronce del disco celeste, aunque sobre todo en lo tocante a cuestiones técnicas: ¿qué revelaba esta sorprendente obra de bronce con sus 2.050 g de peso sobre su creador, el herrero del disco celeste? Está compuesto por un bronce desacostumbradamente blando para la Edad del Bronce, con un contenido de estaño de tan solo el 2,6 %; las típicas piezas de bronce contienen entre un 8 y un 15 % de estaño. Wunderlich cree que se trató de una decisión consciente, porque a diferencia de la mayoría de los objetos macizos de la época hechos con bronce, el disco celeste no fue fundido, sino forjado en frío a partir de una preforma. Ensanchar esa masa de metal fundido, que debió de tener un diámetro de entre 15 y 20 centímetros, hasta hacerla alcanzar el tamaño final de 32 cm debió de ser una labor mucho más fácil de realizar con bronce blando. En el dorso sin adornos del disco, el martilleo dejó huellas visibles. El grosor del disco mengua de dentro (4,5 mm) hacia fuera (1,5 mm).

A pesar del metal blando, el trabajo fue de todo menos fácil. «Forjar el bronce requiere un grado elevado de destreza y de conocimiento del material —dice Wunderlich—. En el proceso de transformación en frío, el metal se va volviendo cada vez más duro y quebradizo. Si se le forja demasiado tiempo, el metal se rompe.» Por esta razón, el artesano puso el disco celeste una y otra vez al rojo vivo; de esta manera se eliminaban las tensiones originadas en el material. No volvía a martillear hasta que no se había enfriado de nuevo. A pesar de emplear este método no pudieron evitarse por completo los desgarros en los bordes del disco. La cuidadosa insistencia en la forja los hizo desaparecer superficialmente.

La verdadera particularidad tecnológica del disco celeste está en la manera con la que el maestro fijó en él los cuerpos celestes de oro utilizando técnicas hasta entonces desconocidas en la Europa Central. Esas láminas finísimas de oro tienen solo entre 0,2 y 0,4 mm de grosor y no están pegadas ni soldadas a la base de bronce. Simplemente están aplicadas encima. La sujeción se la proporcionan los rebordes creados al incidir el soporte. «Con ello se combinan dos procedimientos diferentes con los que se pueden elaborar objetos de metal en diferentes colores», explica Wunderlich. Uno es el chapado, es decir, el revestimiento de objetos metálicos con láminas de oro. Y el otro es el damasquinado, la incrustación de metales en otros metales. Hasta ahora tampoco se tenía testimonio del uso de cada una de estas técnicas por separado en la época del disco.

La técnica del damasquinado se practicaba en Egipto, y en Micenas poseía un elevado grado de desarrollo. En las tumbas de fosa, los excavadores encontraron espadas con representaciones naturalistas perfectamente labradas. Una daga magnífica muestra a guerreros que van a la caza del león armados con espadas y escudos. Es una representación tan realista, que uno cree oír los rugidos de los leones. «Presumiblemente, el maestro artesano del disco celeste de Nebra conocía tales trabajos, o al menos había recibido descripciones detalladas de ellos», dice Wunderlich. No obstante, no alcanzó el fantástico nivel de los modelos micénicos.

Para fijar la lámina de oro, en primer lugar, el orfebre realizaba unos surcos profundos en el bronce siguiendo el perfil de los motivos. Para ello usaba un cincel de bronce duro que, según demostraron los experimentos, poseía un contenido de estaño de entre un 12 y un 16 % y que tenía que ser afilado una y otra vez durante el trabajo. Las laminillas de oro cortadas a medida se engastaban en los surcos. A continuación, el orfebre alisaba las protuberancias originadas por el cincel al abrir los surcos martilleándolas para que cubriesen los bordes de las laminillas de oro. De esta manera quedaban fijados los objetos de oro. Un método seguro de fijado. No en vano, todos los objetos de oro del disco han permanecido en su sitio prácticamente más de 3.500 años.

Los restauradores casi podían ver al orfebre trabajando. «No fue precisamente un trabajo rutinario. Se cometieron los típicos errores de principiante», dice Wunderlich. ¿Típicos errores de principiante? «Sí, nosotros mismos imitamos la forja del disco y con el apoyo de algunos estudiantes de orfebrería de la Escuela Superior de Arte de Burg Giebichenstein, intentamos fijar el sol, la luna y las estrellas.» «Cada estrella nos llevó aproximadamente una hora de trabajo. Durante la labor cometimos los mismos errores.»

Destacan dos estrellas que revelan los mencionados fallos por falta de experiencia: durante el primer cincelado de los surcos de fijación, el bronce es empujado hacia el exterior y forma un resalte. Si el resalte es demasiado alto, ya no podrá ser alisado de nuevo sobre la lámina engastada de oro. Se origina una protuberancia. Eso

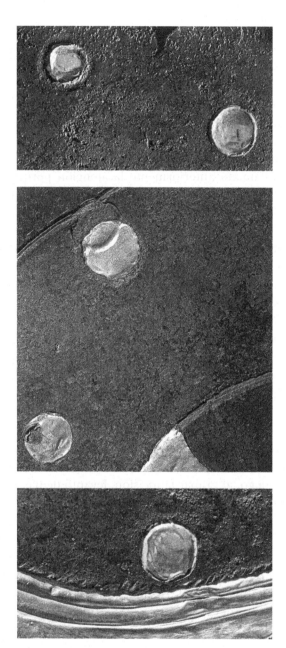

Error de principiantes: la estrella n.º 3 (imagen superior, a la izquierda) muestra una protuberancia de bronce como primera estrella engastada; lo mismo ocurre con la estrella desplazada n.º 23 (imagen central). Las rayitas transversales de la barca solar hacen sitio a la estrella n.º 22 (imagen inferior).

es lo que ocurre en la estrella n.º 3, que luce en la parte superior del disco y que es algo más pequeña y está trabajada de manera más irregular que las demás. «Ahí le faltaba práctica al orfebre, por lo que creemos que fue la primera estrella colocada en el disco celeste.» Y dado que las estrellas de debajo están progresivamente más logradas, suponemos que el artesano de la Edad del Bronce trabajó el cielo de arriba abajo.

La segunda estrella con una protuberancia similar es la estrella 23. Ya había llamado anteriormente la atención porque se trataba de aquella estrella de oro con un contenido algo mayor de estaño en su composición, y que fue confeccionada después de la colocación del arco del horizonte de la izquierda. Los restauradores reconstruyeron el procedimiento casi como si fueran detectives: la estrella original quedó dañada al cincelar el surco para el arco del horizonte. O bien se desprendió, o bien fue retirada porque se hallaba demasiado próxima al arco del horizonte. En la actualidad puede reconocerse todavía en la incisión un resto diminuto de la primera estrella de oro eliminada. Así pues, el desperfecto obligó a la fabricación de una estrella nueva, que fue confeccionada con el mismo oro que los arcos del horizonte que se engastaron en la misma fase del trabajo. Y nos las tenemos que ver con un artesano nuevo. «Este realizaba esa labor también por primera vez y volvió a cometer el mismo error de principiante», dice Wunderlich y se echa a reír. En primer lugar usó la estrella desprendida como plantilla para la nueva ranura, lo cual provocó que tuviera que hacer la estrella sustitutoria de un tamaño mayor que las demás. Y luego, al grabar la incisión, levantó demasiado el borde exterior, de modo que al alisar el bronce volvió a originarse la llamativa protuberancia. «El primer artesano no habría vuelto a cometer ese error por segunda vez.»

Otros indicios hablan a favor de que aquí se puso manos a la obra alguien poco ducho en semejantes trabajos, para los que se requería mucha precisión. Los surcos que se cincelaron para la fijación de los arcos del horizonte son claramente una labor de peor hechura que la de los grandes objetos celestes. «Si además se introdujo la lámina de oro con menos cuidado, no es de extrañar que se desprendiera uno de los dos arcos del horizonte», dice Wunderlich. Simplemente no estaba lo suficientemente fijada. Aunque tampoco podemos excluir la posibilidad de que el arco del horizonte fuera arrancado a propósito al enterrar el disco en la montaña de Mittelberg como parte de un ritual para privarlo de su valor para su uso en este mundo.

Para el arco del horizonte de la derecha, el artífice de la transformación retiró por completo dos estrellas. Las marcas de sus perfiles figuran todavía debajo del oro. Este artesano podría haber sido también quien no tuvo escrúpulos para probar el filo de su instrumento en el mismo disco celeste. En el dorso hay una muesca profunda de unos cinco centímetros de longitud: se trata de un ensayo para el cincelado. Simplemente, este orfebre nuevo no conocía la dureza del bronce del disco y qué fuerza debía aplicar en él con su cincel. Así que hizo la prueba ahí. También esta es una evidencia clara de que tuvo que transcurrir algún tiempo entre la fabricación del disco celeste y su posterior transformación.

* * *

Así pues, la biografía del disco, que los arqueólogos y los astrónomos suponen compuesta por varias transformaciones, puede documentarse en el material hasta en el más mínimo detalle. Esto es válido también para la tercera variación: la colocación de la barca solar en el borde inferior del disco. También este trabajo está ejecutado de una forma menos precisa que los objetos de la primera fase. Y del trabajo en la segunda etapa no se diferencia únicamente por la utilización de otro tipo de oro en los arcos del horizonte.

Si el segundo artesano no tuvo escrúpulos para retirar dos estrellas y desplazar otra, su sucesor sí se arredró a la hora de emprender cambios radicales: encajó a la fuerza el barco entre el borde y la estrella n.º 22. Y cuando proveyó al barco con las rayitas oblicuas, es decir, con la especie de penachos que recuerdan remos, esa labor no solo era claramente más torpe que aquella que rodea la luna llena (o el sol) con una fina corona de rayos, sino que además las incisiones del barco sortean la estrella cercana. «El orfebre número tres ya no se preocupa de la regla original del mantenimiento de las distancias para que las estrellas no se hallen demasiado próximas a los cuerpos celestes más importantes», explica Wunderlich. Esa regla procuraba armonía en la primera versión del disco celeste. «Ahora tenía que ver cómo alojar el barco en el conjunto existente.»

La mirada del restaurador es diferente de la del arqueometalúrgico. Wunderlich supone un motivo visual para el hecho de que la barca solar esté compuesta por otro tipo de oro. Como ya sabemos, el sol, la luna y las estrellas se caracterizaban por una proporción de plata de más del 20 %; esto valía también para los arcos del horizonte (que, sin embargo, contenían algo más de estaño). Por contra, con un 14 %, la barca poseía mucha menos plata. ¿Por qué? ¡Por el color! Y es que el color queda determinado por el contenido de plata. Mientras que el oro de ley luce un magnífico amarillo anaranjado, las aleaciones de oro van volviéndose cada vez más pálidas y poseen una tonalidad ligeramente verdosa al incrementarse su contenido de plata. Pero eso no es todo. La plata pierde lustre, se corroe y se vuelve más dorada, tal como sabemos que sucede con la cubertería de plata. Eso mismo ocurre también con el oro que contiene plata.

Así pues, si el herrero que engastó la barca celeste hubiera empleado el mismo oro que se utilizó originalmente en el disco, habría constatado de inmediato que el color no encajaba. Era demasiado claro, demasiado pálido. Y es que el oro rico en plata del disco celeste se había deslustrado con el paso de los años, se había vuelto más oscuro. Así que el herrero escogió de entre sus existencias aquel oro que armonizaba en el color, y este fue un oro pobre en plata, es decir, un oro de un tono más intenso. Por desgracia, en las diferencias de color que reflejan el grado de pátina del oro original no hay forma de averiguar cuánto tiempo llevaba ya engastado el primer oro de los astros. El proceso de corrosión depende de muchos factores ambientales diferentes.

Para Wunderlich, esta observación era una prueba del grado de sensibilidad con la que realizaban sus trabajos los orfebres de la Edad del Bronce en lo relativo al tratamiento del color y de las superficies. La estética les importaba mucho. Esto plantea la cuestión acerca del aspecto original del disco celeste. Su aspecto actual está fuertemente marcado por el intenso color verde malaquita del bronce corroído. Esa no era la apariencia del disco en sus orígenes. ¿Brillaría su superficie con el brillo metálico del bronce y del oro? Probablemente no. Las estrellas doradas brillarían solo débilmente en aquel mar de bronce. Justamente, al estar bruñidos los metales casi no se habría apreciado el contraste. También el bronce se oxida y presenta manchas e irregularidades al no ser tratado. El disco no habría presentado especial belleza con ese aspecto.

«Seguramente, el artesano debió de emprender alguna acción para incrementar el atractivo visual —dice Wunderlich—. Hicimos una prueba.» Aquí el químico se encontraba enteramente en su elemento. En colaboración con el arqueometalúrgico Daniel Berger probó productos químicos que ya eran conocidos en la Edad del Bronce: carbonato potásico, carbonato de sodio, amoníaco. En el laboratorio del museo se prestó atención especialmente a este último. «Como componente esencial de la orina en reposo, es conocido desde tiempos remotos aunque solo fuese por su penetrante olor.» La orina se ha empleado desde siempre para teñir tejidos o para curtir el cuero. Y al menos para la Edad Media, las fuentes escritas testimonian que la orina se usaba también en la metalurgia.

Los experimentos demostraron que el bronce pobre en estaño, tratado con una solución de orina fermentada y compuestos de cobre, forma una capa entre negro azulado y negro violáceo. Si el metal había sido bruñido anteriormente con cuidado, con esa pátina artificial adquiría su máximo brillo. Lo mejor: las aplicaciones de oro no se veían afectadas en el proceso. De una forma sencilla se generaba un efecto llamativo. Aunque no puede demostrarse con total seguridad, en la versión primigenia del disco celeste, los astros debieron brillar en tonos dorados en el azul nocturno del cielo. «Debió de tener un aspecto deslumbrante —dice el químico—. Y también tenía su lado práctico: el disco adquirió así de inmediato una protección contra la corrosión.»

* * *

El damasquinado también se aplicó a las espadas del depósito de Nebra. No de oro, pero sí de cobre. No obstante, la técnica de elaboración de estos artefactos difiere de la del disco celeste. En primer lugar, las espadas fueron fundidas y no extraídas de un lingote de bronce en bruto. La tomografía computarizada muestra numerosas cavidades en el interior, lo cual indica que la hoja fue sometida a un ligero forjado que no llegó a compactarlas. Por tanto hay que suponer que las espadas no estaban pensadas tanto para el combate como para exhibirlas. Con todo, con un 10 % de estaño en su composición, poseen una dureza mucho mayor que el disco celeste.

Los surcos de unos dos milímetros de ancho y un milímetro de profundidad, en los cuales se incrustaron los hilos de cobre, con toda probabilidad ya se habían grabado en los modelos de cera con los que se confeccionaron los moldes de arcilla para la fundición del bronce. En todo caso, Wunderlich y su equipo fracasaron en el intento de realizar en bronce unos surcos finos similares. Para que los hilos quedasen bien fijos, los artesanos hicieron rugosa la base del canal en la que se incrustó el cobre. Acto seguido se lijaron las irregularidades de la superficie y se procedió al bruñido completo.

Las franjas damasquinadas se obtuvieron engastando cuidadosamente en las hojas de las espadas haces de hilos paralelos con la ayuda de un cincel; los puntos de apoyo de la herramienta empleada son prácticamente invisibles. También en el caso de las espadas se supone que el herrero oscureció los filamentos de cobre mediante una pátina artificial. En caso contrario, los filamentos de cobre destacarían tan poco del bronce dorado, que no habría merecido la pena el laborioso trabajo de incrustación. No en vano se retuerce en una de las hojas una serpiente de tres cabezas que no había que pasar por alto de ninguna de las maneras.

Las espadas, que no presentan huellas de uso de ninguna clase, son un ejemplo extraordinario del arte de la forja en la Edad del Bronce. También fascinan las abrazaderas de oro cinceladas entre el pomo y la empuñadura, que recuerdan a las de tres puñales de parada más antiguos encontrados en Escocia. Por lo demás, las similitudes estilísticas señalan hacia un punto cardinal completamente distinto, hacia el oriente y las espadas de la húngara Apa. No es ninguna sorpresa, dice Wunderlich, porque hace ya mucho tiempo que la región de los Cárpatos es conocida por sus competencias tecnológicas. Se debía en buena parte a los contactos que mantenían con la zona oriental del Mediterráneo, con las grandes culturas contemporáneas de Micenas y la Creta minoica. «Hay que dar por sentado que por esa vía se transmitió el conocimiento tecnológico y artesanal hasta el norte.»

* * *

Ya lo habíamos comentado antes: Christian-Heinrich Wunderlich es el médico personal del disco celeste. Empezó con su restauración tan solo unas pocas semanas después de su incautación en el año 2002. Después de que se hubiera documentado meticulosamente su estado durante el hallazgo, los restauradores se pusieron manos a la obra para retirar del disco la tierra adherida. El proceso duró semanas hasta que pudieron eliminarse las incrustaciones de tierra mezclada con el metal corroído. Las superficies de oro representaron un desafío de primer nivel. «Estaban recubiertas por capas de carbonato de cobre de color verdoso duro como el cristal —dice Wunderlich—. Si las hubiéramos retirado con un procedimiento mecánico, el oro que estaba debajo habría quedado dañado.» Así pues, decidieron emplear métodos químicos y desarrollaron un ungüento que aplicaron cuidadosamente sobre el oro para eliminar las huellas de la corrosión.

Sin embargo, en calidad de médico personal, Wunderlich no era solo responsable de la cosmética, sino también del restablecimiento de la integridad física del disco celeste. De esta manera se reintrodujo aquel diminuto fragmento de bronce que fue extraído para los análisis del metal y se cerraron las hendiduras con cera; no quedó ninguna cicatriz. También tuvo que pasar por la consulta médica la herida más grande que había sufrido el disco celeste. La azada del expoliador de tumbas había arrancado del gran círculo de oro un fragmento de un ancho mayor que un dedo pulgar. Había quedado arrugado como un acordeón y desgarrado en dos partes. No había manera de volver a colocarlo en su sitio. En la actualidad reposa en un archivador en los sótanos del museo, al otro lado de unas gruesas puertas blindadas. En lugar de eso, Wunderlich fabricó una nueva lámina de oro y la fijó con parafina microcristalina. «Es un procedimiento reversible. Podemos retirarla de nuevo en cualquier momento.» De esta manera resplandece ahora la luna llena (¿o se trata del sol?) en toda su plenitud en la oscuridad de la sala de exposiciones. Sin embargo, a ningún visitante del museo le pasa desapercibida una fina cicatriz dentada, allí donde la azada piqueta del expoliador de tumbas impactó con el disco celeste.

La historia volvía a repetirse. Cuando los restauradores repararon la luna de oro, se vieron confrontados con el mismo problema que los herreros de la Edad del Bronce: el oro nuevo no casaba con el antiguo. Pero esta vez no se debía al color, pues se había prestado atención a ese detalle. En su desesperación por limpiar el disco celeste, el traficante de obras de arte Achim S. frotó el disco con un estropajo de acero inoxidable en la bañera de su casa, y rayó el oro. «La nueva pieza de oro con su superficie alisada y brillante no encajaba allí. No pegaba ni con cola», recuerda Wunderlich. ¿Y cuál fue la solución?

Wunderlich se echa a reír: «¿Qué podíamos hacer? Con mucho pesar y con el corazón en un puño, también nosotros recurrimos a un estropajo de acero.»

Desde entonces, el restaurador tiene que preocuparse poco de su paciente. El disco celeste reposa seguro tras un cristal blindado, en una vitrina hermética a prueba del polvo. Su atmósfera exenta de azufre impide que la oxidación haga que pierda el lustre. «Las perspectivas del disco celeste —se atreve a diagnosticar su médico personal— son inmejorables para que sobreviva incluso los próximos milenios en su mejor estado.»

6
«¡Falsificación!»

En Halle, entretanto, algunas cosas se habían vuelto habituales. Alguien llamó por teléfono al museo y confesó que había creado el disco celeste a partir de la escotilla de un tanque. O había personas que escribían que el abuelo con demencia senil había malvendido el disco sin querer, y que les gustaría recuperarlo. Dura de tragar fue también la solicitud de reprobación que se tramitó durante el primer juicio contra el juzgado de primera instancia de Naumburg: un caballero escribió que el disco no procedía de Sajonia-Anhalt, sino de un solar suyo en Mecklemburgo-Pomerania Occidental, en donde lo había encontrado él ya en 1983. Según él, se trataba de un plano para la construcción de una máquina de movimiento perpetuo basada en las Pléyades, y había desarrollado un motor Pléyades y lo había patentado ya en tiempos de la RDA. Primero le admitieron la patente, pero después se la anularon. Seguro que el jugado de Naumburg estaba compinchado con los jueces que llevaban los asuntos de las patentes por aquel entonces: «¡Todos ellos eran un hatajo de orientales de la RDA!».

Ahora bien, lo que sucedió durante el segundo juicio en la audiencia territorial de Halle fue de un calibre completamente diferente. Pidió la palabra un profesor de arqueología, un especialista de renombre en temas sobre la Edad de Bronce, quien a bote pronto afirmó: «¡Ese disco es una falsificación!». Peter Schauer, por más señas catedrático de Prehistoria y Protohistoria de la Universidad de Ratisbona, declaró que en el comercio ilegal de antigüedades era una práctica probada «engrosar los hallazgos originales con espectaculares objetos con apariencia de antigüedad para incrementar el precio de las mercancías».

Todo comenzó con una carta de este profesor al director del *Frankfurter Allgemeine* el 30 de noviembre de 2004. A continuación llamó por teléfono al semanario *Die Zeit* en Hamburgo («Le felicito, señor Michel, por su artículo sobre la exposición del disco celeste, pero ¿sabe usted que ese disco celeste es una falsificación?»), y ofreció una entrevista al diario *Mittelbayerische Zeitung*. Todas sus declaraciones eran del mismo tenor: un manitas moderno había fabricado el disco celeste y lo había combinado con las espadas. Al menos, la autenticidad de estas quedaba fuera de toda duda. A fin de cuentas, los análisis del arqueometalúrgico Pernicka solo habían dado como resultado que el metal del disco había sido fundido hacía más de cien años a la vista de la ausencia de radiactividad procedente del isótopo de plomo Pb-210. No representaba ningún problema para un estafador conseguir los ingredientes antiguos necesarios. «El artífice del objeto compró un disco antiguo en el mercado turco de antigüedades por cincuenta dólares y luego algunas monedas de oro y plata para los recubrimientos», dijo Schauer.

En favor de una estafa hablaba también el hecho de que había centenares de hallazgos de la temprana Edad del Bronce, pero que ninguno de ellos se parecía al disco celeste. Schauer sabía también por qué: el falsificador se inspiró en los tambores lapones usados por los chamanes. Estos estaban revestidos ciertamente de cuero, pero con frecuencia estaban decorados igual que el disco celeste: con el sol, la luna y las estrellas. Y además, quien miraba con atención el disco celeste reconocía en él una marca verde. Allí se había derramado ácido sobre el bronce, por lo que tenía que haberse producido por fuerza artificialmente la pátina.

También una estrella le resultaba altamente sospechosa a Schauer: su contorno poroso y ligeramente abultado era el resultado de la aplicación del ácido con una pipeta. El objetivo era que pareciera que la pátina se había extendido por encima de la lámina de oro. Y los agujeros en el borde del disco eran para el catedrático demasiado proporcionados: ¡En la Edad del Bronce no se sabía hacer algo así! El diario *Mittelbayerische Zeitung* citó las siguientes palabras de Schauer: «Me apuesto una caja de champán a que todo esto no es más que una patraña y a que ese disco se coló con las espadas».

En los círculos cercanos al museo estaban escandalizados. ¿En qué basaba el profesor Schauer su dictamen? ¿En fotografías? Si poseía dudas fundadas sobre su autenticidad, ¿por qué no se había presentado en Halle en persona para examinar el disco, igual que habían hecho muchos otros investigadores? Y sobre todo: se había cursado una invitación a Schauer para que acudiera al gran congreso internacional «Alcanzar las estrellas» que, en febrero de 2005, iba a estar dedicado al disco celeste precisamente como miembro del comité científico. En ese congreso iban a presentarse y discutirse los resultados de las investigaciones hasta ese momento: se trataba de una buena ocasión para que cualquier experto expresara su escepticismo en los círculos especializados. Sin embargo, Schauer declinó la invitación porque tenía una agenda sobrecargada; su carta a Meller terminaba deseándole «los mejores deseos por su trascendente proyecto científico».

También resultaba extraño que el catedrático de Ratisbona afirmara al principio haber tenido el disco en sus manos, cuando todavía no había sido restaurado. Sin embargo, eso solo podía haber sucedido cuando el disco estaba aún en posesión del traficante de obras de arte. ¿Acaso se había encontrado Schauer con Achim S.? Este declaró ante el tribunal que había ofrecido los hallazgos a los museos de prehistoria de Múnich y de Berlín, pero únicamente a través de fotografías. Más tarde Schauer declararía conocer el disco celeste solo por medio de imágenes; no lo había visto en persona en el museo de Halle. Esto no provocó más que nuevos cabeceos escépticos: ¿cómo era posible que un experto en arqueología del nivel del catedrático de Ratisbona pudiera emitir un juicio tan terminante y apoyarse para ello solamente en las ilustraciones del catálogo de una exposición?

* * *

Al menos los abogados defensores de Hildegard B. y Reinhold S. quedaron entusiasmados. Alguien les daba oxígeno. ¡Por fin tenían a un corifeo que les venía como anillo al dedo! En el caso de que el disco fuera una falsificación, no representaría entonces ningún hallazgo de importancia, y por consiguiente no habría delito y se impondría la absolución. ¡Había que invitar a ese catedrático al juicio en calidad de experto en la materia! Y el señor Schauer era también la persona indicada para realizar de inmediato un nuevo dictamen pericial.

Cuando la audiencia territorial no quiso plegarse a la solicitud de la defensa, porque todo lo que había declarado Schauer a la opinión pública hasta entonces se basaba exclusivamente en unas fotografías y, por tanto, su declaración era simplemente la expresión de una opinión, los abogados defensores acusaron al juez Gester de parcialidad. Dijeron que simpatizaba de manera más que evidente con la «bancada Meller».

Acto seguido, la fiscalía no pudo reprimir la amenaza de preparar otra demanda para el caso de que el disco celeste no fuera auténtico; la demanda sería entonces por fraude grave ya que, entonces, Hildegard B. y Reinhold S. habrían intentado endilgarle a un director de museo una falsificación por nada menos que 700.000 marcos alemanes. En ese caso no saldrían con menos de un año de libertad condicional.

Cuando, a pesar de todo, a finales de enero de 2005 apareció Peter Schauer en la sala de la audiencia por invitación de la defensa, el tribunal le permitió prestar declaración. El profesor repitió sus objeciones. Declaró que el disco celeste era el trabajo de un «calderero torpe del siglo XIX», sin ningún valor científico. No habría pedido acudir a declarar en absoluto, aclaró Schauer al tribunal, a cualquiera podía pasarle que le endilgaran un hallazgo falso, pero la desmesura con la que se estaba intentando en Halle «poner boca abajo toda la imagen de la prehistoria» colocando a Sajonia-Anhalt al lado de las «grandes civilizaciones mesopotámicas» estaba llegando demasiado lejos. Especialmente porque los investigadores de Halle habían recibido 3,4 millones de euros de la Fundación Alemana para la Investigación Científica y 1,6 millones de euros del estado federado de Sajonia-Anhalt para «hacer presentables sus quimeras científicas». «Ahí se están despilfarrando descaradamente los recursos científicos y eso no debe permitirse de ninguna de las maneras». Él solo pretendía impedir que el estado federado de Sajonia-Anhalt se «expusiera al ridículo».

* * *

La confrontación se produjo unas semanas después. El 21 de febrero, Schauer volvió a declarar en la sala 155 de la audiencia territorial en favor de la defensa, que se había preparado concienzudamente para la gran batalla. A petición propia, debía comparecer también ante el tribunal el geólogo Josef Riederer. Este director del prestigioso laboratorio de investigación Rathgen de los museos estatales de Berlín acababa de jubilarse. Sin embargo, la bancada de la acusación se había empleado también a fondo. Como en el museo estatal estaban llegando al final del congreso internacional sobre el disco celeste «Alcanzar las estrellas», la sala de la audiencia estaba abarrotada de arqueólogos y de otros científicos.

En primer lugar, el geólogo Gregor Borg, profesor de Petrología y Geología Económica de la Universidad Martín Lutero de Halle, reiteró una vez más que las adherencias de tierra de los hallazgos de Nebra coincidían con los análisis de sedimentos de la montaña de Mittelberg: «No tenemos ningún indicio que señale en otra dirección». A continuación se debatió acerca de la definición de contexto arqueológico cerrado y sobre la tipología de las espadas. Schauer volvió a la carga con sus reproches de que con tan solo las huellas de ácido bastaban para desenmascarar a los falsificadores. La réplica de la acusación no se hizo esperar al señalar que se trataba de la raspadura que había dejado la piqueta de los expoliadores en la cara del disco.

Entonces, Schauer volvió a afirmar que en la Edad del Bronce no existía nada comparable a un disco con esos 39 agujeros en el borde. Mostró las fotografías al juez: algo así solo podía haberse hecho con un sacabocados o un taladro. ¡Eran demasiado simétricos y regulares! A continuación tuvo lugar la gran actuación de Christian-Heinrich Wunderlich. El director de los talleres de restauración avanzó unos pasos al frente: «¿Me permite una pequeña demostración?». El juez asintió. Wunderlich sacó un pedazo de bronce. Dijo que con un 2,6 % de estaño, su composición era la misma que la del disco celeste. «Esta barrita de bronce de aquí es algo más dura», explicó Wunderlich. «Contiene un 10 % de estaño. Ahora voy a agujerear con ella este pedazo de bronce.» Se hizo el silencio en la sala de la audiencia; todos alargaron el cuello.

«Puede utilizar usted una herramienta cualquiera, incluso una piedra.» Wunderlich agarró un martillo… y se puso a dar golpes. «¡Cuidado con mi mesa!», gritó el juez. Wunderlich trasladó su demostración al suelo. Aplicó la barrita de bronce otra vez y golpeó, aplicó la barrita y volvió a golpear. Luego presentó al juez el resultado. «Agujeros visualmente idénticos», constató este. Como los que se encuentran en el disco celeste. Murmullos intensos. Algunos espectadores aplaudieron.

A continuación se abordó el tema del color verde brillante del disco: la pátina de malaquita producto de la corrosión. La malaquita, es decir, el carbonato básico de cobre, se forma por efecto del oxígeno y del dióxido de carbono a partir del cobre contenido en el bronce. Schauer había afirmado que podía crearse artificialmente al cabo de unas pocas semanas con ayuda de orina, ácido clorhídrico y un soplete. El tribunal interrogó ahora a Josef Riederer, el exjefe del laboratorio Rathgen, que, aunque acababa de jubilarse, asesoraba todavía a los museos de Berlín en los exámenes sobre autenticidad, así como temas de restauración y de conservación de objetos históricos. La defensa lo había llamado en calidad de experto para tener algo que contraponer a la «bancada Meller». Todos esperaban expectantes lo que Riederer tuviera que decir.

«La pátina de malaquita —comenzó diciendo el profesor— es una prueba de la antigüedad del disco.» De nuevo murmullos. Algunos miraron a su alrededor como preguntándose si habían oído correctamente. «El carbonato de cobre puede generarse artificialmente, sí, pero entonces tiene una estructura más fina y un color más pálido —expuso Riederer—. Sin embargo, en este caso su estructrura cristalina es gruesa y su color verde intenso, lo que significa que tardó muchos siglos en formarse. Por otra parte, el hecho de que haya penetrado en el interior del disco es otra prueba de su antigüedad y de su autenticidad. Estoy firmemente convencido de que el objeto que nos ocupa es de la Edad del Bronce.» La defensa tomó nota con el semblante petrificado de cómo el experto solicitado apoyaba al bando contrario.

* * *

Por cierto, Wunderlich no sería Wunderlich si posteriormente no hubiera experimentado él mismo el método de corrosión que había traído Schauer a colación: ácido clorhídrico, orina y soplete. Su resultado: por esa vía no se origina malaquita, sino paratacamita, es decir, no un carbonato básico de cobre, sino un cloruro básico de cobre.

Tras todo aquel debate de expertos, la fiscal Eva Vogel bromeó diciendo que el tribunal se encontraba ya cursando el tercer semestre de la carrera de arqueología. Ese 21 de febrero de 2005 el asunto quedó visto para sentencia, tal como anotó también en su diario de las sesiones Thomas Schöne, observador del proceso que trabajaba para la DPA, la Agencia Alemana de Prensa. De ahí en adelante, «el proceso fue perdiendo interés y dejó de ser entretenido».

No obstante, no fue hasta el 26 de septiembre cuando el juez Torsten Gester pronunció su veredicto. No sorprendió a nadie. Se desestimaba la apelación, se confirmaba la condena de la primera instancia a Hildegard B. y Reinhold S.: un año de cárcel para ella, medio año para él, y ambos fueron puestos en libertad condicional tras hacerse cargo de las costas del juicio. En el pronunciamiento de la sentencia, el juez concluyó: «No hemos encontrado ningún indicio de que el disco celeste no sea auténtico. Ahora es incluso más auténtico que antes del proceso. Prácticamente no puede ser más auténtico».

* * *

El arqueólogo Konrad Spindler, el primero que investigó a Ötzi, la momia congelada de los Alpes, había bromeado durante el congreso de Halle comentando que las acusaciones de falsificación eran el espaldarazo definitivo para el disco celeste, pues parecía que el destino de los grandes hallazgos era que se dudara de su autenticidad. En el caso de Ötzi llegó a afirmarse que alguien había acarreado y depositado en el hielo de los Alpes a una momia egipcia. Y tuvieron que pasar dos décadas desde que fueron descubiertas las fantásticas pinturas rupestres en la cueva de Altamira, en el siglo XIX, para que fueran reconocidas por la ciencia. En ese tiempo hubo incluso historiadores de la prehistoria que consideraron que los bisontes, los ciervos y los jabalíes pintados eran «vulgares garabatos de un bromista» que no valía la pena tomar en consideración.

En el caso del disco celeste convence por sí sola la enorme cantidad de detalles que un falsificador debería haber tenido en cuenta para producirlo, detalles que estaban enredados unos con otros como en un hilado indisoluble. Por supuesto que era posible que alguien hubiera fundido una pieza antigua de bronce para forjar el disco celeste. Ahora bien, para ello debería haber conocido el método del plomo-210 que, cuando apareció el disco, todavía no había sido publicado siquiera. Además, el bronce utilizado debería haberse correspondido con aquel bronce prehistórico del que estaban hechas las espadas, sobre cuya autenticidad no se albergaba ninguna duda. ¿Y cómo se le iba a ocurrir a alguien utilizar oro de diferentes yacimientos precisamente para los cuerpos celestes correspondientes a las distintas fases? Y por último, ¿por qué habría tenido que hacer el esfuerzo de que se diferenciaran las fases de trabajo tanto por los motivos expuestos como por los materiales empleados? Eso puede que fascine a un arqueólogo, pero ¿qué comprador de mercancías ilegales se fijaría en esos detalles?

Para colmo, ese superfalsificador habría tenido que encontrar un lugar que, además de encajar con alineaciones y conocimientos astronómicos que no iban a descifrarse hasta transcurridos algunos años desde el hallazgo del disco, debía ser coherente también con las prácticas astronómicas de la prehistoria, desde Goseck hasta Stonehenge. La montaña de Mittelberg había estado densamente arbolada en las últimas décadas; nadie habría podido intuir siquiera su asombrosa idoneidad como hito para la fijación del calendario. Y no vamos a insistir más en el tamaño de los cristales de la capa de corrosión, en la coincidencia de la tierra mezclada con ella con la del lugar del hallazgo, ni en la presencia anormalmente alta de oro y cobre en el hoyo donde aparecieron las piezas.

Ni siquiera un genio de la falsificación habría podido tener en cuenta todos estos detalles. ¿Quién iba a disponer de la pericia necesaria en tantos y tan diversos campos, y de la tecnología necesaria para materializarlos? Todo ese saber no se halla concentrado en una sola persona en todo el planeta; requiere una red interdisciplinar de investigadores para sacarlo a la luz por medio de los más modernos métodos científicos.

Una de las grandes maravillas del disco celeste es la gran variedad de detalles que esconde. Y no los hemos desvelado todos ni de lejos. ¿Iba a ser esa la obra de un falsificador que recibió por él 32.000 marcos alemanes? Esa es la suma que pagó el primero de los traficantes de obras de arte. ¿O es que era falso también él?

7
La fiebre del oro

Un palacio a orillas del mar, situado en un parque lleno de azaleas y camelias, rododendros y magnolias. En la biblioteca, cuyos estantes están llenos de infolios de los siglos XVIII y XIX magníficamente encuadernados en piel, un distinguido caballero presenta una caja en cuyos compartimentos figuran algunas pepitas de oro bien ordenadas; las más grandes pesan casi diez gramos. Ese caballero muestra los resultados de las mediciones. Las pepitas poseen un porcentaje muy elevado de plata, pero también trazas significativas de cobre. Y a simple vista pueden verse unas pequeñas inclusiones de color negro: casiterita, es decir, mineral de estaño. Ese tenía que ser por fuerza el oro del disco celeste. Por fin, tras años de búsqueda, se encontró lo que se buscaba... y en un lugar completamente insólito.

* * *

El oro parecía haberse cerrado en banda para desvelar su secreto. ¿De dónde procedía el oro del sol, la luna y las estrellas, de los arcos del horizonte y de la barca solar? ¿De dónde sacaron los orfebres los 32 g de oro para esas incrustaciones? Esta cuestión era tanto más apremiante por cuanto el disco celeste debía al oro su estético efecto de resplandor milenario.

No obstante, los investigadores se consideraban afortunados ya que podían albergar la esperanza de encontrar una solución al enigma. Si se hubiera tratado de monedas o lingotes de oro modernos, habría resultado imposible determinar su origen. A lo largo de los milenios, el oro con que se elaboran ha sido fundido una y otra vez, de ahí que el oro moderno sea por regla general resultado de un cruce cuyo árbol genealógico ya no puede reconstruirse. En cambio, cuando se trata de piezas de comienzos de la Edad del Bronce, las probabilidades de que estén compuestas por un oro que tenga un origen determinado son considerables, es decir, la materia prima no es producto de la unión espuria de una copa de oro y de un puñado de monedas en el crisol de un orfebre, sino que procede directamente de alguna fuente de oro antiquísima.

A pesar de todo, el oro del disco celeste generaba muchas preguntas. Su elevado porcentaje de plata hacía pensar que se trataba de oro de mina. Por otro lado, se caracterizaba por una porción nada desdeñable de estaño, lo que era, a su vez, un claro indicio de un origen fluvial. ¿Qué ocurría entonces? ¿Acaso se había mezclado metal de dos clases diferentes?

Dado que algunos objetos procedentes de la región de Transilvania, conocida como el *cuadrado de oro*, presentaban una cierta similitud en su composición con el oro del disco celeste, se supuso durante mucho tiempo que este procedía también de allí. A fin de cuentas, la técnica del damasquinado y las espadas de Nebra señalaban también al sudeste. «Sin embargo, hay un problema —dice Gregor Borg, profesor de Petrología y Geología Económica de la Universidad Martín Lutero de Halle—. No deben compararse únicamente los artefactos entre sí.» Estos pueden estar compuestos de material reciclado. Hay que comparar el oro de los objetos con el oro de los posibles lugares de origen. El geólogo Borg había estado buscando durante años, en África, minas de oro y de diamantes y sabía de sobra dónde buscar para encontrarlas. Hacía falta algo más que la signatura de los elementos traza de los artefactos; se precisaban también las del oro tal como se encuentra en la naturaleza, y de cuantas más fuentes posibles, mejor. Al contrario que con el cobre, estas no han sido cartografiadas apenas hasta la fecha. Sobre el oro europeo de mina y aluvial hay escasos datos.

Todo lo relativo a las fuentes de oro puede decirse que es cualquier cosa menos sencillo. *Gold is where you find it*, dice una antigua sentencia de los buscadores de oro. Los geólogos, tal como aclara Borg, distinguen entre yacimientos primarios y secundarios. En los yacimientos primarios, es decir, en las vetas de mineral, el oro puede aparecer bien en filones de cuarzo ricos en este metal, o bien en concentraciones pequeñas en minerales del grupo de los sulfuros, como la pirita. En ese caso solo en raras ocasiones es visible y utilizable directamente. El oro nativo, en forma de escamas y micropepitas, no queda liberado hasta la meteorización de la roca. Entonces se va acumulando en el suelo y pueden llegar a formarse pepitas de oro de algunos gramos; en muy raras ocasiones se concentrará oro suficiente para pesar varios kilos.

El oro liberado por la erosión alcanza arroyos y ríos con los derrubios y es transportado en su lecho por el agua como cualquier otra roca. «Debido a su elevadísima densidad, el oro se separa del agregado original y se enriquece, es decir, se concentra rápidamente —explica Borg—. Los accidentes que influyen en el depósito de los sedimentos, como los embudos perforados por los remolinos, las barras rocosas o las pozas excavadas por el impacto de las cascadas favorecen el rápido enriquecimiento de los minerales pesados, como el oro, mientras que el agua lava y arrastra las partículas menos densas.» En aquellas regiones que presentan minerales ricos en oro pueden llegar a formarse piezas de oro de varios kilos en arroyos y ríos a lo largo de mucho tiempo. Estos yacimientos secundarios pueden explotarse con total sencillez, sin necesidad de emplear procedimientos mineros.

Con ello se explica también la composición química. El oro de mina tiene, por regla general, un elevado contenido de plata, de entre el 10 % y el 20 %, en ocasiones incluso más. El oro aluvial es, en cambio, pobre en plata, hasta el punto de que está prácticamente exento de plata. El motivo es que la plata se disuelve con relativa facilidad en el agua. Cuanto más largo es el viaje del oro por los arroyos y los ríos, tanta más plata se va lavando y el oro resulta cada vez más puro.

En cambio, la casiterita (también conocida como *óxido de estaño* o, en el lenguaje corriente, *mineral de estaño*), que, al igual que el oro, posee una densidad muy alta, se enriquece por la acción del agua. Por eso puede ocurrir que, junto con las partículas de oro, se extraigan partículas sueltas de mineral de estaño que luego, al reducir el mineral en el horno utilizando carbón vegetal, formen aleación con ellas. Otra posibilidad es que las partículas de estaño ya se hubiesen introducido antes en las pepitas de oro, relativamente blandas. Esto explica por qué los objetos elaborados a partir de oro aluvial contienen elevados porcentajes de casiterita.

En la actualidad hace ya muchísimo tiempo que esas fuentes de aprovisionamiento quedaron agotadas, pero en época prehistórica no era así. Durante milenios, el oro fue acumulándose en determinados lugares de los cauces fluviales. Los cazadores y los recolectores bebían de los arroyos en los cuales tenían al alcance de la mano las pepitas de brillo dorado. Seguramente se llevarían alguna que otra pepita hermosa, pero por regla general dejaban el oro donde estaba y seguían su camino. ¿Para qué cargar con esa cosa inútil? Era demasiado blando para hacer algo sensato con él. El arte del fundido tardaría en llegar todavía algunos milenios. Como objeto que dotara de prestigio impresionaba mucho más una garra de oso. Esta no se conseguía simplemente pescando en un arroyo; había que matar al oso antes de poder colgársela al cuello.

No fue sino a partir del quinto milenio antes de Cristo cuando el arte de la metalurgia llegó a Europa y dio comienzo a la era del oro, la «edad del oro». Se explotaron los yacimientos naturales para fabricar objetos valiosos que fascinaban por su brillo y su buena conservación. Los opulentos enterramientos de la necrópolis de Varna, en Bulgaria, documentan la primera fiebre del oro de la humanidad.

Una vez vaciados los depósitos de arroyos y ríos, se precisaba de mucho tiempo para que volvieran a llenarse. Sin embargo, acaban llenándose, lo siguen haciendo en la actualidad, ya que la erosión de las vetas auríferas de las montañas no ha cesado. Los ríos rectificados de nuestros días, que complican el arrastre del oro debido a las presas, nos proporcionan una idea falsa de la riqueza real en oro de épocas pasadas.

Para reconstruir el origen del oro antiguo, es necesario analizar la totalidad de los yacimientos primarios y secundarios en montañas y ríos, con el fin de identificar qué elementos traza contienen y en qué proporciones. Desde un punto de vista geoquímico y mineralógico, el oro aluvial de la actualidad no se distingue del de la Edad del Bronce. Hasta hace bien poco no se habían realizado tales comparaciones. Pero ese trabajo, necesario para los arqueólogos, debía ser hecho por geólogos. También en este aspecto, el disco celeste resultó estar tocado por la fortuna: un equipo dirigido por el geólogo especialista en exploración de yacimientos mineros Gregor Borg se puso entonces a trabajar en la búsqueda del origen del oro.

«Durante mucho tiempo se pensó que estaba todo investigado en lo relativo a los yacimientos de oro —dice Borg—, y se partía de la base de que allí donde no existían datos, no había oro. Ahora bien, ya solo con los datos de los buscadores aficionados de oro quedó demostrado que realmente todos los ríos de Europa llevan oro.» Así que los investigadores escribieron a los buscadores de oro, igual que a los museos y a las colecciones universitarias, y analizaron sus pepitas. Los científicos reconvertidos en buscadores de oro se calzaron las botas de goma y agarraron la batea para buscar pepitas de oro con los dedos entumecidos en ríos como el Tisza o el Schwarza. Examinaron más de medio centenar de ríos.

Ciertamente encontraron oro, pero no coincidía con el del disco. El hecho de que encontrar oro resultara decepcionante era una cosa insólita; sin embargo, los estudiantes de doctorado que se habían puesto manos a la obra quedaron frustrados pronto. Por más oro que acarrearan, no había manera de que coincidiera con el del disco celeste. Sin embargo, se trataba también de un resultado importante. «Los resultados negativos son los únicos verdaderamente fiables —dice Borg—. Cuando se acierta no puede excluirse nunca que en alguna otra parte exista un oro con la misma composición exacta.»

El oro del disco celeste no procedía del río Saale, tampoco del Elba, ni del Danubio. Pasaron años sin que se hallara ninguna pista al respecto. ¿Qué le pasaba a aquel dichoso oro? Al menos no llegó el rumor de aquella búsqueda en vano a gente como Erich von Däniken. Seguro que habrían apostado por un oro extraterrestre... ¡y proveniente de las Pléyades!

* * *

«Estuvimos buscando por toda Europa —cuenta Gregor Borg—. Durante mucho tiempo nos obsesionamos con el sudeste: en la cordillera Tauern, en Bohemia, en Rumanía.» *Ex oriente lux*: esta frase era como un mantra para la arqueología prehistórica. Sin embargo, pocas veces se miraba hacia Occidente. El hecho de que los buscadores de oro fluvial se pusieran a buscar allí se debió en gran medida al azar. Barbara Borg, la esposa de Gregor Borg, ocupaba una cátedra de arqueología clásica en Inglaterra, en la Universidad de Exeter. Así que su marido empezó a interesarse por el oro británico durante las visitas que le hacía, y fue allí donde halló lo que andaban buscando. Los análisis de las micropepitas del río Carnon encajaban. Después de cinco años y medio de búsqueda quedó resuelto el enigma. El oro del disco celeste procedía de Cornualles.

«Podríamos haberlo deducido mucho antes», dice el geólogo con una sonrisa pícara. Y es que siempre se había supuesto que el estaño del bronce del disco celeste procedía de Cornualles. Justamente las investigaciones de Ernst Pernicka sobre los isótopos de estaño lo corroboraban. Y ya en los primeros análisis había quedado demostrada la intensa contaminación de estaño en el oro del disco celeste.

Los granitos de Cornualles son colosales burbujas de magma de hace trescientos millones de años. Como el estaño es un elemento incompatible, es decir, no forma compuestos con la mayoría de los demás minerales, durante el proceso de cristalización se fue acumulando en los fluidos residuales que corrían por las grietas de la roca ya solidificada. Los filones así formados se pueden laborear, como de hecho se hizo en las edades Media y Moderna. Con la meteorización de la roca, el óxido de estaño —la casiterita— también va a parar a los ríos. Como es un metal pesado, acaba concentrándose allí donde la corriente de agua lo deposita, igual que ocurre con el oro. Y sacarlo de los ríos era bastante más fácil que de la montaña.

Así quedaba resuelto el enigma del oro del disco celeste: el estaño indicó que se trataba de oro aluvial; la plata apuntaba a un oro de mina. Esta paradoja geológica quedaba aclarada en Cornualles. El oro de allí era tan rico en estaño porque se sacaba de un río junto con el estaño, ¡pero ese río era muy corto! El oro no tiene allí un largo recorrido por las aguas, razón por la cual no quedaba erosionada la plata.

En efecto, el curso del río Carnon no alcanza los 10 km por el interior de la región de Cornualles; casi merece más la etiqueta de arroyo que la de río. En la actualidad, una parte del valle está inundada por el mar. El resto ha sido excavado ya en varias ocasiones. Hasta el siglo XX se extraía de aquí estaño, pero también cobre y arsénico en cantidades industriales. Desde el año 2006, el paisaje minero de Cornualles pertenece al Patrimonio de la Humanidad de la UNESCO. De allí provienen las materias primas que alimentaron la revolución industrial en Gran Bretaña. La región minera que abarca el río Carnon era considerada en el siglo XIX «la milla cuadrada más rica del mundo». En ella, los mineros extrajeron a la luz del día dos terceras partes de la demanda mundial de cobre. Lo que ha quedado de aquello es un imponente paisaje fantasmal postindustrial lleno de ruinas de salas de máquinas de bombeo, entre las que sobresalen las chimeneas como menhires hacia el cielo. Dan testimonio de los lugares donde las máquinas de vapor bombeaban el agua de las profundidades. Aquí y allá hay agujeros de fosas en la tierra igual que bocas del infierno. Quien olisquea por allí los pedazos de mineral no puede sino desfigurar el semblante: el azufre o el arsénico producen un olor tan penetrante como si se tratara realmente del legado del demonio. Los escoriales se asemejan a un paisaje mórbido de dunas. Allí no brota hoja alguna; el contenido de arsénico es demasiado elevado.

En la Edad del Bronce, cuando el nivel del mar era más bajo, en todo el curso del Carnon, que serpenteaba por el valle con sus meandros de aspecto romántico, el estaño podía explotarse sin grandes esfuerzos. Hasta la fecha se partía de la base de que el estaño había sido el producto principal de Cornualles; a fin de cuentas existió una enorme demanda en las épocas hambrientas de bronce. El oro, desde esta perspectiva, solo sería un producto secundario. Cuando de las cavidades del lecho fluvial se sacaba el mineral gris negruzco, mezclados con él destellaban los granos de oro como las estrellas en el cielo nocturno. Así que en Cornualles se comerciaba también con el oro, a pesar de que el estaño y el cobre eran el negocio principal.

Ahora bien, dado que las investigaciones más recientes demuestran que hasta los artefactos de oro de Irlanda, lejos de estar realizados con oro irlandés, están hechos con oro de Cornualles, puede invertirse la hipótesis: primero se explotó el oro, que saltaba a la vista de cualquiera, y durante la búsqueda del oro en el río Carnon se descubrió la mena de estaño, de similar peso pero carente por completo de atractivo, y se comenzó a experimentar con él.

* * *

Cuando el Museo Real de Cornualles, ubicado en la localidad de Truro, invitó a Gregor Borg a pronunciar una conferencia sobre la conexión del oro recién descubierta y de casi 4.000 años de antigüedad entre Inglaterra y el continente, este recibió una llamada telefónica.

Courtenay V. Smale le rogaba que fuera a verlo. Le dijo que él era el conservador de la colección de minerales del *Caerhays Castle* y que tenía algo para él.

El Castillo de Caerhays es legendario entre los amantes de los jardines. Desde una bahía que quita el aliento, el sendero conduce a través de praderas de color verde intenso, por las que deambulan los faisanes, hacia una casa señorial construida al estilo de un castillo normando. El parque alberga, además de cientos de especies de rododendros, azaleas y camelias, la mayor colección de magnolias de Gran Bretaña. Sin embargo, no fue este el motivo por el que Borg aceptó la invitación; se entusiasmó por otra cuestión. Hacía más de ciento cincuenta años que la familia Williams poseía el Castillo de Caerhays y desde el siglo XVIII le pertenecían también las principales minas y fundiciones de la región.

En efecto, los señores de Williams eran los dueños del estaño, del cobre y del oro de Cornualles. Y, como tales, no solo fueron los miembros fundadores de la Real Sociedad Geológica de Cornualles, sino que también crearon una colección de minerales sin parangón. No solo estaba repleta de los minerales de cobre en magníficos colores de las minas propias, sino que entre ellos había también notables minerales de estaño, casiteritas. Y maravillosas aguamarinas, topacios, ópalos y diamantes de todos los rincones de la Commonwealth británica.

Sin embargo, John Charles Williams tomó en 1893 una decisión de graves consecuencias. Su corazón palpitaba por las camelias y las azaleas, los jardines lo eran todo para él y financió la legendaria expedición a China de los coleccionistas de plantas Ernest Wilson y George Forrest. Así que invitó a museos como el Museo de Historia Natural de Londres a que se sirvieran las más bellas piezas de su colección de minerales.

Mientras la familia Williams pasaba a dedicarse al oro verde, la colección de minerales dormía el sueño de la bella durmiente. Sus existencias quedaron almacenadas en todos los rincones posibles de la casa señorial. No fue sino en el año 2008 cuando su actual propietario, Charles Williams, sacó de su letargo a aquel tesoro de piedras preciosas. Transmitió el encargo de catalogar las existencias aún presentes y de organizar una exposición de los minerales por familias. Fue una tarea que asumió Courtenay Smale, presidente de la Real

Sociedad Geográfica de Cornualles, un apasionado coleccionista de minerales desde su infancia.

«Si supiera usted todo lo que encontré y, sobre todo, dónde lo encontré —relata Smale riéndose en la biblioteca de la casa señorial y acercando el servicio de café—. En efecto, aún había algunos minerales que se mostraban en vitrinas, pero la mayor parte no estaban a la vista.» Los tesoros reposaban en armarios, en cuartos trasteros, todo un arsenal de joyas aguardaba en los sótanos. «Continuamente hacía nuevos descubrimientos: había minerales en una cómoda del almacén de las verduras; otros más se encontraban en la antigua cámara frigorífica… incluso había algunos en la bodega con los vinos.» Smale ha llegado a convencerse de que no se trata solamente de los restos de la colección, porque las piezas son demasiado espectaculares. «Probablemente algunos miembros de la familia escondieron algunas antes de que llegaran los conservadores de los museos.»

«También encontré esta caja.» Smale tiende a Borg una caja blanca de cartón. En los compartimentos hay pepitas de oro, cada una de entre uno y dos centímetros de tamaño y de varios gramos de peso. Hallazgos procedentes de Cornualles, seguramente también del río Carnon. Smale le muestra una lista con los primeros análisis de los metales. En ella salta a la vista el contenido extremadamente elevado de plata, por encima del 20%, e incluso del 30%. Borg no tiene que emplear siquiera la lupa para reconocer las pequeñas inclusiones negras en las pepitas: «casiterita —dice Borg—, mineral de estaño».

Cuando se funden pepitas como esas en un ambiente falto de oxígeno («para ello basta una tapa encima del crisol o el carbón vegetal que se acumula encima debido al calor»), el óxido de estaño queda reducido a estaño y puede combinarse con el oro. «Eso es lo insólito en minas como la Mina Poldice en Cornualles, que allí el oro y el estaño aparecen asociados —dice Borg—. En los grandes ríos se encuentran juntos el estaño y el oro de diferentes fuentes, solo que entonces la plata está casi totalmente lavada. Nos costaba creer que existiese un río tan corto como para que en el oro se pudiese encontrar la mineralización primaria con plata y cobre.» Y el contenido de cobre en el oro del disco celeste todavía es menos sorprendente; el cobre se encuentra aquí en abundancia. «Acabamos de admirar en las vitrinas las brillantes malaquitas y azuritas de Cornualles.» Borg toma el primer sorbo del café, que hace rato ya que se enfrió, y agarra de nuevo la caja con el oro. «Estas pepitas son en cierto modo la *pistola humeante* para el oro del disco celeste, la prueba de la exactitud de nuestras hipótesis.»

* * *

También el oro del disco celeste de la segunda fase, es decir, de la fase del arco del horizonte y de la estrella número 23, procede de Cornualles: poseía el mismo contenido de plata, solo que era mínimamente más rico en estaño. Esto hacía pensar en una colada de oro diferente. El hecho de que el orfebre empleara otro oro para la barca solar tenía probablemente motivos estéticos, tal como aclaró el restaurador Wunderlich. Con su 14%, contiene claramente menos plata que el oro de las demás fases. A pesar de ello, su elevada proporción de plata encaja en el espectro del oro del río Carnon. Eso es lo que muestra también la caja de las pepitas de Courtenay Smale al ofrecer un oro con las más diversas variaciones de plata. Con ello quedaba resuelto, por tanto, el enigma del oro.

8
El código de las estrellas

Fue el filósofo Walter Benjamin quien popularizó el concepto de «aura». Él habló de esa «aparición irrepetible de una lejanía, por cercana que esta pueda estar», que se desprende de las obras de arte o de los objetos históricos. La palabra *aura* procede del griego y significa «aire» o «aliento». Aura era la diosa de la brisa matinal. El aura es también la aureola de los santos y de las santas, el carisma. Y en el esoterismo, el aura es el cuerpo energético del ser humano que tan solo perciben las personas sensibles. Por tanto, el aura es aquella magia que parte de las cosas en su excepcionalidad. Es algo que se está perdiendo cada vez más en nuestra época de la «reproductibilidad técnica», como la denominó Benjamin.

¿Qué otra mejor prueba podría haber para el aura del disco celeste de Nebra que los numerosos escritos que recibe el museo sin que exista ningún final a la vista? Su aura parece obrar sobre todo de dos maneras. Primeramente está la estética. Las personas se hacen pendientes, broches o collares con él. Incluso han entrado en el museo, en forma de regalo, unas pañitas con el disco celeste confeccionadas con un maravilloso encaje de bolillos. Y a continuación está su carácter enigmático. El disco es un enigma que quiere ser resuelto. La mayoría de los escritos contienen propuestas de interpretación. Muchas cartas están salpicadas de cálculos matemáticos. El récord lo ostenta un escrito con más de cien páginas en letra pequeña y llenas de columnas con números. Un manitas jubilado integró el disco celeste en una mecánica laboriosa con dos mecanismos por los que, según él, pueden calcularse el calendario anual, las fases de la luna, los solsticios, los equinoccios y algunas otras cosas más.

Los enigmas nos fascinan. No podemos evitarlo. Ya sea en forma de sudokus, de crucigramas o ya se trate de la película policíaca del domingo por la noche, a la mente humana le depara un gran placer ir al fondo de las cosas, reconocer patrones, rastrear conexiones. La psicóloga estadounidense Alison Gopnik escribió un ensayo al respecto con el llamativo título de *Explanation as Orgasm and the Drive for Causation*. En él expone que las personas poseen un instinto innato para explicar las cosas y que nuestro cuerpo recompensa con una dosis completa de felicidad cuando resolvemos un enigma, un problema.

¿Y no nos enseña acaso la historia que a quien resuelve un enigma importante la fama le hace un guiño? Edipo humilla a la esfinge resolviendo su enigma y como recompensa se convierte en el rey de Tebas. Los niños y las niñas siguen oyendo hablar en la escuela, doscientos años después, acerca de Jean-François Champollion, quien reveló el secreto de la escritura jeroglífica. Y los «descifradores de códigos» en torno a Alan Turing, que descifraron el código de la máquina *Enigma* de los nazis, siguen siendo héroes nacionales en la actualidad en Gran Bretaña.

De esa fuente se alimenta también la atracción por la arqueología. Es la ciencia de los enigmas por excelencia, sus piezas más espectaculares ocultan todas un misterio. ¿Por qué tuvo que morir joven Tutankamón? ¿Quién mató a Ötzi? ¿Para qué servía Stonehenge? ¿Hubo una guerra de Troya real? ¿Muestra el sudario de Turín realmente la imagen de Jesucristo crucificado? ¿Y cuál es el mensaje del disco celeste de Nebra?

Arqueología y astronomía, estética y enigma, esos son los ingredientes de la receta para el éxito del disco celeste. Explican por qué se sienten hechizadas tantas personas por una pieza de bronce de más de 3.600 años de antigüedad e invierten tanto tiempo para debatir sobre ella. Las cartas hablan un lenguaje claro. Por cierto, todas son examinadas en el museo de Halle. Y con razón, porque por correo llegó también la interpretación del astrónomo Rahlf Hansen del Planetario de Hamburgo. Y se las traía consigo.

* * *

En asuntos relativos al disco celeste hubo una pregunta que quedó sin responder durante mucho tiempo. La versión original del disco celeste, en la cual la combinación de la luna con las Pléyades señalizaban el comienzo y el final del año agrícola, mostraba, estrictamente hablando, un conocimiento trillado. «Eso lo sabía cualquier campesino», declara también Wolfhard Schlosser. Para algo así no acarreaba nadie los esfuerzos y los costes de producir un objeto tan asombroso. No en vano, el disco contenía casi treinta y dos gramos de oro. ¿No debería ocultar por tanto un conocimiento valioso y a su altura?

Al igual que muchos astrónomos, también Rahlf Hansen del Planetario de Hamburgo se devanó los sesos acerca de la imagen que se tenía del cielo en la Edad del Bronce. Fue lo mismo que con un rebus, un jeroglífico como los que conocemos por las revistas, contaría el astrónomo más tarde. Hay que dar sentido a los diferentes elementos gráficos. Y para ello hay que descubrir la clave de la solución. Hansen se limitó por entero a la imagen original, es decir, sin la barca solar ni los arcos del horizonte que fueron añadidos con posterioridad.

Hansen sabía que suele ser una rareza la que proporciona la primera pista. Y lo raro aquí era esa media luna. Esta era extrañamente gruesa, casi tosca en su forma. La luna en cuarto creciente suele representarse como una hoz fina, elegante. La de aquí producía un efecto torpe y no encajaba bien con la belleza de los restantes elementos gráficos. ¿Por qué?

Queda fuera de toda duda que el orfebre habría sabido hacerlo mejor. Sin embargo, lo importante para él no era la estética, se dijo Hansen a sí mismo, sino… ¿qué era lo importante para él? La respuesta obvia fue: la precisión astronómica. El herrero tenía en mente justo una luna de ese grosor y no una luna fina lo más hermosa posible.

El grosor de la luna indica su edad. Cuando la luna vuelve a ser visible en el cielo por primera vez después de la luna nueva tiene una edad de entre 1,5 y 2,5 días. Cada mes comienza con ese primer creciente. Hansen midió la media luna y estableció su grosor en relación con el diámetro de la luna llena. El resultado: el grosor de la luna del disco celeste indica una edad de aproximadamente 4,5 días, y por consiguiente esa media luna tenía una edad mayor (y era más gruesa) que la primera luna del cuarto creciente que tenía entre 1,5 y 2,5 días de edad. ¿Qué podía significar eso?

Hansen consultó una obra tras otra de astronomía. Finalmente encontró lo que buscaba en el llamado MUL.APIN, un compendio de textos babilónicos en escritura cuneiforme fechados entre los siglos VII y III a. C. En él se encuentran compilados análisis y observaciones astronómicas de Mesopotamia que, en parte, tienen un origen mucho más antiguo. «Allí me topé con la indicación», cuenta Hansen, «de que debía prestarse atención a la luna y a las Pléyades durante el primer mes del año, el mes de la primavera que llevaba el nombre de Nisannu». En concreto ponía allí lo siguiente: Cuando el primer día del mes de Nissanu la Luna y las Pléyades estaban en conjunción, es decir, a poca distancia una de las otras, ese año era normal. Sin embargo, si la conjunción no se producía hasta el tercer día, era un año intercalar, es decir, había que intercalar un mes. ¡Hansen se quedó sorprendido! ¿Iba a ser este el secreto del disco celeste? ¿Acaso se había codificado en él una regla de sincronización que permitía salvar la discrepancia entre el curso del año solar y el lunar?

Este es el problema primigenio del arte de confeccionar cualquier calendario: ¡el sol y la luna no obedecen al mismo ritmo! Lo primero que extrañó a los seres humanos fue el hecho de que no armonizaban los astros del día y de la noche. El sol es el referente del año y del día; la luna, del mes y de la semana. Sin embargo, no estaban sincronizados. Un mes sinódico, es decir, el tiempo entre dos lunas nuevas o entre dos lunas llenas, dura alrededor de 29,5 días; por tanto, un año lunar tiene aproximadamente 354 días. Eso son once días menos que un año solar, lo cual es bastante. Esta es la razón por la cual el Ramadán, el mes de ayuno islámico, que se basa en el calendario lunar, varía de estación en estación dependiendo de los años.

También en Babilonia se utilizaba un calendario que estaba basado en la observación de las fases lunares. Para armonizar el año lunar con el año solar, es decir, para procurar que el mes de la primavera no se trasladara al otoño, fue necesario introducir meses intercalares: con la diferencia media de once días entre el año lunar y el solar hay que añadir uno cada tres años. El compendio MUL.APIN formulaba aquí una regla fija basada en la observación por la cual podía garantizarse con fiabilidad lo siguiente: cuando la luna no aparecía junto a las Pléyades hasta el tercer día del mes de Nissanu (y, por lo tanto, tenía dos días de edad y era más gruesa que el primer creciente), era la señal del cielo para que se intercalase un mes. Sin embargo, si aparecía el primer día de Nissanu con forma de una hoz delgada, no era necesaria ninguna adición.

☾-Año lunar = 354 días

☾	1	2	3	4	5	6	7	8	9	10	11	12	?
☉	Primavera			Verano			Otoño			Invierno			

Comienzo de la primavera   ☉ - Año solar = 365 días   Comienzo de la primavera

Perdiendo el compás: desde tiempos remotos, el elevado arte de confeccionar calendarios trata de poner en consonancia el año lunar con el año solar, que es once días más largo.

De esta manera podían armonizarse con fiabilidad el año lunar y el solar: «Un calendario lunisolar semejante combinaba las ventajas de ambos sistemas», aclara Hansen. La forma cambiante de la luna permitía una división sencilla del mes en semanas y suministraba con el primer creciente la señal característica del comienzo de mes. En cambio, el calendario solar es irrenunciable para los agricultores porque se encuentra en consonancia con las estaciones del año.

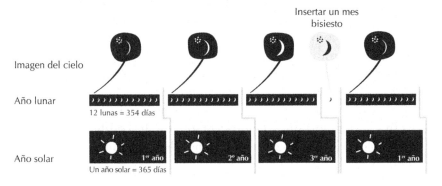

El tamaño sí importa: Cada primavera, la hoz del cuarto creciente de la luna va aumentando de tamaño a su paso junto a las Pléyades. Cuando es tan gruesa como en la representación del disco celeste, hay que añadir un mes bisiesto para mantener sincronizados el año solar y el año lunar.

Hansen se lo pensó y repensó. ¿Podía ser real eso? ¿Era posible que en el disco celeste estuviera oculto un conocimiento que quedaría fijado por escrito mil años más tarde y por primera vez en el seno de una civilización de elevado desarrollo en Mesopotamia?

* * *

Hansen decidió seguir la pista de la regla de sincronización, en la esperanza de que lo conduciría a la solución del jeroglífico del disco celeste. Así pues, si no eran ninguna casualidad el grosor de la luna y su colocación junto a las Pléyades, no estaba fuera de lugar suponer un propósito determinado tras el número de las estrellas contenidas en el disco. En la versión original se insertaron 32 estrellas de oro. Y, en efecto, ahora encajaba todo: si, contando a partir del primer creciente que precedía en un mes al que inaugura Nissanu, el mes de la primavera, pasaban 32 días hasta que la luna y las Pléyades aparecían juntas, se llegaba de nuevo al tercer día de Nissanu y había que añadir un mes intercalar. Se trataba del mismo principio que el grosor de la media luna, solo que estaba codificado de una segunda manera, pero no porque las cosas se retengan mejor por partida doble, sino porque esos 32 días ofrecían un punto de referencia adicional, una posibilidad de cálculo alternativa para el caso de que el peor enemigo de aquel astrónomo de épocas tempranas volviera a amargarle la vida: el mal tiempo. Cuando el cielo aparecía cubierto de nubes resultaba imposible divisar el primer cuarto creciente después de la luna nueva, y por este motivo se comenzaba con la cuenta el mes anterior, por precaución, para no perderse la conjunción de la luna y de las Pléyades. Este método tampoco era del todo seguro, pero elevaba las probabilidades de acierto. Un logro intelectual realmente notable. Así pues, la receta para armonizar el ritmo anual de los dos cuerpos celestes más importantes, la luna y el sol, ¡estaba codificada por partida doble en el disco celeste, y además de una manera tan simple como elegante!

* * *

Este descubrimiento hace también que el otro objeto redondo y dorado que está presente en el disco celeste resplandezca entonces con un nuevo brillo. Reiteremos esto una vez más: el año solar y el año lunar se sincronizan cuando la hoz fina de la luna creciente aparece junto a las Pléyades en la primavera; si está demasiado gruesa, es decir, si la luna ya es demasiado vieja, eso significa entonces que el año solar y el año lunar andan muy desigualados y hay que volver a ponerlos en consonancia con el añadido de un mes intercalar. Lo emocionante del caso es que, mientras la hoz de la luna creciente introducía el mes de la primavera, la luna llena que aparecía doce días después señalizaba, en la época del disco celeste, el comienzo real de la primavera. En muchas culturas, el año solar comenzaba con la luna llena del comienzo de la primavera. Así pues, el objeto redondo del disco podría poseer un doble carácter, formuló Hansen como hipótesis. Puede representar la luna llena con el que comenzaba el año solar, o también el sol, que ese día inicia su nueva carrera a través del año. Un punto a favor de esta teoría es el hecho de que el círculo de oro es el único objeto que posee una fina corona de rayos que solo es reconocible al contemplarla de cerca. Queda abierta la cuestión de si esa aureola representa los rayos del sol o se trata de una enfatización de la luna llena brillante, y eso encajaría también con el doble carácter del objeto redondo de oro.

Además, a Hansen se le ocurrió otra posible interpretación en esta misma línea argumental: si realmente el sentido del disco gira en torno a la discordancia entre el año solar y el lunar, no parece desacertado inferir que las 32 estrellas simbolizan 32 años solares, que corresponden (para que la cuenta cuadre hay que contar el gran círculo de oro como un punto más) a 33 años lunares. Y esto encaja a la perfección: para los valores redondeados de 29,5 días para el mes y de 365 para el año solar, la inexactitud es de únicamente dos días: 11.680 frente a 11.682 días.

«Las interpretaciones astronómicas de Wolfhard Schlosser», dice Hansen, «mantienen sin embargo su validez en toda su extensión». Según él, el gran círculo, si se interpreta como luna llena, señala, en su proximidad a las Pléyades en el mes de octubre, el final del año agrícola.

* * *

Estos son descubrimientos sensacionales: si Hansen estuviera en lo cierto, aquí, en el oscuro corazón de Europa, algunas leyes sofisticadas de la mecánica celeste se habrían registrado ciertamente no en papel, pero sí en bronce, muchos siglos antes que en Oriente. Esto sería algo que iría totalmente más allá del horizonte de expectativas que se tenía hasta la fecha acerca de las capacidades intelectuales a comienzos de la Edad del Bronce europea. ¿Es probable una cosa así?

Rahlf Hansen cree que el disco celeste documenta un conocimiento llegado de fuera: «La hipótesis de que la regla de sincronización, basada en una larga tradición de observación del cielo, se hubiese inferido en el seno de una cultura sin escritura, parece más improbable que la de su aprendizaje a través de una conexión con Mesopotamia». Así pues, estaríamos frente a una transferencia de conocimiento.

En la Europa Central de la temprana Edad del Bronce se carecía con toda probabilidad de la tradición de esa observación continuada de la luna; el cielo, frecuentemente nublado, no resultaba favorable para ese cometido (si bien el Harz actúa como barrera frente a las corrientes de aire húmedo, dando lugar a unas condiciones mucho más favorables que en la mayor parte de la Europa Central). Los cálculos arrojan la cantidad de al menos cuarenta años de observación continuada para extraer las conclusiones pertinentes, lo cual plantea de inmediato la siguiente cuestión: ¿Cómo habrían podido registrarse y archivarse los resultados de las observaciones en una cultura que, por lo que sabemos, no poseía la escritura?

Sin embargo, la suposición de que un ser humano de hace casi 4.000 años acometiera el fatigoso y largo camino hacia el Oriente, ¿no resulta asimismo inimaginable? Por otro lado, sin embargo, los resultados de las investigaciones llevadas a cabo hasta la fecha con respecto al disco celeste nos muestran que existían contactos que alcanzaban hasta Inglaterra y acaso también hasta el mar Egeo. También allí podría haber entrado alguien en contacto con ese conocimiento mesopotámico. Iremos hasta el fondo de la fascinante cuestión de si nos las estamos viendo con un Marco Polo de la Edad del Bronce. En este punto queremos seguir la argumentación de Hansen de que el disco celeste documenta un conocimiento importado, ya que nos proporciona una explicación convincente de su configuración tan sorprendentemente racional.

Según esta hipótesis, el creador del disco celeste tuvo conocimiento de esa regla de cálculo en un viaje al Oriente, o tal vez también a través de un viajero instruido del Oriente en alguna localidad portuaria del Mediterráneo oriental. Dado que no disponía de escritura, no pudo hacer otra cosa que crear una imagen. Por consiguiente, según Hansen, el disco celeste sería un «memograma», un «recordatorio» apoyado en imágenes. Y ello se corresponde con la sobria concreción de la representación. Si ese conocimiento astronómico se hubiera fijado en Mesopotamia sirviéndose de una imagen, eso se habría producido de una manera tradicional, probablemente mitológica. «Pero como los dioses mesopotámicos eran desconocidos en la Europa Central, no tenía ningún sentido reproducirlos.»

Ya que se trataba de un conocimiento foráneo que fue transferido desde una cultura a otra completamente diferente, resultaba imposible a su vez reproducirlo al modo autóctono. Por ello, en el primer disco celeste no se encuentran los típicos ornamentos de la Edad del Bronce europea, ni tampoco referencias al mundo de los dioses en esta parte del mundo. El conocimiento racional de la regla para acompasar el año solar y el lunar era sencillamente intraducible, y por tanto requería de una representación racional, es decir, realista. ¿Qué otra opción había, por tanto, que reducirla a lo que sucede en el cielo?

De ahí esa llamativa sencillez del sol, de la luna y de las estrellas. Por ello nos es posible también a nosotros descifrar 3.600 años después, con un esfuerzo relativamente pequeño, el mensaje astronómico de aquel memograma de la Edad del Bronce. Se trata del principio de la botella con mensaje presentado en la introducción: también el Disco de oro o las Placas de las Pioneer se sirvieron de la más sencilla representación naturalista para su transmisión interestelar de conocimiento. Los pictogramas se emplean siempre y en todas partes donde hay que garantizar la inteligibilidad más allá de los límites del lenguaje. Sin embargo, pese a la sencillez de la representación gráfica del disco celeste, su plasmación en oro y en bronce fue muy laboriosa; no en vano se trataba de un conocimiento muy valioso procedente de un mundo lejano.

La coherencia de la argumentación es uno de los mayores atractivos de la tesis del astrónomo de Hamburgo. La interpretación de Hansen proporciona explicaciones sobre el grosor de la hoz lunar, el número de estrellas, las Pléyades, la representación ampliada de la luna en cuarto creciente y la corona de rayos en torno a la luna llena que la hace convertirse al mismo tiempo en sol. «Con ello quedan englobados en la explicación todos los objetos de la versión original del disco celeste de Nebra», dice Hansen. «No queda ningún cabo suelto.» ¿Enigma resuelto?

9

El arte de elaborar calendarios

En el supuesto de que Rahlf Hansen, el astrónomo de Hamburgo, haya resuelto el enigma del mensaje de las estrellas, con ello no ha hecho sino añadir a la lista de los enigmas del mundo otro enigma aún mayor. A una regla de sincronización que acompasa el año lunar con el año solar, pero que no fue descrita sino mil años más tarde en una civilización muy desarrollada... ¿qué podía habérsele perdido por estos lares? Tradicionalmente, la investigación da por hecho que, en el Bronce Antiguo, la Europa Central estaba poblada por sociedades tribales de base agrícola. ¿Qué campesino, qué jefe de tribu podría haber codificado este conocimiento complejo en una imagen genial fabricada en oro y en bronce que, en su elegancia, casi parece una predecesora prehistórica de la fórmula $e = mc^2$ de Einstein?

Una sociedad campesina no disponía de la pericia ni de los medios necesarios que se precisan para desarrollar semejantes conocimientos. Pero sobre todo no tenía necesidad de ningún sofisticado calendario lunisolar establecido a partir de leyes propiamente dichas. El astrónomo Wolfhard Schlosser expone el problema de una forma más bien alambicada al decir que la hipótesis de Rahlf Hansen «presupone tácitamente que los seres humanos de la Edad del Bronce, habitantes de la actual Alemania Central, estaban interesados en el ajuste entre el año solar y el lunar, es decir, que debían conocer bien su duración y su inicio». Cuando se le pregunta de manera más concreta al profesor de astronomía: «Señor Schlosser, ¿precisaban los campesinos de una regla para armonizar el año solar con el lunar?», contesta: «No, no la necesitaban. Por la carrera del sol y por las salidas y puestas de los astros, los campesinos podían decidir desde los tiempos más remotos cuándo era el momento adecuado para sembrar».

Los campesinos armonizaban el año lunar (si es que lo utilizaban) con el año solar a ojo cuando les hacía falta. Los resultados etnográficos hablan un lenguaje claro: «En las sociedades sin escritura de África, Asia y Oceanía que todavía se estudiaban en la primera mitad del siglo xx, la división temporal es el resultado del seguimiento de fenómenos relacionados con la meteorología y con las fases del crecimiento de las plantas, en especial de las plantas cultivadas», escribe el historiador Jörg Rüpke en su historia cultural del calendario *Zeit und Fest* [Tiempo y festividad]. «La relación con los medios de vida y la producción agrícola puede reconocerse con claridad en todas partes; en el caso de las sociedades de pescadores, la división del año puede orientarse también por la emigración anual y la llegada de determinados peces». No se trata de desarrollar calendarios precisos, sino de poder denominar la sucesión de actividades económicas y sociales como las fiestas y ponerlas en consonancia con el año solar. «Sin embargo es mucho más importante acertar con el periodo meteorológico correcto que con la correcta fecha abstracta.» Son conocidas las reglas informales de cómputo en muchas culturas. Los mursi, por ejemplo, un pueblo nómada de agricultores y ganaderos que habitan en el sudoeste de Etiopía, siguen haciéndolo así en la actualidad. Tras un largo debate suele votarse simplemente si hay que incluir o no un mes extra.

Así pues, si el conocimiento elaborado del disco celeste no parece encajar correctamente en el mundo de la Edad del Bronce de la Europa Central, nos quedan entonces dos opciones. La primera: el disco no es de aquí en absoluto. En contra de esta opción hablan el origen de sus materias primas y los arcos del horizonte, cuya orientación encaja con la actual Alemania Central. La opción dos convierte al disco celeste en una provocación: ¡la idea que tenemos de nuestro propio pasado está equivocada! Entonces lo que tenemos ante nosotros no es una simple sociedad campesina. Y por consiguiente pasaríamos al siguiente acertijo: ¿con qué sociedad nos las estamos viendo pues?

* * *

Para juzgar qué requisitos sociales se precisarían para cultivar un conocimiento semejante como el que documenta la regla de cómputo basada en las Pléyades, vamos a echar un vistazo a los lugares en los que existió ese conocimiento. ¿Qué relación tenían las culturas de Mesopotamia con el calendario? ¿Y con los cómputos de las reglas para acompasar el año solar con el lunar?

Desde el cuarto milenio antes de Cristo se formaron allí los primeros Estados, fueron alternándose los imperios de los acadios, de los babilonios, de los asirios. La invención de la escritura cuneiforme, que cumplió primeramente unas funciones puramente administrativas, contribuyó al florecimiento cultural. Ya en el tercer milenio antes de Cristo se había establecido allí la práctica de añadir ocasionalmente un mes intercalar a los doce meses del año lunar.

Para el calendario lunar había que tener la luna en continua observación. Un mes comenzaba cuando, poco después de la puesta del sol que seguía a una luna nueva, volvía a aparecer por el oeste el primer creciente. Para averiguar si el mes actual duraba 29 o 30 días, había que inspeccionar con exactitud el cielo al final del ciclo para registrar la aparición de la nueva luna creciente. Solo entonces se sabía definitivamente cuántos días había durado el mes anterior.

Al estar pendientes constantemente de la reaparición del creciente más joven, los observadores debieron de advertir cualquier fenómeno inusual que se produjese en las proximidades de la luna. Por esta razón no debió de pasarles desapercibida su interacción con las Pléyades, tal como quedó plasmado en el primer milenio antes de Cristo en el compendio de principios astronómicos MUL.APIN y Rahlf Hansen identificó en el disco celeste.

Sin embargo, lo decisivo para nosotros es que, a pesar de ese conocimiento ya existente, en Mesopotamia no se emplearon reglas fijas para el añadido de meses a los años. Para los comienzos del segundo milenio antes de Cristo (la época del disco celeste) existen indicios de añadidos muy irregulares. Cada tres, o a veces cada cuatro años, había que añadir un mes adicional para procurar que el mes de la primavera coincidiese realmente con esa estación del año. El año lunar y el año solar se desviaban tremendamente en ocasiones.

A partir de mediados del siglo VIII a. C. poseemos un panorama prácticamente completo de todos los meses intercalares. La sincronización iba teniendo lugar cada vez con mayor regularidad, hasta quedar fijada primero en ciclos de ocho años, y más adelante de diecinueve. A partir del gobierno del rey persa Jerjes (519 - 465 a. C.) se impuso definitivamente este último ciclo. No tomaba como referencia las Pléyades, sino que operaba con siete meses intercalares repartidos en diecinueve años: 235 meses lunares corresponden a diecinueve años solares con un error de dos horas y cinco minutos. En la actualidad se denomina *metónico* a este ciclo por el nombre del astrónomo ateniense Metón (a pesar de no haberlo inventado él).

Demorémonos unos instantes en este punto. Hubo que esperar hasta mediados del primer milenio antes de Cristo para que, en Mesopotamia, surgiese la necesidad de establecer una regla fija para la sincronización del año solar con el lunar. Para entonces, el disco celeste hacía ya mil años que reposaba enterrado en la montaña de Mittelberg. Vamos, que no parece que la regla contenida en él supusiera la muerte de cualquier otro procedimiento de cálculo. A pesar de ser conocida desde hacía muchísimo tiempo, renunció a ponerla en práctica incluso una de las culturas más desarrolladas del planeta. ¿Por qué?

De entrada porque también para los campesinos de las grandes civilizaciones valía un principio similar al que hemos descrito ya para sus colegas europeos. El historiador de la ciencia, Bartel Leendert van der Waerden, lo formuló de la siguiente manera: «Igual que en Egipto el año agrícola comenzaba el día de la primera reaparición de Sirio por levante antes de la salida del Sol, y de manera idéntica que en Hesíodo el año campesino se estructuraba mediante las fases de los astros y los solsticios, también en Babilonia el campesino habrá prestado atención a ciertos fenómenos celestes con un ciclo anual, que le anunciaban con antelación, por ejemplo, el comienzo de la época de lluvias».

En cambio, la volubilidad de un año bisiesto irregular debía de ser un fastidio para la administración, la cual trabajaba de acuerdo a una economía planificada. Esto era así ya para el cambio impredecible de la duración de los meses que unas veces tenían 29, y otras, 30 días. El asiriólogo Stefan Maul aclara cómo se las arreglaban: «Los contables responsables de la planificación a largo plazo de la mano de obra y de los salarios, de los repartos de raciones y de las transacciones financieras, habían impuesto ya en el tercer milenio antes de Cristo un año administrativo que regía para los asuntos de índole administrativa y que estaba compuesto por doce meses de treinta días cada uno, con total independencia de la carrera de la luna en el cielo». Un año de 360 días es el sueño de cualquier burócrata. No es de extrañar que allí se fundara una de las tradiciones más duraderas de la historia mundial.

En la banca sigue rigiendo, en la actualidad, que un mes tiene 30 y un año 360 días.

Ese calendario de la administración muestra que políticamente sí existía una necesidad marcada de regularidad en el calendario. Así pues, ¿por qué los asirios y los babilonios se negaron a pesar de todo a emplear una regla de cómputo unitaria? Intercalar un mes extra es cualquier cosa menos un asunto puramente astronómico. Eso tiene consecuencias en todos los ámbitos de la vida cotidiana. Había que mover las festividades, prolongar los horarios de trabajo en los templos, los impuestos y los tributos amenazaban con postergarse un mes. Sobre lo sensibles que eran estos asuntos poseemos una instrucción del rey de Babilonia Hammurabi en el siglo XVIII a. C. Ordenó intercalar un mes, pero al mismo tiempo dispuso que se recaudaran los tributos un mes antes.

Fueron los gobernantes, dice John Steele, historiador británico de la astronomía, quienes se opusieron a dejar en manos de los expertos el poder sobre el calendario. Su propósito era poder seguir ordenando a su antojo la inclusión o no de un mes bisiesto para que fluyera el dinero cuando precisaban de él. Ahora bien, cuando los reinos orientales se convirtieron en enormes imperios como el persa y se originaron unos aparatos burocráticos cada vez mayores, los reyes entendieron que la efectividad de la maquinaria estatal se incrementaba si se podía confiar en un transcurso del año que fuera claramente pronosticable y que no se desmantelara cada vez que un monarca dependiera con urgencia de la recepción de los tributos. De esta manera, a lo largo del primer milenio antes de Cristo se estableció un ciclo regular de sincronización para alegría de comerciantes y burócratas, de sacerdotes y diplomáticos. A pesar de todo siguió siendo privilegio del rey disponer de manera oficial la adición de un mes intercalar. De este modo, el gobernante no agachaba la cabeza ante los expertos; fueron la extensión y la complejidad del imperio las que obligaron a ese avance racional y condujeron a que el soberano cediera un poco más de su hegemonía autoritaria.

* * *

No es fácil extraer una teoría general a partir de estos hechos. Antes que nada puede constatarse con Clive Ruggles, el editor del monumental *Handbook of Archaeoastronomy and Ethnoastronomy*, que el conocimiento en torno a las reglas de armonización solo puede originarse allí donde se llevaban a cabo las necesarias observaciones astronómicas, no solo de una manera constante y sistemática, sino donde también existía un sistema estable de representación: «Eso requiere una jerarquía social que pueda mantener a astrónomos especializados, pero que sea también lo suficientemente estable para que se conserven sus registros y puedan ser leídos a través de las generaciones». Ruggles considera «discutible» que para ello se precise forzosamente de la escritura.

Además hay que constatar que, tal como muestra el ejemplo de Mesopotamia, la existencia de una idea avanzada (como un principio de sincronización basado en la astronomía) no significa ni de lejos que vaya a ser empleada. En *Calendars in Antiquity*, Sacha Stern señala que la evolución del calendario tiene poco que ver con lo que se denomina *progreso científico*, y lo corrobora con la referencia a que incluso ciudades griegas como Atenas, en las cuales el conocimiento astronómico era de fácil acceso, «permanecieron porfiadamente fieles a su flexible pero imprevisible calendario lunar hasta el final de la Antigüedad».

En los asuntos relativos al calendario reinaba un tremendo caos nada menos que en Grecia, a la que se celebra como la cuna de la ciencia. Esto es lo que dice el historiador Alexander Demandt: «El número de calendarios griegos podría haber alcanzado los tres dígitos; los más conocidos alcanzan la cifra de 77». Sin embargo, habría sido deseable poseer un calendario común para hacer públicas las fechas de los Juegos Panhelénicos, por ejemplo. «En Olimpia tenían lugar en pleno verano y acababan con una luna llena», dice Demandt. «Los mensajeros de la celebración que eran enviados a todo el mundo tenían que anunciar con antelación qué luna llena sería.»

Así pues, no basta con que algo sea racional. ¡Tiene que valer la pena! También Sacha Stern constata que fue una ingenuidad pretender dedicarse a una historia del calendario como un asunto puramente matemático y astronómico. El tema aquí es la historia social. Los calendarios son una cuestión de poder. Se trata de quién gobierna el tiempo.

¿Qué significa todo esto para el disco celeste? Solo la circunstancia de que en el territorio de la actual Alemania Central se encontrara hace más de 3.600 años una regla fiable para acompasar el año solar con el lunar, implica que no podemos estar ante una apacible sociedad campesina encabezada por jefes de tribu. Una sociedad de ese tipo no habría necesitado un conocimiento astronómico de semejante complejidad, ni habría tenido interés en desarrollarlo, y mucho menos la posibilidad de adquirirlo. Así pues, tienen que existir unas estructuras sociales que hagan necesaria una administración racional. Tienen que existir instituciones y especialistas cualesquiera que sean. Estos conducirían a que el primer creador del disco celeste viera un provecho en la regla de cómputo de las Pléyades que mereciera la pena para grabarla a fuego, perdón, para forjarla en bronce.

Sin embargo, la administración y los expertos remiten a la existencia de un Estado. ¿Un Estado, hace casi 4.000 años, en el centro de Europa? Algo imposible, dicen los científicos. Dejando a un lado el Imperio Romano, no hubo hasta la Edad Media nada similar. Esta es la corriente general del pensamiento. ¿Hay que revisarla entonces?

Ahora bien, ya hemos visto cómo las culturas de la Antigüedad no siempre utilizaron los conocimientos que permitían fijar un calendario, aunque los poseyesen. A la administración le parece ciertamente útil, pero en el día a día político no sirve a los intereses de los gobernantes porque limita su poder. Solo cuando sus dominios se vuelven tan inmensos que no pueden arreglárselas sin un aparato estatal organizado por principios racionales, la cosa cambia. Así pues, ¿qué significa esto para nosotros? ¿Estamos acaso sobre un pista falsa?

Pero tal vez solo estemos ciegos. Tal vez percibamos solo una parte de la realidad histórica con nuestras modernas anteojeras. Los calendarios son para nosotros algo tan evidente, que con ellos parece estar ya todo explicado. Vemos que la regla de que toma como referencia las Pléyades sirve para sincronizar el año lunar y el solar, y presuponemos por ello que también tuvo un empleo como calendario, sí, que solo se confeccionó por necesidades de poseer un calendario. Sin embargo, con ello hemos dado el segundo paso antes que el primero. Reducimos el disco celeste a una única utilidad y explicamos esta como motivo por el que fue creado. Pero como hay muchos indicios que hablan en favor de que la regla en cuestión no se utilizó en absoluto, parece probable que hayamos pasado por alto algún elemento decisivo. Por tanto, demos ahora el primer paso. Para ello tenemos que devolver al disco celeste su magia.

10
«Su aliento es la muerte»

Un fenómeno con el que vamos a tener que vérnoslas muchas veces en este libro es el desencantamiento del mundo. El sociólogo Max Weber vio en ese desencantamiento una consecuencia de la racionalización. Allí donde los seres humanos reconocían las causas naturales de un suceso no precisaban ya de ninguna explicación sobrenatural. Por este motivo, el progreso científico privó al mundo de su magia. Esto puede observarse especialmente bien en el ejemplo de los fenómenos celestes. La astrología y la astronomía estaban antes unidas. Se observaban las estrellas porque eran poderes que determinaban el destino. Sin embargo, la comprensión de la gravedad, de las órbitas de los planetas y del origen del universo trajo consigo la desdivinización del cosmos. El universo se convirtió en objeto de la física, y la astrología pasó a ser superstición. Solo allí donde las ciencias naturales no han encontrado todavía explicaciones convincentes (como para antes del Big Bang, por ejemplo), ha quedado un último refugio para lo divino.

Lo que en la actualidad nos parece a nosotros una fantasmagoría, en tiempos pasados era lo principal: los seres humanos observaban el cielo para entender las fuerzas sobrenaturales que determinaban su vida. Los ámbitos estrictamente separados de la religión, el mito y la ciencia de nuestros tiempos, eran una misma cosa en épocas prehistóricas. La contraposición de la religión irracional y la ciencia racional es un constructo que nos desenfoca la visión de la realidad histórica.

Durante la mayor parte del tiempo de su evolución, los representantes de la especie *Homo sapiens* no tenían la menor idea de lo que determinaba el clima y el tiempo meteorológico, lo que desencadenaba las sequías y las inundaciones, lo que hacía que la tierra temblara y que los volcanes entraran en erupción. También les eran desconocidos los virus y las bacterias. No tenían ningún conocimiento sobre la construcción del cosmos, sobre sus relaciones astrofísicas ni sobre la singularidad real de las estrellas. No obstante, intentaron comprender el mundo; los seres humanos no podemos hacer otra cosa. Tenemos que hallar explicaciones para los sucesos tanto en el cielo como en la Tierra y desarrollar estrategias para protegernos de los fenómenos amenazadores. ¿Cómo lo hacían por aquel entonces sin eso que en la actualidad denominamos *ciencia*?

Solo podían fiarse de sus cabezas, de lo que les revelaba su tipo de pensamiento. Ya el filósofo escocés David Hume (1711-1776) constató lo siguiente: «Vemos caras humanas en la luna, ejércitos en las nubes y a causa de una propensión natural (siempre y cuando no sea corregida por la experiencia y la reflexión) atribuimos malicia o buena voluntad a cualquier cosa que nos ofende o nos gusta».

Esa «propensión natural» del pensamiento humano ha ocupado desde entonces a muchos pensadores. Friedrich Nietzsche (1844-1900) diagnosticó en los seres humanos el «error de una causalidad falsa» y lo atribuyó a la «psicología más antigua y más prolongada» para la cual «todo acontecimiento era para ella un acto, todo acto, consecuencia de una voluntad, el mundo se convirtió en una pluralidad de agentes, a todo acontecimiento se le imputó un agente (un *sujeto*)».

Psicólogos cognitivos y de la evolución como Jean Piaget, Stewart Guthrie, Pascal Boyer o Justin Barrett han indagado desde entonces en esa «propensión natural», en la «psicología más antigua y más prolongada». La evolución nos ha especializado en percibir las actividades de nuestro entorno. En todas partes suponemos a agentes de sucesos trabajando para nuestro bien. Boyer lo explica de la siguiente manera: «Contemplado desde la historia evolutiva, somos organismos que nos defendemos de los depredadores de la misma manera que, por nuestra parte, también tenemos que depredar otras presas. En ambos casos resulta más ventajoso producir demasiada actividad en nuestro entorno que no demasiado poca. Las falsas alarmas (el descubrimiento de agentes que no lo son en absoluto) no tienen importancia, siempre y cuando corrijamos rápidamente nuestro error. En cambio puede ser extremadamente caro no apercibirse de los agentes (depredadores o presas), a pesar de serlo y de estar ahí». Resumiendo: mejor escapar con demasiada frecuencia de un supuesto animal depredador que no hacerlo demasiado poco.

Cuando sucedía algo en el mundo, se ponía en marcha la búsqueda de un agente causante. ¿Quién estaba detrás de aquello? ¿Un animal? ¿Un ser humano? Ahora bien, ¿qué ocurría cuando no podía desvelarse por ningún lado al agente causante de las cosas que sucedían? ¿O se trataba tal vez de asuntos que no podían asignarse a un animal o a un humano como causantes? Eso significaba entonces que había poderes sobrenaturales, por regla general eran los antepasados o demonios, espíritus o deidades. Y, como es natural, los seres humanos emprendían todo lo que estaba en su poder para averiguar lo que tramaban esos seres, cualesquiera que fuesen. Eso aseguró la supervivencia durante milenios.

La evolución nos convirtió en seres humanos que interpretan los sucesos del mundo de manera intuitiva como acontecimientos sociales, como acciones concretas de agentes, no como producto de leyes naturales abstractas. Todo lo que se movía era accionado por seres o tenía vida propia. Esta percepción profundamente anclada en la psicología humana no se detuvo ante las estrellas tampoco. Las estrellas eran consideradas los «habitantes del cielo nocturno» o, en las palabras del arqueoastrónomo Clive Ruggles, las «diosas de la noche». En todas las épocas fueron representadas en imágenes y mapas astronómicos en forma de animales, de humanos o de dioses, dice también Wolfhard Schlosser, colega alemán de Ruggles. Esto significa, por tanto, como agentes, nunca como algo que no puede obrar: «Ya pueden andar buscando ustedes el tiempo que quieran», dice Schlosser, «nunca encontrarán a plantas en las representaciones del cielo».

* * *

Ahora tenemos que lidiar con un problema: no poseemos tradiciones escritas ni orales provenientes del mundo del disco celeste; por tanto, no podemos enunciar nada sobre sus dioses, sobre la manera en que los humanos se imaginaban las esferas celestes. En tales casos ayuda la comparación histórica y etnológica. No hace falta que expongamos por separado la circunstancia de que el sol y la luna han sido vistos en todas partes como poderes divinos. Por ello vamos a concentrarnos en aquellas estrellas protagonistas del disco celeste: las Pléyades.

Es cierto que los astrónomos han señalado su importante rol y su amplia difusión; sin embargo, incluso allí donde los científicos citaban a Hesíodo o las reglas agrícolas, se les asignaba solamente un rol secundario como estrellas de calendario y no se las consideraba apenas nada más que como agujas de un reloj cósmico. No obstante, un simple vistazo en la bibliografía mitológica y etnológica basta para comprobar lo intensamente que las Pléyades cautivaron desde siempre la imaginación de los seres humanos. Los siete puntos del disco celeste son «estrellas» globales, verdaderas bandas perennes en el escenario de la noche.

Algunos arqueoastrónomos creen haber descubierto las Pléyades ya en las pinturas rupestres de Lascaux, de una antigüedad de 17.000 años. Allí, en la Sala de los Toros, salta a la vista sobre el omóplato de un impresionante uro euroasiático una característica formación de puntos. El parecido con los mapas astronómicos de la Edad Moderna es sorprendente: ahí se encuentran las Pléyades también en la constelación de Tauro, en la misma posición prácticamente. Sin embargo, esta hipótesis no tiene un reconocimiento universal.

En todo caso sí es seguro que las Pléyades centraron la atención en todo el orbe. Desde los maoríes en Nueva Zelanda pasando por los aborígenes en Australia, las gentes de Japón y China, en Kirguistán y en Mongolia, en la India, Persia, Egipto, Grecia, hasta los cheroquis y navajos en el norte y los incas en el sur de América. En todas partes, ese característico agrupamiento de estrellas ocupaba la imaginación de las gentes. La entrada correspondiente a las Pléyades en la *Realencyclopädie der classischen Altertumswissenschaft*, una enciclopedia del siglo XIX especializada en la Antigüedad clásica, abarca nada menos que veinte páginas. Su aparición o su puesta anunciaba el año nuevo o marcaba el comienzo de la época de lluvias. Eran consideradas las anunciadoras de la primavera, de la vida, señalizaban cuándo era la época de hacerse a la mar y cuándo era mejor que los barcos permanecieran amarrados en el puerto. La gente solía tenerlas por un enjambre celestial de abejas o de pájaros; pero también se las identificaba como a una gallina clueca con sus pollitos o también como a una tortuga. En América, informa el etnólogo Claude Lévy-Strauss, muchos mitos relatan que eran adultos o niños hambrientos que habían subido al cielo en busca de comida y que fueron obligados a permanecer allí formando las Pléyades, la mayoría de las veces como castigo. Y para los chamanes de Siberia, las Pléyades eran como la abertura del cielo que les servía como punto de partida para sus viajes por las inmensidades cósmicas. En este sentido, todas esas personas que escriben en la actualidad al museo de Halle comentando que el disco celeste provee una instrucción codificada para viajar por el universo, se encuentran inmersas en una tradición antiquísima.

«Realmente, las Pléyades son los astros más llamativos después del Sol, la Luna, Venus y Júpiter», dice el teólogo Matthias Albani, quien rastreó las Pléyades en el entorno de la Biblia. «El agrupamiento de esas estrellas situadas en la constelación de Tauro atrae mágicamente las miradas de cualquier observador del cielo». Wolfhard Schlosser ya informó que los niños y las niñas eran lo primero que señalaban siempre con el dedo. En muchos lugares, el nombre de *Pléyades* es un sinónimo de *estrellas*, por antonomasia. «En textos astrológicos y astronómicos de Mesopotamia», dice Albani, «las Pléyades aparecen habitualmente con su nombre sumerio, *Mul-Mul*, que significa "las estrellas"».

Esa categoría especial no se la deben únicamente a lo llamativas que son. Hay otros dos motivos. En primer lugar, su posición: las Pléyades se encuentran cerca de la eclíptica, la órbita de la aparente carrera del Sol por el firmamento. La Luna y los planetas como Mercurio, Venus y Saturno se acercan regularmente a ellas. En ocasiones, la Luna llega incluso a taparlas. Esa posición destacada, con su interacción con los protagonistas del teatro del cielo nocturno, las predestinan a actuar de reloj astronómico y de poste indicador del camino.

El segundo motivo lo comparten las Pléyades con el disco celeste: ¡plantean enigmas! Continuamente parece como si una de las Pléyades desapareciera. Unas veces pueden reconocerse siete; otras veces solo seis. Hoy en día sabemos que una de ellas es una estrella variable cuya claridad fluctúa. Sin embargo, en otros tiempos, los seres humanos no pensaban en términos de causalidades físicas, sino sociales. La pregunta era siempre: ¿por qué desaparece una Pléyade?

Ya hemos comentado acerca del prurito de la mente humana por ofrecer una explicación a un suceso enigmático. El enigma de las Pléyades es un ejemplo impactante en este sentido. Para Hesíodo, esas siete estrellas eran hijas del titán Atlas. Merope fue la única de ellas que se desposó con un mortal y por vergüenza palidecía de tanto en tanto. Otros narraban que fue la Pléyade Electra, quien, ante su desesperación por la caída de Troya, abandonó el corro de baile de las hermanas y desde entonces vaga en forma de cometa por el cielo con el pelo ondeando al aire.

Ahora bien, ¿cómo llegaron las Pléyades al cielo? Una historia cuenta que las Pléyades eran vírgenes y compañeras de caza de la diosa Artemisa. El poderoso cazador Orión las perseguía. En su apuro imploraron a los dioses; Zeus se compadeció de ellas y las transformó en una bandada de palomas que él trasladó a la bóveda celeste. Y al lascivo Orión también. Un vistazo al cielo nocturno muestra a un Orión que continúa pisándoles los talones. Apenas aparecen en el firmamento las persigue la constelación de Orión.

Resulta fascinante observar cómo una historia plantea enseguida nuevas preguntas: si Orión no alcanza nunca a las siete, ¿por qué desaparece una de ellas a pesar de todo? La respuesta: Zeus fue quien envió a las palomas Pléyades para que le llevasen la ambrosía, así lo cuenta Homero en *La Odisea*. Una de ellas se estrellaba una y otra vez en los peligrosos acantilados de las Erráticas, pero Zeus creaba siempre una paloma nueva, la séptima. No es de extrañar que Ulises circunnavegara las Erráticas y prefiriera la ruta entre Escila y Caribdis.

Incluso en el otro extremo del mundo circulaban historias similares. Los aborígenes de Australia contaban que una Pléyade había sido capturada, se calentó al fuego y perdió así su brillo, razón por la cual, tras su regreso, brilla más débilmente que sus hermanas. Sin embargo, también en las antípodas se encuentran las hermanas en plena fuga. Las persigue un hombre libidinoso, la mayoría de las veces un cazador. Y también allí la huida termina con toda puntualidad en el cielo nocturno, en donde las persigue eternamente aquel cazador.

* * *

Así pues, ¿muestra el disco celeste a vírgenes que huyen? Difícilmente. Existe otra interpretación de las Pléyades, y esta circulaba allí de donde presumiblemente se importó la regla de sincronización del año solar y el lunar, de Mesopotamia. Esa historia fue tan horripilante y tan popular, a partes iguales, que nosotros, ni con la mejor voluntad, no podemos imaginarnos que nuestro viajero, el que llevó el secreto de las Pléyades al norte, no estuviera enterado de ella.

De nuevo se sitúa al comienzo una curiosidad: ¿por qué se aglomeraron las siete formando un grupo? Porque estaban atemorizadas y huían; esta era la explicación que acabamos de oír. Una respuesta alternativa dice: no se juntan ellas muy pegadas unas a otras, sino que son obligadas a apretujarse, están amordazadas y encadenadas.

Es cierto que las gentes de Mesopotamia adoraban en ocasiones a las Pléyades como a siete divinidades buenas; sin embargo, las «siete divinas» eran famosas, tenían mala fama y, sobre todo, eran temidas como los siniestros «Sebitti», como demonios que no traían al país nada más que epidemias, guerra y destrucción. Formaban parte del terrible séquito de Erra, el dios de la peste, que, en ocasiones, es equiparado a Nergal, el dios del inframundo y de la guerra. En la *Epopeya de Erra* de Babilonia son los Sebitti quienes espolean al dios de la peste a la guerra contra la humanidad. Por un motivo banal: ¡el aburrimiento! ¡La larga paz en la Tierra amenazaba con volver inservibles las armas!

En la primera tablilla de la *Epopeya de Erra* se dice sobre los Sebitti: «¡Son el terror puro! Quien los mira entra en pánico, su aliento es la muerte». Cada uno de los siete representa un poder funesto. Son los jinetes del Apocalipsis de Mesopotamia que traen la desgracia al mundo: sus masas de agua inundan la tierra; con la oscuridad devoran el día; su tormenta extingue las estrellas.

¡Los arqueólogos han hallado más copias de la *Epopeya de Erra* del primer milenio antes de Cristo que del famoso *Poema de Gilgamesh*! El autor de la *Epopeya de Erra* recomendaba a sus lectores que tuvieran su obra siempre en casa porque el dios de la peste mantendría incólumes a quienes honraran su epopeya. Incluso en amuletos se encuentran fragmentos del texto, a los cuales las gentes atribuían eso que los estudiosos de las religiones denominan *efecto apotropaico*: la defensa frente a los poderes malignos. No nos las tenemos aquí con ninguna historia oscura, sino con un componente central de la cultura mesopotámica.

Sobre la captura de los Sebitti no consta nada en la *Epopeya de Erra*, pero sí en otros mitos acerca de los dioses. Es Marduk, el dios de la ciudad de Babilonia y jefe del panteón babilónico, quien vence a esos demonios y traslada al cielo a los Sebitti como «dioses atados», donde dan testimonio a todo el mundo del poder de Marduk.

Así pues no es de extrañar que los astrólogos tengan siempre a la vista a las Pléyades, a las siete atadas. Los arqueólogos han identificado numerosos *textos* que narran su efecto funesto. Cuando las Pléyades se sitúan al comienzo del año a la izquierda de Venus, eso significa, por ejemplo, que el enemigo destruirá la cosecha. El encuentro de la luna y las Pléyades era especialmente significativo. En ocasiones era premonitorio: «Las Pléyades se extienden sobre la luna: el rey ejercerá su dominio sobre el mundo; sus confines se ampliarán». Sin embargo, la mayoría de las veces reinaba la alerta roja: «Las Pléyades se adentran en la luna: el país se levantará contra el rey». O aún peor: «Cuando las Pléyades estén dentro de la luna, habrá muertos, y los Siete devorarán el país».

* * *

No poseemos ningún indicio acerca de qué tipo de historias circulaban por la Europa Central de la temprana Edad del Bronce sobre las Pléyades y lo que allí significaba su encuentro con la luna. Sin embargo, ¿iba a ser precisamente este, el único lugar del mundo en el que no habría fascinado a sus gentes ese enigmático agrupamiento de estrellas y en el que no se habrían contado cuentos fantásticos sobre ellas?

No existía alternativa a eso que en la actualidad denominamos *la visión mitológica de las estrellas*. A nadie se le habría ocurrido la idea de que las estrellas están fijas en el cielo y de que es la Tierra la que viaja a través del universo, de que la Luna se originó a partir de una colisión planetaria, ni de que el Sol es una bola tórrida de gas. ¿Imaginarse las estrellas simplemente como estrellas? En la Edad del Bronce eso era del todo imposible.

Si realmente existió un viajero a Mesopotamia que aprendió la regla para establecer cuándo había que añadir un mes al calendario basándose en las Pléyades, es improbable que no se enterara a su vez de su aura demoníaca. No habría podido quedarse impasible ante los Siete astros cuando estos daban miedo y aterrorizaban a toda una civilización altamente desarrollada.

En este sentido, la mirada moderna hacia el disco celeste podría engañarnos. Su representación es sobria y racional únicamente porque en ella quedó fijada una observación compleja en una forma concentrada, un memograma. El maestro del disco celeste no poseía ninguna escritura, así que se valió de imágenes y se concentró en lo esencial. También en los sellos cilíndricos del Oriente Próximo se representaban las Pléyades simplemente como rosetón de seis o siete puntos, unas veces en forma de esfera, otras en forma de estrella, y no en raras ocasiones combinadas con una sobria hoz lunar. Nada impedía prescindir de los adornos de contenido mítico, ya que, de todas maneras, este ya estaba grabado en las mentes.

Es aquí donde reside el problema del observador moderno. Ya no tenemos nada de todo eso en nuestras cabezas. Los casi 4.000 años transcurridos han procurado una pérdida completa del contexto. Cuando miramos las estrellas, no vemos en ellas ni a las hijas de Atlas, ni a una horda de demonios desaforados. Por consiguiente, la sobriedad del disco celeste sería una interferencia, un fenómeno típico de la transmisión. Igual que a nosotros puede sucederles a los arqueólogos de un futuro lejano que, entre los escombros de las ruinas monumentales de nuestra civilización, se topen con cruces. Elogiarán su geometría estricta, la sencilla racionalidad de dos rectas que se cruzan ortogonalmente, y dirán: «¡Son sobrias como una señal de tráfico!».

Pérdida de contexto significa que al disco celeste se le ha despojado de sus asociaciones originales. Los milenios transcurridos en tierra lo han desencantado. Y por este motivo no debemos dejarnos engañar prematuramente. Por muy sobrio que nos parezca el inventario gráfico reducido a lo esencial, a nosotros, modernos observadores del cosmos, nos falta lo que las gentes de aquel entonces relacionaban con ese imaginario. Así pues, debemos devolver al disco celeste su magia, su encanto.

Esta tarea comienza con el arte de hacer calendarios. La existencia de un calendario, con sus columnas regulares de cifras en las que anotamos de buena gana los acontecimientos de nuestras vidas, es, para nosotros, una necesidad práctica y obvia. Sin embargo, regresemos de nuevo al Éufrates y al Tigris para entender por qué, en un pasado lejano, el calendario tenía una función más importante que la mera división lo más efectiva posible en días, semanas y meses.

Ya lo dijimos: la astronomía y la astrología eran una y la misma cosa en aquellos tiempos. Dado que las estrellas eran seres divinos o por lo menos servían a los dioses como señaladores celestes, para los humanos habría representado primero una blasfemia y, segundo, un puro suicidio, no fijarse con suma atención en ellas. Las catástrofes, las enfermedades y las guerras eran responsabilidad de los poderes celestiales. Las enviaban, o bien como castigo: en el *Poema de Atrahasis*, los dioses iniciaron primero una epidemia y después un diluvio porque los seres humanos hacían demasiado ruido. O la desgracia llegaba a los humanos como daño colateral de los enredos celestiales: recordemos que los Sebitti incitaron al dios de la peste solamente para evitar que se echaran a perder sus armas. Consecuentemente, era harto recomendable hacer todo lo posible en la Tierra para averiguar el estado de ánimo de los dioses, interpretar sus señales y evitar todo aquello que pudiera excitar su cólera, su envidia e incluso su aburrimiento. Del mismo modo era indispensable conservar su favor por medio de sacrificios, alabanzas y rituales elaborados o, en su caso, apaciguarlos rápidamente de nuevo. En ese caso eran elevadas las probabilidades de librarse de las desgracias. Eso que en la actualidad interpretamos como religión, también fue siempre un tipo de sistema cultural de protección.

Desde tiempos remotos se cultivaba en Mesopotamia la adivinación, el arte de averiguar la voluntad de los dioses, ya fuera a través de la contemplación de vísceras, por la observación del vuelo de un ave o a través de la interpretación de los astros. Las estrellas proyectaban el bienestar y las penas al cielo. Solo había que saber leerlas. Por ello, los astrólogos vigilaban con suma atención los fenómenos celestes. Archivaban sus observaciones, hacían cálculos, planteaban hipótesis y ejercían sus labores con extrema meticulosidad. No debía escapárseles ninguna señal; informaban al rey de cualquier presagio importante. Estaban obligados a mantener el secreto para que nadie más pudiera sacar provecho de sus conocimientos ni se extendiera el pánico por el país cuando los observadores de los astros registraban algún oscuro presagio.

Los astrólogos andaban siempre a la busca de sucesos extraordinarios en el cielo y de irregularidades en el movimiento de las estrellas, algo que rara vez anunciaba algo bueno. El calendario lunar nunca les hizo sentirse cómodos del todo. Era cierto que la luna obsequiaba al mundo con un eterno ritmo temporal. ¡Pero estaba la irregularidad en la duración de los meses! ¿Y por qué no coincidía el año lunar con el solar? Los inquietaba en lo más hondo el hecho de que los dos astros más importantes se contradijeran, que no encajaran el día y la noche. ¿Se había salido el mundo de quicio? Semejante caos no era digno de los dioses, era un escándalo celestial.

El poema babilónico de la creación (el *Enûma Elish*, datado a finales del segundo milenio antes de Cristo) informa de la manera racional con la que Marduk había organizado originalmente el cosmos. «Formó el emplazamiento celestial de los grandes dioses; a las estrellas —sus vivas imágenes— las colocó en el entramado de las constelaciones», se dice en el poema. La noche se la encomendó a la luna, «emblema de la noche, para que significara los días». En el orden original de Marduk, el sol necesitaba 360 días para su recorrido anual, mientras que la luna recorría su órbita en 30 días exactos y, por tanto, justo en la mitad del mes, en el decimoquinto día, se presentaba al sol en forma de luna llena. El sol y la luna se hallaban en perfecta armonía.

Por cierto, esa idea ha continuado perviviendo en nosotros: así pues, dado que el sol, en tiempos ideales, necesitaba 360 días para completar aquel círculo que nosotros denominamos actualmente *eclíptica*, la aparente órbita del sol frente al trasfondo de las constelaciones, los astrólogos dividieron el círculo en 360 segmentos. Tal como siguen aprendiendo en la actualidad los niños y las niñas en la escuela, un círculo tiene 360 grados.

De tanto en tanto se defiende la hipótesis de que fue la carrera regular de los astros la que hizo que se originara en los seres humanos la idea de la geometría y de la simetría. En nuestro caso fue a la inversa. Detrás del calendario ideal de 360 días figura de manera inconfundible aquel calendario simplificado de la administración que en Mesopotamia se utilizaba ya algunos siglos antes de la epopeya *Enûma Elish* por el simple hecho de que era mucho más fácil realizar los cálculos con meses de 30 días. Así que los seres humanos proyectaron sus propias pretensiones de racionalidad en el mundo de los dioses. Sin embargo, estos debían haber creado el mundo de una manera racional. Entonces, ¿quién era el responsable de esa disonancia cósmica que hacía que el sol y la luna se salieran del compás? ¿Los seres humanos? ¿O los poderes malignos como los Sebitti?

Por consiguiente, las reglas de sincronización adquieren una dimensión nueva. Entonces ya no son solamente un instrumento astronómico para fabricar un calendario como es debido, sino que ponen de manifiesto también el elevado grado de desviación existente con respecto al orden original fundado por los dioses. Entonces, la regla de armonización delataba cómo era posible poner en consonancia al sol y a la luna. Proporcionaba una comprensión del secreto divino del cielo.

* * *

Extraigamos nuestras conclusiones. Para el disco celeste esto significa que, en su versión primigenia, podría haber sido más mágico de lo que somos capaces de suponer en la actualidad. Sin embargo, eso no significa ni de lejos que fuera «solamente» de naturaleza religiosa o mitológica. La creencia en dioses y en los astros como sus representantes celestiales era de todo menos una superstición irracional. Representaba una cosmovisión que era absolutamente racional y que apuntaba a proteger el mundo frente a la desgracia. Los seres humanos no tenían a su disposición ningún otro medio mejor.

Así pues, el disco celeste no era o bien racional, o bien simbólico. Era ambas cosas a la vez. La parte racional la podemos reconocer todavía hoy en día, se puede calcular; para la simbólica carecemos de las necesarias antenas sensoriales. Por ello hemos intentado, en este capítulo, reconstruir el contexto posible por medio de comparaciones culturales. Es una cuestión secundaria si el creador del disco celeste sacó del cielo su conocimiento por sí mismo o si se lo trajo de Mesopotamia. Fue tanto un objeto astrológico como astronómico cuya función era proteger a las personas de la desgracia. Y la precisión matemática con la que el hacedor de esta tarea le dio forma, habla en favor de su genialidad. Ese Einstein de la Edad del Bronce se merece un puesto de honor en la galería de los antepasados de la ciencia.

El secreto del cielo, el ritmo oculto de la luna y del sol: esta era la teoría del todo de la Edad del Bronce. Quien la conocía descubría la fórmula de los dioses. Eso le confería poder. Podía remitirse a ella y de esa manera afianzar su gobierno. ¿Qué mejor legitimación existe que la de ser el favorito de los dioses? Más importante que la utilización del disco celeste como calendario (algo que no deseamos excluir) era, por tanto, estar iniciado en los propósitos de los dioses. Esto lo convertía en un objeto sagrado, en una fuente incomparable de poder que merecía ser inmortalizado en bronce y en oro.

11

Metamorfosis

Esta novela policíaca de investigación en torno al disco celeste de Nebra tiene potencial para convertirse en serie con sus continuaciones. Cuando queda resuelto un enigma, emerge enseguida el siguiente. Apenas nos hemos creado una primera imagen de los motivos posibles de su creador, se impone la pregunta: ¿quién emprendió las modificaciones en el disco y por qué? Las investigaciones documentan que experimentó importantes remodelaciones repetidas veces. Para acabar esta primera parte del libro vamos a pasar revista ahora a las estaciones de su ajetreada vida y a preguntarnos por los motivos que pudieron ser decisivos en cada una de sus remodelaciones.

El disco fue seguramente una obra por encargo. Resulta improbable que una persona poseyera el conocimiento, el oro y las aptitudes tecnológicas para fabricarla ella sola. La versión primigenia del disco precisaba de un artesano experimentado a quien un ayudante, como mínimo, asistía en las labores. Dado que aquí estaba en juego un conocimiento sagrado, ejecutaría su trabajo en secreto, tal vez bajo los auspicios de su contratante de alto rango, el primer maestro del disco celeste. También en Mesopotamia, los astrólogos expertos eran obligados por el rey a guardar el secreto profesional. Aquel delicado conocimiento de los enredos celestiales, que decidía sobre el destino del rey y del país, no debía caer en manos equivocadas. Tal como informa el historiador griego Diodoro Sículo en el siglo I a. C., el arte de la astrología solo se transmitía por vía masculina de padre a hijo.

¡Pero alto! ¿Cómo podemos estar seguros de que el maestro del disco celeste no fue una mujer? Los estudios etnológicos muestran que apenas había un oficio manual tan exclusivamente masculino como la forja. También daremos con tumbas ricas de personas de alto rango que contenían utensilios de herrería; los análisis antropológicos prueban que todas ellas eran hombres. Lo mismo vale para la élite gobernante de la temprana Edad del Bronce, en cuyo contexto vamos a ubicar el disco celeste. Incluso las espadas, el cincel y las hachas que se añadieron al disco para su viaje por el tiempo no dejan apenas espacio para la duda en lo relativo al sexo de su autor. No podemos excluir que fuera una mujer la fuente del conocimiento o que interviniera en las posteriores remodelaciones del disco; sin embargo, ningún indicio parece apuntar en esa dirección.

El disco contenía la clave del cielo que, sin embargo, solo era útil para los iniciados. ¿Era guardado en secreto como un recordatorio exquisito para su creador, o se mostraba en público? ¿En un círculo reducido o amplio? Su valiosa representación sugiere que se perseguía causar sensación. El disco celeste fue fabricado como un objeto poderoso que demostraba que su propietario conocía las leyes de los dioses. Su cometido era impresionar. Dado que la versión primigenia no suministra ningún indicio de que fuera expuesto de una u otra manera (los agujeros llegaron con posterioridad), es lógico pensar que tenía su sitio en el arcano del poder, es decir, que solo era accesible a un círculo elegido de personas, pero que tal vez era mostrado ante un boquiabierto pueblo en festividades especiales. No obstante, el conocimiento concreto codificado en oro en él siguió siendo un secreto que solo se transmitía de padre a hijo.

* * *

Varias preguntas se imponen: ¿Durante cuánto tiempo mostró el disco celeste su semblante original? ¿Cuándo se fijaron los arcos del horizonte dorados en el borde, a su izquierda y a su derecha? Hay diversos indicios que hablan a favor de que debió de pasar como mínimo una generación, presumiblemente dos o tres, para que un artesano nuevo trabajara en el disco. Su trabajo no solo fue de una calidad inferior a la del primero (el arco del horizonte de la derecha que se ha conservado carece de elegancia), sino que tampoco estaba familiarizado

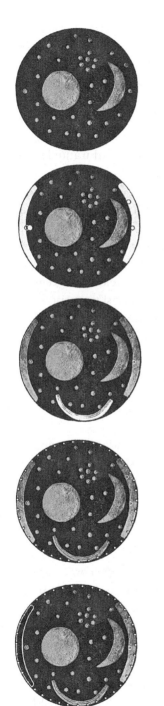

Fase 1. En su estado primigenio, el disco celeste muestra solo objetos astronómicos que codifican una regla de cómputo de meses bisiestos.

Fase 2. Algunas generaciones más tarde se colocaron los arcos del horizonte a la izquierda y a la derecha.

Fase 3: En la parte inferior se añadió la barca, presumiblemente un símbolo del viaje del sol.

Fase 4: El borde del disco fue agujereado treinta y nueve veces. ¿Servía acaso como un estandarte?

Fase 5: Cuando fue enterrado, le faltaba un arco del horizonte. Tal vez fue arrancado a propósito como un ritual de devaluación.

con la técnica de damasquinado y cometió errores de principiante. Lo hemos visto con detalle. Pero sobre todo es reconocible una clara ruptura: se quitaron o se cambiaron de lugar algunas estrellas. Son intervenciones masivas. En cualquier caso se siguió utilizando el mismo oro procedente de Cornualles.

La siguiente pregunta: en la remodelación del disco, en esa metamorfosis de su aspecto gráfico, ¿estamos ante una pérdida o ante un enriquecimiento del saber? Recordemos que, durante la segunda fase, al disco celeste se le añaden a derecha e izquierza los arcos del horizonte que reproducen la carrera del sol entre los solsticios. Este era un conocimiento antiquísimo del Neolítico, tal como lo conocemos por los recintos circulares de más de 7.000 años de antigüedad en la Europa Central. Por tanto no era nada nuevo. Para alojar los arcos en el disco fue necesario cambiar de sitio una estrella y retirar dos. Con ello quedó destruida la doble codificación de la regla de sincronización, aquella parte del código que decía: si transcurren 32 días desde el primer creciente anterior hasta que la luna aparece junto a las Pléyades en el mes de primavera, entonces hay que intercalar un mes. Esto habla, por tanto, de una pérdida de conocimiento. Aquí se había puesto manos a la obra alguien que ya no estaba informado del todo acerca del contenido original del disco, y además le añadió un saber ya anticuado. Así pues, no parece tratarse de la obra respetuosa de un hijo que ha sido iniciado por el padre.

No obstante, estamos ante una mente dotada por completo para los cálculos matemáticos astronómicos: en su favor hablan la reproducción exacta de los ángulos del horizonte y su desplazamiento hacia el norte. Por el momento no está claro por qué fue añadido con tanto esfuerzo ese saber ya tan bien conocido. En todo caso, el disco celeste no resultaba idóneo como una especie de taxímetro náutico. Por tanto, ¿para qué se corrió el riesgo de dañar el disco?

¿O no se trata en absoluto de una pérdida de conocimiento? La regla de las Pléyades en sí seguía manteniéndose. Para ella solo cuenta el grosor de la hoz de la luna en su encuentro con las Pléyades; ahí no desempeña ningún papel el número de estrellas (estas solo procuraban una codificación adicional). Así pues podría ser que en este caso el conocimiento nuevo, importado de otras tierras, se enriqueciera con la carrera de aquel astro que la Edad del Bronce europea dominaba como ninguna otra: la carrera del sol. Alguien quiso completar el disco celeste. Si la versión primigenia indicaba el orden de la noche, él introdujo el orden del día en el disco. El sol, la luna y las estrellas combinados con los horizontes terrestres: con ello quedaba completado el disco y se acercaba el cielo a la Tierra. Bienaventurado aquel que tenía en sus manos un cielo forjado semejante.

* * *

Pero la cosa tampoco quedó ahí. El disco experimentó una segunda metamorfosis: se le fijó la barca. De nuevo pasó algún tiempo. Esta vez transcurrió tanto, que se precisó de un oro con menor contenido de plata para ocultar la diferencia cromática del añadido. Este tercer artesano se mostró respetuoso ante lo que tenía entre sus manos. No cambió de sitio ninguna estrella, ni eliminó tampoco ninguna como había hecho el herrero número dos. Integró la barca en la imagen existente con el cuidado que se espera en el trato con un objeto sagrado.

La barca es un testimonio de la dimensión mitológica del cielo, de la hipótesis que señala que los cuerpos celestes son algo más que meros objetos astronómicos. En este sentido podría titularse esta metamorfosis de la siguiente manera: del logos al mito. Sin embargo, esto podría ser un malentendido moderno, tal como detallamos en el capítulo anterior. Para los seres humanos, el sol, la luna y las estrellas eran seres celestiales. Entonces también encaja la barca en la imagen si representa el medio de transporte del sol con el que atraviesa el océano del cielo. Aproximadamente a partir del año 1600 a.C., este pasa a ser uno de los símbolos centrales de la Edad del Bronce nórdica. Conocemos representaciones de barcos en pinturas rupestres o en bronces como la espada de Rørby en Dinamarca. Y ya aludimos anteriormente al fascinante y detallado mito del viaje del sol en Escandinavia. Cuenta cómo el sol es acompañado por peces, serpientes, caballos e incluso por caballitos de mar, y cómo se va embarcando de barco en barco.

Incluso una relación de la barca con las Pléyades entra en el reino de lo posible. Al fin y al cabo, el arco de la barca se abre claramente en dirección al agrupamiento de las siete estrellas que brillan en las alturas por encima de ella. ¿Le están señalando el camino por el océano celeste como hicieron las Pléyades con Ulises cuando abandonó a la ninfa Calipso en la isla de Ogigia? Y Hesíodo las pone en conexión con el tiempo, ya que «los barcos no debían demorarse más en el mar oscuro» porque se aproximaba la época de las tormentas. Todavía Dante glorificará las Pléyades en su *Divina Comedia* al decir de ellas: «añoranza son de los navegantes».

Ahora bien, el territorio de la actual Alemania Central no es famoso por su vigoroso mar ni por sus poderosas corrientes. Podríamos estar ante un motivo prestado. Como barca solar la conocemos desde el antiguo Egipto. También en el mar Egeo se encuentran numerosas representaciones de barcos. Posteriormente predominará en el norte de Europa. En este sentido, el disco celeste documentaría la transmisión de una idea fascinante desde el sur hacia el norte.

* * *

La tercera metamorfosis: al disco celeste se le practican unos agujeros en el borde. Hasta ahora dominaba en este punto una interpretación funcional según la cual los agujeros servían para fijarlo a un soporte de cuero o de madera y poder presentarlo ante una multitud de personas embelesadas. Por la tradición arqueológica de la Edad del Bronce son conocidos los denominados *estandartes solares*. Esto encajaría con el intenso predominio del sol en el disco durante las últimas fases de la remodelación de este e iría aparejado con la destacada significación del sol en la Edad del Bronce media y tardía. ¿Llevaban los sacerdotes el disco, entretanto ya convertido en objeto venerable, durante las procesiones?

Sin embargo, ya que el disco no fue perforado con demasiada consideración (quedaron agujereados los arcos del horizonte y la barca), no puede negarse la sospecha de que el disco celeste podría haber sido tomado como botín por los enemigos y presentado por los vencedores en su desfile de la victoria. ¿Nos está susurrando el disco celeste acaso una antiquísima historia de victoria y de derrota?

Pero hay una cosa curiosa: si los agujeros hubieran servido tan solo para fijar el disco, se habrían practicado muchos menos. Se habrían podido efectuar de manera que no dañaran los objetos de oro. Así pues, ¿por qué se tomó alguien la molestia de practicar nada menos que 39 agujeros pegados al borde y correr así el riesgo de dañar el disco permanentemente? ¿Realmente solo para poder colgarlo? ¿O acaso poseían un significado simbólico?

¿Por qué 39? Durante las mediciones del disco celeste, al astrónomo Wolfhard Schlosser le llamó la atención que los intervalos entre los agujeros no son completamente regulares. «El artesano comenzó a trabajar en la parte superior del disco celeste dejando un intervalo bastante fijo entre los agujeros», dice Schlosser. El intervalo medio es de 24,5 mm, lo cual está muy cerca de la «pulgada», la medida de longitud que sigue utilizándose en la actualidad en los Estados Unidos de América y que tiene 25,4 mm. Esta medida se remonta a la anchura del dedo pulgar y ha variado algunos milímetros en los tiempos históricos. «Pero entonces, el artesano constató que para el espacio restante ya no le alcanzaba esa medida.» Para cerrar el círculo decentemente, tiene que reducir hacia el final los intervalos entre los agujeros. Este artesano, cuya habilidad para planear no parece haber sido la mejor, ¿podría haber tenido en mente, desde el principio, practicar cuarenta agujeros en el disco? Es una hipótesis tentadora. Hesíodo había hablado de que las Pléyades permanecían juntas cuarenta noches y cuarenta días. «Eso solo puede haber sido un cálculo aproximado», comenta Bartel Leendert van der Waerden en su obra clásica *Erwachende Wissenschaft* [La ciencia que despierta]. «Para que fuera un dato exacto, tendría que decirse o bien cuarenta noches y treinta y nueve días, o bien cuarenta y una noches y cuarenta días» que transcurren entre el ocaso y el orto heliaco de las Pléyades.

Según algunas fuentes, la significación mágica y sagrada de la cifra 40, el tiempo en que las Pléyades no pueden verse en el cielo, se remonta a la antigua Babilonia. Es la cifra que nos transmite también la Biblia: cuarenta años dura el éxodo del pueblo de Israel por el desierto en Egipto. E incluso los cuarenta días del diluvio que se relata en el *Libro del Génesis* se atribuye en ocasiones también a la larga ausencia de las Pléyades, periodo que se relacionaba con la lluvia, con las tempestades y con otros peligros. ¿Servían los 39 agujeros del disco celeste como una ayuda para el recuento, como un calendario en el que se iba introduciendo una tachuela de agujero en agujero para marcar el transcurso de aquellos días peligrosos?

La gracia de esta especulación es que con ella tendríamos un enriquecimiento incluso en la cuarta fase de la metamorfosis del disco celeste. Después de los arcos del horizonte y de la barca se añadiría en él otro elemento astronómico y astrológico en el contexto existente de las Pléyades.

Si se echa por tierra esa hipótesis afirmando que no se trata de nada más que de agujeros corrientes y molientes, pueden proponerse otras interpretaciones. Tal vez lo que ocurre simplemente es que hoy en día nos falta imaginación. Al escritor sueco August Strindberg (1849-1912) se remonta la visión de que las estrellas del cielo son «agujeros en una pared» por los que brilla la luz a través de ellos. A cualquiera que se imagine la esfera del disco todavía intacto, con el borde rodeado por una cadena de agujeros muy próximos como las cuentas de un collar, no le resultará completamente absurdo que esos agujeros puedan interpretarse como estrellas. Verdaderamente siguen destellando en la actualidad en el museo cuando la luz los atraviesa por detrás.

Sin embargo, ese efecto podría haberse alcanzado también si el disco, tal como supone el restaurador Christian-Heinrich Wunderlich, se hubiera fijado a una madera con remaches de bronce o con recubrimiento de oro. Puede que estemos ante ambas cosas a la vez, ante el refuerzo útil y el significado simbólico. Como ya ocurrió con la regla de sincronización, aquí se fundirían lo racional y lo simbólico. En ese caso, la imagen original del disco celeste habría adquirido una corona de estrellas adicional que simbolizaba la plenitud del cielo nocturno y, de esta manera, se acercó la infinitud del universo al disco.

* * *

También la última de todas las metamorfosis provoca una pregunta acerca de si se trata de una ruptura o de una tradición. Nos referimos al acto con el que el cielo forjado comenzó su viaje en la oscuridad de la tierra cuando el disco celeste fue depositado en la montaña de Mittelberg. ¿Se le arrancó intencionadamente al disco el arco del horizonte de la izquierda para excluirlo del transcurso terrestre de las cosas? ¿O el arco se perdió simple y llanamente? Su hechura no era la mejor; la perforación podría haber provocado el resto. En cualquier caso no se perdió en el hoyo excavado. La pátina de malaquita que prolifera hasta el borde más externo no deja ningún lugar a la duda: allí faltaba el arco del horizonte desde hacía milenios.

El modo en el que fue depositado el disco celeste recuerda mucho a las tumbas principescas de la temprana Edad del Bronce en Leubingen y en Helmsdorf, de cuyas excavaciones arqueológicas hablaremos más adelante. Las hachas, el cincel y los brazaletes en forma de espiral pertenecen al inventario habitual de los depósitos de bronce; las espadas que los acompañaban eran valiosas. La duplicación de los objetos y la utilización de oro y bronce también recuerda poderosamente lo que los arqueólogos conocen muy bien de las tumbas de príncipes. Así pues, el disco celeste de Nebra no fue enterrado simplemente. Fue sepultado igual que un príncipe. Lo que falta es el túmulo.

Este asunto nos va a ocupar más adelante. Por ahora contentémonos con lo siguiente: con la deposición se puso un punto final a los presumiblemente cien o doscientos años de la carrera terrestre del disco celeste; no obstante, esto puede interpretarse también como un proceso más de acumulación: no se enterró el disco celeste en cualquier parte, sino en un lugar que encajaba a la perfección con él. Ya hemos descrito cómo, desde la montaña de Mittelberg, formaban un observatorio solar natural algunos importantes puntos de orientación como el monte Brocken o el macizo de Kyffhäuser. En esa elevación, no muy lejos de Nebra, el conjunto gráfico del disco celeste, en lo que referente a los arcos del horizonte, se hace en parte realidad. Se le deposita como al corazón de esas tierras. El cielo y la Tierra se funden en ese acto. El disco celeste santifica esas tierras mediante las fuerzas del cosmos.

* * *

Hemos llegado al punto en el que se imponen preguntas con fuerza que ya no puede responder el disco celeste por sí solo. Es el momento de abrir las páginas del mundo del que procede. Esto es posible por primera vez en la actualidad. La arqueología basada en las ciencias naturales ha realizado inmensos progresos en estos últimos años. El descubrimiento del disco celeste desencadenó sobre todo una ofensiva investigadora en la que no solo pusieron manos a la obra los arqueólogos con azadas y palas para desenterrar un reino legendario del que no ha perdurado en el tiempo ninguna leyenda. Ahora bien, a quien piense que se ha terminado aquí definitivamente la parte policíaca del libro, no vamos sino a decepcionarlo mucho.

El disco celeste de Nebra proporciona una visión única del imaginario de los seres humanos de la Edad del Bronce. Es la imagen bidimensional de un modelo tridimensional del mundo: sobre la Tierra está el cielo abovedado, como una cúpula en la que saltan a la vista los astros. Una barca espera para llevar el sol a bordo. También de Egipto y Grecia nos llegan visiones esféricas del mundo similares, así como a través de la Biblia.

Nors •

Mar del Norte

Trundholm •
Rorby • •

Mar Bált

Elba
Oder
Vís

Avebury •
Stonehenge • • Amesbury
Cornualles ◆ **CULTURA
DE WESSEX**

Dieskau •
Helmsdorf • •
Leubingen • •
Nebra
**CULTURA
DE UNETICE**

Océano
Atlántico

Bretaña

Loira

Rin

Danubio

Unetice •

Monte
Metalí

Mitterberg ⚒
A l p e s

Drava
Sava

Ródano

Po

Adriático

Pirineos

Ebro

Tajo

Guadalquivir

EL ARGAR • El Argar

Mar Mediterráneo

Mar

3300	3200	3100	3000	2900	2800	2700	2600	2500	2400	2300	2200	2100	2000	1900	1800	1700	1600

*En torno
al 3100:*
Comienzos de
Stonehenge

En torno al 2840:
Calendario egipcio
con doce meses
de treinta días y
cinco días
adicionales

En torno al 2500:
Colocación de las
grandes piedras de
sarsen en Stonehenge

En torno al 2600:
Cementerio real de Ur

*En torno al
1950:* En
Inglaterra
se forma
la cultura
de Wessex

1792-1750:
Con el rey
Hammurabi,
Babilonia
domina
Mesopotamia

*En t
a l
Erup
del
vol
de
(San*

En torno al 3250:
Fallece Ötzi

En torno al 2000:
Primeros palacios en
la Creta minoica

1800-1750:
**Se forja el
disco celeste**

*Um 1
Depos
del di
celest*

A partir del 3300: Comienzos
de la escritura cuneiforme
en Mesopotamia   *En torno al 2200:* Comienzo de las culturas de Unetice y El Argar

A partir de 2650: Construcción de
las grandes pirámides de Egipto

En torno al 2125:
Final del Antiguo
Imperio de Egipto

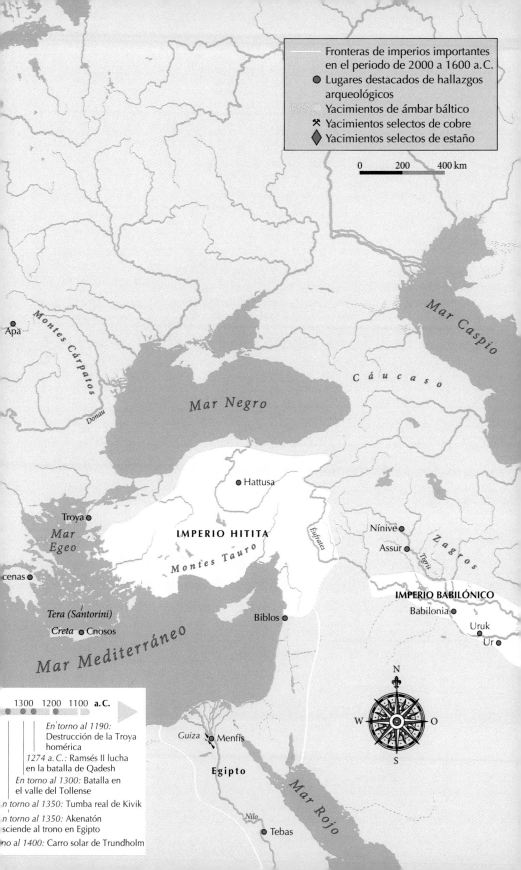

Apa

Montes Cárpatos

Donau

Mar Caspio

Cáucaso

Mar Negro

Hattusa

Troya

Mar Egeo

IMPERIO HITITA

Montes Tauro

Éufrates

Nínive

Assur

Tigris

Zagros

cenas

Tera (Santorini)

Creta Cnosos

Biblos

IMPERIO BABILÓNICO

Babilonia

Uruk

Ur

Mar Mediterráneo

N

W   O

S

1300   1200   1100   **a.C.**

En torno al 1190:
Destrucción de la Troya
homérica

1274 a.C.: Ramsés II lucha
en la batalla de Qadesh

En torno al 1300: Batalla en
el valle del Tollense

n torno al 1350: Tumba real de Kivik

n torno al 1350: Akenatón
sciende al trono en Egipto

no al 1400: Carro solar de Trundholm

Guiza Menfis

Egipto

Nilo

Mar Rojo

Tebas

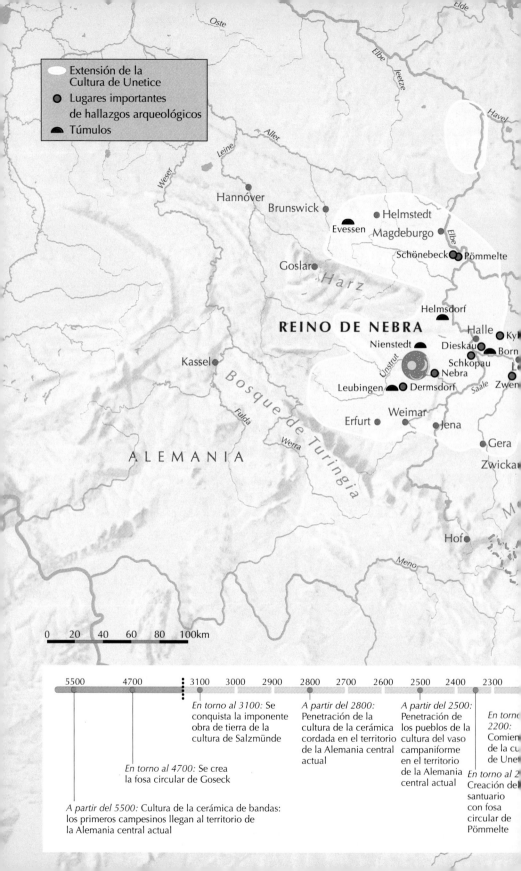

Extensión de la Cultura de Unetice

Lugares importantes de hallazgos arqueológicos

Túmulos

REINO DE NEBRA

0 20 40 60 80 100km

En torno al 3100: Se conquista la imponente obra de tierra de la cultura de Salzmünde

A partir del 2800: Penetración de la cultura de la cerámica cordada en el territorio de la Alemania central actual

A partir del 2500: Penetración de los pueblos de la cultura del vaso campaniforme en el territorio de la Alemania central actual

En torno al 4700: Se crea la fosa circular de Goseck

A partir del 5500: Cultura de la cerámica de bandas: los primeros campesinos llegan al territorio de la Alemania central actual

En torno 2200: Comien de la cu de Une

En torno 2 Creación del santuario con fosa circular de Pömmelte

POLONIA

Berlín

tsdam

Fráncfort del Óder

Guben

Cottbus

Glogovia

Meißen

Görlitz

Breslavia

Chemnitz

Dresde

etalíferos

Riesengebirge

Jizera

Elba

Ohre

Moldava

Hradec Králové

Únětice

Praga

REPÚBLICA CHECA

Olomouc

Brno

Notéc

Varta

Poznań

Warta

Óder
Óder

Neiße

Odra

Odra

Elster Negro

2000   1900   1800   1700   1600 **a. C.**

En torno
2050:
eposición
e Kyhna

En torno
al 1830:
Túmulo de
Helmsdorf

En torno al
1750: Oro
de Dieskau

En torno al 1600:
Deposición del disco celeste y final
de la cultura de Unetice

En torno
al 1940:
Túmulo de
Leubingen

En torno al 1800: Túmulo de Bornhöck (cerca de Dieskau)

1800-1750: **Se forja la versión primitiva**
del disco celeste

En torno al 2000: Descubrimiento de nuevas fuentes de
minerales, comienzos de los gobiernos de príncipes en el Reino de Nebra

En torno al 2100: Se construye el santuario con fosa circular
de Schönebeck

En el reverso del disco celeste, por debajo centro, se aprecia un surco de casi 5 cm de longitud. En ese punto, un herrero probó su herramienta. Se reconocen con claridad los agujeros desgastados del borde. La fijación del recubrimiento de oro dejó también aquí sus huellas. El disco de bronce mide 32 cm de diámetro y pesa 2,05 gr.

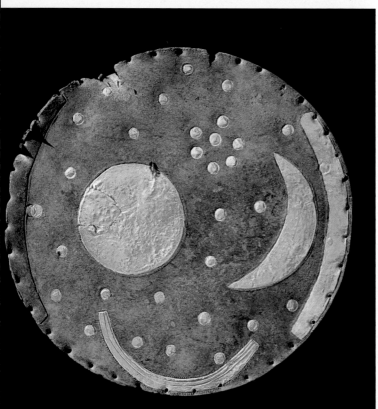

La esfera grande de oro del disco celeste puede interpretarse como un sol o como una luna llena. Entre ella y la hoz de la luna, en la parte superior se encuentra el rosetón de las siete estrellas de las Pléyades. A la izquierda y a la derecha, los arcos del horizonte marcan las zonas de la salida y de la puesta del sol (falta el arco de la izquierda). Abajo puede verse la barca solar.

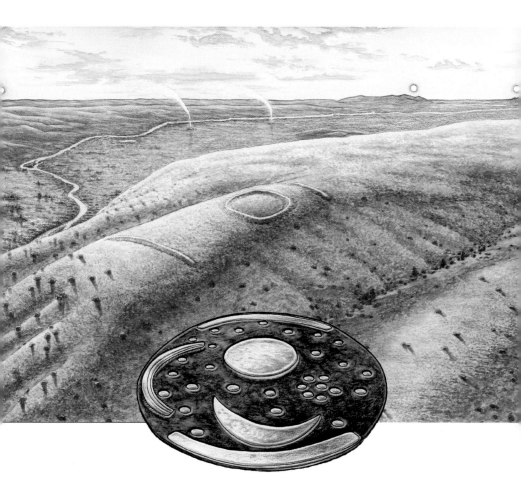

Desde el lugar donde se encontró depositado el disco deleste (centro de la imagen), en el momento del solsticio de verano (alrededor del 21 de junio) el sol se pone detrás del Brocken y el 1 de mayo detrás del Kyffäuser. La montaña y el disco encajan a la perfección.

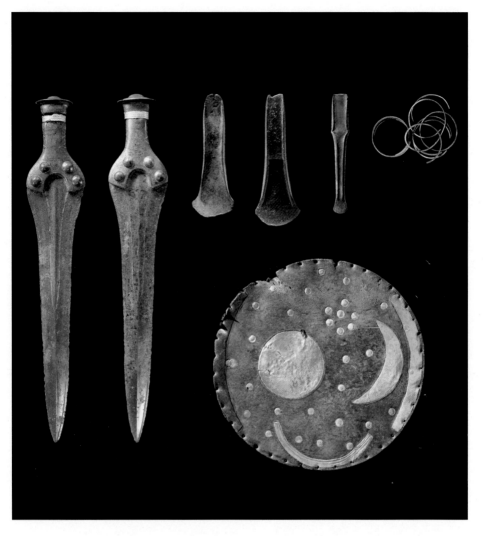

El tesoro enterrado hace 3.600 años en la montaña de Mittelberg, cerca de la localidad de Nebra, está compuesto, además de por el disco celeste, por dos espadas, dos hachas, un cincel y dos brazaletes en espiral que se rompieron durante su recuperación inadecuada. Las espadas impresionan por las arandelas de oro de la empuñadura.

Segunda parte
El Reino del disco celeste

«Realmente no debería existir por lo moderno que es.» Con estas palabras Jo Marchant, autora de artículos científicos, describe una auténtica maravilla de la Antigüedad: el mecanismo de Anticitera. Con sus ruedas dentadas, sus esferas y sus engranajes era capaz de mostrar la carrera del Sol y de la Luna a través del zodíaco, así como de calcular diversos ciclos del calendario. Unos buceadores que buscaban esponjas descubrieron este fantástico aparato en un antiguo pecio frente a la isla de Anticitera, situada entre Creta y el Peloponeso. Su edad: 2.100 años.

Lo que más sorprende de esa obra maestra, de ese mecanismo de precisión extraído de las profundidades del mar Egeo, es la escasa atención que ha suscitado hasta la fecha. Ciertamente se ha especulado sobre si no será tal vez una obra del mayor inventor de la Antigüedad, Arquímedes de Siracusa, y sobre si no estaremos ante el primer antepasado conocido de todas las computadoras. No obstante, la mayor parte de la gente no conoce el mecanismo de Anticitera. Simplemente no encaja con las ideas tradicionales que manejamos acerca de nuestro pasado. Es «como un código Da Vinci de la vida real», según lo describió el diario británico *The Daily Telegraph*. El mecanismo de Anticitera, como maravillosa máquina infernal, ofrecería buen material para el próximo *thriller* de Dan Brown; al mismo tiempo demuestra sobre todo una cosa: qué poca idea tenemos acerca del genio de la Antigüedad.

El increíble asombro que cosecha en ocasiones el disco celeste de Nebra, de una edad de entre 3.700 y 3.800 años, es el resultado de ese mismo impulso. Obra en nosotros como si fuera una instantánea de un mundo desconocido, misterioso: «¿Cómo? ¿Me está diciendo usted que las personas ya contaban con algo así por aquel entonces?». En ocasiones suscita incluso indignación. ¿A quién le gusta reconocer su propia ignorancia?

Con ello hemos llegado al núcleo propiamente dicho del problema: ¿hay algo que no sepasmos sobre Mesopotamia o Egipto? Y sin embargo, ¡desconocemos por completo nuestro propio pasado! Esta problemática se agudiza, además, por el hecho de que ese conocimiento absolutamente refinado que reproduce el disco celeste está codificado. Si son ciertas las conclusiones de los astrónomos, ¿no habría que reescribir entonces nuestros libros de texto?

La Europa prehistórica ha sido, durante largo tiempo, una *terra incognita*. Ello se debe sobre todo a la carencia de fuentes escritas. Fragmentos, tumbas y hoyos para los postes de las viviendas del pasado parecían ser los únicos elementos que nos narraban los comienzos civilizatorios de nuestro continente. La arrogancia de los historiadores contribuyó manifiestamente a este estado de cosas: a muchos de ellos, en plena consonancia con la mentalidad del siglo xix, les parecía que solo eran merecedoras de historiarse aquellas culturas que disponían de escritura. Y por ello, durante la mayor parte del tiempo, siguió siendo válido, al menos tácitamente, el juicio de Tácito, el historiador romano que 1.700 años después del disco celeste se burlaba en su libro *Germania* de los moradores de estas tierras: «estas gentes que de suyo no son astutas ni sagaces».

Sin embargo, el disco celeste de Nebra cuestiona radicalmente ese juicio. Nos desafió a emplear todo el arsenal de la alta tecnología de la arqueología moderna y nada menos que en un lugar completamente inesperado como Sajonia-Anhalt. ¿Quién se habría interesado hace veinte o treinta años por lo que sucedió entre el macizo del Harz y el río Elba hace 4.000 años? El disco celeste fue la chispa que hizo estallar la bomba de la investigación. Vamos a formularlo a la manera de Tácito: dado que el disco es auténtico y codifica sagazmente un conocimiento ingenioso, debería existir por fuerza también un entorno en consonancia con él, un entorno que fuera capaz de originarlo. Ahora bien, había que encontrar ese entorno.

Las excavaciones e investigaciones de los últimos años han conducido a hallazgos sensacionales para la comprensión del pasado. No solo aportan luz a la oscuridad de la prehistoria, sino que explican el disco celeste porque recrean su tierra natal, sus gentes y su historia. Y esto es aún más importante porque nos sitúa ante el estado germinal de la Europa en la que vivimos en la actualidad. Pone al descubierto las raíces de nuestro propio mundo.

Para ello tendremos que remontarnos un poco en el tiempo, ya que tenemos que vérnoslas con un déficit de visión histórica. Siempre miramos hacia atrás, desde el presente hacia el pasado; sin embargo, las cosas solo se entienden realmente cuando sabemos lo que sucedió en un estadio previo. Y en lo que atañe a la prehistoria europea, el conocimiento preciso para ello es, por lo general, más bien limitado. Está claro que las cosas debieron de suceder de manera diferente a como ocurrieron en la cuenca mediterránea o en Oriente Próximo. Además, la genética ha dibujado una nueva imagen en estos últimos años y ha demostrado que Europa es, en efecto, un producto de la migración.

Esbozaremos, por tanto, a grandes rasgos, la situación de partida para mostrar las grandes líneas de desarrollo sin las cuales resultaría difícil comprender en qué medida la Edad del Bronce supuso una encrucijada decisiva en la historia de la humanidad. Sobre ese trasfondo, el sorprendente mundo del disco celeste nos permitirá ver aún más cosas. Entonces estaremos bien equipados para explorar el Reino de Nebra.

12
Más allá del Edén

La historia de la humanidad suele narrarse con gusto como una historia de progreso, como un desfile triunfal de la especie *Homo sapiens*. Después de que nuestros antepasados abandonaran los árboles y comenzaran a caminar erguidos, aprendieron a dominar el fuego y el lenguaje, inventaron la agricultura y la ganadería, fundaron ciudades y Estados y crearon la escritura. Y antes de que nos diéramos cuenta, a través de la revolución industrial y digital llegamos a nuestro mundo moderno, en el que andamos devanándonos los sesos con superinteligencias artificiales y la colonización de Marte. ¡Qué historia más exitosa para una especie de primate haplorrino procedente de la selva africana!

Pero eso no es nada más que un mito. Se pasa por alto que en esa evolución hay tremendas cesuras y retrocesos. *Boom and bust* es un concepto de las ciencias económicas: al auge le sigue la caída. Esto es aplicable también a nuestra historia: las fases del éxito acababan con un colapso, algo tan seguro como que dos y dos son cuatro. Y no pocas veces no había ni siquiera un *boom*, sino que se trataba solamente de un fracaso más. Nada ha marcado más la evolución humana que los callejones sin salida y los caminos equivocados.

Estamos ante el clásico «sesgo del superviviente»: solo desde la perspectiva de los supervivientes, nuestra evolución parece una historia de éxito únicamente por la circunstancia simple y triste de que no conocemos las historias de todos aquellos que se quedaron en el camino. Y estos son la aplastante mayoría.

En estos últimos años se está abriendo paso la comprensión de que la humanidad, en algunos momentos, se ha apartado del buen camino. Nadie lo ha expresado con tanta exactitud como Jared Diamond, quien ya en 1987 habló del «peor error de la humanidad». Con ello se refería al sedentarismo y al nacimiento de la agricultura, es decir, eso que los libros de texto celebran como la «revolución neolítica», la «invención» de la agricultura y de la ganadería.

Se está convirtiendo en corriente principal la visión de que esto no fue lo que se dice un golpe de genio. Ya en grandes éxitos de ventas como la *Breve historia de la humanidad,* de Yuval Noah Harari, puede leerse lo siguiente: «Durante mucho tiempo, la ciencia quiso vendernos el paso hacia la agricultura como un gran salto para la humanidad y nos contó una historia de progreso y de inteligencia». Pero eso no es sino un «cuento de viejas»: «La revolución agrícola fue la gran estafa de la historia». De ello no resultó otra cosa que miserables trabajos pesados para los seres humanos y una élite explotadora.

Esto puede sonar a pesimismo cultural pues, al fin y al cabo, a esos desarrollos debemos nuestro mundo actual con todas las ventajas de la vida moderna. ¿Quién querría renunciar a ellas? Sin embargo, la cosa no va aquí de pesimismo cultural, la cosa va aquí de realismo sin más. Jared Diamond, con su discurso acerca del peor error de la humanidad, pretendía agudizar la visión de que la supuesta historia de éxito del *Homo sapiens* está ligada a unos costes inmensos para nosotros y para nuestro planeta, y lo sigue estando. Las ventajas de la vida moderna solo las disfruta una parte de la humanidad.

* * *

Así pues, intentemos ver las cosas de una manera realista. En lo referente a la revolución neolítica nos hallamos ante un dramático cambio de comportamiento de la especie humana: la transición desde un modo de vida cazador y recolector a una vida sedentaria, una forma de subsistencia que produce sus propios alimentos. Durante milenios, los seres humanos se trasladaban de un lugar a otro en pequeños grupos organizados igualitariamente, como cazadores y recolectores. No había ni propiedades que mereciesen tal nombre, ni tampoco jerarquías muy marcadas. Se repartían las presas de la caza y celebraban la repartición. Como no podían almacenar grandes cantidades de provisiones, las relaciones sociales eran un seguro de vida. En caso de apuro tenían que confiar por fuerza en los demás. A los egoístas se les paraba los pies, o se los expulsaba, o bien se los eliminaba. Entonces, hace más de 13.000 años, los seres humanos comenzaron en algunos lugares a establecerse permanentemente en ellos, domesticaron plantas y animales e inventaron la propiedad de la tierra.

Los escasos milenios en los que llevamos una vida sedentaria son un periodo de tiempo muy corto si lo contemplamos desde la perspectiva de la evolución. Si nos imagináramos como un día de veinticuatro horas toda la evolución de los primeros representantes del género *Homo* que vivían como cazadores y recolectores hace más de dos millones de años hasta llegar al ser humano actual, los primeros humanos comenzaron a ser sedentarios hace siete, tal vez ocho minutos nada más. Ese es un periodo de tiempo demasiado corto como para que nuestras intuiciones, preferencias y conductas basadas en la genética hayan podido adaptarse a las nuevas circunstancias. Desde entonces vivimos en condiciones para las que no estamos hechos. La Biblia da en el clavo: creados para el Jardín del Edén, los seres humanos tienen que ir tirando en su existencia más allá del Edén y trabajar como bestias con el sudor de su frente.

No puede cuestionarse en absoluto que, para la especie humana en su conjunto, la agricultura fue un éxito. De los aproximadamente cuatro millones de seres humanos que se calcula que había al comienzo del Neolítico, su población aumentó hasta los casi ocho mil millones de la actualidad. ¡A esto se le denomina *explosión demográfica*! Sin embargo, para la gran mayoría de los individuos de la historia de la humanidad, este desarrollo acarreó inmensas desventajas.

Ciertamente pudo incrementarse la productividad de la tierra, pero las bocas adicionales se comían de nuevo rápidamente los excedentes. E investigaciones sobre el uso del tiempo demuestran que los campesinos tenían que bregar mucho más tiempo para alcanzar la cantidad de calorías de los cazadores y recolectores. Además, la alimentación perdió en diversidad. Los hallazgos de esqueletos prueban que los seres humanos no crecían tanto como antes, padecían más enfermedades y malnutrición, estaban expuestos al hambre y fallecían antes. A esto se añadían los problemas sociales: los antiguos grupos, con su función reguladora del comportamiento social, fueron perdiendo influencia en las sociedades, que se iban haciendo cada vez más grandes. A cambio, el nuevo invento de la propiedad desplegó su dinámica. Dado que ya podían almacenarse las provisiones, se dependía menos de los vecinos, quienes entonces, por contra, se convirtieron con excesiva facilidad en competidores. A la larga fueron precisamente los más despiadados los que salieron vencedores en esta competencia moderna.

Pero ¿por qué aceptaron los seres humanos este derrotero? Ya Jared Diamond indicó en su libro clásico de investigación histórica *Armas, gérmenes y acero* que conceptos como «descubrimiento» o «invención» de la agricultura son engañosos. Tampoco se trató de una revolución en el sentido de una convulsión acelerada. Estamos ante un proceso con una duración de varios milenios que fue extendiéndose gradualmente en innumerables pequeños pasos. Nadie supo calcular las consecuencias. Contemplémoslo a cámara rápida.

* * *

Comenzó en el Creciente Fértil, en aquella región con forma de hoz que se extiende desde el Levante (los actuales países de Israel, el Líbano y Siria), pasando por las estribaciones de los Montes Tauro en el sudeste de Turquía, a través del norte de Mesopotamia, hasta la cadena montañosa de los Zagros (la zona fronteriza norte de Irak e Irán). Desde la última glaciación, el número de humanos que recorrían de un lado para otro aquellas tierras viviendo de la caza y la recolección fue aumentado continuamente. La mejoría del clima había creado un Jardín del Edén: crecieron las existencias de animales para la caza, los cereales medraban magníficamente. Así pues, ¿para qué seguir recorriendo intensamente las tierras de un lado para otro? La mesa estaba ricamente servida.

Sin embargo, la caza excesiva y un empeoramiento dramático del clima depararon un final a aquel país de Jauja. Cuando se deshelaron los glaciares de la última glaciación hace 15.000 años, se formó un gigantesco lago glaciar en el norte de América. Hace 13.000 años reventó el dique de hielo. Las oleadas gélidas se derramaron por el Atlántico y paralizaron la bomba térmica global de la corriente cálida del Golfo. El resultado fue el periodo de enfriamiento de unos mil años de duración conocido como Dryas Reciente. En el hemisferio norte volvieron a avanzar los glaciares hacia el sur.

También en el Creciente Fértil se volvió más frío y más seco el clima; la oferta de alimentos empeoró. En algunos lugares, los humanos intentaron regresar a la vida nómada, pero para muchos grupos que se habían vuelto sedentarios aquella ya no era una alternativa posible. Las crisis y unas densidades de población muy elevadas obligaron a experimentar. Sobre todo se consolidaron aquellos que apostaron por recolectar las semillas de agriotipo de cereales como la escaña, el trigo almidonero y la cebada o de legumbres como las lentejas y los guisantes. Pronto se dieron cuenta de que podían sembrarlas de manera intencionada allí donde se hubiesen asentado. El añadido calórico producido de esta manera se saldó con una mayor descendencia.

Entonces los humanos comenzaron a criar y a domesticar animales: cabras, ovejas, vacas y cerdos se convirtieron en animales domésticos. Es cierto que eso trajo consigo carne, y posteriormente también leche, pero tuvo sus consecuencias. Puesto que ahora se estaba en estrecho contacto con algunos animales, hasta el punto de que se solía vivir con ellos bajo un mismo techo, sus gérmenes patógenos se transmitieron a los humanos. La mayoría de las enfermedades infecciosas se las debemos a la revolución neolítica. La viruela, la peste, el cólera: todas ellas son zoonosis que acabaron transmitiéndose a los seres humanos. El virus del sarampión procede de las vacas; el virus de la gripe, de los cerdos y de las aves. Enfermedades que en la actualidad suelen ser, en mayor o menor grado, inofensivas comenzaron su carrera como epidemias que aniquilaban aldeas enteras.

A pesar de las epidemias y de la amenaza a las cosechas por la sequía, las langostas o las infecciones por hongos, las poblaciones humanas siguieron creciendo. Entre los cazadores y recolectores, las mujeres tenían un hijo cada cuatro o seis años, de promedio. Sus reservas de grasa nunca eran exuberantes, pero durante la lactancia de varios años perdían hasta los últimos gramos de grasa, razón por la cual eran mucho menos fértiles en ese periodo. Una adaptación inteligente: debido a sus frecuentes cambios de asentamiento no podían llevar más que un hijo a cuestas. Sin embargo, las mujeres sedentarias, debido a su elevado porcentaje de tejido adiposo, volvían a quedarse embarazadas ya en el periodo de amamantamiento, cosa que sucedía casi cada año. Los hallazgos de esqueletos dan información sobre las consecuencias: la mortalidad infantil se disparó enormemente, la salud de las mujeres se resintió notablemente, muchas no sobrevivían a los numerosos partos.

A la evolución no le importa el bienestar individual; para ella solo cuenta el éxito reproductivo. Las densidades de población aumentaron sin que la cantidad de alimentos disponibles pudieran mantener ese ritmo. Esto dio como resultado una presión, primero por una innovación constante, y segundo por la necesidad de expansión. La divisa introducida en el mundo con la revolución neolítica fue: «¡más!». Los problemas y las crisis resultantes de estas nuevas condiciones de vida resultaron ser un motor cultural de primer orden. Y es que para las adaptaciones biológicas no alcanzaba el tiempo, razón por la cual se requerían innovaciones culturales para superar los problemas más allá del Edén. Entendemos nuestra historia más como una gestión constante de las crisis, que como una historia esplendorosa de progreso.

* * *

El crecimiento de la población hizo que menguaran los recursos locales; la leña y la madera para la construcción comenzaron a escasear, los suelos quedaron agotados de sustancias nutritivas y se erosionaban. Resultaba cada vez más difícil alimentar a la gente con los recursos locales, así que algunos se pusieron en marcha para probar fortuna en otros lugares. Pronto quedaron ocupados todos los lugares en los que llovía lo suficiente como para poder practicar la agricultura. ¿Qué otra opción le quedaba a la gente que descender de las laderas de las montañas hacia las tierras bajas de Mesopotamia? En ellas, las precipitaciones no eran suficientes, pero sus habitantes aprendieron a irrigar la tierra. Excavaron canales y crearon depósitos de agua, construyeron diques y obtuvieron así más tierras de cultivo.

Sin embargo, con esas innovaciones dieron origen a nuevos problemas. La tala de los árboles de las laderas de las montañas condujo a la erosión de los suelos. Tras las lluvias torrenciales rodaban cantidades inmensas de tierra arrastradas por el agua que llenaban de lodo los canales de riego y los depósitos de agua. En ocasiones enterraban poblados enteros. También se desplazaban los cauces de los ríos debido a la escasa pendiente. Precisamente el Éufrates, que discurría lento, tenía la mala fama de buscarse siempre un nuevo cauce. La ciudad de

Uruk, fundada en su momento a orillas del Éufrates, está situada en la actualidad a diez kilómetros del río. Las altas temperaturas evaporaban las aguas, las sales que quedaban envenenaban los suelos.

Para proteger los sistemas de irrigación del lodo, de las roturas de los diques y de las inundaciones, eran necesarias grandes cantidades de trabajadores. Como por regla general se empleaban a personas obligadas a trabajos forzados, se precisó de eso que el sociólogo Max Weber denominaba un *aparato coercitivo*: tropas que pudieran forzar a la realización de esos trabajos duros haciendo uso de la violencia física. Además se precisaba de estructuras administrativas que lo organizaran todo. Fueron procesos lentos y que, en algunos lugares, condujeron a la formación de los primeros Estados. La escritura, que apareció por primera vez en Mesopotamia en el cuarto milenio antes de Cristo en forma de caracteres cuneiformes sobre tablillas de barro, fue inventada para organizar la producción y el reparto de alimentos, la asignación de tareas, los impuestos y los tributos. Floreció el comercio, creció la riqueza, se originaron las jerarquías. Los excedentes generados se destinaron a financiar a sacerdotes, administradores y soldados, así como a un estamento gobernante de potentados que pronto se escenificaron a sí mismos como reyes con ascendencia divina.

Los Estados orientales se desarrollaron hasta convertirse en regímenes despóticos para los cuales luchaban ejércitos de esclavos. Competían entre ellos por las tierras más fértiles. Con cada sequía, con cada campo que debía abandonarse porque la sal echaba a perder las plantas, fueron agudizándose las rivalidades existentes. Las crisis, las guerras y las catástrofes estaban a la orden del día y crearon la necesidad de estrategias efectivas para su resolución. Fue todo esto, unido a la incontenible necesidad de representación de las élites, lo que originó eso que los libros de texto nos presentan en la actualidad como «grandes civilizaciones».

* * *

Durante mucho tiempo, los prehistoriadores debatieron cómo se introdujo la agricultura en Europa, qué camino tomó. ¿Se fue propagando aquí una idea tan superior y convincente, que vecino tras vecino fue abandonando su vida como cazador y recolector para pasarse a la agricultura y a la ganadería? ¿O fueron personas que vinieron acá trayendo su cultura? El primer modelo de difusión se basa de manera inconfundible en el mito del progreso: la nueva existencia era una innovación tan deseable, que nadie podía resistirse. Hoy en día sabemos que el modo de vida del Neolítico que se propagó desde el Oriente hacia Europa no fue ninguna marcha triunfal de una forma de cultura que llevó a todo el mundo a convertirse en campesinos entusiastas. No; fue una expansión de seres humanos, el intento de unos colonos por escapar a los problemas de sus tierras nativas y asegurarse la supervivencia en otro lugar. Eran refugiados en busca de una vida mejor.

La población que crecía constantemente en el Creciente Fértil se vio obligada a emigrar en busca de suelos aptos para la agricultura. Primero se establecieron en Anatolia, luego pasaron a través de los Dardanelos hacia Grecia, pronto llegaron a los Balcanes y, por último, a la Europa Central. A mediados del sexto milenio antes de Cristo, esta zona fue tomada durante casi doscientos años por los primeros campesinos o, tal como dicen los arqueólogos, por la primera cultura neolítica de la zona, conocida como la *cultura de la cerámica de bandas*.

¿Se trata tan solo de una teoría? No. Los análisis genéticos han puesto un punto final a este antiguo debate. El material genético extraído de los huesos no permite ninguna interpretación alternativa. A la Europa Central no viajó ninguna técnica; llegaron personas. Nos hallamos ante inmigrantes; su material genético presenta trazas nunca vistas en Europa anteriormente, variantes características en el genoma humano típicas de determinadas poblaciones. Como migrantes procedentes del Oriente trajeron consigo el «paquete neolítico» compuesto por especies vegetales cultivadas y animales domesticados. Con sus hachas de piedra talaron árboles de centenares de años de edad, construyeron casas comunales y practicaron la labranza a golpe de azada, una labor durísima; todavía no se había inventado el arado.

La genética nos revela algunos datos más. Durante mucho tiempo se partió de la base de que los recién llegados apenas se mezclaron con los cazadores y recolectores que vivían en Europa, cuyo destino parecía equipararse al de los indígenas de Norteamérica tras la llegada de Cristóbal Colón: las enfermedades que introdujeron los agricultores consigo aniquilaron extensos sectores de la población indígena. Quien sobrevivía, huía. No hacia el oeste como los indios ante el avance constante de la *frontera*, sino hacia el norte, en dirección a la costa, en dirección a Escandinavia, pero también hacia regiones montañosas intransitables. Solo se encontraban a salvo en las tierras poco apropiadas para la agricultura. Esto sigue siendo cierto, pero entretanto los análisis de genética de poblaciones han obtenido un panorama mucho más diferenciado. En algunos lugares coexistieron, a lo largo de siglos, los cazadores y recolectores con los primeros campesinos; en parte se desarrollaron sociedades paralelas, en parte también fueron mezclándose paulatinamente.

* * *

Una pregunta fascinante: ¿cómo encontraron los campesinos del Oriente las tierras fértiles en el extranjero? Europa estaba cubierta en gran parte por extensos bosques vírgenes. Los ríos servían como pistas conductoras a través de la naturaleza salvaje; sobre los lechos de grava sin arbolado el avance era menos fatigoso. Sin embargo, esas zonas eran demasiado húmedas y demasiado pedregosas para convertirlas en campos de cultivo. Los migrantes se adentraban lentamente desde los ríos hacia el interior; con frecuencia se establecían allí donde al cavar no se topaban con ninguna piedra. En esos lugares era fácil labrar la tierra, incluso con sus útiles de piedra, hueso o madera. Y era un buen lugar para un asentamiento. En las superficies situadas a mayor altura talaban los árboles y cultivaban los campos entre los tocones de las raíces que permanecían en la tierra; más abajo, cerca del agua, criaban el ganado. Pero lo mejor lo descubrieron los campesinos después de la primera siembra: aquellas tierras sin piedras eran extremadamente fértiles, casi como si procedieran del paraíso. En efecto, eran un regalo del cielo.

Expresado con mayor exactitud, eran un obsequio del viento, pues esas tierras exentas de piedras estaban compuestas de loess, un producto de la glaciación. Los glaciares habían triturado montes y peñascos hasta convertirlos en cantos rodados y polvo de roca. Una presa fácil para el viento que transportó, a través del páramo frío y sin vegetación, eso que los centros de jardinería venden en la actualidad como «polvo de roca» para el mejoramiento del sustrato. El polvo fue depositándose a sotavento de las cordilleras. Esto sucedió en Norteamérica, en China y también en Europa, en donde el viento acumuló el loess en las llanuras al norte de las tierras altas centrales, en la cuenca parisina y en la llanura panónica, pero también en las grandes planicies del sur de Alemania.

Un vistazo a los modernos mapas de suelos nos muestra que el territorio a resguardo del viento del macizo del Harz es una de las zonas más fértiles de Europa, en especial la llanura de Magdeburgo y las tierras bajas de Leipzig hasta la cuenca de Turingia, con las ciudades de Weimar y Erfurt como delimitación por el sur. El loess se ha transformado aquí en potentes suelos negros («chernozem») de un espesor de más de un metro. Los geólogos debaten cómo se formó. Los hay que hablan de procesos naturales de formación de suelo; otros ven en ellos la obra de los humanos: tala y quema en el Neolítico. En las grandes superficies de suelos negros parece más probable que se trate de una formación natural. El loess arrastrado por el viento en la época posterior a la glaciación fue colonizado por especies pioneras. En las regiones esteparias había innumerables «bioturbadores»: lombrices, hámsteres europeos, marmotas de las estepas, producían un humus de la mejor calidad. La tierra negra de la localidad de Eickendorf, en la llanura de Magdeburgo, obtuvo en 1934 la máxima valoración en aquel entonces sobre la calidad del suelo, con la calificación de «las tierras más productivas de Alemania».

Estos suelos han sido siempre enormemente fértiles, también ya en tiempos de los primeros campesinos, es decir, en unas condiciones más bien de escaso abono. Así lo pone de manifiesto uno de los experimentos de más larga duración que han hecho: desde 1878 se viene cultivando en la localidad de Halle en el marco de un experimento denominado *centeno eterno*. Se cultiva siempre centeno de invierno en el mismo suelo. Como es sabido, si tenemos dos superficies similares y abonamos una de ellas con estiércol o con fertilizantes minerales, esta última producirá más del doble que el suelo puro. Por eso resulta asombroso que la tierra negra sin fertilizar siga produciendo desde hace cien años 1,5 toneladas de centeno por hectárea anualmente. La tierra negra es la materia de la que está hecho el paraíso de los campesinos. No es extraño entonces que esas tierras fueran muy codiciadas durante toda la prehistoria.

Los primeros campesinos descubrieron los suelos de tierra negra y loess con gran precisión. Pronto supieron identificar algunas plantas típicas que señalizaban esos suelos. En la Europa Central, allí donde había loess, se inició la práctica de la agricultura de inmediato. Los terrenos al este del macizo del Harz ofrecían otra ventaja adicional: la sequedad, gracias a que la cordillera del Mittelberg, situada al oeste, los resguardaba de la lluvia. Allí se daban las mejores condiciones para las especies que habían traído consigo los inmigrantes de las regiones también poco mimadas por la lluvia de los Montes Tauro y de la cordillera de Zagros. Ahora bien, cuando llovía, el agua no se filtraba; la tierra negra almacenaba el agua como una esponja y saciaba permanentemente la sed de las plantas. A causa de las escasas precipitaciones que se correspondían con la tasa de evaporación, las cosechas resultaban poco amenazadas por micosis, y los nutrientes contenidos en el suelo no desaparecían por el arrastre del agua como sucedía en otras partes.

Sin embargo, el suelo no es solo el sustrato sobre el que brotan los cereales. El suelo influye también en las culturas humanas que se originan en él. Quizá la mayor ventaja de los suelos de loess en la Europa Central fue que en ellos sus gentes no tenían que esperar ansiosos la aparición de Sirio en el cielo como ocurría en el antiguo Egipto, que anunciaba la llegada de la inundación del Nilo, con el temor de que esa inundación fuera demasiado violenta y lo engullera todo. Aquí no fueron necesarias grandes obras para la irrigación como en las civilizaciones a orillas de los dos grandes ríos de Mesopotamia. No fue necesario construir ningún dique, ni canales, ni esclusas, ni embalses que había que estar manteniendo constantemente sacando a paladas el lodo acumulado y que eran criaderos de enfermedades y de parásitos de todo tipo. Aquí no hubo que obligar a las gentes a realizar unos trabajos ímprobos que hacían posible la práctica de la agricultura. ¡Simplemente la tierra fértil estaba ahí! No había más que esparcir la simiente en ella. Así pues, sobre la tierra negra situada al este del macizo del Harz, sus gentes no tuvieron que trabajar tanto como bestias con el sudor de su frente. Sin embargo, ese cúmulo de excelencias propició otro tipo de problemas: ¿quién no iba a querer vivir en semejantes condiciones paradisíacas?

13
Guerra por el territorio

Ya se dice en la Biblia: ¿qué sucede más allá del Edén después de que los humanos hayan comenzado a cultivar la tierra con el sudor de su frente? Los hermanos se convierten en enemigos y se matan a golpe de maza en las cabezas. Ese es el resultado del nuevo invento de la propiedad. Allí donde aumenta la población, las personas compiten por el recurso del suelo. La violencia y la guerra son la consecuencia.

Verdaderamente no hay por qué ser muy amigo del filósofo francés Jean-Jacques Rousseau (1712-1778), pero desde el punto de vista de la arqueología no andaba muy equivocado cuando escribió con énfasis: «El primero que cercó un pedazo de tierra con una valla y se le ocurrió decir "esto es mío" y la gente fue lo suficientemente cándida para creerle, ese fue el verdadero fundador de la sociedad burguesa. Cuántos crímenes, guerras, asesinatos, cuánta miseria y cuánto horror se habría ahorrado el género humano si alguien hubiera arrancado esos postes demarcadores y hubiera exclamado a sus congéneres: "¡No se os ocurra creer a ese estafador; estaréis perdidos si olvidáis que los frutos son ciertamente de todos, pero la tierra no es de nadie!"».

De hecho es en el Neolítico cuando la arqueología documenta por primera vez la existencia de cercados; son cercas que protegían las tierras y el ganado. Y pronto hubo ya fortificaciones. Los asentamientos más tempranos de los campesinos en la Europa Central no podían arreglárselas sin ellas, pero esto cambió con rapidez. La población seguía creciendo; a partir aproximadamente del año 5200 a. C. empeoró el clima. Malas cosechas fueron la consecuencia, y también obras de carácter defensivo. Los espeluznantes descubrimientos de los arqueólogos muestran que esas obras eran extremadamente necesarias. Aparecen fosas comunes. Ya sea en la localidad de Talheim, en el estado federado de Baden-Wurtemberg, o en Schöneck-Kilianstädten, en el estado federado de Hesse, o en Halberstadt-Sonntagsfeld, en el macizo del Harz, o en la localidad de Asparn-Schletz, en el estado federado de Baja Austria: los excavadores se toparon con tumbas o fosas en las que yacían los esqueletos de decenas de hombres, mujeres y niños; en ocasiones había más de cien personas que simplemente habían sido arrojadas allí dentro.

¿No podrían haber fallecido por alguna epidemia? No. Los huesos no dejan lugar a dudas: había montones de cráneos fracturados. En una tumba yacen hombres con las tibias rotas. ¿Víctimas de torturas? ¿O había que impedirles la huida? Apenas se encontraron puntas de flecha, pero sí mazas rotas. Se trató de una lucha cuerpo a cuerpo. Algunos cráneos presentan heridas de hasta seis impactos. En Asparn, a muchos esqueletos les faltan las manos y los pies. Los animales devoraron los huesos, los cadáveres estuvieron a cielo abierto durante varios días antes de ser enterrados. Los arqueólogos no están completamente seguros en todos los casos de que se trate de testimonios de guerra, pero no cabe ninguna duda de que fueron masacres.

* * *

La guerra es un producto del Neolítico. Por supuesto que había conflictos sangrientos entre cazadores y recolectores, tanto entre individuos como entre grupos. Sin embargo, las disputas no escalaban hasta alcanzar tales excesos de violencia a los que pudiéramos estampar el sello de «guerra». Esto se debía a la falta de requisitos logísticos y a unas reducidas densidades de población, sí, pero sobre todo al hecho de que los cazadores y recolectores podían proseguir su camino simplemente para evitar confrontaciones. En cualquier otro lado existía la posibilidad de sustento. Solo se producían matanzas en casos excepcionales en aquellos lugares especiales en los que se daba una gran abundancia de recursos, como por ejemplo la excepcional variedad de alimentos que ofrecían las orillas de un lago.

En las sociedades del Neolítico, lo de proseguir camino no era una alternativa viable. Los campesinos estaban ligados, para bien o para mal, a los campos que habían acondicionado con tanto esfuerzo, a sus casas y a sus despensas; la huida era una opción muy poco frecuente. De ahí que la violencia de los conflictos escalara con mucha rapidez. Los desencadenantes eran la sobrepoblación, el empeoramiento del clima, las sequías, las malas cosechas, pero también simples disputas por las lindes o por el agua. Las fosas comunes delatan otro motivo de guerra: ¡las mujeres! En las fosas no suelen aparecer los esqueletos de mujeres jóvenes en la proporción que cabría esperar por pura probabilidad demográfica, lo cual es un claro indicio de rapto de mujeres. En las culturas agrícolas expansivas, las mujeres eran especialmente valiosas. La elevada mortalidad materna durante el parto creaba un déficit de mujeres que las comunidades tenían que compensar para poder prosperar.

Para el filósofo griego Heráclito, la guerra era el padre de todas las cosas. Sea como sea, lo cierto es que en la Europa prehistórica vemos que se desarrollaron estrategias para hacer más efectiva la guerra y cómo, por otra parte, se emprendieron acciones de todo tipo para protegerse mejor de ella. Así, el cuarto milenio en la Europa Central es una época de apogeo de las empalizadas dobles, de los anillos defensivos escalonados y de las barbacanas. En puntos elevados se crean complejas fortificaciones.

Sin embargo, incluso sin la guerra eran ineludibles las innovaciones: más personas significaba más competencia y, por consiguiente, más problemas; pero también más ideas. Esta es la razón por la que la época en la que había que alimentar a una población creciente alumbró tantos inventos nuevos, hasta el punto de que los arqueólogos hablan ya de una segunda revolución neolítica. Entre los avances se cuentan las ovejas lanudas, la domesticación del caballo, el invento de la rueda y del carro y de la tracción: se unció a los bueyes al yugo y se emplearon como el «tractor del Neolítico» para arrastrar el arado. Los campos ahora podían despejarse en superficies muy grandes para que quedaran exentas de tocones y rocas erráticas (estas últimas encontraron un uso en la construcción de tumbas megalíticas); las superficies dedicadas al cultivo aumentaron exponencialmente en comparación con la labranza a golpe de azada. Los logros de la Revolución Neolítica 2.0 condujeron a un incremento enorme de la producción, con las conocidas consecuencias: más personas, más competencia, más dificultades.

Las reconstrucciones recientes muestran que el aumento del número de fortificaciones estaba en relación con una larga guerra de conquista: comenzaron a regresar algunos grupos de aquellos cazadores y recolectores a quienes los campesinos hicieron huir en su día hacia el norte. A partir aproximadamente del año 3800 a. C. avanzaron hacia el sur las denominadas *culturas de los vasos de embudo*, procedentes de Escandinavia y del norte de Alemania. Se trató de un lento regreso que duró más de mil años por parte de los cazadores y recolectores expulsados de la Europa Central que ahora se habían pasado a la forma de vida neolítica. Gracias a tecnologías innovadoras habían conseguido practicar la agricultura incluso en los suelos menos aptos para el cultivo que quedaban fuera de las regiones con abundancia de loess. Ahora regresaban al sur, atraídos por esos suelos productivos y por el clima más benigno.

* * *

Solo entre los siglos xl y xxiii a. C., los expertos en cronología, como el arqueólogo Ralf Schwarz del Servicio de Arqueología de Sajonia-Anhalt, han contado quince grupos culturales diferentes en el territorio del actual estado federado. En parte coexistieron simultáneamente; en parte se sucedieron. Por desgracia no hubo ningún Homero que cantara esos acontecimientos; tampoco tenemos a un Herodoto, ni a un Tucídides que nos informaran sobre esos sucesos. En su lugar tenemos que reconstruirlo todo a partir de hallazgos escasos y siempre enigmáticos, que el suelo nos ha revelado milenios después. En ocasiones son tan extraños, que apenas basta toda la capacidad de deducción de la arqueología para averiguar lo que sucedió por aquel entonces. Contemplemos los dramáticos sucesos que se presentaron ante los ojos de los excavadores.

Hace unos pocos años, la construcción de una autopista a siete kilómetros al oeste de Halle abrió la posibilidad, bajo la dirección de la arqueóloga Susanne Friederich, de llevar a cabo las excavaciones de los yacimientos arqueológicos de la localidad de Salzmünde. Ya desde el aire se destacaban con claridad, en el campo de cereales, un imponente recinto delimitado por un foso doble. Separadas entre 10 y 18 m, las fosas (de 3 y 6 m de ancho, y con unos impresionantes 4,5 km de largo) abarcaban una superficie de casi cuarenta hectáreas. Una puerta en el sudoeste proporcionaba acceso al recinto.

Las tumbas con las que se toparon los excavadores eran misteriosas y únicas a partes iguales. Eran más antiguas que las fosas y a ellas se debe el aura especial del lugar. Los muertos yacían la mayoría en hoyos redondos (en el Neolítico, las sepulturas solían ser cuadradas) y no estaban orientados hacia ningún punto cardinal en particular como solía ser habitual. Los restos estaban cubiertos por gruesas capas de fragmentos de cerámica, de hasta treinta centímetros de espesor (en parte llegaban hasta los 8.000 fragmentos que procedían de más de cien vasijas de barro). Bajo esa capa había escombros de edificios calcinados mezclados con enseres domésticos e instrumentos de piedra. Los restos del revestimiento de barro de las paredes mostraba huellas de entramados de materia vegetal y tablas de madera. Los excavadores llegaron a la conclusión de que allí se habían quemado casas con objetos en el interior y los restos se habían sepultado con los muertos en sus tumba.

¿Cuál era la finalidad de ese extraño ritual? ¿Quiénes eran los muertos para merecer semejante gasto y tanto esfuerzo? Quien espere que en esas fosas estén sepultadas personalidades de rango elevado, quedará decepcionado. Las investigaciones antropológicas muestran que, en las fosas cubiertas de fragmentos de cerámica, se depositaron cadáveres al azar. Lo llamativo era que, con una frecuencia desproporcionada, los muertos habían sido víctimas de violencia. Alrededor de una cuarta parte presentaba grandes heridas. Incluso a un niño pequeño de entre año y medio y dos años le habían roto el cráneo. Mazas y hachas habían realizado su sangrienta obra. ¿Eran víctimas de una guerra?

Mucho peor aún. Examinemos el hallazgo 15.814: bajo diecinueve kilogramos de vasijas hechas añicos yacía una mujer de aproximadamente 1,47 metros de estatura, no llegaba a los veinticinco años de edad, con las rodillas encogidas, la cabeza reposaba en las manos. La fractura por fatiga, ya curada, de una vértebra dorsal prueba que estaba obligada a realizar los trabajos más duros desde la adolescencia. La maltrataron repetidamente. Su cráneo presenta tres heridas contusas, golpes con un garrote o una maza. También esas heridas se habían curado. Pocas semanas antes de su muerte, alguien le había golpeado brutalmente en la cara, tenía el maxilar inferior roto por varias partes. ¿A quién trataban de esa manera? ¿A una esclava?

«Esa mujer murió cuando la fractura de la mandíbula había comenzado a cicatrizar», constatan los antropólogos Kurt W. Alt y Marcus Stecher, que examinaron los muertos de Salzmünde. «La causa real de la muerte fueron varias heridas producidas por un hacha que atravesó la bóveda craneal y que causaron daños tan graves al cerebro, que la muerte debió de ser inmediata.» Como si todo esto no fuera suficientemente terrible, los huesos presentaban rastros de mordeduras en el tórax, en un antebrazo, en la pelvis y las piernas. Faltaba por completo la mano derecha. ¿Arrojaron a los perros a la difunta o permaneció su cadáver un tiempo sin enterrar?

Dado que son escasas las heridas mortales que dejan su huella posteriormente en los huesos, no puede excluirse que también los demás enterrados murieran de una muerte violenta. Al menos una cosa está clara: no se trata de las víctimas de un único suceso. Las dataciones por carbono-14 de los esqueletos prueban que las sepulturas proceden de un periodo de tiempo de trescientos años. ¿Prendieron fuego tal vez aquí a una casa de los muertos en la que, durante siglos, se había dado sepultura a personas cuyos restos mortales volvían a sepultarse ahora de forma ritual?

Especialmente misteriosa fue la tumba de unos sorprendentes cinco metros de longitud de un individuo de entre doce y catorce años, cuyo sexo no fue posible verificar con seguridad. Presumiblemente era una muchacha. Fue enterrada en una inusual posición: en cuclillas con los brazos levantados. Una postura semejante es conocida en las representaciones paleolíticas y se interpreta como un gesto de oración, de adoración. Los arqueólogos constataron que la tumba había vuelto a ser abierta para retirar el cráneo del cuerpo ya convertido en esqueleto. En su lugar se colocó otro cráneo sustitutorio: un fragmento de molino de piedra tallado para darle el tamaño de una cabeza y de un color similar.

Pero lo verdaderamente extraño viene ahora. Los excavadores encontraron el cráneo a unos pocos metros de distancia, en una fosa. Los análisis antropológicos y genéticos probaron que era el de la adoradora adolescente. Al cráneo se habían añadido ofrendas similares a las que vimos en las tumbas con los fragmentos de vasijas. Hay otras cuatro fosas de la misma época, todas ellas con fragmentos de cerámica, piedras y restos de revestimiento de barro. En una yacía un hombre de entre treinta y cuarenta años, que al parecer había hallado la muerte de tres formas distintas: una flecha le había acertado en el esternón, le habían clavado un arma similar a una lanza en la cadera, y una maza le había destrozado el cráneo.

Este enigmático conjunto alumbraba la sospecha de que se trataba de un sacrificio humano. De esa misma época, no muy lejos de Salzmünde, en la localidad de Niederwünsch, se conocen sacrificios de vacas que fueron sacrificadas por un ritual similar en el que se empleó muchas más violencia de la estrictamente necesaria para acabar con la vida de los animales: presentan múltiples rastros de matanza que van desde flechazos, pasando por armas punzantes hasta el empleo de hachas. ¿Se creía en tres almas que había que matar empleando diferentes métodos? Al cuerpo de la adoradora adolescente le ofrendaron, además, una piedra grande. Como si quisiera impedirse que fuera a buscar su cabeza como una zombi.

Tales hallazgos no reflejan el día a día de las postrimerías del cuarto milenio antes de Cristo, pero sí se muestran las creencias de aquellos humanos, de las que nos es posible captar en todo caso un pequeño fragmento. Nos hallamos ante rituales que escapan a nuestra comprensión. Los cuerpos muertos, los cráneos, el fuego, probablemente también los sacrificios humanos desempeñaban un papel importante.

Esos recintos de fosos no son ninguna singularidad. Los arqueólogos debaten acerca de sus muchas funciones, señalan incluso la posibilidad de que hubieran servido como majadas para los pastores y sus rebaños. Sin embargo, lo que distingue a este recinto de Salzmünde es su ubicación. Corona una altiplanicie situada en la confluencia de los ríos Saale y Salza. Las fosas debían procurar protección, lo que indica que la cultura de Salzmünde estaba sometida a una fuerte presión. A finales del cuarto milenio —por cierto, en la época en la que Ötzi recorría su funesta ruta por los Alpes—, la amenaza de los conquistadores procedentes del norte fue haciéndose cada vez mayor. Pronto los integrantes de la cultura de Salzmünde harían propio un territorio del tamaño de la región de Halle.

Construyeron las fosas con posterioridad, aproximadamente en el año 3100 a. C., poco antes de que se extinguiera su cultura. Con un esfuerzo impresionante construyeron un lugar en el que refugiarse.

¡Imaginémoslos excavando nueve kilómetros de fosas valiéndose únicamente de palas de madera! La desesperación debió de ser enorme para realizar un esfuerzo semejante. Sorprendentemente, no obstante, no se hallaron indicios de empalizadas. Tal vez les faltó la madera, tal vez la consideraban superflua porque esas personas confiaban en otra protección.

Los arqueólogos encontraron en las fosas cráneos humanos depositados con cuidado. Haciendo un cálculo aproximado eran entre doscientos y trescientos cráneos. ¿Trofeos de cazadores de cabezas? Para tal cosa faltaban las huellas de corte o de golpe como las que son típicas en las decapitaciones. Se trataba de cráneos que se habían extraído después de que los cadáveres se hubieran convertido en esqueletos. Una prueba más de un elaborado culto al cráneo. Tal como probaron las investigaciones acerca de su antigüedad, se distribuían en un largo periodo de tiempo. Dado que no se encuentran señales de haber estado expuestos a la intemperie, podemos pensar que se almacenaron o se presentaron en el interior de un edificio o en una especie de andamio, tal como seguía sucediendo en Nueva Guinea en pleno siglo xx.

Los cráneos, ¿servían tal vez como una barrera mágica que prohibía el acceso a todo enemigo? ¿Por eso se prescindió de las empalizadas de madera? ¿Se movilizó a los antepasados como último recurso de protección? ¿Se encontraban ya ante la última batalla? De acuerdo, todo esto suena mucho a *El señor de los anillos* de Tolkien, cuando Aragorn conduce al ejército de espectros de los muertos a la batalla por Minas Tirith.

¿Ayudó esa protección en Salzmünde? No. Aunque el equipo de Susanne Friederich no haya encontrado rastros de la última batalla, lo seguro es que la cultura de Salzmünde desapareció, las fosas se desmoronaron, los conquistadores la tomaron. El hechizo mágico debió de romperse. En un lugar destacado de la fosa, los vencedores depositaron por su parte millares de huesos humanos. No eran los huesos de los vencidos, tampoco los de los propios caídos. ¡Se habían traído a sus propios muertos! Las investigaciones antropológicas no dejan ningún lugar para la duda al respecto. Con ayuda de los propios antepasados, que presumiblemente procedían de una tumba colectiva del norte, se apropiaron del antiguo lugar ritual de Salzmünde. Vencieron al hechizo con un contrahechizo.

14

Los guerreros de las estepas

Uno de los motivos de por qué a la prehistoria europea le resultó difícil entusiasmar a la gente durante tanto tiempo es el siguiente: ¡No conocemos ningún nombre! Ni de los pueblos, ni de las tribus, ni de sus reyes, princesas o de sus jefes militares. Ni de los antepasados prehistóricos de los longobardos o godos, ni de un Atila o un Gengis Kan de la prehistoria que, en los milenios anteriores al nacimiento de Cristo, pudieran haber sembrado el pánico en Europa.

Un segundo motivo de la falta de atractivo: el nacionalsocialismo se valió de muy buena gana de la prehistoria y de la protohistoria para sus propósitos pseudocientíficos. Buscaba con empeño la patria primigenia de arios y germanos y no escatimó ningún esfuerzo en demostrar la superioridad de la «raza del norte». Cada modelo decorativo recién descubierto era asignado a un pueblo y valorado como una prueba más de la «guerra de razas» que había campeado desde siempre con virulencia. De ahí que no sorprenda que la arqueología de la Alemania Occidental, después de la Segunda Guerra Mundial, se mostrara extremadamente cauta en este sentido y que, junto con todo lo denominado *popular* eliminara también el concepto de «pueblo». Por contra, en el este de Alemania hallaban ahora a eslavos por todas partes, los antecesores de los Estados hermanos socialistas.

Desde entonces, los arqueólogos se limitan a ver detrás de los hallazgos a «culturas» y a «grupos culturales» y a documentar con todo detalle sus realizaciones materiales sin cuestionarse quién se oculta realmente detrás de esas manifestaciones. De esta manera dominan las designaciones del tipo «cultura de Walternienburg», «cerámica

de incisiones profundas» o «Grupo de Schöningen». En los acontecimientos dramáticos de los que informamos en el capítulo anterior
se trataba del relevo de la cultura de Salzmünde por la cultura de
Bernburg. ¿A quién sorprende que a la vista de terminología sobria
semejante no se despierte apenas el interés por la historia propia?

Así pues, a los invasores del tercer milenio antes del cambio de
Era (o expresado de manera más adecuada para nosotros, del primer
milenio antes del disco celeste) se les nombra nada menos que por
sus preferencias en la decoración de su cerámica. Y ello a pesar de
que nos hallamos ante dos de las culturas más fascinantes de Europa. Así, a los primeros jinetes llegados de las vastas estepas orientales —de donde más tarde llegarían también los escitas, los hunos o
los ávaros— trayendo consigo el letal arco reflejo, que enterraban en
túmulos a sus guerreros acompañados por hachas de piedra, se les
llama *portadores de la cerámica cordada*. Decoraban sus vasijas y ánforas
con impresiones de cuerdas (en épocas más marciales se les denominó *cultura de las hachas de combate*). Mientras que a los misteriosos
humanos procedentes del oeste, cuyo representante más famoso es el
Arquero de Amesbury (el riquísimo ajuar de su tumba, situada cerca
de Stonehenge, dejó sin habla a los arqueólogos), se les incluye en la
cultura del vaso campaniforme debido a su preferencia por los recipientes de arcilla de perfil marcadamente curvo. Esto es como si los
arqueólogos del futuro denominaran a las gentes de Al Capone *el
pueblo de los vasos de whisky*, y a la Cosa Nostra, la *cultura de las botellas
de vino*.

Ambas culturas son centrales para el origen de lo que vamos a denominar el *Reino del disco celeste*, el Reino de Nebra. Durante mucho
tiempo parecieron efectivamente fantasmas. Como no se encontraban
sus casas se les consideró pastores nómadas a caballo. En el caso de
las gentes del vaso campaniforme no se tenía la seguridad siquiera de
que se tratara realmente de invasores de carne y hueso, y se llegó a
pensar incluso que era un conjunto altamente atractivo de objetos de
prestigio que entusiasmaba a las élites en muchos lugares de Europa.
Así, se generalizó la expresión: «el fenómeno del vaso campaniforme».

La arqueología no solo ha detectado entretanto casas de ambas
culturas en la Europa Central. Genetistas como Johannes Krause,
Wolfgang Haak y Guido Brandt del Instituto Max Planck para la
Ciencia de la Historia Humana, y también David Reich, de la Univer-

sidad de Harvard, han conseguido devolver la carne a los huesos antiguos gracias a sus revolucionarios estudios de estos últimos años para acercarnos a aquellos humanos y sus orígenes. Como material de investigación sirvieron con frecuencia los esqueletos procedentes del área de la actual Alemania Central, cuyo material genético se había conservado mejor que en otros lugares debido a la sedimentación en el loess y al clima seco. Más de 10.000 individuos, la mayoría salvados de la voracidad de las excavadoras de las minas a cielo abierto o de los buldóceres de las autopistas en excavaciones de urgencia, reposan archivados en cajas especiales en los infinitos estantes del depósito del Museo Estatal de Prehistoria.

A los antropólogos les llamó siempre la atención los cráneos alargados de las tumbas con cerámica cordada. Los arqueólogos establecieron también relaciones tempranas con las culturas de las estepas orientales debido a los característicos túmulos. Ahora, las investigaciones genéticas arrojan más pruebas. «Los esqueletos de las tumbas de la cultura de la cerámica cordada muestran una elevada similitud genética con los individuos de 5.000 años de antigüedad procedentes de la estepa euroasiática ubicada al norte del mar Negro y del mar Caspio», constatan Johannes Krause y Wolfgang Haak, del Instituto Max Planck para la Ciencia de la Historia Humana, sito en Jena. Por consiguiente se diferencian claramente de los humanos que moraban anteriormente en la Europa Central.

Estos habitantes de las estepas están relacionados con la cultura yamna. Se trataba de pastores, de vaqueros seminómadas. Su cultura se caracteriza por la utilización de caballos domesticados, animales de carga y de tiro, así como por el empleo de la rueda y del carro. Eran muy movibles, lo cual les proporcionó una inmensa ventaja de supervivencia en las amplitudes de la estepa. Sepultaban a sus muertos en fosas bajo túmulos artificiales. En el lapso de tan solo unos cientos años sus genes se difundieron por las estepas hacia el este hasta el macizo de Altái; hacia el norte hasta el Báltico y Escandinavia, y hacia el oeste hasta el Rin y Suiza.

Para la región de los ríos Elba (medio) y Saale, que alcanzaron a partir del año 2800 a.C., los cálculos de Krause y de Haak demuestran que «más del 75 % de los genes de agricultores residentes en el lugar fueron sustituidos por genes asociados a la cultura de la cerámica cordada procedentes de las estepas del mar Negro». ¡Una sustitución masiva de la población! Los representantes de la cultura de la cerámica cordada son, por el momento, los sospechosos más seguros de haber traído consigo el indoeuropeo del que surgió la mayoría de los idiomas que se hablan en la actualidad en Europa.

Resulta llamativa la forma de enterramiento característica de la cultura de la cerámica cordada: los hombres y las mujeres emprenden sus viajes al más allá de diferente manera. Ciertamente los dos sexos yacen con las piernas dobladas dirigidas al sur en sus sepulturas, pero las cabezas de las mujeres están orientadas al este y las de los hombres, al occidente. Mientras que a las mujeres se las solía enterrar acompañadas por collares de dientes de animales, los guerreros se llevaban a la sepultura sus hachas de piedra. Estaban perfectamente trabajadas e impresionan por su pulido facetado. Por una representación de la tumba de Göhlitzsch sabemos que también los arcos formaban parte del arsenal de armas de la cultura de la cerámica cordada.

En cambio, en los enterramientos de la cultura del vaso campaniforme, los hombres se escenificaban como arqueros, las puntas de flecha ofrendadas hablan un claro lenguaje. Las tumbas ricas contienen planchas de piedra pulidas con mucho arte que probablemente protegían el antebrazo del retroceso veloz de la cuerda del arco. Igual que en la cultura de la cerámica cordada, los muertos yacen con las piernas dobladas en la sepultura; sin embargo, los cuerpos siguen la orientación del eje norte-sur. También los enterramientos campaniformes son «bipolares»: los hombres están acostados sobre su lado izquierdo con la cabeza hacia el norte; las mujeres yacen a la inversa, acostadas sobre su costado derecho con la cabeza hacia el sur. Ambos sexos miran hacia el este, hacia el sol naciente. Los portadores de la cultura del vaso campaniforme aparecieron en el escenario de la Europa Central en torno al año 2500 a.C., es decir, casi trescientos años después de las gentes de la cerámica cordada; pero a continuación, durante casi trescientos años, coexistieron de una manera sorprendentemente pacífica con los invasores orientales.

Entretanto, la genética parece haber aireado el secreto de la cultura del vaso campaniforme: no son ningún fenómeno puro; detrás de esa cerámica se ocultan personas reales, y estas (así lo sugieren los nuevos resultados de las investigaciones) llegaron también desde Oriente. Parecen provenir de regiones estepparias ubicadas más al sur que la cultura de la cerámica cordada. Esta es una conclusión absolutamente sorprendente, pues hasta entonces se había localizado tradicionalmente su lugar de origen en la Península Ibérica, y muchos arqueólogos siguen situándolos allí por los hallazgos. Resulta llamativa su expansión por territorios dispersos de la Europa Central y Oriental.

También dejaron huellas claras en el perfil genético básico de la actual Europa. Así pues, este es el resultado de tres grandes oleadas migratorias. Las primeras fueron de cazadores y recolectores de las eras glaciales, con la piel oscura y los ojos azules. Después, hace más de 7.000 años llegaron los primeros campesinos de las regiones de Anatolia; finalmente, en el tercer milenio antes de Cristo, llegaron como última gran oleada migratoria los jinetes nómadas procedentes del este de Europa. Las líneas R1a y R1b de los cromosomas Y masculinos, que originalmente no estaban representados en la Europa Central ni en la Europa Occidental, pero que eran muy típicas de la cultura de la cerámica cordada (R1a) y del vaso campaniforme (R1b), representan en la actualidad en Europa las líneas masculinas más frecuentes. Son nuestra herencia esteparia.

Ya sea la cultura de la cerámica cordada o la del vaso campaniforme, ambas avanzaron con una asombrosa facilidad desde los bordes al centro de Europa. Hasta la fecha no se han encontrado apenas indicios de una expansión bélica, ni de un incremento de las fortificaciones, ni vestigios de lluvias de flechas ni de aldeas quemadas. Esto hace sospechar que los representantes de la cultura de la cerámica cordada eran poderosos guerreros, habían domesticado el caballo, y sus arcos, que presumiblemente sabían utilizar incluso cabalgando, eran superiores a las armas autóctonas; sin embargo, su éxito arrollador podrían debérselo a un aliado aún más terrible que se trajeron consigo desde Oriente a Europa: ¡la peste!

Genetistas y arqueólogos daneses han podido atestiguar el genoma de la bacteria de la peste, la *Yersinia pestis*, en un esqueleto de 5.000 años de antigüedad procedente del sur de Siberia, que se supone el origen de este azote de la humanidad. Luego, el equipo de Johannes Krause y Wolfgang Haak consiguió descifrar el genoma de la peste más antiguo hasta la fecha procedente de nómadas yamna del Cáucaso de 5.200 años de antigüedad y en esqueletos de hace 4.500 años de la Europa Central y del Báltico. Se impone la sospecha de que comenzó con una primera gran epidemia de peste hace casi 5.200 años que se extendió desde la región del Cáucaso en dirección a Oriente y a Occidente. Puede que los habitantes de las estepas fueran más resistentes porque su sistema inmunológico estaba en contacto desde tiempos remotos con el agente patógeno de la peste. En la Europa Central y Oriental, la peste podría haber diezmado a la población en tal medida, que los nómadas esteparios de la cultura de la cerámica cordada penetraron hacia Occidente sin encontrar resistencia. Pudieron hacer sin ser estorbados lo que todos los recién llegados habían hecho antes que ellos: establecerse en las mejores tierras. Esto explicaría por qué los representantes de la cultura de la cerámica cordada pudieron estampar tan claramente su sello en el acervo genético europeo, y por qué posteriormente las gentes de la cultura de la cerámica cordada y de la del vaso campaniforme coexistieron en el corazón de Europa sin entrar en conflictos bélicos. La peste había reducido la presión competidora; para un periodo de entre doscientos y trescientos años había de nuevo tierra para todos.

* * *

Ambas culturas invasoras se caracterizaban por un gran excedente de hombres. La genética sugiere que la proporción era de cinco a siete hombres por mujer. Los invasores tomaban a las mujeres de la población local, lo cual tenía consecuencias fatales. Esto no se nos presenta en ninguna parte de una manera tan impresionantemente gráfica como en las tumbas de la cultura de la cerámica cordada en Eulau, que un equipo de excavación en torno al arqueólogo Robert Ganslmeier, que trabajaba para el Servicio de Arqueología de Sajonia-Anhalt, rescató frente a las excavadoras de una gravera.

La visión que se abrió a los excavadores fue conmovedora incluso después de 4.500 años. Allí yacían trece esqueletos en buen estado de conservación: ocho niños y niñas, tres mujeres y dos hombres. Habían sido repartidos en cuatro sepulturas, cara con cara, mano con mano. Los niños y las niñas estaban bien cerca de los adultos. En la tumba más grande reposaban un hombre de entre cincuenta y sesenta años y una mujer diez años más joven; cada uno de ellos sostenía en brazos a un chico; el uno tenía aproximadamente cuatro años; el otro, ocho años.

Esos enterramientos múltiples indican que allí se había dado sepultura a personas en el mismo momento y, por consiguiente, habían fallecido también en el mismo intervalo de tiempo. Los excavadores sabían que ninguno de los sepultados había tenido una muerte demasiado pacífica. La sorpresa dio paso a la consternación cuando examinaron los esqueletos. Los antropólogos en torno a Kurt W. Alt de la Universidad de Maguncia se toparon con enormes fracturas craneales; una punta de flecha estaba firmemente clavada en una vértebra lumbar de una mujer, una segunda flecha le había acertado en pleno corazón. Entre los hombres, las manos y los brazos presentaban fracturas que no mostraban rastros de curación: heridas defensivas en una lucha a muerte. Allí yacían las víctimas de un ataque por sorpresa; la víctima más joven no tenía ni un año de edad.

Todo el mundo puede convencerse personalmente de la autenticidad de ese sentido entierro en el Museo de Prehistoria de Halle. Allí están expuestas en las paredes las tumbas rescatadas en bloques completos de tierra, en la oscuridad de la sala del museo, como si fueran pinturas. Todos pueden verlo: los muertos fueron enterrados cuidadosamente por sus allegados (y no por los perpetradores). Quienes presentaron tal prueba fueron genetistas en torno al equipo de trabajo de Wolfgang Haak, que por aquel entonces trabajaba todavía en la Universidad de Adelaida en Australia. Por medio de los análisis de ADN nuclear pudo determinarse el parentesco de los sepultados. Los enterradores prehistóricos sabían quién era familia de quién. En una tumba yacían el padre y la madre con sus dos hijos varones. Toda una sensación que colmó de titulares la prensa de todo el globo: era la familia nuclear probada más antigua del mundo hasta la fecha.

¿Qué sucedió? Un ataque por sorpresa, sin duda. Ahora bien, ¿cuáles fueron los motivos? A una mujer la habían asesinado con dos hachazos certeros en la cabeza; con la misma precisión habían matado a la otra mujer con al menos dos flechas, cada una de las cuales era mortal. Encargaron el caso a un experto en perfilación criminal: a Michael C. Baurmann, director científico del grupo de investigación criminalista y criminológica de la Oficina Federal de Investigación Criminal. El tipo de matanza apuntaba para él a una «expedición de venganza planeada, con una elevada carga emocional». Los atacantes parecían haber esperado a que la mayoría de los hombres con capacidad defensiva hubiera salido de la aldea para lanzar el ataque. Con su experiencia criminalista dictaminó que aquella brutalidad era indicadora de que los perpetradores y las víctimas se conocían, y además demasiado bien. «Las peores brutalidades nos vienen de personas que nos son familiares y con las que estamos implicados emocionalmente.»

Baurmann no se equivocó. La primera pista la suministraron las puntas de flecha de sílex. Pertenecían al tipo denominado *de corte transversal*, el filo tenía un centímetro de ancho; al penetrar en el cuerpo procuran las mayores heridas. La mujer se desangraría muy poco tiempo después de los flechazos. Los arqueólogos reconocieron los proyectiles. Procedían de la cultura establecida más al norte, en el macizo del Harz, la única cultura de esa época que incineraba a sus muertos y los enterraba en urnas decoradas con motivos radiales. ¿Hubo una disputa vecinal? ¿Una escaramuza por las lindes? Las ejecuciones parecían haberse llevado a cabo con mucha precisión para que fueran esos los motivos. Y en tal caso, ¿no era más indicado matar a hombres y no a mujeres y a niños?

El motivo decisivo de la matanza lo suministró el análisis de los isótopos de estroncio. El esmalte dental delata dónde se han criado las personas. Dependiendo del tipo de roca, los suelos correspondientes muestran patrones específicos de isótopos de estroncio. «Dado que solo se ingieren escasas cantidades de estroncio a través de la alimentación y que se almacenan en los dientes durante la etapa de crecimiento», explica el profesor de antropología Kurt W. Alt, «el esmalte dental delata dónde pasaron las personas su infancia».

Los hombres muertos y los niños procedían efectivamente de la región de los alrededores de la aldea de Eulau, situada a veinticinco kilómetros de Nebra. Pero las mujeres no eran de allí. Eso no fue ninguna sorpresa en sí. Eso podía deberse a la patrilocalidad: los hombres permanecen en el lugar de su nacimiento; las mujeres proceden de otras partes. En ocasiones se comercia con ellas; en otras son raptadas; un comportamiento característico de las épocas patriarcales. Pero lo más emocionante fue que los ánalisis del esmalte dental de las mujeres apuntaba a que su región de procedencia estaba situada en la zona noroccidental del macizo del Harz, justo aquella región en la que se estableció la cultura de Schönfeld. ¡Eso significa que las mujeres fueron asesinadas junto con sus familias por su propia gente! ¿Debido a que se fueron en su día con los enemigos? ¿O porque fueron raptadas y se mezclaron de muy buena gana con los miembros de la cultura de la cerámica cordada? Todo apuntaba a una matanza por venganza. Había que instituir un ejemplo terrible con una acción semejante contra aquellas mujeres. Con ello parece haberse resuelto ese crimen de 4.500 años de antigüedad.

Y de esta guisa hemos alcanzado el umbral del Reino del disco celeste de Nebra. Las culturas del vaso campaniforme y de la cerámica cordada se fusionaron en una nueva cultura que aquí, en el corazón de Europa, logró lo que no se había conseguido anteriormente: poner punto final a los constantes rifirrafes bélicos, establecerse de manera permanente en las tierras codiciadas y acumular riquezas en unas dimensiones inimaginables hasta entonces. Alborea una nueva era bajo el signo de los metales del poder.

15
Tiempos de esplendor

Edad de Piedra, Edad del Bronce, Edad del Hierro... En la escuela seguimos aprendiendo esta tríada ascendente de la prehistoria. En épocas en las que no podía asegurarse con métodos muy fiables de qué profundidades del pasado procedía un hallazgo arqueológico, fue un logro grandioso entender que determinadas épocas podían identificarse a través de los materiales empleados.

Ahora bien, ese sistema de los tres periodos establecido por el historiador danés Christian Jürgensen Thomsen (1788-1865) nos obstruye, en la actualidad, la visión de las evoluciones históricas propiamente dichas. Sobre todo nos impide poner el acento donde corresponde. Así, la sedentarización, que hemos descrito como una encrucijada decisiva en la evolución humana, en ese modelo tradicional está fijado en el paso al Neolítico. Dicho así suena como si se tratara de una insignificancia en la historia de la humanidad que no podemos sino pasar por alto, pues solo puede interesar en todo caso a los expertos. Paradójicamente, son los climatólogos y los especialisas en ciencias de la Tierra, como el meteorólogo holandés Paul J. Crutzen, quienes actualmente defienden que se debe conceder a esta formidable ruptura la importancia que merece, y sitúan en ella el comienzo de una nueva era geológica: el Antropoceno.

Al mismo tiempo, la idea de la larga Edad de Piedra que alcanza hasta la Edad del Bronce oculta la circunstancia de que el empleo de los metales es significativamente mucho más antiguo. Nuevos conceptos referidos a épocas como Edad del Cobre o Calcolítico no han tenido ninguna resonancia fuera de los círculos especializados.

Ya indicamos que las tumbas en la localidad búlgara de Varna estaban provistas hace más de 6.000 años de una inmensidad fabulosa de objetos de oro. También Ötzi se llevó un hacha de cobre a su tumba de hielo de hace más de 5.000 años. En este sentido, la historia del empleo humano del metal se remonta muy atrás en la Edad de Piedra.

No obstante, el paso hacia la Edad del Bronce es uno de los grandes puntos de inflexión de la historia de la humanidad. Esto resulta especialmente claro en el caso del Reino del disco celeste. En el corazón de Europa, donde se produjo siempre un cambio constante de culturas, se estableció una dominación duradera en los albores de la Edad del Bronce, en torno al año 2200 a. C. Ello está relacionado con una revolución en la producción; por primera vez pueden fabricarse objetos prácticamente idénticos gracias a la fundición de los metales. Con anterioridad, cada objeto era único, original; ahora hay muchas copias. El invento de la producción en serie va acompañado de una revolución cognitiva y social: por primera vez, algunos individuos acumulan unas riquezas impresionantes. Todo eso apunta directamente al mundo actual. El sociólogo Max Weber lo denomina sobriamente *racionalización y diferenciación*, pero también tiene en oferta una expresión más poética que ya hemos empleado anteriormente: *el desencantamiento del mundo*. Y el disco celeste de Nebra concentra ese proceso como un espejo ustorio.

La invención de la metalurgia, es decir, la obtención y el procesamiento de los metales, es una de las innovaciones centrales en la evolución cultural del *Homo sapiens*. Ahora bien, desde nuestra perspectiva moderna corremos el peligro de malinterpretar cómo pudo llegarse hasta ahí. En nuestra comprensión de las cosas cotidianas partimos de la base de que los humanos inventaron la fundición de los metales para producir cuchillas para los puñales, espadas o joyas artísticas. Cometemos un típico error mental; el especialista en psicología del desarrollo Jean Piaget lo designó como *finalismo*: la finalidad actual de un objeto se confunde con el motivo de su razón de ser. Por tanto, las cosas fueron inventadas para cumplir una función determinada. Sin embargo, las cosas no comenzaron así. Muchos objetos se desarrollaron por motivos completamente diferentes. En los albores del procesamiento de los metales estaban el placer por lo particular, el anhelo de belleza y el deseo de distinción.

Desde que nuestros antepasados comenzaron a utilizar herramientas tuvieron siempre un ojo puesto en los materiales. El conocimiento relativo a un yacimiento y a las preferencias específicas de este o de aquel mineral era inmenso. El pedernal o la obsidiana que suministraba cuchillas afiladas como una navaja de afeitar se transportaban a distancias muy largas. Los humanos primitivos pronto estuvieron fascinados por las piedras y las tierras rojizas y amarillentas por su contenido de hierro, como el ocre o el almagre. A los neandertales les servía para pintarse el cuerpo y colorear las conchas, preparaban las tumbas para el viaje al jardín de las delicias, y las pinturas rupestres adquirían con los colores una cualidad especial.

El placer por los colores se halla presente también en los comienzos de la debilidad humana por el cobre. Los minerales de cobre son los colibríes de la geología. La azurita impresiona por su azul mítico, y la belleza de destellos verdes de la malaquita la experimenta cualquiera que contemple el disco celeste. Los humanos tuvieron siempre puesto el ojo en los colores exóticos. Coleccionaban minerales de cobre, los trituraban y los procesaban como maquillaje de la Edad de Piedra. Los arqueólogos han encontrado cuentas de malaquita perforadas en asentamientos de una antigüedad de 10.000 años. En ocasiones aparece también cobre puro en pepitas o mezclado con azurita. A los humanos no se les pasó por alto la asombrosa circunstancia de que se hallaban ante piedras moldeables. Los martillos les proporcionaban otra forma. De esa manera podían fabricarse anzuelos para pescar o leznas para agujerear las pieles de vestir.

Esto no tenía todavía nada que ver con la metalurgia propiamente dicha, era una forma de procesar las piedras. Ahora bien, algunas de las cuentas de cobre más antiguas halladas muestran signos evidentes de haber sido puestas al rojo vivo en el fuego. También este es un fenómeno antiquísimo. El hecho de que el fuego transforma las cosas lo sabían nuestros antepasados desde el primer trozo de carne asada tras un incendio en el bosque. Las piedras se habían puesto desde siempre al fuego para fragmentarlas y obtener esbozos apropiados para las herramientas, y en las brasas se endurecían las puntas de las lanzas. En este sentido, era una curiosidad normal probar qué sucedía con las piedras brillantes o coloreadas llamativamente en azul y en verde cuando se las tenía un rato entre las ascuas.

En los albores de la metalurgia desempeña un papel importante el oro, que ya se procesaba en periodos muy tempranos para convertirlo en maravillosos objetos decorativos. También aquí el interés estético ocupaba el primer plano; para su empleo en herramientas, el oro era demasiado blando y demasiado pesado. La fundición del cobre, sobre todo la metalurgia extractiva, es decir, la obtención de cobre mediante la fundición de minerales de cobre, tuvo lugar presumiblemente por primera vez en el quinto milenio antes de Cristo. Los indicios más antiguos conocidos proceden de la cultura de Vinča en Serbia y del sur de la meseta iraní. De ese mismo milenio datan las primeras hachas y los primeros cinceles fabricados en moldes de fundición. Sin embargo, los utensilios de cobre tenían siempre el problema de que se truncaban con facilidad. Los guerreros preferían mantenerse fieles a las hachas de piedra de eficacia probada.

Los herreros descubrieron muy pronto que las aleaciones de cobre con arsénico o con antimonio poseían propiedades de una mayor calidad. Presentaban un grado de dureza más elevado e impresionaban con sus especiales cualidades cromáticas. Al mismo tiempo, es importante tener claro que aquellos humanos no sabían nada de elementos ni de aleaciones; para ellos, determinados yacimientos de minerales poseían una utilidad y un empleo mejores que otros. Esto se debía a que el cobre en ocasiones aparecía en compañía del arsénico o del antimonio y, por ello, era fundido también conjuntamente. Algunas vetas se explotarían durante generaciones porque suministraban metales especialmente robustos, sin que nadie conociera el motivo. Probablemente se buscó activamente ya en épocas tempranas tales minerales: un indicio de la presencia de arsénico, por ejemplo, era el característico olor a ajo que penetra en la nariz cuando se golpea un pedazo de mineral. Al principio, el bronce normalmente era arsenical, es decir, una aleación de cobre con un porcentaje muy escaso de arsénico. También en el disco celeste se encuentran trazas de arsénico.

* * *

Las innovaciones están basadas a menudo en analogías. Seguramente, los metalúrgicos obtuvieron su inspiración de la fabricación de cerámica de algunos milenios más de antigüedad. Para los campesinos que ya no deambulaban de un lado para otro y que podían almacenar provisiones, la fabricación de vajilla a partir de arcilla cocida tenía una importancia fundamental. En ese proceso experimentaron con diferentes tipos de arcillas, en ocasiones agregaban arena, piedrecitas o paja para modificar las propiedades del material. Lo mismo harían los metalúrgicos. Probaban a añadir esto o aquello a la función de cobre.

Tradicionalmente se dice también aquí: *ex oriente lux*. En el tercer milenio antes de Cristo, en Oriente Próximo y en Mesopotamia se añade por primera vez el estaño al cobre en el crisol. A los historiadores les pareció esta una innovación tan fundamental, que allí donde se establecía esta técnica, marcaban el comienzo de una nueva época: la Edad del Bronce (razón por la cual sus comienzos varían dependiendo de la región). Es verdad que a veces se argumenta que las pruebas más antiguas de la metalurgia del bronce propiamente dicha se encuentran en algunos objetos de cobre aleado con estaño datados a comienzos del cuarto milenio o, en determinados casos, incluso antes, pero se trata de hallazgos aislados cuya datación resulta controvertida. «En efecto, el bronce estannífero aparece a partir del paso del cuarto al tercer milenio antes de Cristo, desde el mar Egeo hata el Golfo Pérsico», dice el arqueometalúrgico Ernst Pernicka. «Los ejemplos más destacados provienen del Cementerio Real de Ur en Irak, de Susa en Irán y de Troya en Turquía.»

Lo sorprendente es que en esas regiones no había estaño, tenía que importarse de Asia Central. Y eso que las propiedades físicas del bronce estannífero no mejoraban significativamente en comparación con las aleaciones de cobre y arsénico. ¡Fue el color, y por consiguiente de nuevo la estética! Mientras que el arsénico o el antimonio procuraban al cobre un brillo plateado, los bronces de estaño impresionaban por su color amarillo que casi podía denominarse dorado. Los primeros bronces sirvieron como objetos de adorno y de representación de las élites. Sin embargo, pronto quedó demostrado también que la forja de bronce permitía fabricar puñales con hojas más largas y afiladas. Como metal de prestigio se expandió rápidamente hasta Europa. Hasta aquí el relato tradicional según el cual «de Oriente llega la luz».

Los análisis de los metales han demostrado entretanto que, a partir del año 2200 a. C., aparecen en Cornualles de pronto y de forma masiva bronces estanníferos, y además ya con un porcentaje sorprendentemente elevado de estaño de entre el 8 y el 14%. Sin embargo, en esa época no se encuentran bronces de estaño en el continente europeo que pudieran documentar una transmisión de esa innovación tecnológica desde Oriente. «El conocimiento del estaño tiene que haber llegado por vía marítima a Cornualles» dice Pernicka, «o nos hallamos ante una invención propia». Esta segunda opción podría ser la más probable. «Cornualles es un lugar perfecto donde podría haberse inventado el bronce por casualidad», dice también el geólogo Gregor Borg, que dirigió la búsqueda del oro del disco celeste. «Fue un laboratorio de experimentación de las primeras metalurgias.» Debido a que había minerales de cobre que contenían estaño se obtuvo sin haberlo pretendido un bronce estannífero que brillaba en tonalidad dorada y que era más duro. Cuando buscaron la causa comparándolo con otros bronces y sus minerales, las casi imperceptibles manchas negras de la casiterita despertaron sus sospechas: se trataba de mineral de estaño. Sus granos son fáciles de encontrar en arroyos y ríos. No es posible determinar si se dio con la casiterita en los ríos a partir de la búsqueda de pepitas de oro o a la inversa.

* * *

Aquí entra en juego la cultura del vaso campaniforme. Las investigaciones genéticas actuales muestran que, a partir del año 2400 a. C. tuvo lugar una emigración masiva de las gentes de la cultura del vaso campaniforme desde los Países Bajos a Inglaterra. Su tumba más famosa es la del Arquero de Amesbury, hallada no muy lejos de Stonehenge. A la vista de las ricas ofrendas funerarias, la prensa británica declaró «rey de Stonehenge» a ese hombre fallecido en torno al año 2300 a. C. En cualquier caso, los dos pasadores para el cabello en forma de chapas curvas representan los objetos de oro más antiguos hallados en Inglaterra. El hombre, de unos cuarenta años de edad, alto y de constitución robusta, llevaba cojeando varios años, tenía la rótula izquierda destrozada. Las puntas de flecha y las dos placas que presumiblemente le protegían los brazos de las cuerdas del arco le procuraron el título de arquero. Sin embargo, también se llevó a la tumba tres puñales de cobre, un yunque de piedra y algunos colmillos de jabalí. Los yunques y los colmillos de jabalí o las uñas de oso con las que podía pulirse el metal, son corrientes en las tumbas de metalúrgicos. El Arquero de Amesbury no fue, seguramente, ningún rey de Stonehenge, pero sí un señor que dominaba el metal.

También en la Europa Central y en el sur de Europa, casi todos los hallazgos tempranos de bronce estannífero están relacionados con las gentes de la cultura del vaso campaniforme, de gran movilidad. Debían de estar en posesión del conocimiento de cómo encontrar el mineral y cómo utilizarlo. Con esto encajaría también el hecho de que son sobre todo hombres quienes realizaban esos viajes, tal como demuestran las investigaciones genéticas. A fin de cuentas no existe ninguna otra tecnología con un predominio masculino tan evidente como la fundición de minerales. Caterina Provost y George Peter Murdock investigaron cincuenta tecnologías en 185 sociedades de todo el planeta, para ver cómo se ejercían estas dependiendo del sexo. Había dos actividades que en las 185 culturas eran exclusivamente cosa de hombres: la caza de grandes animales marinos y la fundición de minerales.

Los hombres de la cultura del vaso campaniforme fueron, por tanto, los representantes de una élite que vagaban por el mundo en calidad de prospectores de minerales y de herreros; siempre llevaban consigo una colección de minerales y preguntaban a las gentes: «¿Existe esto en vuestras tierras?». Guardaban celosamente su conocimiento como un secreto. «Los hombres que poseen la facultad de intervenir en los misterios de la naturaleza y de transformar en metal brillante el mineral poco llamativo, suelen presentarse en calidad de chamanes, magos o sacerdotes», aclara François Bertemes, profesor de arqueología en la Universidad Martín Lutero de Halle-Wittenberg. «Hay muchos ejemplos etnográficos.» Los herreros siempre fueron relacionados con algo inquietante, y de su actividad artesanal extraían poder político en no raras ocasiones. A fin de cuentas eran ellos a quienes los poderosos debían sus armas. «En Sudán, el herrero tenía comunicación directa con el rey y no podía faltar en ninguna ceremonia de la corte», cuenta Bertemes, «y en los pueblos mangbetu y macraca del curso alto del Nilo reinaban reyes herreros».

En las tumbas prehistóricas nos salen claramente al encuentro los herreros como tales. Para el viaje al más allá se les ofrenda a los difuntos con sus utensilios: martillos de piedra, cinceles, piedras pulidas que servían de yunques, y a partir de comienzos de la Edad del Bronce, también toberas de arcilla que servían para avivar el fuego.

«Con la aparición del metal se introduce en las sociedades prehistóricas la verdadera especialización», dice Bertemes. «La prospección, es decir, la búsqueda de minerales, su explotación, su fundición y su procesamiento condujeron al desarrollo de complejas técnicas profesionales que debieron ir acompañadas de prestigio social y de poder económico.»

* * *

Los broncos de estaño forzaron el proceso de diferenciación; a través de la nueva tecnología se originaron sociedades complejas con una división del trabajo. El cobre estaba disponible en muchos lugares; pero según sabemos hasta el momento, el estaño se explotaba casi exclusivamente en Cornualles durante el Bronce Antiguo en Europa. Así pues, la gran demanda de bronce hizo necesario un comercio a distancia por toda Europa, lo cual creó constantes relaciones y rutas comerciales. Se precisaba de un sistema de cambio estable para los productos; todavía no existía la moneda. En todo esto, los portadores de la cultura del vaso campaniforme pudieron desempeñar un papel decisivo. Eran los expertos, poseían los conocimientos y estaban repartidos por toda Europa a modo de red.

El comercio inauguró nuevas opciones para generar excedentes. Hasta en la actualidad sigue siendo válida la premisa de que la riqueza no se origina allí donde se recoge el mineral de la tierra, sino en los nodos de las redes de intercambio. Por ello la cultura de Wessex, limítrofe a Cornualles, en donde también se halla Stonehenge, ascendió hasta convertirse en una de las culturas más ricas de la Edad del Bronce europea: allí se organizaba el comercio de oro y de estaño hacia Irlanda y hacia el continente.

Y esto es válido también para Alemania Central. No nos hallamos únicamente ante una región agrícola exuberante, sino ante un punto geoestratégico del comercio de primer rango. En la Edad Media se cruzarán aquí la Vía Regia que lleva del Rin a Silesia y la Vía Imperii que lleva de Roma a Stettin (la actual ciudad polaca de Szczecin) a orillas del Báltico. En la actualidad se sitúa allí el cruce de autopistas conocido como *Schkeuditzer Kreuz*, que no por casualidad es el cruce de autopistas más antiguo de Europa. «Y en el cercano aeropuerto de Leipzig-Halle, el consorcio logístico más grande de Europa ha instalado su centro de distribución europeo», comenta Gregor Borg. «¡A ver si esto no es continuidad funcional!»

En un nudo central de la red de comercio a distancia se acumula riqueza. Y esta riqueza fue la que puso a disposición de los poderosos los medios para poder alcanzar aquello en lo que habían fracasado todos sus predecesores: asegurarse la estabilidad en el paraíso de la tierra negra. Aquí se establece, por primera vez en la Europa Central, una dominación de unas dimensiones desconocidas hasta entonces. Y a esos soberanos de nuevo cuño se les entierra en tumbas imponentes. Incluso en la muerte se representan a sí mismos como maestros del metal, serán los señores del disco celeste de Nebra. El nombre de ese reino poderoso, del que usted probablemente tendrá conocimiento por primera vez en este libro, es: Unetice.

16
Las dos colinas

Resulta curioso que la cultura tal vez más importante de la prehistoria de la Europa Central, que se halla a su vez en los orígenes de nuestra propia historia, en la actualidad no sugiera nada a la mayoría de las personas. ¿Unetice? Eso suena a aldeas de Bohemia. ¡Bueno, al menos en eso llevan razón! Realmente se ha denominado así a esta cultura por el nombre de un pueblito de la región de Bohemia, la aldea de Unetice (en alemán, Aunjetitz), situada a unos pocos kilómetros al noroeste de Praga. El médico y arqueólogo Čeněk Ryzner (1845-1923) excavó allí dos necrópolis. Sus hallazgos sirvieron en adelante como referencia para objetos similares que fueron sacados a la luz en Bohemia, Moravia y Baja Austria, en la Eslovaquia occidental, en la Alta Lusacia y en Silesia, pero de una manera especial en Alemania Central. Sin embargo, no fue sino hasta el descubrimiento del disco celeste de Nebra y que quedó patente hasta qué punto era importante la cultura con que se había topado Čeněk Ryzner en sus primeras excavaciones.

Cuando la información debe extraerse básicamente de la cerámica y los ritos funerarios, se convierte en un desafío relatar historias magníficas. Por suerte, en la actualidad, somos capaces de hacer hablar incluso a los huesos y, por tanto, de dar una respuesta a la pregunta: ¿quiénes fueron los representantes de la cultura Unetice? Los análisis genéticos confirman las observaciones de los arqueólogos: no nos hallamos ante ninguna población nueva, sino que los representantes de la cultura del vaso campaniforme y los de la cerámica cordada se fusionaron en la cultura de Unetice en la Edad del Bronce Antiguo. Y esta cultura híbrida perduró un tiempo sorprendentemente largo.

Tras una fase de formación que comienza en torno al año 2200 a. C., domina Alemania Central desde el año 2000 aproximadamente y durante casi cuatrocientos años. No desaparece hasta más o menos el año 1600 a. C., justo en la época en la que, no lejos de la localidad de Nebra, se depositó en tierra el disco celeste.

La cartografía de las sepulturas de Unetice muestra que prácticamente todas se hallan en las mejores tierras de labranza. Allí surgió una entidad cultural homogénea. El rico y variado repertorio cerámico destaca porque es fácilmente reconocible; las tazas Unetice son legendarias, al menos entre los arqueólogos, por su elegancia y su aire de modernidad. Si este libro estuviera dirigido exclusivamente a expertos en la Edad del Bronce, tendríamos que ceñirnos a conceptos rimbombantes del tipo «Grupo circumharziano»; pero aquí vamos a permitirnos seguir hablando en adelante de Unetice, a pesar de que con ese término vamos a referirnos únicamente a la zona de la actual Alemania Central. Aquí, al este del macizo del Harz, se produjeron evoluciones sociales específicas, sin equivalente en las demás regiones que se relacionan con la cultura de Unetice, por lo que nos parece legítimo postular esta zona como un reino independiente.

Mientras que en las heroicas culturas predecesoras del Neolítico Final los hombres se llevaban sus armas a la tumba, ahora ya no se encuentra ningún instrumental bélico en las tumbas normales. Además, los hombres yacen de pronto en la tumba igual que las mujeres: los representantes de la cultura de Unetice sepultan a sus muertos sin diferenciación de sexo, yacen sobre el costado derecho con las piernas encogidas y mirando hacia el este. ¿Qué se esconde detrás de este gran cambio en los usos y costumbres de los enterramientos? ¿Se ha perdido el componente heroico? Sin embargo, hay también excepciones. En ellas, las personas enterradas se llevaban a la tumba muchas más armas de las que un hombre puede manejar, y yacían bajo túmulos mucho más imponentes de los que se habían erigido anteriormente en Europa, y esto tan solo a unos pocos kilómetros de Nebra.

* * *

En la actualidad, nuestros paisajes, tan ordenados, adaptados a las necesidades de una agricultura industrializada y de un servicio de transportes y comunicaciones eficiente, no dan una idea de la riqueza histórica del pasado. Durante milenios dominaron en todas partes los megalitos, los recintos amurallados, los castillos, los castros, los caminos excavados y los túmulos. Solo en algunas regiones de escaso aprovechamiento agrario, como en algunas zonas de Gran Bretaña y de Escandinavia o en islas como Cerdeña y Malta, se muestra todavía un vislumbre de aquella abundancia; sin embargo, especialmente en los terrenos de loess de la Europa Central, en los que se ha practicado la agricultura de manera continuada desde hace milenios, aquella antigua variedad de monumentos ha sucumbido prácticamente por completo a las labores agrícolas.

Muchas culturas enterraban a sus muertos bajo túmulos de tierra. Antiguos mapas registran todavía paisajes enteros de colinas artificiales; las personas vivían en medio de una topografía jalonada por los lugares donde descansaban sus antepasados. Como muy tarde en el siglo XIX la consigna pasó a ser aprovechar cada metro cuadrado de superficie para uso agrícola; los túmulos que se hallaban en los campos fueron nivelados como si se tratara de obstáculos, sobre todo porque se rumoreaba que muchos de ellos estaban formados por tierra fértil con la que podía mejorarse la calidad del suelo. Y las piedras que se hallaban en su interior eran codiciadas para la construcción de carreteras y de casas. Se saqueaban o se destruían los huesos y las ofrendas funerarias o en algunos pocos casos se vendían a coleccionistas aficionados. Ninguna ley del patrimonio se ocupaba de los monumentos de la prehistoria. Para salvar lo que pudiera salvarse se crearon asociaciones en favor de la historia y los primeros museos provinciales. Detrás había ciudadanos entusiastas que consideraban que el pasado autóctono era también un objeto digno de estudio para la arqueología, cuyo lugar se encontraba junto a las culturas del Mediterráneo y del Oriente. El estudio de la prehistoria y de la protohistoria comenzó a ser visto como una disciplina autónoma.

Este es el trasfondo de dos excavaciones espectaculares que hace cien años permitieron profundizar en el conocimiento de las más altas esferas de Unetice. Los túmulos de casi ocho metros de altura ubicados en las localidades de Leubingen y Helmsdorf presentaron hallazgos tan excepcionales que fueron bautizados como *tumbas principescas*. Más adelante analizaremos si aplicar aquí el concepto de «príncipe» representa una exageración o una subestimación, si bien por el momento vamos a utilizarlo también nosotros.

En ambos casos disponemos de los informes detallados de las excavaciones. El hecho de que no se les prestara apenas atención fuera de los ámbitos de los especialistas se debe a casualidades históricas: el excavador de Leubingen no pudo presentar ningún informe concluyente de su trabajo debido a una grave enfermedad. En el caso de Helmsdorf, el arqueólogo murió poco después, y enseguida estalló la Primera Guerra Mundial. Todavía no había sido abierta la tumba de Tutankamón, de lo contrario se habría hablado por aquel entonces de la «maldición del príncipe», que afectaba a todo aquel que osaba perturbar el descanso eterno del soberano de la Edad del Bronce.

* * *

Ciertamente, el túmulo de Leubingen ha perdido algo de altura por las excavaciones, pero quien sube por él en la actualidad sigue quedando fascinado por dos cosas: por la posición dominante que ocupa en la Cuenca de Turingia, y por el inmenso desafío ante el que se halló Friedrich Klopfleisch (1831-1898). ¿Cómo ponerse a excavar un monstruo que en el año 1877 poseía un diámetro de 34 m, un perímetro de 145 m y una altura de 8,5 m? Y esto, especialmente, cuando alguien como el profesor de historia del arte de la Universidad de Jena está firmemente preocupado por fundamentar científicamente la arqueología autóctona y por proceder en las labores de excavación de una manera más cuidadosa de lo que era la práctica generalizada por aquel entonces.

Klopfleisch es uno de los pioneros de la prehistoria y de la protohistoria; reconoció la posibilidad de estructurar cronológicamente el periodo gris de la prehistoria a través de los estilos predominantes de cerámica. Conceptos como «cerámica de bandas» y «cerámica cordada» son creaciones suyas. Cuando se enteró de que se planeaba aplanar en Leubingen un «túmulo antiquísimo», se presentó allí de inmediato con una docena de trabajadores que, con azadas y picos, layas y palas, trabajarían de seis de la mañana hasta las siete de la tarde. Jornal: 2,25 marcos alemanes (con cerveza) o 2,50 marcos (sin cerveza).

«El modo más apropiado para investigar un túmulo» fue un tema muy debatido durante todo el siglo xix. Al principio se probó el método de excavación en zanjas circulares, en el que los excavadores se abrían paso lentamente desde el exterior hacia el centro. Posteriormente, los arqueólogos apostaron por la excavación extensiva. Sin embargo, ambos métodos resultaron ser impracticables teniendo en cuenta las dimensiones del túmulo de Leubingen. Así que Klopfleisch se decidió por un procedimiento no convencional: excavar en forma de embudo desde el punto más elevado. Apenas habían comenzado los trabajadores a introducir sus herramientas en tierra cuando dieron con esqueletos, y estos eran cada vez más y más. Al final, después de excavar hasta una profundidad de dos metros se habían topado con setenta sepulturas. Los ajuares funerarios, de tipo eslavo, mostraban que la cima de la colina había servido de cementerio durante la Edad Media.

Después de que Klopfleisch documentara aquellos enterramientos y extrajera los cráneos para su medición antropológica, los trabajadores siguieron excavando hacia el fondo. Para poder dominar aquella ingente masa de tierra abrieron lateralmente un paso adicional de 15 m de longitud. Tablones sostenidos por travesaños aseguraban las paredes de tierra que se elevaban amenazadoras. «Gracias a Dios no hubo que lamentar ningún accidente serio», anotó Klopfleisch en el informe de las excavaciones.

Las palas prosiguieron excavando a través de una imponente capa de tierra de cuatro metros; era tierra buena, de color marrón negruzco. Luego el suelo se volvió duro como el acero y los trabajadores echaron mano de la azada. Al parecer habían aplastado allí tierra húmeda, y esta había quedado endurecida al secarse. Presumiblemente, esa gruesa capa de casi setenta centímetros debía proteger el interior del túmulo de las filtraciones de agua. Sin embargo, aquel trabajo duro no fue nada en comparación con lo que vino entonces: piedras, nada más que piedras.

Para reconocer ante qué se hallaban, Klopfleisch ordenó practicar un corte hacia el borde oriental de la colina para alcanzar el suelo. El resultado los dejó perplejos: la tumba estaba protegida por una estructura pétrea en forma de cono de veinte metros de ancho y de más de dos metros de altura. Las piedras estaban apiladas como si fuesen tejas. Para impedir que aquella coraza de piedra se desmontara, las rocas del exterior se aseguraron calzándolas en una zanja.

Los geólogos confirmaron a Klopfleisch que las piedras habían sido acarreadas hasta allá desde un radio de unos treinta kilómetros. Era arenisca roja del Kyffhäuser y arenisca blanca de los alrededores de Nebra. «¡Qué profunda visión de la época remota a la que se remonta nuestro túmulo nos brinda este hecho indubitable! —exclamó con asombro Klopfleisch—. Nos imaginamos las filas imponentes de carros o carretas de ruedas de madera que, comandadas por la voluntad dirigente del jefe de la tribu, recorrían la comarca a la búsqueda de las piedras apropiadas. Todo esto presupone ya el desarrollo de una comunidad poderosa y los comienzos de un tráfico que se servía de unas vías de comunicación transitables, aunque todavía imperfectas.» Klopfleisch tasó en 3.270 m³ el volumen total del túmulo, la colina funeraria.

Abrir el núcleo central de piedra fue un trabajo atroz. Hora tras hora, los operarios fueron apilando a un lado las piedras. Paulatinamente fueron liberando de su pétrea envoltura una construcción muy peculiar. Se toparon con «una forma antiquísima de habitáculo humano», tal como dejó anotado Klopfleisch, una casa de la muerte construida con mucho esmero. «[...] de realizar una ofrenda funeraria en toda la base del túmulo, reconocible por la tierra negruzca quemada mezclada con huesos de animales y fragmentos de vasijas de cerámica, se delimitó en el punto central del túmulo un rectángulo de 2,10 m de ancho y 3,90 m de largo, que rodeaba una fosa de 0,60 m tanto de anchura como de profundidad.» Esta superficie estaba pavimentada con losas de piedra. Sobre ella se levantaba una construcción similar a una tienda de campaña. Dieciocho vigas de roble de casi 20 cm de grosor cada una formaban el armazón. Reposaban a izquierda y a derecha con los extremos apoyados dentro de la tumba y calzados con piedras. Con una inclinación en forma de tejado confluían sobre la línea central. La viga cumbrera se había ensamblado en uno de sus extremos con un tronco de 1,70 m de longitud y 0,50 de grosor que le servía de apoyo.

Sobre esta construcción básica reposaban unos tablones fijados con clavetas de madera que al parecer se habían separado directamente de la superficie de troncos imponentes de árbol. Allí donde se abrieron grietas, los carpinteros las cerraron cuidadosamente con una sustancia similar al mortero. De cubierta superior servía finalmente una densa capa de juncos que, después de transcurridos los milenios, seguía teniendo quince centímetros de espesor. En su día aquella cabaña de la muerte debía de haber estado cubierta por potentes capas de juncos.

¿Cabaña mortuoria? Encaja mejor la denominación de «mansión mortuoria». Los carpinteros de obra habían colocado un entarimado de madera encima del enlosado. De 3,90 m de largo y 2,10 m de ancho, los tablones estaban ensamblados con los soportes inclinados del tejado. Una obra maestra de la artesanía prehistórica que resistió durante milenios el tremendo peso de las piedras y de la tierra. Solo se había inclinado ligeramente hacia un lado. A sus moradores, en cambio, el viaje a través del tiempo les había infligido un deterioro mucho mayor.

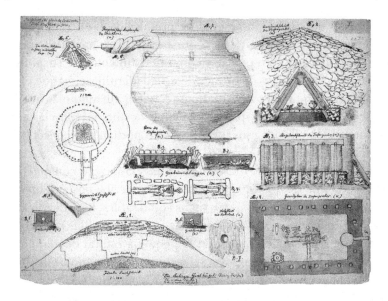

«Una criatura principesca»: Esbozos del túmulo del príncipe, en Leubingen, realizados por Klopfleisch. En la parte inferior derecha se aprecia un intento de reconstrucción del supuesto enterramiento en forma de cruz de un anciano con un niño o una niña. Arriba, imagen de la cámara mortuoria revestida por coraza pétrea; a la izquierda, un corte transversal de la colina.

En el centro del suelo de tablones yacía, en la dirección norte-sur, un «esqueleto humano tumbado —dice Klopfleisch—, correspondiente a un anciano, tal como probaban los dientes desgastados y las huellas reiteradas de la enfermedad de la gota en sus huesos». Klopfleisch creyó poder identificar un segundo esqueleto que estaba colocado transversalmente encima de la cadera del primero. Le pareció que era de un «individuo adolescente, de unos diez años». «Por desgracia este último esqueleto estaba destrozado prácticamente por entero y el primero se encontraba tan fuertemente dañado, que solo pudieron extraerse unos pocos restos. No se encontró ningún rastro de fuego en esos huesos.» ¿De quiénes podía tratarse? Al lado de los difuntos relucía el oro.

Las ofrendas funerarias lo ayudarían a solucionar el enigma. Allí había una vasija de barro hecha añicos que en su día contuvo comida o bebida para el viaje al más allá. Destacaba, imponente, un tremendo martillo de serpentina de más de 30 cm de longitud, una herramienta colosal que no podía blandir cualquiera. A continuación, Klopfleisch descubrió un arsenal de puñales de bronce de diferentes tamaños, depositados en cruz por parejas. Dos hachas de bronce podrían haber sido tanto armas como herramientas de carpintería. Había otros tres objetos de bronce de difícil identificación que él consideró que eran taladros. Y, finalmente, había allí algo más que Klopfleisch identificó como «piedras de afilar destinadas para las armas y los utensilios». Todos esos utensilios solo podían pertenecer, en su opinión, al esqueleto masculino. ¿Y el oro?

El primer indicio se lo dieron dos agujas elaboradas con mucho esmero, cada una de unos 10 cm de largo; por arriba poseían un ojal y por la parte inferior estaban curvadas como sables. Klopfleisch consideró que aquellos objetos de oro macizo eran horquillas para el pelo. Puede que fuera a juego también la pequeña espiral de alambre de oro que, atada a un hilo, podría haber destellado como un llamativo adorno para el pelo entre ambas agujas. Y luego estaba el pesado brazalete de oro como la pieza más prominente. Dos anillos pequeños fabricados con alambre de oro completaban la colección. Como se trataba de joyas valiosas, Klopfleisch, un hombre de su tiempo, creyó que estas eran ofrendas funerarias a una mujer: ¿habría encontrado la tumba de una joven princesa?

En las tumbas colectivas se plantea siempre la cuestión de cuál debía de ser el vínculo que unía a los sepultados. ¿Murieron casualmente al mismo tiempo? Es improbable. En ese caso ambas podrían haber sido víctimas del mismo suceso: un acto violento, un accidente, una epidemia. ¿O acaso debía seguir una persona a la otra en la muerte? Los sirvientes morían con sus señores; las viudas no debían sobrevivir al marido. Los mitos de la Antigüedad están llenos de historias en las cuales los sepelios de héroes van acompañados de sacrificios humanos. Klopfleisch las conocía, por supuesto.

Por ello, para él solo existía una pregunta: ¿quién había seguido a quién a la tumba en este caso? ¿El anciano a la «niña princesa»? ¿La joven esposa a su señor? Klopfleisch no tuvo que romperse mucho la cabeza. Las herramientas y las armas solo podían pertenecer al hombre; en cambio, los valiosos adornos de oro eran las joyas de una mujer. Por consiguiente, el enigma quedaba resuelto para él: «¿No apunta todo a que a la niña princesa, provista de ricas joyas de oro, le siguió a la muerte su esclavo favorito o su anciano mentor, dotado tanto de variadas armas como de herramientas útiles?». Volveremos más adelante sobre este punto.

Ahora bien, ¿qué antigüedad tenía esa tumba? Es aquí donde observamos lo difícil que resultaba fechar en las épocas en las que se carecía de métodos fiables. La estimación de Klopfleisch fue: «El hallazgo de bronce en Leubingen podría proceder por lo menos del siglo V a. C.». Creyó distinguir allí el «túmulo de una tribu celta», y se equivocó en casi 1.500 años. Los análisis modernos de los anillos anuales de crecimiento de la madera de roble empleada en la cabaña funeraria suministraron una fecha exacta e impresionante a partes iguales: el año 1942 a. C.

Esto no resta nada al mérito de Klopfleisch. Las ofrendas funerarias de Leubingen pueden admirarse en la actualidad en el Museo Estatal de Prehistoria de Halle. El túmulo fue cerrado de nuevo y sigue dominando en la actualidad sobre la Cuenca de Turingia; tan solo una pequeña hondonada da testimonio de la intervención arqueológica. Entretanto, la autopista federal A71 pasa por su lado; la nueva área de reposo lleva el nombre de *Leubinger Fürstenhügel* [El túmulo del príncipe de Leubingen].

Por desgracia, los huesos de la tumba parecen haberse perdido muy pronto, ni siquiera se ha transmitido un diente. La identidad de la persona con la que se había topado Klopfleisch no se demostraría sino casi tres décadas después, cuando se excavó en un segundo túmulo similar.

* * *

En ocasiones la historia es irónica. Tuvo que ser precisamente la minería del cobre la que deparara su final a uno de los túmulos más impresionantes de la Edad del Bronce que no habría existido sin ese metal. Aquello que creó la riqueza casi 1.900 años antes de Cristo, y posibilitó semejantes sepulcros monumentales, fue lo que volvió a eliminarla casi 1.900 años después de Cristo. La revolución metalúrgica devora a sus criaturas, aunque para ello precise a veces de algunos milenios.

Para transportar el mineral de cobre que se extraía de las profundidades del pozo Paul, cercano a la localidad de Helmsdorf, el Sindicato Mansfeld de Extracción de Cobre decidió, en el año 1906, enlazar las vías del tren minero directamente con la galería de la mina. El recorrido atravesaba aquel terreno que el habla popular había bautizado como *la Gran Colina del Patíbulo*. Esto hizo aparecer en escena a Hermann Größler (1840-1910). Este profesor de enseñanza media y presidente de la Asociación para la Historia y la Antigüedad del condado de Mansfeld estaba convencido de que la Gran Colina del Patíbulo era una obra humana y seguramente contenía un megalito por lo menos, o quizá incluso varios, dado su tamaño.

Cuarenta años atrás se había desmontado la «Pequeña Colina del Patíbulo» situada al norte, y en los trabajos salieron a la luz algunas tumbas antiguas, pero nadie recordaba ya de qué tipo. Por este motivo, Größler le tenía echado el ojo a la Gran Colina del Patíbulo de Helmsdorf, pero tuvo que aceptar que «en principio no podía pensarse en hacer allí una investigación porque, aun cuando el propietario de los terrenos lo autorizara, los costes de una excavación o el desmonte de la colina debían de ser muy elevados». Sin embargo, cuando la Colina del Patíbulo cayó víctima de la actividad minera, Größler se presentó de inmediato.

Dado que la arqueología autóctona fue en época del Imperio alemán algo así como el pasatiempo de los estamentos cultos, muchas personas notables eran miembros de asociaciones de historia e iban los fines de semana a las excavaciones como otros a la iglesia, de modo que fue tarea fácil ganarse a los responsables para llevar a cabo su propósito. La medición de la colina de Helmsdorf dio como resultado que, con sus 34 m de diámetro, poseía el mismo tamaño que la colina de Leubingen (si bien el diámetro de esta última podría haber sido mayor, tal como sugieren las excavaciones actuales). Esto era válido también de manera aproximada para la altura, pues si en Leubingen se deducían los dos metros de la capa de sepulturas apiladas durante la Edad Media, según Größler, el túmulo de allí había tenido en su día una altura de 6,50 m. Y, por consiguiente, el túmulo de Helmsdorf, tal como dejó anotado con orgullo, era el más elevado con sus 6,82 m.

Los excavadores tuvieron una labor más sencilla esta vez. Como había que eliminar la colina entera, el tren se llevaba de inmediato las masas de tierra excavadas. La campaña de excavación comenzó con un hallazgo macabro: en la cima, los trabajadores se toparon con la base del patíbulo que había dado su nombre a la colina. Al lado descubrieron los esqueletos de cuatro hombres cruzados por parejas (presumiblemente delincuentes ejecutados) y los restos del esqueleto de un caballo.

Al cabo de tres semanas de excavaciones, el 9 de diciembre de 1906 quedó demostrado que Größler estaba en lo cierto: un potente núcleo de piedra, que no se acabó de desmontar hasta finales de enero de 1907. También este elemento guardaba una gran similitud con Leubingen, si bien el cono, que medía 13,5 m de diámetro y 3,45 de altura, era mucho más empinado». Se hallaba delimitado por un muro de piedra seco de casi un metro de espesor compuesto de bloques dispuestos con regularidad, cada uno de 1 m de largo y de hasta 40 cm de grosor en promedio. La tierra restante fue evacuada y los trabajadores fueron demoliendo piedra a piedra aquella coraza pétrea. Cuando estuvo a la vista la última capa, Größler fijó la fecha de la apertura oficial de la tumba para el sábado 2 de marzo de 1907.

Se quiso que fuera un acontecimiento social. Hasta allí viajaron en tren funcionarios del Sindicato Mansfeld de Extracción de Cobre, así como miembros de la Asociación en pro de la Antigüedad, entre ellos consejeros reales de la construcción, directores de minas, un pastor general, además del director del museo provincial de Halle y el entonces propietario de la colina, el barón von Krosigk de Helmsdorf con su esposa. «Conforme al signo de nuestra época hemos logrado acercarnos con ayuda de la fuerza del vapor a una tumba prehistórica que ha permanecido en silenciosa soledad durante milenios», observó Größler.

Se había puesto punto final a aquella silenciosa soledad. Una multitud ruidosa de curiosos se había congregado allí. Größler se mostró de todo menos entusiasmado: «Los varios centenares de espectadores no científicos de la vecindad eran en su mayoría niños y niñas; pero también acudieron ancianos renqueantes y mujeres con bebés, a quienes tal vez había atraído hasta allí el delirio de que se estaba excavando un cofre con dinero». Größler tomó sus precauciones: «A petición mía y con el fin de prevenir las molestias desagradables de los amigos de lo ajeno, se montó guardia las noches precedentes para vigilar el túmulo».

Los trabajadores se dispusieron entonces a descubrir el interior retirando la envoltura de piedra ante el gran público. La tumba surgió «de su cubierta, sobre la que se había depositado una capa muy fina de tierra cenicienta, y era como una construcción de madera similar a una cabaña con el tejado empinado». De 6,80 m de largo, 5 m de ancho y entre 1,60 y 1,70 m de altura. La construcción se asemejaba a la casa mortuoria de Leubingen. De nuevo el armazón estaba compuesto por maderos macizos de roble. Sin embargo, la construcción funeraria de Helmsdorf no poseía viga cumbrera, también faltaba un entarimado; por contra, el suelo estaba enlosado con piedras y cubierto de juncos. Igual que en Leubingen, las grietas del tejado se habían cerrado con una especie de mortero; también aquí debió haber «capas muy gruesas de juncos, cuyas hojas se habían vuelto como el papel de seda más fino como consecuencia de su mucha antigüedad».

Igual que Klopfleisch, Größler se topó con imponentes troncos de árbol que, como columnas, sostenían adicionalmente el tejado de la sepultura. Le parecieron «los mojones que delimitaban la zona funeraria, como guardianes vigilantes». En el interior del espacio de la tumba encontró algo que él describió como «tal vez el testimonio más antiguo del arte de la carpintería»: un ataúd de roble. Estaba hecho a partir de un grueso tablón de roble de 2,05 m de largo, casi un metro de ancho y 30 cm de grosor; en la cabecera y en los pies tenía sendos hastiales, las paredes laterales se habían montado por el sistema de machihembrado, y en mitad del tablón, el carpintero había practicado una concavidad de 1,70 m por 65 cm: un lecho para la eternidad.

Sobre él yacía el difunto, o al menos lo que quedaba de él; habían desaparecido casi por completo muchas partes del esqueleto. «Del cráneo solo se encontraron algunos fragmentos muy pequeños del tamaño de una moneda de marco» —escribió Größler—. «De la mandíbula, en particular de los dientes, no se halló ningún vestigio.» Sin embargo, precisa: «Pero es posible que algunos dientes con pedacitos de mandíbula, que no recuerdo dónde se encontraron exactamente pero que se extrajeron del túmulo, pertenecieran al ocupante del ataúd». Por la posición encorvada de la columna vertebral, Größler dedujo que «el difunto tenía que haber sido enterrado en cuclillas, con las rodillas ligeramente flexionadas, y con la cara mirando al este». Un médico presente certificó que los restos de huesos eran de un hombre adulto.

El peso del túmulo había demolido un poco aquella casa de la muerte; a través del tejado habían penetrado las cenizas de una hoguera de sacrificio y también tierra. Größler buscó ahora las ofrendas funerarias; algunas estaban allí donde en su momento tuvo que haber estado el pecho del difunto. Por desgracia, el excavador no señala si cada hallazgo lo elevaba al aire como un trofeo para mostrárselo a la multitud asistente. ¿Hubo exclamaciones de asombro? ¿Tal vez la gente gritaba y vitoreaba ante los hallazgos?

También el ajuar funerario se asemejaba al de Leubingen de una manera muy llamativa. De nuevo se halló un recipiente para víveres hecho añicos, de nuevo había allí un imponente martillo de piedra, esta vez de más de medio kilo de peso, de diorita oscura. «El martillo, que posee la forma de las hachas de piedra que se han extraído de tumbas megalíticas», es decir, del Neolítico, lo recibió «de recuerdo» el antiguo propietario de la colina, el barón von Krosigk.

A continuación siguieron diversos objetos de bronce muy afectados por la oxidación. Größler supuso que se trataba de hachas, puñales y taladros. Y entonces llegó por fin lo que la multitud congregada había estado esperando ansiosa: ¡el oro! De nuevo había allí un brazalete de oro macizo. Größler consideró al principio que dos de los objetos eran unos pendientes, pero acabó designándolos como colgantes en espiral que podrían llevarse como adorno. Otra vez había allí una delicada espiral de catorce vueltas de hilo de oro de tan solo un milímetro de grosor. Y, finalmente, Größler descubrió también dos agujas de punta curva de oro. Una de ellas, «decorada con un motivo de ramitas de abeto o espina de pez cuidadosamente burilado» y «conservada en perfecto estado», es prácticamente idéntica a las halladas en la tumba de Leubingen. Treinta años después de Klopfleisch, Größler la identificaba correctamente como aguja con ojal «tipo Unetice».

También sabía que no había excavado allí ningún túmulo de un príncipe celta, sino de un soberano de la Edad del Bronce. Größler relacionó al príncipe de Leubingen con el príncipe de Helmsdorf. La moderna datación dendrocronológica de la madera de roble del ataúd mostraría que el árbol utilizado fue talado en el invierno de 1829 a 1828 a. C. Por consiguiente, la tumba de Helmsdorf es más de un siglo posterior a la tumba de Leubingen. Tanto más sorprende entonces la gran similitud existente en la arquitectura funeraria y en las ofrendas.

Größler no estaba seguro de haber encontrado el ajuar funerario completo de la tumba principesca. «Dado que las armas y los utensilios más voluminosos de bronce ya descritos han alcanzado un elevado grado de desintegración, no puede extrañarnos que cuentas de collar, agujas u otras piezas pequeñas de adorno de la misma aleación se hayan transformado en polvo o en restos deformes. Solo el oro puro se ha mantenido íntegro con su reluciente brillo.»

A pesar de no haberse hallado rastros de un segundo difunto en la cabaña funeraria de Helmsdorf y de que, por tanto, las armas y utensilios, la cerámica y las joyas de las ofrendas fúnebres debían pertenecer a una única persona, Größler encendió el debate acerca de los sacrificios humanos. Debajo de la tumba se halló una capa de cenizas de 1,40 m de espesor, y a tan solo medio metro por debajo de las losas de la cámara mortuoria, los trabajadores se toparon con un esqueleto con las piernas recogidas que yacía sobre su costado derecho y con la cara mirando al sudeste. Los huesos estaban chamuscados de un lado. Al parecer, el difunto fue depositado sobre un lecho de brasas y luego cubierto con tierra. A otros 40 cm de profundidad yacía otro esqueleto, pero este se encontraba en tal mal estado, que Größler se limitó a constatar lapidariamente: «[…] sobre este no puede decirse nada».

¿Qué había sucedido allí? Größler bosquejó el siguiente escenario: «El entierro ceremonioso del príncipe del país fallecido en tiempos remotos exigía unos preparativos muy complicados, tal como nos mostró lo observado durante la excavación del túmulo. Enormes cantidades de madera, posiblemente en forma de leña, procedentes de todos los rincones de sus dominios (igual que sucedería algunos miles de años más tarde en tiempos del rey gauta Beowulf) se trasladaron hasta el lugar donde estaba la colina, se apilaron, y se prendió fuego a una imponente pira sacrificial». ¿Acaso no habían arrastrado madera también los troyanos durante nueve días para preparar la pira de Héctor? «Después de quedar reducida la pira a ascuas y de amortiguar su calor arrojando tierra encima, dos miembros del séquito o sirvientes de su señor fueron muertos en sacrificio, depositados sobre la capa de cenizas que apenas habían empezado a enfriarse y cubiertos de tierra.»

A Größler esto no le pareció desacertado porque en otros casos se habían hallado otras inhumaciones en el propio túmulo o cerca de él. ¿Por qué en el caso de los muertos no iba a tratarse de sus servidores, sus cortesanos, o de prisioneros de guerra que debían acompañar a la muerte al príncipe? Homero era una referencia también en este asunto. Solo hacía unos pocos años del descubrimiento de Troya a orillas del Helesponto por parte de Heinrich Schliemann. Y Größler, como toda persona culta de su época, conocía a la perfección la *Ilíada*: «Así, en honor de Patroclo, el héroe griego abatido, no solo se sacrificaron ovejas, vacas, caballos y perros, sino también a doce troyanos prisioneros, y fueron quemados con él». ¿Y no había informado Herodoto acerca de los reyes escitas, quienes, «en su día, se llevaban consigo a la tumba a una de sus esposas, a su copero, a su cocinero, a su caballerizo, a su mensajero, a caballos y todo tipo de utensilios y joyas como ofrendas»?

Alrededor de la base de cenizas originado por una impresionante hoguera se había erigido el muro circular dentro del cual se había emplazado la construcción funeraria: «Después de conducir al fallecido a su morada (presumiblemente entre usos y costumbres solemnes), se envolvía esta morada con un manto de piedras y de tierra hasta el punto de que toda la construcción de madera desaparecía de la vista bajo ese cubrimiento». Entonces debió de encenderse a continuación otra hoguera sacrificial o conmemorativa porque una parte del frontón había quedado calcinada y las cenizas se habían deslizado hasta la tumba. ¿Su finalidad? Mantener alejada de aquella tumba a la mala suerte, supuso Größler. A continuación apilaron el manto pétreo protector en forma de cono hasta una altura de casi cuatro metros, para finalmente volcar encima cantidades ingentes de tierra. De esta manera crearon un monumento visible, en el que (y así terminaba Größler el bosquejo de su escenario) «nosotros hemos de ver un monumento muy antiguo de los antepasados de nuestro propio pueblo».

No sabemos cómo reaccionó el público esa tarde del sábado 2 de marzo de 1907 en el yacimiento arqueológico. Größler mandó poner a buen recaudo los hallazgos «en la comisaría más cercana», en donde «en presencia de una numerosa audiencia [...] pronunció un breve discurso sobre la singularidad y la antigüedad de los hallazgos». En las semanas siguientes, los trabajadores derribaron y aplanaron los últimos restos del túmulo, y tendieron las vías para el ferrocarril minero.

Y la historia demuestra en Helmsdorf por segunda vez su sentido de la ironía. También hace mucho tiempo que pasó la época del ferrocarril minero, pero en el lugar en el que en su día se halló el imponente túmulo del príncipe, se apilaron los escombros de la extracción minera del cobre para crear una escombrera en forma de cono de una altura de 104 m. En la actualidad se la considera una de las pirámides de las tierras de Mansfeld. Sin embargo ya no se oculta ningún misterio en ella.

* * *

La similitud entre los túmulos de Leubingen y Helmsdorf es inmensa; hasta la altura y el perímetro eran prácticamente idénticos, y de esta manera los resultados de las excavaciones de Helmsdorf arrojaron una nueva luz sobre los hallazgos de Leubingen a los ojos de los contemporáneos. El arqueólogo Paul Höfer (1845-1914) acababa de redactar el informe concluyente sobre la tumba del príncipe de Leubingen (tarea que Friedrich Klopfleisch no pudo acometer a causa de su enfermedad), cuando las excavaciones en Helmsdorf le motivaron a escribir un apéndice. «La gran coincidencia con Leubingen es evidente», constató. Y esa constatación tuvo sus consecuencias: la princesa de Klopfleisch resultó la víctima.

Höfer no había querido creer con anterioridad en la tesis de una soberana joven a la que tenía que seguir a la muerte por fuerza su antiguo sirviente o su esclavo favorito. Estaba convencido de que este no habría sido colocado en el centro de la tumba, sino al margen. Tampoco se le habría provisto de ofrendas funerarias tan ricas en el caso de que él mismo hubiera sido una ofrenda. Pero ahora, los descubrimientos en Helmsdorf desarbolaban toda la teoría. La argumentación de Höfer fue la siguiente: «En fin, si en Helmsdorf se encontraron joyas de oro del mismo tipo que en Leubingen, y pertenecían a la persona enterrada allí (es decir, a un hombre), entonces ya no existe ningún motivo para considerar esos ornamentos como joyas para una mujer ni atribuírselos a la persona enterrada con el hombre en Leubingen, probablemente sacrificada». Y como consecuencia: «Se cuestiona entonces el sexo de la persona hallada en Leubingen, que se determinó que era femenino solo por suponer que las joyas eran para una mujer. Las joyas de oro de Leubingen no eran joyas de la víctima sacrificada, sino el ornamento majestuoso y exponente de la riqueza de un príncipe enterrado con magnificencia».

En la actualidad podemos confirmar que tanto en Leubingen como en Helmsdorf nos hallamos ante el aderezo característico de un soberano de Unetice. Esto nos planteará más enigmas. Sin embargo, avancemos un paso más y pongamos un gran signo de interrogación a la existencia de la criatura de Leubingen. Pese a lo terrible que resulta, nos encontramos frente a una imagen misteriosa: un príncipe sobre cuyas caderas se recuesta el cuerpo muerto de un niño o de una niña, de modo que ambos forman una cruz. ¿Se sacrificó aquí al hijo por el padre?; ¿tuvo que seguirlo la hija a la muerte?

Ya hemos visto cómo los estereotipos en las mentes de los excavadores determinaron su interpretación. ¿Joyas de oro? Naturalmente, eso es cosa de mujeres. Hay que entender cómo funcionaba la imaginación de los arqueólogos del siglo XIX: habían nacido y crecido en un mundo entusiasmado por las leyendas de los antiguos griegos y con una inclinación digamos que casi desesperada por lo heroico. En el imperio alemán, en el imperio de esta «nación tardía», el anhelo por tener un pasado heroico era especialmente acuciante.

Hasta nuestros días, la literatura especializada gusta de presentar a sus lectores el antiguo dibujo en el que dos esqueletos del túmulo de Leubingen forman una cruz colocados uno encima del otro. Ahora bien, quien estudie los apuntes originales de Friedrich Klopfleisch en el archivo del Museo Estatal apreciará que los rápidos esbozos que él realizó durante la excavación muestran una imagen diferente: ciertamente hay algo sobre el esqueleto de hombre, que Klopfleisch, sin embargo, solo describió como «también huesos»… y que más bien parece un único hueso, y no un esqueleto completo. El mismo Klopfleisch había mencionado ya el estado de conservación extremadamente precario de los restos humanos. Además, la disposición de las ofrendas funerarias no deja espacio para un esqueleto infantil que sobresalga por los costados. En la actualidad se impone la sospecha de que en los dibujos para la publicación se adaptó convenientemente la interpretación de Klopfleisch. Como no poseemos ningún resto de los esqueletos de Leubingen, tendrá que permanecer abierta la pregunta de si la expresión «también huesos» realmente designaba algo más que un único hueso extrañamente desplazado del mismo difunto.

No obstante, ahora nos disponemos a responder a otro interrogante: el de por qué estamos convencidos de que las dos personas que fueron enterradas hace casi 4.000 años en Leubingen y en Helmsdorf, en la Europa Central, con una suntuosidad desconocida hasta entonces, tienen algo que ver con el disco celeste de Nebra.

17
El misterio del poder

No es un mero interés de anticuario lo que nos hace fijarnos en una cultura de la Edad del Bronce con un nombre de difícil pronunciación (aunque los hay todavía peores, como por ejemplo la cultura Novotitorovka). No. Estamos explorando la cultura de Unetice porque estamos convencidos de que le debemos a ella el disco celeste de Nebra. Basándonos en las investigaciones presentadas en la primera parte del libro estaríamos ante una sociedad interesada en elaborar un calendario que armonizara el año solar con el año lunar. Así pues, no puede tratarse solamente de una sociedad de campesinos, pastores o guerreros tribales, sino que nos las estamos viendo, en la Europa Central, con la primera forma política similar a un Estado.

Esta es una afirmación que hará fruncir el ceño a muchos. No en vano nos estamos moviendo en una época anterior en más de mil años a las tribus germánicas, a aquellos «bárbaros» a quienes se les concede en toda regla la existencia de jefes, líderes, tal vez caudillos. Por tanto, ¿cómo nos atrevemos a hablar en una prehistoria aún más remota de «príncipes», de «Estado» o de «reino» tan a la ligera, como si estuviésemos en el universo «civilizado» de las grandes culturas orientales?

Y sobre todo, ¿podemos estar seguros de que esos príncipes tenían algo que ver con el disco celeste? Ni en la tumba de Leubingen, ni en la de Helmsdorf hallamos indicios de intereses astronómicos, de un culto al sol o a las Pléyades. La circunstancia de que, desde el lugar de la deposición del disco celeste en la montaña de Mittelberg, solo haya 30 km en línea recta hasta Leubingen y apenas 40 km hasta Helmsdorf, no es suficiente como prueba. Además, las tumbas principescas conocidas hasta el momento, son anteriores al disco, trescientos años en un caso y doscientos en el otro. Se necesita bastante más para apoyar la tesis de que uno de los príncipes de Unetice fue el maestro artesano del disco celeste. Y es que, si eso fuera cierto, el asunto se vuelve aún más increíble. Eso significaría que el Reino de Nebra llevaba siglos existiendo.

Por ese motivo, primeramente tenemos que probar que en el caso de los príncipes se trata efectivamente de los señores del disco celeste. A partir de ahí se inferiría la hipótesis de que en el corazón de Europa nos hallamos realmente ante una innovación: eso significaría que aquí se habría establecido una forma política basada en la dominación que perduró varias generaciones sobre un territorio de casi 18.000 km^2 (en la actualidad, el estado federado de Sajonia-Anhalt es tan solo un poco mayor). Nuestra hispótesis es, en efecto, que nos encontramos ante el primer Estado en la Europa Central. Como resulta esencial para seguir explorando el Reino de Nebra, vamos a debatir las consecuencias en este capítulo, en un segundo paso.

Antes de que extraigamos implicaciones y nos pongamos a la búsqueda de todos los demás príncipes que debieron reinar en ese tiempo, volveremos a examinar nuestra hipótesis recurriendo a los dos príncipes de Leubingen y de Helmsdorf, en un tercer paso: los enterramientos, ¿suministran realmente indicios de estrategias de dominación y de estructuras sociales propias de un Estado? No pretendemos construir castillos prehistóricos en el aire.

* * *

Recordemos aquel día de mayo del año 2001 en Berlín. Por aquel entonces, uno de nosotros dos estaba sentado en un sofá de estilo biedermeier y contemplaba por primera vez, en las fotografías de los expoliadores, el disco celeste de Nebra y todos aquellos objetos con los que había sido enterrado en la montaña de Mittelberg. A pesar de la calidad miserable de las imágenes, algo hace pensar de inmediato en las tumbas de los príncipes de Leubingen y de Helmsdorf. Era la composición del conjunto del disco celeste: recordaba la composición de los ajuares funerarios bajo los imponentes túmulos. Y recordaba ciertamente algo que los arqueólogos designan con el término poco poético de *hiperequipamiento* (Überausstattung), es decir, más objetos de los que una persona puede utilizar.

En Leubingen, el arqueólogo Friedrich Klopfleisch se topó con tres puñales, tres cinceles, dos hachas, una alabarda, todo de bronce, y un hacha de piedra. En Helmsdorf fueron un hacha, un puñal, un cincel y un hacha de piedra, aunque podría haber habido más piezas, ya que el estado de conservación del bronce en el túmulo de Helmsdorf no era muy bueno: el excavador Größler informó acerca de que halló «nubes de cardenillo». Pero esto no era todo. Los dos príncipes poseían un ajuar funerario idéntico en oro: cada uno dos agujas, dos sortijas para el cabello, una espiral pequeña y un brazalete macizo. En efecto, el depósito del disco celeste sigue también el principio del exceso de equipamiento con una tendencia a duplicar los objetos: dos hachas, dos espadas, dos brazaletes en espiral, un cincel. De manera adicional, el disco y las espadas ofrecen aquella combinación selecta de bronce y oro, típica de los príncipes de Unetice.

Ya era bastante sorprendente que durante más de 110 años existiera un aderezo de oro idéntico para los príncipes, que solo variaba un poco en todo caso en los adornos. No obstante, los análisis del oro efectuados por Nicole Lockhoff y Ernst Pernicka volvieron revelar algo sorprendente. La composición del oro de los brazaletes procedentes de ambas tumbas coincide de tal manera que debían tener un mismo origen. También una de las agujas de Leubingen, una de las de Helmsdorf y las pequeñas espirales habían sido hechas con el mismo tipo de oro. Puede deducirse una asombrosa conciencia de la tradición el hecho de que las fuentes del oro fueran constantes y de que se emplearan durante muchas generaciones para determinados tipos de objetos.

Sin embargo, lo importante es que el oro empleado para las agujas, ¡era el oro de Cornualles! Aquel con la composición tan típica de elevados porcentajes de plata, cobre y estaño. Era el mismo oro con el que se confeccionaron los objetos astronómicos de la primera y de la segunda fase de elaboración del disco celeste. Y era aquel oro de las empuñaduras de las dos espadas de Nebra. El oro del disco celeste y el oro de los príncipes proceden de la misma fuente.

Por consiguiente, tenemos una vinculación simbólica y una vinculación material entre el príncipe de Leubingen, enterrado en torno al año 1940 a. C., el príncipe de Helmsdorf, enterrado después del año 1830 a. C., y las espadas confeccionadas y depositadas en torno al año

1600 a. C., así como el disco celeste. Así pues no se trata solamente de que en los 110 años que transcurren entre Leubingen y Helmsdorf hubiese por lo menos cuatro o cinco príncipes. La circunstancia de que el aderezo de oro apareciera ya en Leubingen, en una forma canónica, nos permite suponer además que su señor no fue el primero a quien sus súbditos sepultaron con semejante grandeza. En este sentido podemos contar con que existió un principado de por lo menos cuatrocientos años. Aparte, tenemos la prueba de una relación comercial a través de media Europa, probablemente de la misma duración y estabilidad.

Ahora bien, aunque pueda asegurarse que el disco celeste, portador de un conocimiento elitista, procede de la elitista esfera de los príncipes de Unetice, ni el de Leubingen, ni tampoco el de Helmsdorf son candidatos serios para entrar en los anales de la historia como sus creadores. Y es que el cobre con el que fue fabricado el disco celeste no fue extraído sino a partir del siglo XVIII a. C. de los Alpes austríacos, conforme al estado actual de la investigación. Pero ya lo dijimos anteriormente: por fuerza, debió haber muchos más señores.

* * *

Veamos ahora las implicaciones: la vinculación con el disco celeste magnifica poderosamente a los príncipes. El modelo tradicional los calificaba de «jefes» (de acuerdo con la definición clásica de la antropología cultural). Parecían haber alcanzado esa sorprendente riqueza gracias a los yacimientos locales de sal y posiblemente también de minerales. Pasaban por ser excepciones que desaparecieron con la misma rapidez con que se erigieron sus imponentes túmulos. No obstante, se tenía la impresión de que el concepto de «jefe» no encajaba bien del todo; siguió hablándose de «príncipes», aunque entre comillas. En todo caso, algunos científicos hablaban de tumbas suntuosas en lugar de tumbas principescas.

Sin embargo, la tesis de las jefaturas empieza a tambalearse ahora con fuerza. El conocimiento relacionado con el calendario del que es portador el disco celeste exige la existencia de una sociedad avanzada, pero sobre todo están en contra de aquella tesis esos cuatrocientos años de dominio continuado. ¿Puede ser Unetice una jefatura?

¿O es el «primer Estado» que se dio en tierras de la Europa Central? Si seguimos al sociólogo Stefan Breuer, la respuesta va en la dirección del Estado. Las jefaturas, a causa de las rivalidades, «estaban permanentemente amenazadas por escisiones y por ello la mayoría de las veces solían durar muy poco», escribe el sociólogo. Incluso las impresionantes confederaciones de tribus de la cultura misisipiana (denominadas *jefaturas supremas*)«perduraron por término medio entre cincuenta y ciento cincuenta años como máximo». También en otras regiones, «la inestabilidad era una característica esencial que separa las jefaturas de los Estados». El Estado, en cambio, según Breuer, es ciertamente esto: «Un dominio en el espacio sobre un territorio fijado y sobre las personas que viven en él. Ahora bien, no es posible determinar si un dominio territorial concreto es un Estado y no una mera unión política sin tener en cuenta la *longue durée*, es decir, la dimensión temporal».

Por tanto, con cuatrocientos años de dominio y con relaciones comerciales constantes tendríamos que echar mano de la noción de «Estado». Lo que nos hace titubear es que en la lista de comprobación para la cuestión de «Estado, ¿sí o no?», en el caso de Unetice, no podemos marcar con una cruz casillas tan esenciales como «escritura» o «ciudades». Pero todavía es demasiado pronto para tomar una decisión definitiva al respecto. Sin embargo, como esta cuestión va a acompañarnos en las siguientes indagaciones, y dado que en asuntos relativos al Estado circulan algunos malentendidos, vamos a debatirla con brevedad.

Desde la perspectiva moderna, el Estado aparece como el mejor de los mundos posibles. Ya el filósofo griego Aristóteles veía en él la forma natural de la convivencia humana. Fue el siglo XIX el que, bajo el signo del Estado nacional, del colonialismo y del imperialismo, se dispuso a deleitar a todo el mundo con sus bondades. Los modelos evolucionistas de progreso sirvieron para fundamentar la propia superioridad sobre las culturas sin Estado, vulgarmente denominadas *primitivas*. Hasta la actualidad nos gusta imaginarnos la historia de la humanidad como una escalera en la que se sube escalón tras escalón. Los intentos de clasificar los sistemas políticos desde el punto de vista evolucionista son criticados, es cierto, pero continúan perviviendo. Veamos los principales conceptos, ninguno de los cuales se libra de ser polémico.

Primero encontramos a los cazadores y recolectores, que ya nos han tenido ocupados anteriormente. Los humanos viven en pequeños «grupos» igualitarios (raras veces se sigue empleando el concepto anticuado de «horda»). En estas sociedades «presenciales», todos se conocen, las decisiones se negocian, no existe un ámbito de la política por separado. Allí donde las poblaciones fueron haciéndose más grandes y donde la convivencia se desarrollaba en marcos ya inabarcables, se precisó de nuevos sistemas de regulación: los *linajes* designan a comunidades de ascendencia que se definen, por regla general, a través del padre y en raras ocasiones por línea materna; varios linajes forman entonces una *tribu*. El concepto de «clan» se emplea en ocasiones como sinónimo de «linaje», a veces también como sinónimo de «tribu». En general se da por válido que mientras que un linaje se refiere a un antepasado común concreto, detrás de un clan se halla la mayoría de las veces un antepasado mítico que ya no es concreto.

Esas sociedades «segmentarias» (porque están formadas por segmentos del mismo rango) o también «acéfalas» se caracterizan por un rechazo frente a la preeminencia política, independientemente de si esta es reclamada por individuos concretos o por grupos. A pesar de ello pueden abarcar a varias decenas de miles de personas.

Ahora bien, allí donde algunos individuos con ambiciones políticas (en la inmensa mayoría de los casos son hombres) compiten por el estatus, la propiedad y el poder, la utilización estratégica de los bienes desempeña un papel decisivo. Los obsequios o las grandes fiestas sirven para crear lealtades y dependencias, y establecer relaciones clientelares. El poder de un «gran hombre» se basa en su capacidad económica y en sus cualidades personales como líder, en el carisma. En las sociedades dirigidas por un gran hombre, el poder no se hereda y la posición de poder está siempre amenazada.

Y ciertamente no por los rivales. No debemos olvidar que la especie *Homo* había vivido durante cientos de miles de años en condiciones igualitarias. Solo había líderes en caso de conflicto, después volvían a integrarse en los grupos. Como se carecía de propiedad, la responsable de las diferencias de estatus relativamente pequeñas en un grupo era la reputación personal como buen cazador o como mujer sabia. Cuando los humanos intentan dominar de manera permanente sobre otros humanos, se enfrentan a resistencias.

Allí donde se logra heredar la autoridad de un líder de una generación a la siguiente, hablamos de «cabecillas». Como a algunos puede parecerles despectiva esa designación, aparecen a menudo las alternativas de «jefe» y de «jefatura». Para afianzar su poder, el jefe atribuye su origen a un antepasado remoto o a los dioses. Las jefaturas pueden aparecer en lugares con una elevada densidad de población y gran capacidad productiva. Es aquí donde se origina lo que los sociólogos denominan *estratificación social*: las personas pertenecen a un determinado estrato o casta social más o menos definida.

Para describir el siguiente nivel, el de los Estados, se recurre tradicionalmente a la definición del sociólogo Max Weber. Este definió el Estado como «aquella comunidad humana que dentro de un determinado territorio [...] reclama para sí (con éxito) el monopolio de la violencia física legítima». Antropólogos como Karl-Heinz Kohl lo ven de una manera similar: «Una diferencia importante de las "jefaturas" frente a las sociedades organizadas estatalmente reside en la no existencia de un monopolio de la violencia».

La transición es difusa: «Los primeros Estados se asemejan en muchos sentidos a grandes jefaturas (es decir, compuestos por numerosas aldeas) —escribe Jared Diamond—. En lo tocante al tamaño prosiguen la trayectoria que lleva del grupo a la sociedad tribal, y de esta a la jefatura». Cuanto más grandes son estas sociedades, más complejas son y también más especializadas: los excedentes se apropian y se redistribuyen para que el poder central apoyado por las élites pueda mantener una administración y un «aparato coercitivo», es decir, alguna forma de policía y ejército. En los Estados, el sistema político se emancipa de las antiguas relaciones de parentesco; en su lugar aparecen las instituciones. Este es el contexto en el que aparecen en Mesopotamia, a partir del cuarto milenio antes de Cristo, los primeros Estados, que desarrollaron también las primeras formas de escritura para configurar de la manera más eficiente posible la administración y el gobierno.

Sin embargo, esto no significa, ni de lejos, una mejoría de las condiciones de vida: sobre sociedades que tomaron la senda de lo que generalmente se considera una «civilización», que desarrollaron ciudades, la escritura y una intensa división en el trabajo para convertirse finalmente en Estados, el sociólogo Peter Turchin constata: «Semejantes sociedades se vuelven extremadamente desiguales y despóticas». Por tanto, no nos hallamos ante ningún proceso de progreso para la mejora de la humanidad que se desarrolle de una manera inexorable. La vida en los Estados solo ha sido una situación ideal para un sector mínimo de la humanidad durante la mayor parte de la historia.

Algunos antropólogos culturales, como Marvin Harris, no tienen pelos en la lengua: «Durante los últimos cinco o seis milenios, nueve de cada diez seres humanos vivieron como campesinos dependientes o como personas pertenecientes a alguna otra casta o clase obligada a servir. Con el desarrollo del Estado, las personas corrientes que quisieron sacar provecho de la riqueza de la naturaleza tuvieron que obtener el permiso de alguien para poder hacerlo y pagarlo con impuestos, tributos o con trabajo extra». Y Harris da aún otra vuelta de tuerca: «Bajo la tutela del Estado, los seres humanos aprendieron por primera vez cómo se hace una reverencia, cómo se humilla uno ante otra persona, como se hinca una rodilla en actitud servil. En muchos sentidos, el ascenso del Estado significó el descenso de la humanidad desde la libertad a la servidumbre».

A tales puntos de vista se les suele reprochar la idealización de la vida en las sociedades sin Estado. Sin embargo, algunos puntos parecen indicar que antropólogos como James C. Scott tienen razón cuando llegan a la conclusión de que la vida «fuera del Estado (la vida como *bárbaro*) a menudo era más simple, libre y sana desde un punto de vista material que la vida de todos aquellos que no pertenecían a la élite dentro de los Estados».

Por este motivo, el antropólogo Robert L. Carneiro defendía el punto de vista de que los primeros Estados con sus jerarquías verticales solo pudieron formarse allí donde las fronteras naturales como desiertos, mares o cadenas montañosas impedían el éxodo de las personas sometidas. Con el concepto de *enjaulamiento*, el sociólogo Michael Mann da en el clavo apoyándose en las teorías de Carneiro: los primeros Estados no podían arreglárselas sin una jaula. La idea no es tan disparatada: a fin de cuentas, lo que Weber denominaba *aparato coercitivo* numerosos autores lo interpretan como una especie de pandilla de ladrones, como un grupo que ejerce la extorsión a cambio de protección. El historiador estadounidense Charles Tilly designó a los primeros Estados como la «mayor trampa del crimen organizado», y también Steven Pinker insiste en este punto al comentar que el filósofo inglés Thomas Hobbes (1588-1679) estaba equivocado cuando en su *Leviatán*, una obra tan famosa como trascendental, afirmaba que el estado natural del ser humano era la guerra de todos contra todos y que solo el Estado había puesto un final a esa circunstancia atroz. «Contrariamente a lo que dice la teoría de Hobbes, ninguno de los primeros Estados fue una comunidad en la que el poder emanase de un contrato social negociado entre sus ciudadanos —escribe Pinker, psicólogo de Harvard—. Era más bien una especie de cártel de la extorsión a cambio de protección, en el que mafiosos poderosos arrebataban los recursos a las gentes del lugar y a cambio les ofrecían seguridad frente a los vecinos hostiles y entre ellos mismos.»

Así pues, Jared Diamond no anda tan equivocado cuando comenta que al principio solo existió una «diferencia de grado» entre cleptócratas y soberanos sabios, «una diferencia que depende de lo elevado que sea el porcentaje del tributo que desaparece en los bolsillos de la élite, y de la utilidad que tenga para la gente corriente el empleo que se da a sus tributos».

Volveremos después sobre este punto. Aquí solo nos interesa mostrar que, en primer lugar, *Estado* no significa automáticamente progreso para todos y, en segundo lugar, que la evolución hacia sociedades cada vez más complejas se hizo perceptible en todo caso tras un largo intervalo de tiempo y tras numerosos reveses: «De cada mil uniones hubo 999 disoluciones», escribe Diamond. En los tiempos antiguos, los Estados fueron estructuras frágiles la mayoría de las veces, amenazadas constantemente por el colapso. *Boom and Bust* lo denominamos en un pasaje anterior.

Lo que deducimos de todo esto es que si el fracaso, si la implosión era el caso normal, ello demuestra la singularidad real del Reino de Nebra, pues en él se logró mantener durante al menos cuatrocientos años el dominio sobre unas tierras fértiles codiciadas por todos. ¡Ese es el tiempo que va de la Guerra de los Treinta Años hasta la actualidad! ¿Cómo pudo lograrse tal cosa? ¿Y qué precio tuvieron que pagar los seres humanos por ello?

* * *

También aquí es válido el razonamiento de que los conceptos modernos impiden ver el acontecer histórico. Los conceptos fijan las cosas, afirman que se está frente a un «ente», ante algo que *es* de una forma concreta, sobre lo cual puede optarse por definirlo como esto o como aquello, pero nada más. Sin embargo, lo que aquí nos ocupa no es algo definitivo, estático, que pueda clasificarse por medio de una lista de comprobación para luego introducirlo en la casilla correspondiente. Estamos observando un devenir cuyo ser no se ha decidido todavía.

También el sociólogo francés Pierre Bourdieu subraya que el Estado no es un «ente»; no es nada que pueda «tocarse con el dedo» o sobre lo que pueda decirse: «El Estado hace esto» o «el Estado hace esto otro». Resulta mucho más productivo orientar la mirada hacia las acciones reales, es decir, hacia aquellos actos políticos que logran un efecto porque son reconocidos como «legítimos», porque las personas creen en la existencia de aquel principio con el que se justifican esos actos. Esta afirmación algo enigmática conduce, según Bourdieu, a la pregunta simple pero trascendental de por qué obedecen los dominados.

Esta es la pregunta a la que hay que responder si queremos entender cómo es posible una dominación que perdure durante siglos. Y es que ser dominados lo es todo menos algo obvio. Bourdieu cita al filósofo escocés David Hume: «A todo aquel que contempla los asuntos humanos con ojos filosóficos no hay nada que lo sorprenda más que la facilidad con la que los más son gobernados por los menos y el sometimiento silencioso con el que las personas renuncian a sus propios sentimientos y a sus pasiones en favor de las de sus líderes».

Según Bourdieu, cuando miramos al pasado, lo que nos causa impresión son los fenómenos opuestos, como «rebeliones, subversiones, insurrecciones, revoluciones, mientras que lo realmente sorprendente, lo asombroso es precisamente lo contrario: el hecho de que el orden sea obedecido con tanta frecuencia». Lo problemático es precisamente lo no problemático, dice: «¿Cómo es posible que el orden social se mantenga con tanta facilidad a pesar de que, tal como dice Hume, mientras que los gobernantes son pocos, los gobernados son más y, por tanto, poseen la supremacía numérica?».

Insistimos: a nosotros la pregunta acerca de en qué casilla podría encajar el Reino del disco celeste de Nebra no es lo que más nos interesa. A nosotros nos interesan preguntas mucho más emocionantes: ¿cómo se origina aquí una dominación de unas dimensiones desconocidas en la Europa Central? ¿Y cómo consiguieron los príncipes

mantenerla durante siglos? En pleno corazón de Europa no tenían a
su disposición ninguna jaula con límites naturales. ¿Y qué tiene que
ver el disco celeste con esa dominación?

* * *

Bien, ya hemos manejado suficiente teoría por el momento. Antes
de ponernos a la búsqueda de otros soberanos, hay que examinar
qué indicios suministran los príncipes mismos de Leubingen y de
Helmsdorf para pensar que, en el caso de Unetice, nos hallamos
ante una sociedad mucho más compleja de lo que se había admitido
como posible en los últimos cien años. No pretendemos ir a la caza
de fantasmas.

Recordemos lo siguiente: la cultura de Unetice (tal como han reconstruido con fiabilidad expertos arqueólogos) surgió de una fu-
sión de las culturas de la cerámica cordada y del vaso campaniforme.
Ambas fueron sociedades heroicas. Se mezclaron a lo largo de los
siglos, aunque los portadores de la cultura del vaso campaniforme
fueron volviéndose cada vez más dominantes en ese proceso según
los hallazgos, mientras que las huellas reconocibles de la cultura de
la cerámica cordada fueron desapareciendo paulatinamente. No hay
ningún indicio de que ese proceso fuera violento.

Ahora bien, las investigaciones genéticas confirman que hubo
una mezcla real entre las poblaciones. Mientras que, en la región de
Saale y del curso medio del río Elba, los individuos de la cultura de
la cerámica cordada presentan casi un 76 % de herencia genética de
las estepas, y los de la cultura del vaso campaniforme un 39 %, ese
valor se estabiliza alrededor del 54 % en los individuos de Unetice.
Resulta llamativo que, en los individuos de la cultura de Unetice, el
porcentaje específico de la herencia de cazadores y recolectores sea
más elevado que en los de las culturas de la cerámica cordada y del
vaso campaniforme. «Aquí se produjo un verdadero *crisol de culturas*
—dice el genetista Wolfgang Haak—. Al comienzo de la Edad del
Bronce tuvo que haber aquí, además, pobladores cuyo genoma con-
tuviese una parte inconfundible de la secuencia característica de los
agricultores del Neolítico Medio.» Ante este trasfondo comienzan
a relucir con sus múltiples matices las tumbas de los príncipes de
Leubingen y de Helmsdorf. Ilustran cómo se plasma en la cultura

material la mezcla de poblaciones, y ofrecen una visión de las estrategias de escenificación con las que los príncipes afianzaban su dominación.

A pesar de que la cultura de la cerámica cordada se desvanece hacia finales del tercer milenio, los príncipes recurren a algunos elementos de su arsenal heroico. Así, los representantes de la cultura de la cerámica cordada se habían traído de las estepas la imponente costumbre de enterrar a los muertos bajo colinas visibles a distancia, compuestas de tierra y de piedras. Arqueólogos como Gordon Childe y Marija Gimbutas acuñaron al respecto el concepto de «cultura de los kurganes». Sin embargo, los príncipes potenciaron esto: sus túmulos eran mucho mayores que los de la cultura de la cerámica cordada. Para la Europa Central, donde ciertamente se conocían las tumbas megalíticas (construidas con piedras gigantes), pero donde por regla general estas eran tumbas colectivas, aquello era una inaudita demostración individual de poder.

También en el exceso de armas de su ajuar funerario, los príncipes recurrieron a la cultura de la cerámica cordada: algunos de los representantes destacados de esta última no solo se llevaban a la tumba un hacha (que, por cierto, podía ser de dos clases: con un orificio para introducir el mango, o sin orificio, para ser fijada a un astil de madera mediante cuerdas o algo similar), sino varias en diferentes combinaciones. Los héroes siempre necesitaron más de un arma: antes de que Gilgamesch y Enkidu se pongan en marcha para matar a Humbaba, el guardián del bosque de cedros, mandan que les fabriquen unas hachas y unas espadas potentes. Estrategia de escenificación número uno de los soberanos de Unetice: el príncipe es un individuo heroico que está por encima de todos los demás.

En cambio, la estrategia de escenificación número dos procede del arsenal de la cultura del vaso campaniforme: en la tumba de Leubingen, anterior a la de Helmsdorf, se encuentran utensilios que remiten a una profesión oculta: la metalurgia. Hay una *cushion stone*, una piedra rectangular y pulida que servía de yunque o de piedra de toque y que Klopfleisch consideró que era una piedra de afilar. También el juego de pequeños cinceles servía para el trabajo del metal. Con un instrumento semejante fijaría el herrero del disco celeste el sol, la luna y las estrellas en el bronce. El mensaje: los príncipes son los señores del metal.

A continuación encontramos en ambas tumbas principescas objetos de estatus que representan el elevado rango social de su propietario siguiendo la costumbre de la cultura del vaso campaniforme: los puñales, por ejemplo. Pero sobre todo las anillas de oro para las sienes o para el pelo. Antes se creía que esas sortijas de varias vueltas eran para las orejas o los dedos, pero para ese uso son o demasiado grandes o demasiado pequeños. En verdad se colocaban en un mechón de pelo de modo que destellaran, indicando así el rango de su propietario a los demás. Los primeros anillos de este tipo se encontraron en tumbas de finales del cuarto milenio, en el Cáucaso. Gracias a los nuevos conocimientos genéticos que han desvelado una raíz de los representantes de la cultura del vaso campaniforme en el oriente, en la actualidad se piensa que esas insignias de poder doradas del Cáucaso se trajeron hacia Europa. Se encuentran en todos aquellos lugares por los que se expandió la cultura del vaso campaniforme, desde el Portugal actual hasta las islas británicas (también el Arquero de Amesbury se llevó dos consigo a la tumba). Estrategia de escenificación número tres: los príncipes forman parte de una élite con conexiones europeas.

La estrategia de escenificación número cuatro dice: ¡presumir de riqueza! Ya mencionamos que las tumbas principescas eran más grandes que las de todos sus antecesores. También el ajuar de oro alcanzó nuevas dimensiones. Si anteriormente las élites se llevaban a la tumba entre 5 y 15 g de oro, ahora eran 256 g en Leubingen y 177 g en Helmsdorf. Para poder realizar una valoración básica, Thomas Stöllner, del Museo Alemán de la Minería en la ciudad de Bochum, ha calculado el tiempo de trabajo invertido en una mina rica en oro para un anillo para el pelo de 9,4 g. Calculó 395 horas. Por tanto, en cada gramo de oro había invertida nada menos que una semana de cuarenta horas de trabajo. Ya solo por la cantidad, las tumbas señalizaban que sus príncipes jugaban en una liga completamente nueva.

Esto quedaba demostrado sobre todo con los brazaletes de oro macizo que con 199,4 g (Leubingen) y 128,2 g (Helmsdorf) se llevaban la parte del león en el oro de los príncipes. Son ornato de pura ostentación. En la Europa Central no se había visto nada comparable con anterioridad. La impresión que causaban era tan grande, que aquí quedó fundada una tradición duradera que sobreviviría al Reino de Unetice. Los jefes provinciales de épocas posteriores se adornarán con un brazalete de oro (aunque a menudo están huecos por dentro), y los reyes francos de la Edad Media temprana los llevarán también.

La estrategia de escenificación número cinco es destacable: son las hachas de piedra en Leubingen y en Helmsdorf. Los arqueólogos actuales saben que, en el primer caso, se trata de un hacha neolítica del tipo «horma de zapato» (*Schuhleistenkeil*) que cuando le fue entregada al príncipe como ofrenda funeraria ya poseía una antigüedad legendaria de más de 2.500 años. Con esa hacha no se talaban árboles, servía como cuña para partir troncos. Es de un tamaño inusual y de una factura tan excelente que ni siquiera entre las miles de piezas del museo de Halle hay otra igual. Ciertamente, el hacha de piedra de Helmsdorf, de diorita oscura, puede ser solo mil años más antigua que los príncipes, pero con su peso de 500 g era también una pieza imponente. No en vano el barón von Krosigk se encaprichó con ella. En los albores de la Edad del Bronce nadie sabía nada sobre el origen real de tales hachas, y ello encendía la imaginación de las gentes alumbradora de mitos.

Todavía en las creencias populares de la Edad Moderna, las hachas neolíticas eran consideradas rayos enviados a la Tierra por el dios del trueno. Incluso en las iglesias se exponían «piedras de rayo» junto a otras rarezas. Un hacha de piedra parecida a la de Leubingen está colgada de una cadena en la catedral de Halberstadt, a su lado hay un hueso grande del que se decía unas veces que procedía de un animal de antes del diluvio universal y otras, que era una vértebra de la ballena bíblica en la que estuvo el profeta Jonás.

Los objetos desconocidos, sobre todo cuando poseen dimensiones desacostumbradas, han fascinado a los seres humanos desde siempre. Un ejemplo impresionante es la historia de los cíclopes, aquellos gigantes de un solo ojo, de los cuales el más famoso fue Polifemo. Cuenta la historia que era un monstruo que habría devorado en una isla a Ulises y a todos sus acompañantes si a Ulises no se le hubiera ocurrido cegarlo y a continuación engañarlo con la artimaña de que su nombre era «Nadie». ¿Cuál es el origen de esta historia? Hasta hace unos pocos milenios vivían elefantes enanos en algunas islas del Mediterráneo. Los griegos se asombraron al encontrar sus restos fósiles con aquel imponente cráneo; sobre todo avivó su imaginación el gigantesco agujero central de la nariz. ¡Aquellos cráneos solo podían haber pertenecido a gigantes de un solo ojo! Los mitos explican el mundo, eran la ciencia de su tiempo.

De ahí que creamos que también los príncipes de Unetice vieran en aquellas imponentes hachas de piedra los aperos de gigantescos antepasados. ¿Qué otra explicación podría haber? Y se servirían de ellas para autorrepresentarse como los sucesores de los gigantes de tiempos remotos. Cada gobierno apela con preferencia a antepasados gloriosos, igual que hizo Virgilio en la época del primer emperador romano Augusto, al cantar en su *Eneida* a Eneas, que huía de la ciudad de Troya en llamas, como el progenitor de los romanos. Tener a gigantes por antepasados encajaba bien con los príncipes del Bronce Antiguo con sus enormes túmulos. ¿Sirvieron esas descomunales hachas en su día como cetros? El historiador británico Eric Hobsbawm acuñó el término *la invención de la tradición* para semejantes estrategias de legitimación.

Y luego está también la estrategia de escenificación número seis: el soberano como gran reconciliador y apaciguador. Justamente el hecho de que los príncipes empleen esa mescolanza, ese popurrí de cerámica cordada y vaso campaniforme, hace surgir la sospecha de que el objetivo era llevar a cabo una reconciliación simbólica. Encajaría con una cultura unitaria el hecho de que el príncipe de Leubingen fuera enterrado boca arriba. Recordemos que los representantes de la cultura de la cerámica cordada yacían de costado mirando al sur y que los de la cultura del vaso campaniforme miraban hacia el este. El tamaño del ataúd del príncipe de Helmsdorf apunta a que este fue enterrado boca arriba y no de lado, tal como supusieron los excavadores a la vista del mal estado del esqueleto. Autorrepresentarse como portadores de la paz, como alguien que está por encima de los conflictos de intereses de una sociedad y que supera sus divisiones, sigue siendo en nuestros días una hábil estrategia de gobierno.

Así pues, en las tumbas principescas hallamos todo un arsenal de recursos de legitimación. Precisamente esta diversidad hace suponer que nos encontramos ante una sociedad compleja y diferenciada. El poder o la riqueza por sí solos no eran suficientes ni con mucho para llevar a los más a seguir a los menos (por emplear de nuevo la expresión de David Hume). Los príncipes poseían un montón de estrategias de escenificación de la dominación, muchas de las cuales tendrían una esplendorosa carrera en el futuro.

* * *

Ahora bien, en las tumbas de los príncipes se halla una prueba directa del mundo cuidadosamente jerarquizado de Unetice: son las agujas de oro para la vestimenta. Cada uno de los dos príncipes se llevó consigo dos a la tumba. Debido al ojal de su extremo superior se denominan *agujas de cabeza de ojal*, con las cuales se cerraba una vestimenta por medio de un hilo. Cualquiera que observe de cerca la delicadeza y la exactitud del trabajo de las agujas, se quedará fascinado con la excelente labor de orfebrería. Son piezas valiosas, extraordinarias, las de oro al menos, ya que actualmente hay inventariadas 117 agujas de cabeza de ojal en la zona de Alemania Central. No vamos a demorarnos aquí con las finas diferencias de sus variantes. Lo más importante es que representan un espejo de la sociedad de Unetice. Las agujas se reunieron recientemente en el Servicio de Arqueología de Sajonia-Anhalt en Halle. Al mismo tiempo quedó demostrado que existía una norma fija que estipulaba a quién se le permitía llevarse a la tumba cuántas agujas y de qué metal. «Por supuesto sigue siendo incierto —dice la arqueóloga Franziska Knoll, una de las autoras del estudio—, si dentro de la sociedad de Unetice las agujas servían como indicadoras del estatus o si las indicadoras eran las valiosas vestimentas que las agujas cerraban».

El análisis de los enterramientos también apunta a una sociedad minuciosamente estratificada. Los de arriba y los de abajo están separados claramente unos de otros incluso en la muerte. En la punta de la pirámide de las ofrendas funerarias están los príncipes con su ajuar normalizado. Solo para ellos estaban reservados dos ejemplares de oro. Por debajo aparecen, como segundo nivel, aquellos que llevaban uno o dos pasadores de oro para el pelo y que poseían por regla general dos agujas de cabeza de ojal de bronce: los dignatarios del Reino de Unetice. En ocasiones tienen además un hacha o un puñal. Todavía entre los miembros de la clase alta se encuentran los pertenecientes al tercer nivel, cuyos ajuares funerarios incluían joyas de bronce, así como con una o dos agujas de cabeza de ojal. Algunas tumbas infantiles con un ajuar equivalente hacen suponer que el estatus social se heredaba. Como pertenecientes al cuarto nivel, una clase amplia, se perfilaban aquellos a quienes se les permitía llevarse a la tumba exclusivamente cerámica, la mayoría de las veces una sola taza. Y en la base de la pirámide social encontramos como quinto nivel a aquellos que eran enterrados sin ofrendas funerarias o a quienes se les tenía vedada incluso una tumba.

Mientras que a los representantes de los niveles inferiores se les deparaba un descanso eterno en sencillas tumbas de tierra, las personas con mejor situación social eran sepultados en cistas, en ocasiones incluso con trabajos de carpintería. Ya hemos admirado el lujo que poseían las construcciones de las tumbas de los príncipes. Igual que en la vida sucedía también en la muerte: los unos eran personas destacadas; para la masa no se levantaba ningún túmulo.

En ese mundo no se dejaba apenas nada al azar; existía poco espacio para la individualidad. En otros territorios que tradicionalmente se clasifican como pertenecientes a la cultura de Unetice, las cosas eran diferentes. «En Bohemia no hallamos ningún túmulo tan rico como en Alemania Central» —dice Michal Ernée, del Instituto Arqueológico de la Academia de Ciencias de la República Checa en Praga—, «pero en cambio las tumbas normales están en promedio incomparablemente mejor provistas que las tumbas de la Alemania Central.» En Bohemia tampoco existe ninguna relación directa entre la arquitectura funeraria y la riqueza en artefactos de metal de las ofrendas funerarias. «Pueden encontrarse complejas construcciones de piedra de varios tipos cuyos ocupantes yacían sin ninguna ofrenda funeraria en absoluto. A la inversa, existen enterramientos muy ricos en ofrendas funerarias en una simple fosa sin piedras ni ataúd de madera.» Esa mirada hacia Bohemia aclara muy bien ante qué tipo de sociedad normativa y desacostumbradamente jerarquizada nos encontramos en Alemania Central.

* * *

En este capítulo hemos logrado bosquejar los primeros contornos de un reino sobre la estrecha base de dos tumbas de príncipes; un reino que parece tan complejo que no solo puede valer como candidato a ser considerado la primera organización social en forma de Estado en la Europa Central, sino que también encaja con el disco celeste.

Ahora bien y expresado con sinceridad: dos tumbas de príncipes, ¿no son realmente muy poca cosa?

Sin embargo, antes de ir a la búsqueda de otros túmulos, tenemos que encargarnos de los restos mortales del príncipe de Helmsdorf. Gracias a su esqueleto, conservado al menos de manera fragmentaria, sabemos que es el único individuo realmente existente hasta el momento vinculado de algún modo con el disco celeste. Por ello hicimos que se le examinara atentamente bajo la lupa. Y no es exagerado decir que sus huesos tienen que contarnos cosas sensacionales. Confirman con una contundencia total la hipótesis que lanzamos en este capítulo: el surgimiento de la dominación es algo que, por un lado, catapultó a algunos individuos a posiciones privilegiadas, pero que, por otro, no pudo menos que toparse con violentas resistencias.

18

Fue asesinato

¡Es una mujer! Fue toda una sorpresa. El análisis genético molecular del príncipe de Helmsdorf dio como resultado que era de sexo femenino. Nos miramos con ojos como platos: ¡no era un príncipe sino una princesa! ¿Quién se lo habría podido imaginar? Y eso que las investigaciones antropológicas de los huesos habían indicado que bajo aquel túmulo colosal yacía un hombre. ¿Iba a haber gobernado una soberana en la Unetice de la actual Alemania Central cuatrocientos años antes que la faraona Hatshepsut en Egipto? Ya nos imaginábamos los titulares de la prensa: «La soberana del disco celeste».

«Nosotros nos quedamos igual de perplejos —relata Wolfgang Haak, del Instituto Max-Planck para la Ciencia de la Historia Humana, ubicado en la ciudad de Jena, donde se llevaron a cabo las investigaciones genéticas—, por lo menos durante todo aquel intervalo de tiempo hasta que examinamos más de cerca los datos». El ADN secuenciado en los huesos de casi 4.000 años de antigüedad no presentaba el deterioro característico de un genoma de varios milenios que indica la autenticidad de la muestra. «Nos hallamos ante una contaminación —dice Haak—, no cabe ninguna duda». La muestra debió de contaminarse con ADN humano moderno. No había trazas de herencia genética antigua. «Lo intentaremos con una muestra nueva.»

Bien, lo de la contaminación no fue ninguna sorpresa. Ya hemos leído el informe de Größler sobre las excavaciones. Cuando él abrió la tumba el 2 de marzo de 1907, yacía allí un esqueleto en mal estado de conservación. Faltaban algunas partes esenciales; del cráneo solo descubrió fragmentos del tamaño de una moneda. El hecho de que la excavación no se había practicado con cuidado queda demostrado en que Größler no sabía ya dónde había encontrado el único fragmento de mandíbula con dientes, ni siquiera si pertenecía al difunto. No obstante hay que salir en defensa de Größler: por aquel entonces nadie habría imaginado ni en sueños todas las informaciones que podrían obtenerse en el futuro a partir de los huesos. Los métodos de la genética molecular no se convertirían en algo cotidiano para la arqueología hasta casi cien años después.

En este sentido es una suerte tremenda que todavía exista material óseo del príncipe de Helmsdorf, al contrario de lo que sucede con su colega, el príncipe de Leubingen. Sin embargo, los fragmentos rescatados no permanecieron estos últimos cien años en las mejores condiciones para la conservación de material genético de casi 4.000 años de antigüedad. Incluso ha desaparecido por completo el fragmento de mandíbula con los dientes. Para una investigación genética exitosa es vital realizar la extracción y la conservación con métodos profesionales.

En la actualidad, los antropólogos toman las muestras *in situ*, y ponen a salvo huesos y dientes ya en el mismo lugar del hallazgo. Lo importante es que los hallazgos para las muestras se excaven rápidamente para estar expuestos lo menos posible a la radiación solar y a la desecación. Al mismo tiempo, las mascarillas, los guantes y los gorros impiden la contaminación con el ADN propio. Tras la extracción, las muestras van a parar a una nevera en donde permanecen protegidas del calor y de la luz hasta su análisis en el laboratorio. Este procedimiento garantiza un resultado de una calidad más elevada que una extracción de muestras realizada con posterioridad.

Gracias al espectacular progreso de las técnicas de secuenciación, la investigación del ADN antiguo cosecha en la actualidad un éxito tras otro. Para las muestras se recurre sobre todo al peñasco. Es la parte ósea más compacta del cráneo, un tramo del hueso temporal que rodea el oído interno. Si se perfora, se obtiene de su interior el mejor ADN, conservado como en la cámara acorazada de un banco. Pero como no existía ni siquiera un pedacito mínimo de cráneo del príncipe de Helmsdorf, tuvo que emplearse para la primera prueba un hueso del metatarso.

No obstante, como nos hallábamos ante el único príncipe tangible de Unetice, es decir, ante el único individuo de la esfera del disco celeste, no quisimos omitir ningún esfuerzo para descifrar su secreto. Sobre todo nos interesaba la cuestión de si en él predominaba la herencia genética de la cultura del vaso campaniforme o de la cerámica cordada. Para esta segunda muestra se empleó una vértebra con la esperanza de que albergara todavía en ella suficientes trazas de ADN auténtico.

Sin embargo, pese a todos los esfuerzos, no se hallaron en esta segunda muestra prácticamente secuencias genéticas humanas.

«Y las escasas secuencias que detectamos no fueron suficientes para un diagnóstico inequívoco del sexo de la persona», dice Haak. De nuevo faltaba el deterioro propio del ADN antiguo. «La muestra no contiene siquiera suficiente ADN mitocondrial» (que es mucho más frecuente que el genoma del núcleo celular) «y por ello no da prácticamente ningún resultado. Es decepcionante». Pero no es de extrañar en absoluto a la vista del material óseo tan mal conservado. No obstante, esta fue la única decepción que deparó el príncipe de Helmsdorf.

* * *

Ahora bien, ¿podemos estar realmente seguros de que nos hallamos ante un individuo masculino? Las ofrendas funerarias hablan en favor de un hombre. También el médico que lo inspeccionó por primera vez, en el año 1907, concluyó que había sido de sexo masculino. Este resultado lo confirmó asimismo la investigación moderna que llevaron a cabo los antropólogos Nicole Nicklisch y Kurt W. Alt. Ciertamente, solo existe como mucho una cuarta parte de los restos óseos originales, pero el estudio métrico en el extremo superior del húmero, de la cabeza humeral, o del calcáneo, es decir, del hueso del talón del pie, así como las inserciones musculares que se pudieron identificar remiten a un hombre. La edad, a la vista de la conservación fragmentaria, solo pudo calcularse de forma aproximada: cuando murió tenía entre treinta y cincuenta años, los huesos poseían las huellas de desgaste propias de esa edad. «Es una lástima que falten los dientes», dice Nicklisch. Un análisis de los isótopos de estroncio en el esmalte dental habría suministrado indicios sobre la procedencia del difunto.

Ya en la primera inspección antropológica llamaron la atención algunos puntos que podían indicar que el individuo había sufrido violencia. «Una lesión en forma de muesca en la cara interior de una vértebra dorsal sería explicable por una cuchillada o un flecha- zo —dice la antropóloga—. De todas formas, dadas las condiciones de la excavación tampoco pueden excluirse causas *post mortem*.» A fin de cuentas, los huesos no se recuperaron con excesivo cuidado. Se decidió mandar investigar de forma más exacta esas posibles heridas.

* * *

Y los muertos hablan, claro que sí. El análisis de los isótopos estables de carbono y de nitrógeno y de sus correspondientes proporciones en el colágeno de los huesos proporciona información sobre la alimenta- ción de un ser vivo. Así, en el marco del proyecto de investigación de la Fundación Alemana para la Investigación Científica, dirigido por Kurt W. Alt y uno de los autores de este libro (Harald Meller), titulado *¿Cambio cultural = cambio poblacional? El Neolítico en la región de Saale y del curso medio del Elba en el espejo de los procesos de dinamización poblacio- nal*, se investigaron las condiciones alimentarias desde la llegada del primer agricultor hasta el Bronce Antiguo. Se demostró que, en el transcurso del Neolítico, la salud de las personas al principio empeo- ró porque su alimentación se limitaba en gran medida a los cereales; paralelamente, aumentaron las tasas de caries. Otras consecuencias fueron una constitución esbelta y una menor esperanza de vida.

No obstante, a lo largo de los milenios fue mejorando de nuevo el estado general de la salud gracias al creciente porcentaje de carne en la dieta; también los derivados lácteos como el requesón o el queso pudieron haber constituido una parte considerable de la alimenta- ción (todavía no se había producido la mutación del gen de la lactasa que posibilitó a los seres humanos digerir a lo largo de toda su vida la leche con un potente contenido de lactosa). Los esqueletos prueban que retrocedió la tasa de caries y que la esperanza de vida volvió a aumentar.

Por supuesto, había variaciones. Baviera destacaba ya a finales de la Edad de Piedra por un elevado consumo de carne; el de las mu- jeres era algo menor que el de los hombres, sin embargo no puede colegirse si ello fue consecuencia de una discriminación social o de una preferencia alimentaria específica de cada sexo. En concreto, las poblaciones de la cultura de la cerámica cordada y tal vez también las de la cultura campaniforme estaban bien alimentadas. Los estudios antropológicos confirmaron los resultados de los análisis: los seres humanos vuelven a ser claramente más fuertes en la Edad del Bronce. En ello desempeñó su papel la contribución genética procedente de las estepas. «Los representantes de la cultura de Unetice poseen una estructura ósea muy robusta», dice Nicole Nicklisch. También aumentó la estatura. En las mujeres pasó de 1,50 a 1,57 m; en los hombres, de 1,62 a 1,68 m. En las investigaciones de Nicklisch, que abarcaron seiscientos esqueletos pertenecientes a distintos momentos desde el Neolítico hasta el Bronce Antiguo, quedó demostrado que los representantes de la cultura de Unetice eran más altos, consumían más proteína y gozaban de mayor esperanza de vida.

Los huesos del príncipe de Helmsdorf confirmaron aquello que ya indicaba su enterramiento bajo el imponente túmulo: el privilegio absoluto de una única persona en un grado desconocido anteriormente en la Europa Central. En un estudio dirigido por la antropóloga Corina Knipper se muestra que los valores de los isótopos de nitrógeno del príncipe de Helmsdorf eran extraordinariamente elevados para un individuo adulto. Sugieren que en el plato del príncipe solo podía encontrarse la mejor carne, presumiblemente con frecuencia carne tierna de cordero y carne de ternera. A través del amamantamiento, las crías de los animales presentan niveles especialmente elevados de nitrógeno, que a su vez podrían haber contribuido a los valores sorprendentemente elevados en el príncipe de Helmsdorf.

La comparación con el príncipe celta de Glauberg (en torno al año 500 a. C.), con un príncipe merovingio de comienzos de la Edad Media y con la reina Edith de Inglaterra (910-946) demostró que, en todas las épocas, las élites se han alimentado claramente mejor que sus súbditos. Ahora bien, el príncipe de Helmsdorf se alimentaba con un nivel de proteínas similar al de la reina Edith de Inglaterra, esposa del emperador Otón el Grande. Así pues, desde un punto de vista culinario, nuestro príncipe de la Edad del Bronce no iba a la zaga de los reyes de la Edad Media. Un resultado absolutamente digno de destacar.

Los privilegios llegaban hasta la alimentación. La riqueza procura mejores oportunidades en la vida, pero también peligros, al menos en los albores de la Edad del Bronce. Nicole Nicklisch mandó realizar una microtomografía computarizada de la undécima vértebra dorsal, que le había llamado la atención. Con ella quedó fortalecida la sospecha inicial: el príncipe de Helmsdorf no murió de muerte natural. El resultado no deja lugar a la duda: fue un asesinato. El arma homicida fue, con toda probabilidad, un puñal; el asesino era diestro.

Esa vértebra dorsal presenta por su cara interior una lesión tisular producida por un instrumento punzante que transcurre de derecha a izquierda. Alguien clavó al príncipe de Helmsdorf el puñal en el cuerpo con toda su rabia, entre el esternón y el ombligo. Le hirió en el estómago, el hígado y la aorta hasta impactar con la columna vertebral y perforar el hueso. «La fuerza necesaria para ese impacto permite colegir que el asesino fue un hombre», dice Nicole Nicklisch.

La siguiente inspección dio como resultado que el atacante hirió también en el brazo al príncipe y le dislocó el omóplato izquierdo. ¿Por qué ese ensañamiento? No debemos olvidar que apenas poseemos una cuarta parte del esqueleto y que no todos los ataques, ni muchísimo menos, dejan huella en los huesos. El príncipe de Helmsdorf podría haber sufrido muchas más heridas. ¿Fue víctima de una conspiración, como Julio César, de quien se dice que recibió veintitrés puñaladas? En Shakespeare se dice así en un tono un tanto anticuado: «Casca asesta una puñalada a César en la nuca. César cae en sus brazos. A continuación lo apuñalan los demás conjurados finalizando la acción con Marco Bruto». Acto seguido, César pronuncia sus últimas palabras: «Bruto, ¿también tú? ¡Entonces, muere, César!». ¿O fue un solo atacante quien lo asesinó con alevosía, y ya que estamos con Shakespeare, igual que Macbeth al rey Duncan mientras dormía? «¿Pero quién se habría imaginado que el anciano tuviera todavía tanta sangre dentro?» Esa acción, como todo el mundo sabe, hará enloquecer a Lady Macbeth.

* * *

La tarea de Karol Schauer es hacer revivir el pasado. Este artista e ilustrador nacido en Bratislava tiene que dibujar, a partir de los hallazgos (la mayoría de las veces escasos) de los arqueólogos, una visión de conjunto en el verdadero sentido de la expresión. Desde hace muchos años, sus pinturas e ilustraciones dan al Museo Estatal de Prehistoria de Halle un aspecto imponente. Juntamente con el fotógrafo Juraj Lipták, participa activamente en la escenificación de las exposiciones. En su época de estudiante asistió a cursos sobre anatomía, a cursos sobre disección; hoy en día sigue sumergiéndose por completo en el tema que tiene que representar en imágenes. En este sentido, Schauer es una buena opción para debatir con él en la cafetería del museo sobre cómo pudo haber transcurrido el asesinato del príncipe ahora que también va a darle una forma gráfica para el museo.

«Nos hallamos ante una situación de confianza —dice Karol Schauer apartando a un lado la taza de café—. El atacante era una personalidad destacada, alguien cercano al príncipe. Tenía permiso para comparecer armado ante él.» Cualquier otro habría tenido que depositar las armas fuera, de lo contrario le habría sucedido como a Damón, que en el poema *El garante* de Friedrich Schiller se acerca a hurtadillas a Dionisio, el tirano, con un puñal escondido en la vestimenta: «Los guardias lo pusieron entre rejas. / ¿Qué ibas a hacer con este puñal? ¡Habla! / le preguntó el tirano huraño. / ¡Liberar la ciudad del tirano! / ¡Mandaré que te arrepientas de ello en la cruz!».

«Era una persona de confianza, del círculo de sus íntimos —dice Schauer—, ni siquiera estaba presente la guardia personal.» ¿Cómo llega a esa deducción? «Si la guardia personal hubiera estado presente, el asesino no habría podido apuñalarlo tres veces. Después de la primera puñalada lo habrían dejado fuera de combate.» Pero, ¿tal vez la guardia personal estaba de su parte? Podría haber sido un oficial de alto rango, un jefe del ejército. «En todo caso, fue alguien que no mataba por primera vez. La acción testimonia una resolución absoluta.»

¿Cómo podría haber transcurrido? «Vamos a concentrarnos únicamente en lo que nos presentan los huesos, sin especular sobre otras heridas posibles —recomienda Schauer—. A mi juicio, parece obra de un solo atacante. La primera puñalada fue realizada de frente. Le clavó el puñal al príncipe en el estómago con toda su rabia.» Y exactamente entre el esternón y el ombligo. Se requiere una inmensa fuerza para que el puñal perfore una vértebra dorsal después de haberse deslizado por la pared abdominal, los músculos y las vísceras, y ya sabemos que el príncipe estaba bien alimentado. «Agarra un cuchillo e intenta clavarlo en un hueso fresco. La cuchilla resbala.»

Así pues, esa fue la primera puñalada. Schauer vuelve a realizar la demostración de un movimiento resolutivo con un puñal imaginario. Las personas de la mesa de al lado nos miran asustadas y hacen señas a la camarera.

¿Y después? El príncipe herido grita de dolor. ¡Es el puro horror! No había tenido el menor recelo anteriormente, de lo contrario no habría recibido al asesino a solas, y desde luego para nada armado. Fue realmente un momento César: ¿Tú? ¿Por qué? «Debido a la herida, el príncipe se inclina hacia delante, se lleva el brazo izquierdo al estómago en actitud defensiva, y ahí recibe el segundo impacto.» Schauer se da un golpe en ese lugar del brazo. El húmero presenta allí una herida provocada por un golpe con un objeto cortante en la parte expuesta al adversario; presumiblemente, el puñal atravesó el músculo deltoides y el bíceps.

«Lo que sucede a continuación es ya un clásico.» Es evidente que a Karol Schauer le resulta difícil no ponerse en pie de un salto para representar la escena. El príncipe se inclina aún más hacia delante, posiblemente cae de rodillas y ofrece a su enemigo la zona del cuello, involuntariamente, justo la parte entre la clavícula y el omóplato. «Es también el punto en el que los gladiadores romanos colocaban su espada ante el adversario vencido a la espera de que los espectadores indicaran hacia arriba o hacia abajo con el pulgar.» En este último caso, el derrotado recibía el golpe mortal. En ese sitio le alcanzó por tercera vez al príncipe ese puñal de la Edad del Bronce. De nuevo fue asestado con toda violencia, hasta el punto de que se le partió el omóplato. Eso indica gran determinación por parte del atacante, pero también de emociones extremas, pues ya la primera puñalada en el estómago le había provocado heridas de gravedad que, en una época sin servicios de urgencia, eran una sentencia de muerte. «Así es como debió de ocurrir.» Karol Schauer deposita el puñal imaginario en la mesa de la cafetería. Casi estamos a punto de limpiar la sangre del filo con la servilleta blanca.

* * *

¡Nos hallamos tal vez ante el primer asesinato demostrable de un príncipe en la historia universal! Ante el asesinato más antiguo en el que podemos investigar a la víctima del homicidio. Por supuesto, Ötzi fue asesinado aproximadamente 1.400 años antes que el príncipe de Helmsdorf; en las radiografías de la momia puede distinguirse con claridad una punta de flecha en su hombro. Pero Ötzi no era ningún príncipe, a pesar de que el hacha de cobre que llevaba consigo lo identifica como persona con cierto estatus.

¿Y cómo pintan las cosas entre los faraones de Egipto? En las *Instrucciones de Amenemhat* se lee que el rey Amenemhat I fue asesinado. Se dice que su muerte ocurrió en el año 1965 a. C., pero los egiptólogos no están seguros de si ese atentado es tan solo una ficción literaria, ni si Amenemhat perdió la vida en él. A fin de cuentas, el texto lo relata él en primera persona, cuenta cómo lo asaltaron mientras dormía después de que los conspiradores dejaran fuera de combate a la guardia. Sin embargo, lo que lo elimina definitivamente de nuestro lúgubre listado es el hecho de que no poseemos sus restos mortales. En el caso de Ramsés III esto es distinto. Después de investigar su momia, algunos científicos del Instituto para el Estudio de las Momias de Bolzano llegaron a la conclusión de que al faraón lo degollaron; presumiblemente fue víctima de una conspiración del harén. Sin embargo, eso ocurrió casi setecientos años después de lo del príncipe de Helmsdorf.

Y luego, bajo un gran kurgán o túmulo funerario de la cultura de Maikop, en Klady, en el Cáucaso noroccidental, yace un hombre que, según los antropólogos, debía de tener entre veintidós y veinticinco años en el momento de su muerte. La causa parece haber sido un golpe en la nuca con un objeto de unos 4 cm de anchura. No existe ninguna datación por carbono-14; sin embargo, el tipo de tumba nos permite situarlo en la segunda mitad del cuarto milenio a. C. Las lujosas tumbas de la cultura Maikop son designadas en ocasiones como *tumbas principescas* o *tumbas reales*, si bien aquí podríamos hallarnos ante una jefatura. Pese a las lujosas ofrendas funerarias no poseemos ningún indicio de que se tratara realmente de un soberano. Además, el tipo de herida y la edad hablan más bien en favor de una víctima de guerra muerta mientras huía. Por tanto, en el caso del príncipe de Helmsdorf reclamamos hasta nuevo aviso el macabro título de «asesinato más antiguo de un príncipe en la historia universal».

¿Nos hallamos tal vez incluso ante un tiranicidio? Ya expusimos que los primeros Estados solían ser despóticos. Los valores nutricionales prueban que el príncipe comía opíparamente. Sin embargo, el único indicio concreto para la hipótesis del tiranicidio sería la vehemencia con la que se ejecutó el asesinato. El perpetrador tenía sus motivos, y quién sabe cuántas heridas más infligió a su víctima. Más no podemos decir al respecto. El asesinato también pudo haberse perpetrado por motivos de honor, por celos o como un intento de usurpación del trono.

En el caso de que se tratara de un intento de golpe de Estado, parece ser que fracasó. El príncipe de Helmsdorf fue enterrado con todos los honores bajo su túmulo, tal como correspondía a un príncipe de Unetice. Se llevó a la tumba incluso la insignia del rango de príncipe, el aro de oro forjado para llevar en la muñeca. Esto plantea la pregunta acerca de lo que sucedió con el asesino. Presumiblemente no sobrevivió. ¿Lo redujeron enseguida o lo sorprendió su destino más tarde, como en el caso de Bruto y de Macbeth?

¿No podría tener razón incluso el arqueólogo Größler cuando, cien años atrás, creyó haberse topado, bajo el túmulo, con los restos de una persona arrojada a la pira en calidad de «sacrificio»? ¿Podría tratarse del asesino del príncipe? La cerámica del ajuar identifica esta inhumación como un enterramiento mucho más antiguo, correspondiente a la cultura de la cerámica de bandas (en el Reino de Nebra, tal como tendremos ocasión de ver, se quiso establecer con llamativa frecuencia una conexión con tumbas de la cultura de la cerámica cordada, como ocurre en el propio depósito del disco celeste). También la historia de perpetradores de atentados y de tiranicidas hace parecer improbable que el asesino tuviera que seguir por fuerza a su víctima a la tumba. Bruto, el asesino del César, se suicidó después de perder la batalla, y a continuación Octaviano mandó que lo decapitaran y que incineraran sus restos. Robert François Damiens, que tras el atentado al rey francés Luis XV fue sometido a torturas tan terribles que Michel Foucault necesita cuatro páginas en su obra *Vigilar y castigar. Nacimiento de la prisión* para ilustrar esos martirios, finalmente fue descuartizado en cuatro partes e incinerado hasta que no quedó ni rastro de su cuerpo. Asimismo los nazis entregaron al fuego los cadáveres de los militantes de la resistencia protagonistas del atentado a Hitler del 20 de julio y esparcieron las cenizas por los campos de regadío de Berlín. La sed de venganza veda la tumba a quienes cometen tiranicidios o regicidios. Se ordena que sean aniquilados para siempre, para que a nadie se le ocurra imitarlos.

* * *

El asesinato del príncipe de Helmsdorf ofrecería material suficiente a un cantor de aleluyas moralizantes de otros tiempos. ¿Y cuál es la moraleja de la historia? En primer lugar (aunque no nos sorprenda mucho desde la perspectiva actual) vemos que una posición social superior equivalía a una alimentación mejor y, por consiguiente, a mayores posibilidades de supervivencia. En segundo lugar, el príncipe de Helmsdorf y el de Leubingen son los primeros personajes concretos que se elevaron por encima de sus congéneres de una manera nueva, lo cual podía conducir a reacciones en contra, tal como ya postulamos en el capítulo anterior. A partir de únicamente dos casos resulta sin duda absurdo dejarse seducir por grandes interpretaciones. No obstante, es obvio que el dominio de una minoría topa en ocasiones con resistencias enconadas.

Ahora bien, nosotros partimos de la base de que esta no era la regla general en el Reino de Nebra, porque de lo contrario ese Estado no habría existido durante siglos. Lo que hace tan importante el asesinato del príncipe de Helmsdorf es que prueba que el poder en Unetice estaba establecido de tal manera que sobrevivió incluso a un magnicidio. En sociedades más inestables, la consecuencia más probable habría sido un colapso. Por tanto debía haber apoyos institucionales al gobierno que dieran solidez al reino, hasta el punto de que incluso perdurara a un golpe de esa magnitud. Con ello avanza posiciones el hecho de que el entierro con todos los honores del príncipe de Helmsdorf sea otro indicio de que nos hallamos ante el primer Estado en el territorio de la Europa Central.

Finalmente, este resultado podría encajar además muy bien con el disco celeste. Las modificaciones de su programa iconográfico documentan, en la transición de la primera a la segunda fase, una pérdida de conocimiento. Un asesinato principesco sería la explicación perfecta: el propietario del disco celeste fue asesinado antes de que pudiera transmitir ese conocimiento a su sucesor. Naturalmente, ¡eso sería la guinda de nuestra historia! ¿Y si el príncipe de Helmsdorf fuera el artífice del disco celeste? Asesinado por la altanería de pretender comprender los secretos del cielo. Asesinado porque su racionalidad asustó a los dioses. Asesinado porque sus planes de imponer un calendario rígido enfurecieron a la élite y la predispusieron en su contra.

Sin embargo, según el estado actual de las investigaciones, el propietario del disco no pudo haber sido el príncipe de Helmsdorf, enterrado después del año 1830 a. C.: las pruebas arqueológicas de la primera explotación minera del cobre del disco celeste en los Alpes proceden del siglo XVIII a. C. Demasiado tarde para el príncipe de Helmsdorf, aunque se encuentre ya muy próximo en el tiempo al disco celeste. ¿Quién sabe? Tal vez los arqueólogos austríacos descubran pronto una galería más antigua en la región minera de Mitterberg. Ahora bien, también nosotros vamos a encontrarnos con soberanos de un calibre completamente diferente al del príncipe de Helmsdorf.

19

La pirámide del norte

Un reino lleno de príncipes en el que en ocasiones suceden cosas que nos trasladan al escenario de un drama de Shakespeare, ¿no es acaso una mera ensoñación romántica? ¿Acaso somos víctimas del mismo anhelo de un pasado heroico que los excavadores del siglo XIX? La conexión del disco celeste con las tumbas de los príncipes de Leubingen y de Helmsdorf puede ser tan seductora como se quiera, pero implica que estas no fueron fenómenos excepcionales, sino la regla general nada menos que durante siglos. Hasta el momento esto es tan solo una hipótesis que se basa sobre todo en el empleo del mismo oro de Cornualles para el disco celeste, las espadas de Nebra y las joyas principescas. Lo bueno de esta hipótesis es que puede verificarse. Si en la cultura Unetice de Alemania Central gobernaron durante siglos unos soberanos con una preferencia por lo monumental desconocida hasta entonces en Europa, tendrían que existir por fuerza muchos más túmulos, no solo los dos conocidos hasta el momento. ¿No deberíamos ponernos a buscarlos? Pues sí, nos pusimos a la búsqueda de las tumbas perdidas de príncipes.

En primer lugar se escudriñaron archivos, bibliotecas y almacenes de museos. Muchos de los túmulos que, en su día, dominaron sobre el paisaje habían desaparecido siglos atrás. Existen antiguas descripciones como esta, de mediados del siglo XVIII, que con toda probabilidad informa de la apertura de una tumba principesca: «En el año 1747, el canónigo de Taubenheim zu Bendorff, no muy lejos de Dießkau, mandó allanar una colina de perfil regular que había en los campos, en la cual fue hallada una tumba pagana que estaba cubierta hasta lo más alto de grandes piedras del campo sin labrar que formaban una bóveda pero sin obra de albañilería; en la cavidad no se encontró ninguna urna, pero sí una losa plana en el suelo con muchos agujeros redondos, y debajo de esta se halló un hacha y un martillo de guerra de un mineral amarillo, así como algunas piezas de oro, de una buena pulgada de anchura, sinuosas y trabajadas con destreza, bien conservadas, que pueden haber sido una especie de broche para un abrigo o un traje». Por desgracia, ninguno de los objetos descritos se ha conservado.

Durante mucho tiempo se albergó la sospecha de que alguna que otra de las piezas que dormitaban en los almacenes de los museos procedía de una tumba principesca expoliada o excavada inadecuadamente. A menudo no hay ningún informe sobre las circunstancias del hallazgo de los objetos que llegaron al museo en el siglo xix y en ocasiones no existe siquiera la mención del lugar donde se encontraron. Algunas piezas se perdieron en los tiempos revueltos del siglo xx, por ejemplo, una aguja de cabeza de ojal de oro, de nada menos que 23 cm de longitud. Solo ha sobrevivido al paso del tiempo una ilustración deficiente del año 1898 y la nota de que fue hallada en los «alrededores de Magdeburgo». Habría lucido esplendorosa en el abrigo de piel de un gran príncipe.

Bernd Zich, especialista en Unetice, confeccionó una lista de diez túmulos que podrían haber servido de residencia *post mortem* a los príncipes. Todos fueron abiertos o allanados ya en el siglo xix. Únicamente un túmulo seguía intacto por entero; tiene el significativo nombre de *Hoch* [Alto] y se encuentra en el municipio de Evessen. En su cima hay un tilo de ochocientos años. Debido a que está catalogado como monumento natural y a los inmensos y costosos trabajos de excavación que supondría, por desgracia no puede pensarse por ahora en su apertura.

Uno de los túmulos de la lista, el túmulo gigantesco de Nienstedt, lo había inspeccionado en el siglo xix el excavador de Leubingen, Friedrich Klopfleisch: por el tamaño y la arquitectura de la cámara mortuoria de madera situada bajo una coraza de piedra se asemejaba a las tumbas de príncipes conocidas. Sin embargo, los hallazgos (una aguja de bronce sin cabeza, por ejemplo) fueron tan insignificantes que el informe presentado por Paul Höfer más de veinte años después concluía con la suposición de que tal vez las «piezas principales habían sido sustraídas a espaldas del director de la excavación». Con esto encaja también el hecho de que un maestro de escuela encontrara poco tiempo después en la tumba abierta un anillo de oro para el pelo igual que los que poseían los príncipes de Leubingen y de Helmsdorf.

* * *

Así pues, la investigación en los archivos aportó posibles túmulos principescos a pesar de que hacía tiempo que ya habían desaparecido. Pero también tenemos un hallazgo principesco sin túmulo. ¡Y menudo hallazgo! Está compuesto por un brazalete de oro macizo que se asemeja de una manera asombrosa al de Leubingen, así como otros dos brazaletes más, de oro, más anchos y estriados. La pieza principal es un hacha de oro, una obra maestra sin apenas parangón en Europa. Un lingote-torques cuyos extremos forman una especie de ojal (Ösenring), fabricado con electro, una aleación de oro y plata, completa el conjunto. Por el tamaño podría haber servido de brazalete tal vez a un niño o a una niña. Cabe destacar que se conoce otro anillo que se asemeja en la forma y en el material utilizado y que procede de Oriente Próximo, de la ciudad de Biblos, en el Líbano.

Como lugar del hallazgo de este tesoro se indicó el *Saures Loch* [Agujero ácido] cerca de la localidad de Dieskau, un terreno cenagoso en el cual fue descubierto al parecer en 1874 durante unas labores de drenaje. Un joyero de Leipzig vendió el hallazgo de oro a los museos reales de Berlín. Después de que el ejército rojo conquistara la capital alemana en 1945, los soviéticos transportaron el oro de Dieskau junto con el tesoro de Troya de Heinrich Schliemann a Moscú. En la actualidad pueden verse ambos en el Museo Pushkin. El Museo Estatal de Prehistoria de Halle está en posesión de una copia de este extraordinario conjunto.

Siempre hubo sospechas de que el oro de Dieskau no era ningún depósito, es decir, un tesoro enterrado deliberadamente, sino que procedía de un expolio de tumbas encubierto. Ya en tiempos de la RDA se había inspeccionado en las cercanías un túmulo sospechoso, pero las investigaciones no arrojaron ningún resultado. La idea de que podríamos estar ante el ajuar de una tumba principesca es tentadora al menos por dos motivos: las armas de oro siempre fueron en la Antigüedad una excepción destacada; aparecen sobre todo en

Oriente como insignias de los soberanos divinizados. Se han encontrado puñales de oro en las tumbas reales de Ur y en el sarcófago de Tutankamón en el Valle de los Reyes en Egipto. Ya vimos en el penúltimo capítulo que en Unetice existía un sistema de distinción social fijado con extrema precisión. El depósito de oro de Dieskau es tan exorbitante que hace saltar por los aires ese sistema. Pesa el triple de lo descubierto en las tumbas de los príncipes. Si fueran ciertas las hipótesis sobre que Unetice era una sociedad rígida y de estratificación extrema, tras ese tesoro tendría que ocultarse por fuerza un personaje excepcional. ¿Había un rey en Dieskau? Esta es una idea atrevida; de hecho, algunos arqueólogos consideran ya una exageración sostener que los príncipes de Leubingen y de Helmsdorf fueran algo más meros jefes.

Lo que sí concuerda es que los hallazgos del Bronce Antiguo de la zona de Dieskau han hecho famosa a la región: allí se encontró la tumba principesca mencionada al comienzo, que fue abierta en el siglo XVIII; los mayores depósitos de armas proceden asimismo de esta región: depósitos con hasta trescientas hachas enterradas. Por tanto, ¿existió en alguna parte un túmulo colosal?

* * *

Como es natural no nos limitamos a la lectura de los documentos. En primer lugar se examinaron las imágenes aéreas tomadas sistemáticamente con fines arqueológicos para valorar huellas sospechosas. Ralf Schwarz, del Servicio de Arqueología de Sajonia-Anhalt, identificó enseguida en dos casos unas estructuras por debajo de grandes colinas circulares que podían indicar un enterramiento orientado de norte a sur, típico de la cultura de Unetice. Los equipos de excavación salieron de sus cuarteles. En la primera colina, situada no muy lejos de Helmsdorf, descubrieron que por desgracia se habían equivocado por unos cuantos siglos: encontraron una mota medieval, una fortificación pequeña, la mayoría de las veces erigida en madera. Los excavadores tuvieron más éxito en Tarthun. Sin embargo, tampoco hallaron allí el sepulcro de un príncipe, aunque sí un enterramiento del Bronce Antiguo que había sido construido sobre una tumba de la cultura del vaso campaniforme con un rico ajuar funerario. A pesar de todo, fue una decepción.

De nuevo el azar sonrió a los arqueólogos. A las manos de Torsten Schunke, arqueólogo de campo del Servicio de Sajonia-Anhalt, fue a parar una fotografía aérea que no había sido tomada con fines arqueológicos. En ella se apreciaba un campo de cereal color verde intenso con área circular más clara. Tenía todo el aspecto de ser los vestigios de un túmulo. Aunque con un diámetro de más de ochenta metros parecía demasiado grande (Leubingen y Helmsdorf no medían siquiera la mitad), se decidieron a ir hasta el fondo en el sentido literal de la expresión. A fin de cuentas, se hallaba en la zona de Dieskau, bendecida con multitud de hallazgos.

En la superficie no había restos visibles. Sin embargo, la investigación geomagnética suministró indicios de estructuras diferenciadas en el interior del círculo. Ciertamente, el magnetómetro ofrecía pocas esperanzas de dar con un enterramiento todavía intacto, pero estaba claro que un sondeo permitiría aclarar la situación. Habíamos hallado algo destacable: un túmulo sin túmulo. Y tal como se comprobaría después, fue lo mejor que podía sucedernos.

Por algo Torsten Schunke, uno de esos arqueólogos a los que se ve luchando contra viento y marea en excavaciones que exigen gran esfuerzo físico, se lanzó con el mayor de los entusiasmos a investigar en los archivos. El estudio de los documentos demostró enseguida que había dado en la diana. La colina que ya no existía no solo poseía un nombre, Bornhöck, también era una celebridad caída en el olvido, un testigo de excepción de la Historia con mayúscula. Hasta bien entrado el siglo xix, la colina de Bornhöck, con un diámetro de más de 80 m y casi 20 m de altura, era un elemento clave en el paisaje. En un radio de diez kilómetros no había ninguna elevación mayor.

Un documento del año 1354 hablaba por primera vez del «gran Bordenhoick en la aldea desierta»; el auge de la cartografía en el siglo xvi llevó su destacada silueta a muchos mapas; en el siglo xviii marcaba la frontera entre Sajonia y Prusia. ¿Y qué hizo en 1745 el «Viejo de Dessau», es decir el príncipe Leopold I de Anhalt-Dessau, cuando recibió la noticia de que los prusianos habían vencido en Bohemia al ejército austro-sajón? Subió a la colina de Bornhöck con una bandera para dar la señal a los cañones de que dispararan salvas en dirección a Sajonia.

Sin embargo, nada de esto salvó al «patriarca de todos los túmulos». En 1844, la colina de Bornhöck corrió la misma suerte que la mayoría de los túmulos. Una tal señora Zimmermann de Lochau, propietaria de explotaciones mineras y de los terrenos en los que se encontraba el monumento funerario, recibió la autorización de allanar la colina. «Se sabía que estaba compuesta por tierra negra de buena calidad —relata Schunke—. El volumen era tan impresionante, que ya de entrada se concedió al comprador el plazo de sesenta años para allanar la colina.» Schunke encontró ciertamente notas acerca de que la «Asociación Turingio-Sajona para el Estudio de la Antigüedad de la Patria y la conservación de sus monumentos» estuvo interesada en una excavación; sin embargo, los documentos no ofrecían datos más concretos. Schunke decidió ampliar las indagaciones en los archivos en cuanto los trabajos de excavación lo permitiesen.

* * *

El corte practicado en el verano de 2014 confirmó todas las esperanzas. Efectivamente, en su día se elevó allí un túmulo del Bronce Antiguo de 65 m de diámetro, presumiblemente ampliado en la Edad Media con fines defensivos. Sin embargo, lo que electrizó a los excavadores fue que, a pesar de que su diámetro era el doble de lo habitual, el túmulo de Bornhöck, desaparecido en la actualidad, poseía la misma estructura que los túmulos de los príncipes de Leubingen y de Helmsdorf: había una cámara funeraria de madera, una coraza pétrea maciza y una cubierta de tierra que lo envolvía todo. Ahora quedaban ya solo unos pocos restos de la antigua base del túmulo. Por las dimensiones del túmulo de Bornhöck debió tratarse de la última morada de un príncipe de un calibre completamente nuevo. Así que continuaron excavando.

«Por supuesto que estábamos decepcionados de que el túmulo hubiera desaparecido —dice Torsten Schunke—. Sin embargo, rápidamente constatamos que era una suerte que hubiera desaparecido.» Un túmulo de esas dimensiones no se desmontaría hoy en día en su totalidad. Presumiblemente echaría para atrás ese proyecto el inmenso esfuerzo necesario para penetrar en su interior. «Pero de esta manera alcanzamos la base del túmulo con un esfuerzo relativamente moderado, llegamos al nivel en el que habían tenido lugar todos los trabajos durante la Edad del Bronce y en donde se había levantado la cámara funeraria.» Es impresionante todo lo que el equipo de

Schunke descubrió con olfato criminalista. Y con ello no nos referimos a la botella de aguardiente hecha con gres que un trabajador del siglo XIX debió de abandonar allí. Estaba vacía.

Lo que allí se puso en práctica fue una arqueología de la edificación. Por primera vez podía comprenderse paso a paso cómo se construyó un túmulo principesco en el Bronce Antiguo. Para levantar la colina artificial se amontonaron cantidades inmensas de tierra, de la cual se conservaba una capa que en algunas zonas tenía unos centímetros de espesor, mientras que en otras superaba el medio metro. A los excavadores les llamó la atención que la tierra negra estaba mezclada con materiales propios de un poblado, como huesos de animales y fragmentos de cerámica de la Edad del Bronce. Klopfleisch había observado algo similar en Leubingen, pero lo consideraron los restos de un sacrificio, y Größler, el excavador del túmulo de Helmsdorf, informó acerca de una «tierra muy negra, cenicienta». Sin embargo, los arquitectos del túmulo desdeñaron para la construcción del túmulo de Bornhöck la mezcla de arena, limo y arcilla de origen glaciar presente en el lugar y de fácil utilización. A su príncipe le reservaron exclusivamente la tierra más fértil. Los arqueólogos detectaron pronto el lugar de origen de la tierra. A trescientos metros de distancia se encontraba una depresión del terreno de una hectárea y media de extensión. En la Edad del Bronce allí había existido una aldea, cuyos restos fueron ofrendados al difunto para su último viaje.

* * *

En una primera fase, los trabajadores amontonaron tierra hasta alcanzar los 35 m de diámetro. Luego se añadieron otras cinco capas, cada una de ellas de 3,5 m de espesor, que se observan con toda claridad en el perfil del terreno. Puesto que ninguna de ellas muestra huellas marcadas de erosión, el túmulo se debió de completar con relativa rapidez. Posiblemente cada año, cuando la cosecha ya estaba recogida y se podía prescindir de la mano de obra, se añadía una capa nueva.

La dimensión del núcleo de piedra, así como la arquitectura de la cabaña funeraria cubierta por este, prueban que desde el principio estaba planeado construir un túmulo monumental. La capa inferior se conservaba en parte. Estaba formada sobre todo por bloques erráticos de época glacial de 90 cm de lado puestos directamente encima del suelo de la Edad del Bronce. Algunos se encontraban en su posición original, mientras que otros habían sido desplazados por los trabajadores que desmontaron la colina artificial en el siglo XIX. La gran mayoría, sin embargo, se los habían llevado y los habían reutilizado para construir cimientos.

La investigación geológica dio como resultado que la mayor parte de las rocas, como el pórfido y la arenisca, no eran locales. Los afloramientos aprovechables más cercanos estaban a una distancia de entre ocho y doce kilómetros. La arenisca roja y la toba calcárea procedían incluso de una zona situada a más de treinta kilómetros. Tuvieron que ser silgadas río arriba por el Saale y el Elster Blanco. En total se identificaron siete procedencias diferentes: ¿acaso estaba obligado todo el país a contribuir en la construcción de la tumba del soberano? Entre las piedras se encontró también un menhir, posiblemente una reminiscencia de las creencias de los antepasados. Sin embargo, todavía más sorprendente fue que entre las piedras que quedaban había gran cantidad de fragmentos de molinos de mano de tamaño mucho mayor que los que se encuentran normalmente. En un informe del siglo XIX se comentaba que un trabajador se había llevado un ejemplar particularmente espléndido para colocarlo en su jardín. Como es natural, Schunke inspeccionó de inmediato los jardines de los alrededores, pero sin éxito.

Roberto Risch, profesor de arqueología en la Universidad Autónoma de Barcelona y especialista en cuestiones relacionadas con la historia social examinó los molinos. Por regla general, la laboriosa molienda del cereal era llevada a cabo por mujeres. Esto lo demuestran los análisis antropológicos de esqueletos, que en el caso de las mujeres suelen presentar huellas específicas de desgaste en las articulaciones de los pies y de las caderas. Son el resultado de horas y horas de molienda agachadas. Las investigaciones de Risch en sociedades tradicionales en África o en la India de hoy en día apuntan también en este sentido.

Ahora bien, las piedras de moler de Bornhöck no fueron pensadas para el uso doméstico. Para ello eran excesivamente grandes. «Por lo general» —comenta Risch—, «cuanto mayor es la superficie de molido, mayor es la cantidad de harina obtenida, pero entonces hay que emplear más mano de obra». Por desgracia, en el túmulo solo aparecen las piedras soleras, pero raras veces las piedras volanderas, las muelas de molino superiores. «Las muelas tuvieron que ser tan pesadas que seguramente hacían falta dos personas para moverlas» —explica el arqueólogo—. «En los únicos ejemplos que conozco en los que se usaran molinos tan grandes, este trabajo recaía en esclavos o prisioneros de guerra.» Con ellas podían molerse cantidades ingentes de harina: tan solo con las piedras de molino utilizadas en el nivel inferior del túmulo, podía producirse harina hasta para mil personas por día, según los cálculos aproximados de Risch. Pero ¿por qué no iban a haber puesto también otras similares en los niveles superiores?

Los molinos de Bornhöck tienen gran valor en sí mismos. La búsqueda de las rocas adecuadas del tamaño correcto era laboriosa. Tenían que ser granulosas y, al mismo tiempo, resistentes a la abrasión, de manera que no fuese a parar demasiada arenilla a la masa del pan. «Eran un recurso valioso que se empleaba el mayor tiempo posible», dice Risch. Sin embargo, muchas de las piedras de moler encontradas en el túmulo de Bornhöck presentan escasas huellas de haber sido utilizadas. Por lo tanto, la obra de la tumba no se utilizó como vertedero de herramientas inservibles, sino que al difunto se le ofrecieron deliberadamente medios de producción intactos.

Las piedras de molino eran enormes; sin embargo, había también otros objetos diminutos enterrados en la tierra negra y hallados por los arqueólogos, como por ejemplo un objeto de arcilla de color marrón rojizo, de apenas un dedo de grosor, con varias incisiones anulares y un orificio circular en el centro de cada una de ellas. Se trata del primer *Brotlaibidol* [«ídolo en forma de hogaza»] que los arqueólogos han encontrado en Alemania Central. Durante mucho tiempo, a ese «pastel alargado de terracota» (según la descripción de un excavador del siglo xix) se le atribuyó una relación con el culto, de ahí la graciosa designación. Sin embargo, actualmente se piensa que poseían una función en el comercio suprarregional: «Podrían haber servido para legitimar a los comerciantes, pero también como albarán de entrega o acuse de recibo para mercancías» —dice Schunke—. «Tal vez existían piezas equivalentes moldeadas en cera. En otros lugares se han encontrado también sellos de arcilla que se asemejan a estos "ídolos"».

Se conocen objetos similares sobre todo procedentes de la Italia septentrional, de la parte occidental de Eslovaquia y del noroeste de

Hungría. Algunos indicios hacen pensar que desempeñaban un papel en el comercio del cobre. En este sentido, la pieza incompleta procedente del túmulo de Bornhöck apunta a la existencia de relaciones comerciales de larga distancia. Sin embargo, no se trató de una ofrenda funeraria intencionada. «La encontramos entre los fragmentos de cerámica y de huesos de animales en la tierra negra que procedía de la aldea demolida para la construcción del túmulo.»

* * *

En el centro del túmulo, los arqueólogos excavaron las huellas de la cámara funeraria. Troncos de roble de 50 cm de diámetro cortados en dos a lo largo estuvieron unidos aquí formando una cabaña en forma de tienda de campaña. El interior medía 2,80 × 5,40 m, y tenía una altura de al menos 2,50 m. Allí donde en Leubingen y en Helmsdorf bastaban uno o dos postes de entre 40 y 50 cm, en el túmulo de Bornhöck soportaban el peso tres pilares el doble de gruesos.

En varios lugares había grandes cantidades de virutas, la mayoría de las cuales solo se conservaba como una masa viscosa. Los carpinteros habían tallado *in situ* los maderos de roble. La cámara mortuoria, tal como corresponde a un representante de la cultura de Unetice, estaba orientada de norte a sur. E igual que sus predecesores estuvo en su día cubierta por capas de juncos. Los arqueólogos detectaron también zonas con hogueras, en donde los trabajadores de la Edad del Bronce troceaban las piedras. Los fragmentos eran necesarios para encajar los bloques de la base de la construcción y formar una capa de grava que distribuyese la presión que soportaba la cámara funeraria.

El carbón vegetal procedente de las hogueras suministró a través del carbono-14 una datación que, con toda probabilidad, se remonta en torno al año 1800 a. C. Por consiguiente, el túmulo de Bornhöck es aproximadamente 140 años más reciente que el de Leubingen y fue levantado entre veinte y treinta años después del de Helmsdorf. Por tanto, durante toda esa época existió una arquitectura mortuoria estandarizada para príncipes.

«Me impresionó especialmente encontrar las roderas de los vehículos de transporte —relata Schunke—; bajo el peso de las piedras, las ruedas se clavaban bien hondo en el suelo.» Conducen directamente desde el norte a la coraza de piedra del túmulo. La distancia entre los ejes de los carros de la Edad del Bronce era de 115 cm; se corresponde sorprendentemente con la medida de las huellas de rueda que se conocen desde el Neolítico en el norte de Europa y con las procedentes del Bronce Medio del distrito del Saale. Es como si por aquel entonces hubiera habido ya una ITV prehistórica.

Esos carros transportaron también la tierra. Gracias a las distintas coloraciones de los abocamientos de la tierra puede reconstruirse el volumen de las cargas: 1,2 m³, lo cual corresponde a una masa de 1,7 t. A modo de comparación ponemos el ejemplo de una carretilla de jardín actual que tiene una capacidad de 0,1 m³. «Con semejante carga hay que pensar en carros de dos ejes tirados por una yunta de bueyes —dice Schunke—, pero por otra parte también tiene la pinta de que la tierra se volcaba de golpe cada vez, lo cual hablaría en favor de carros de un solo eje.»

Schunke calculó la logística que hay detrás de la construcción del túmulo. Solo el núcleo de piedra poseía un volumen de por lo menos 500 m³. La cantidad de tierra ascendía a más de 20.000 m³. Era de seis a siete veces más que en los túmulos principescos conocidos hasta entonces, y estos eran ya enormes. Para la capacidad de 1,2 m³ en un carro tirado por una yunta de bueyes, eso significaba más de 17.000 viajes, y eso solo para la tierra. Con una distancia de transporte de 300 m, la suma final es de alrededor de 10.000 km. Aunque la mitad se hizo sin carga, eso implica un desgaste inmenso en ruedas, ejes y carros. Continuamente había algo que engrasar o que arreglar. Y eso se refiere únicamente al transporte de la tierra; no vamos a hablar de las masas de piedra que hubo que traer desde una distancia de hasta treinta kilómetros por embarcación y en carros. Y además, la tierra tuvo que ser cargada a paladas en los carros y luego acarreada con cestos, cuévanos o angarillas hasta la parte cada vez más alta del túmulo. Por tanto no es de extrañar que se tardase también varias décadas en desmontarlo.

Determinar la altura de un túmulo desaparecido no es tarea sencilla, máxime cuando parece haber sido ampliado en la Edad Media. Los valores estimados varían entre los trece y los quince metros. Un sepulcro verdaderamente monumental en el paisaje llano de Dieskau. El efecto que causaba podría haber sido aún más extraordinario si tenemos en cuenta que en una franja de entre uno y dos metros de anchura, justo alrededor de la capa más exterior de la construcción, saltaban a la vista abundantes restos de cal. Allí se había filtrado agua de lluvia con saturación de cal por las grietas de secado de la superficie de la tierra. Al parecer, el túmulo de Bornhöck estuvo en su día blanqueado con cal. Por la etnología sabemos que los túmulos en China o en Vietnam se cuidan de una manera ritual, se trata de un culto activo a los antepasados. Los arquitectos del túmulo de Bornhöck pudieron inspirarse en Stonehenge; no en vano el estaño y el oro proceden de la vecina Cornualles. Obras de tierra como el túmulo de la cultura de Wessex lucen allí de color blanco porque están levantados con el suelo de yeso del sur de Inglaterra. Esta no será la única pista que apunte hacia Stonehenge.

Bornhöck fue el Moby Dick de los túmulos. Nunca antes se había visto un coloso semejante en la Europa Central. Lo que lo hacía destacar no era solamente el impresionante trabajo realizado. El difunto fue pertrechado de la mejor manera para su viaje al más allá, se le ofrendó toda una aldea, tierra negra fértil y suficientes piedras de molino para alimentar a muchos centenares de personas. Y además estaban las ofrendas funerarias personales, que desaparecieron igual que sus restos mortales. Al soberano no debía faltarle de nada en el otro mundo.

La fortuna invertida en medios de producción y el enorme esfuerzo de trabajo y de coordinación convierten al túmulo de Bornhöck en una obra maestra de la logística, en una pirámide del norte. Eso no era posible sin una autoridad planificadora operativa a lo largo de los años; solo ella podía disponer de un ejército de trabajadores y de carros, y poseía el poder para asegurar su dedicación duradera a la tarea. Y ello tiempo después de la muerte de un soberano. Por tanto se trata de pruebas claras de la existencia de un Estado y de la necesidad de llevar un control preciso del tiempo: aquí es donde entra en escena el disco celeste. Ahora, como es natural, nos urge responder a la pregunta siguiente: ¿quién mereció semejante esfuerzo megalómano?

20
¿Rey del disco celeste?

¿No deberíamos sumar uno más uno? Detectamos un exorbitante túmulo funerario principesco y había un descomunal tesoro que supuestamente fue encontrado a solo 2.800 m de distancia, en el Saures Loch, justo en la época en la que fue allanado el túmulo de Bornhöck. ¿No iban a tener realmente nada que ver el más grande e importante hallazgo de oro de la Edad del Bronce Antiguo en la Europa Central (el depósito de Dieskau) y el más grande e importante túmulo de la Europa Central (el de Bornhöck)? Por ese motivo continuamos las excavaciones a toda marcha en dos frentes, tanto en el campo como en los archivos. ¿Y qué sucedió? Que nos tropezamos de nuevo con una novela policíaca de expoliadores de tumbas, mejor dicho, con dos novelas policíacas nada menos.

En los archivos universitarios de Halle, Torsten Schunke halló la correspondencia de la Asociación Turingio-Sajona para el Estudio de la Antigüedad, que mostraba que esta había manifestado un gran interés en el túmulo de Bornhöck durante el siglo xix. Desde los años veinte de ese siglo, los miembros de la asociación debatían acerca de excavar o no la colina de Bornhöck, pero se echaron atrás en todas las ocasiones a la vista de sus colosales dimensiones. Durante las décadas en que se allanó la colina de Bornhöck a partir del año 1844, la asociación intentó mantener la vigilancia sobre el túmulo para que no se perdiese ningún hallazgo. Rudolf Virchow visitó el túmulo de Bornhöck en 1874. Este médico y antropólogo había apadrinado también a Heinrich Schliemann en sus excavaciones de Troya y era el protagonista de la reciente disciplina de la Prehistoria y la Protohistoria.

Asombrado, designó el túmulo de Bornhöck como «el mayor monumento de este tipo en nuestras tierras». Por aquel entonces todavía se alzaban las paredes de tierra hacia el cielo.

Mientras Schunke avanzaba en la lectura de la correspondencia de la asociación, los arqueólogos Juliane Filipp y Martin Freudenreich realizaban emocionantes descubrimientos en el archivo central de los Museos Estatales de Berlín. Encontraron un escrito de F. F. Jost, propietario de una relojería y joyería en Leipzig. El 2 de junio de 1874, este se dirigió a la dirección de los Museos Reales en Berlín ofreciéndoles la venta de algunos objetos «de oro fino, de peso importante y de una tosquedad propia de bárbaros». «Esos objetos fueron encontrados hace no mucho tiempo a dos horas y media de Leipzig, en la zona en la que se dice que tuvo lugar la batalla de los hunos.» Los museos de Berlín compraron las cinco piezas por ochocientos táleros, es decir, por dos mil cuatrocientos marcos imperiales. Las descripciones con el peso exacto en las actas de adquisición no dejan ningún resquicio a la duda de que se trataba de aquel tesoro de Dieskau que, en la actualidad, puede admirarse en el Museo Pushkin de Moscú.

Pero entonces, Filipp y Freudenreich dieron con un escrito que arrojaba una luz diferente sobre este asunto: el propietario del señorío de Dieskau, C. von Bülow, se dirigió por carta a la administración de los Museos de Berlín en el año 1880 e informó de que estaba investigando el hallazgo con el apoyo de la Real Fiscalía del Estado, ¡ya que este se había realizado en sus tierras! Según él, durante las labores de drenaje del Saures Loch, un trabajador descubrió las piezas, las ocultó y las vendió por un precio muy bajo a un trapero de Schkeuditz, quien a su vez las malvendió en Leipzig al comerciante Jost. «Tal como se desprende de las actas correspondientes de la Real Audiencia Territorial de Halle, los dos primeros fueron conscientes de la ilegitimidad de su manera de proceder —escribe von Bülow—. En cambio, este último, Jost, afirmó en su declaración que en la adquisición no había prestado ninguna atención a la procedencia de los objetos.»

Por desgracia, von Bülow se enteró tarde acerca de este asunto. También había afirmado Jost al principio que había fundido los objetos de oro, pero que después el propietario del señorío se enteró de que el joyero los había vendido a Berlín, razón por la cual von Bülow esperaba ahora una indemnización por parte de los museos, ya que el oro había sido descubierto en sus tierras.

Lo que catapultó a dimensiones completamente nuevas al tesoro de Dieskau fue que von Bülow informó acerca de que el hallazgo original no constaba solamente de cinco, sino de trece piezas. En total, todo el oro pesaba, según él, cuatro libras prusianas, y Jost había pagado tres mil marcos imperiales por él. Así pues, si solo se enviaron a Berlín cinco piezas para su venta al museo, ¿qué sucedió entonces con las ocho restantes? El oro fue fundido, dijo Jost, pero eso ya era mentira la primera vez.

Los cinco objetos conservados, que fueron vendidos en Berlín en el año 1874, pesaban juntos 635 g. Sin embargo, cuatro libras prusianas dan la impresionante cantidad de 1.868 g. ¿Dónde estaban las ocho piezas restantes con nada menos que 1.200 g de oro? Y, sobre todo, ¿de qué piezas se trataba? Como es natural nos pusimos de inmediato a hacer nuestros cálculos. Dado que los príncipes de Unetice se llevaban a la tumba un número doble de armas, había que suponer la existencia de una segunda hacha de oro; seguramente poseía también dos puñales de oro; luego faltaban las dos agujas de cabeza de ojal, los dos anillos para el pelo y la espiral de oro para completar el ornato típico de un príncipe de Unetice. Eran, en efecto, las ocho piezas que faltaban. ¿Casualidad?

Admitido este hecho, entonces deberían haber sido puñales muy pesados para alcanzar las cuatro libras prusianas de oro. Por supuesto que hay que tomar con extraordinaria cautela los datos acerca del número de piezas y el peso, pero dado que von Bülow, el propietario de las tierras, solo esperaba una indemnización del museo por las cinco piezas, y dado que se había recurrido a la Fiscalía del Estado, los datos de von Bülow parecen fiables. Incluso el precio de compra que Jost pagó por el conjunto original confirma las cifras. Con el patrón oro que pasó a ser legal en el Imperio Alemán en el año 1876, el precio del kilo de oro estaba marcado en 2.790 marcos imperiales. Por consiguiente, el hallazgo de Dieskau habría alcanzado un precio de 5.211 marcos imperiales en el caso de que hubiera sido de oro puro. Sin embargo, el lingote-torques era de electro, una aleación de oro y plata, y tal como demostraba el disco celeste, el oro prehistórico podía contener más del 20 % de plata. Las cuatro libras de oro podrían haber sido también un redondeo hacia arriba. Por consiguiente, los tres mil marcos imperiales parecen un precio real, sobre todo para un oro de origen sospechoso.

Ahora bien, nosotros ya tenemos nuestras experiencias con expoliadores y traficantes de obras de arte. Sabemos con cuánta cautela hay que proceder con semejantes historias de hallazgos. En este sentido, ahora igual que antes nos resulta difícil creer que el mayor tesoro de la Edad del Bronce en la Europa Central se hallara, como dicen que fue hallado, en una depresión pantanosa del terreno llamada Saures Loch, mientras que a menos de tres kilómetros de distancia fue allanado el túmulo de la Edad del Bronce de esta región, un trabajo en el que estuvo implicada mucha gente durante décadas, en unas obras sin vigilancia ni control. De hecho, en el denominado *Grupo circumharziano de la cultura Unetice*, nunca se incluían objetos de oro en los depósitos. En esto parece haber existido una especie de tabú. Solo se encuentran objetos de oro en las tumbas de las élites. No contradice esta práctica siquiera el depósito del disco celeste, en el cual ciertamente hay oro, pero aparece tan solo como elemento aplicado sobre bronce. También en él las hachas y las espirales depositadas son de bronce, a pesar de que habrían podido permitirse con toda seguridad acompañar una pieza tan destacada con brazaletes de oro. En resumidas cuentas, estamos convencidos de que el oro de Dieskau procede del túmulo de Bornhöck.

Están en marcha algunos experimentos para verificar esta hipótesis, si bien resulta difícil averiguar cuándo se efectuaron labores de drenaje en unos terrenos corrientes, especialmente cuando ya han transcurrido 150 años. Sin embargo, los primeros indicios apuntan a que no se efectuó ningún trabajo de drenaje en el Saures Loch en el año 1874. Tampoco se han encontrado hasta el momento indicios que lo hagan parecer como un lugar de depósito probable en la Edad del Bronce Antiguo. Las prospecciones con detectores de metales no dieron ningún resultado.

Con todo lo que sabemos acerca de la obsesión de los representantes de la sociedad de Unetice por los temas relacionados con los símbolos de estatus, esas piezas solo pueden proceder de un contexto principesco. Uno de los brazaletes coincide en el estilo, incluso en la decoración, con el de la tumba del príncipe de Leubingen. El arqueometalúrgico Ernst Pernicka, que analizó los metales del disco celeste, tuvo ocasión entretanto de estudiar en el Museo Pushkin de Moscú algunas de las piezas de la colección de Dieskau. En la inspección quedó demostrado que los dos brazaletes acanalados y el hacha de

Dieskau fueron fabricados con el mismo oro pobre en plata que los pasadores para el pelo de Leubingen y de Helmsdorf. Es una pena que en el lote de Dieskau no se conserve ninguna de las agujas pertenecientes en su día al aderezo de oro, pues seguramente estarían hechas del mismo oro de Cornualles que las agujas de Leubingen y de Helmsdorf, que a su vez es el oro del disco celeste. De esa manera quedaría cerrado el círculo. Y si el túmulo de Bornhöck tenía un volumen siete veces mayor que el túmulo de príncipes del tipo de Leubingen, ¿por qué no iba a contener también una cantidad de oro siete veces mayor que este? Los representantes de la cultura de Unetice eran muy meticulosos en este tipo de asuntos.

* * *

Así pues, esta fue la primera novela policíaca relacionada con el túmulo de Bornhöck. Ahora viene la segunda, y esta, tal como ocurre en las buenas novelas policíacas, primero puso patas arriba todo aquello que se tenía por seguro. Pese a que estábamos convencidos de que el tesoro procedía del túmulo de Bornhöck, todo parecía indicar que no había reposado en la cámara mortuoria central situada en el corazón del túmulo y construida con imponentes troncos de roble. Los hechos que explican todo esto parecen salidos de un relato de suspense de Dan Brown. La historia comienza con unos perros muertos.

Los excavadores del equipo de Torsten Schunke se toparon con unos esqueletos de perros. Yacían directamente junto a la cámara funeraria. Una de dos: o los perros murieron allí o se depositaron allí sus cadáveres. «¿Perros muertos? ¡Claro! Del siglo XIX», fue el primer pensamiento de Schunke. A fin de cuentas se habían encontrado también botellas de licor y picos de metal de esa época. «Nos llevamos una gran sorpresa cuando llegaron los resultados de la datación por carbono-14 del laboratorio.»

No, los perros no eran del siglo XIX, pero tampoco tenían 3.800 años de antigüedad, por tanto, no procedían de ningún modo de la Edad del Bronce, aunque esto habría podido explicarse. ¡Los huesos de perros eran de la Edad Media! De entre los años 1170 y 1220 d. C. «No nos lo podíamos creer», dice Schunke y se echa a reír. Ahora bien, ¿cómo habían ido a parar los animales al interior? ¿Habían escarbado más de treinta metros y luego atravesaron la coraza pétrea? ¡Imposible!

No fueron las palas sino las consultas a los archivos lo que desveló el enigma. Schunke se sumergió cada vez más profundamente en la correspondencia de la asociación, y entonces realizó el hallazgo decisivo: al allanar la colina de Bornhöck, los trabajadores se toparon en el año 1851 con una galería. El secretario de la Asociación para el Estudio de la Antigüedad informó al Gobierno del reino: «Esa galería no se construyó al mismo tiempo que el túmulo, sino que fue excavada mucho más tarde desde el exterior (por algún motivo desconocido y acaso completamente insignificante para la ciencia), tal como demuestran con toda claridad las huellas de los golpes dados con la azada en el techo y en las paredes laterales».

Dado que esa galería parecía amenazar con derrumbarse, la asociación se puso manos a la obra para construir un túnel hasta el centro del túmulo. «Por desgracia es muy defectuoso el estado de las actas», se queja Schunke. Como mínimo es seguro que la asociación encargó al ingeniero jefe de minas, el señor Thümler, que llevara adelante los «trabajos mineros pertinentes» hasta dar con el cono de piedra, para que los miembros de la asociación pudieran estar presentes durante la apertura. Sin embargo, más tarde Thümler afirmó con insistencia que él había entendido que solo debía informar a la asociación si sus hombres se topaban con algo especial. Como no fue ese el caso, aseguraba, los trabajadores prosiguieron con su galería a través de la coraza pétrea hasta la parte más interna del túmulo sin informar a nadie.

Lo que viene ahora es un completo misterio. Lo que allí encontraron los trabajadores fue una decepción absoluta para la asociación: el «espacio más interior se hallaba relleno de mantillo», consta en el informe final del año 1853. «No se halló ningún espacio vacío, ni ningún tipo de aperos de madera, de metal o de loza, ni tampoco el menor rastro de un enterramiento, ni restos de cremación ni de esqueletos humanos.» ¡Uno se imagina cómo debió restregarse los ojos Torsten Schunke al leer esto en las actas! ¿Cómo era posible que la cámara funeraria del túmulo de Bornhöck estuviera vacía, mejor dicho, llena de tierra? Él mismo había visto las huellas de las imponentes estructuras de madera. ¡No podía ser!

Había tres explicaciones posibles. Primera: los trabajadores de Thümler, el ingeniero jefe, no siguieron las indicaciones de la asociación de estudios históricos, sino que atravesaron la coraza pétrea hasta llegar a la cámara funeraria por su cuenta y riesgo, y se llevaron cuanto había, es decir, la expoliaron, y a continuación la rellenaron de tierra para borrar sus huellas. Segunda: los trabajadores no se toparon con la cámara, lo cual no puede descartarse debido a las dimensiones del túmulo. Tal como mostraron las investigaciones arqueológicas, la cámara consistía en una construcción de madera de roble, maciza y muy considerable. Por ello sorprende que el informe no mencione este hecho en ningún pasaje, sino que subraya insistentemente que no se encontraron en el túmulo «ningún tipo de aperos». Además, la cámara estaba construida de una manera tan sólida que era impensable que hubiese entrado tierra en ella, y mucho menos a través del núcleo de piedra. A lo mejor lo que pasó fue que los trabajadores perforaron el núcleo a un lado de la cámara. Pero eso significaría que, desde el informe final que la asociación dirigió al Gobierno en el año 1855, ¡la cámara mortuoria del túmulo de Bornhöck estuvo oficialmente declarada como vacía! Los trabajos de desmonte de las siguientes décadas fueron realizados sin la correspondiente vigilancia. Por tanto, podemos imaginarnos que la cámara mortuoria no fue descubierta sino años después y que fue expoliada clandestinamente. Todavía en el año 1874, cuando apareció el hallazgo del oro de Dieskau, las paredes de tierra seguían en pie tal como sabemos por el informe de Virchow.

La tercera explicación (por la que nosotros apostamos) pone sobre el tapete los esqueletos de los perros junto con la antigua galería. Las dataciones por carbono-14 prueban que en la Edad Media algunas personas tuvieron que haber alcanzado por fuerza la cámara mortuoria. Sin embargo, resulta apenas imaginable que alguien cargue sobre sus espaldas todo el esfuerzo para abrir una galería y alcanzar la parte más interna del túmulo para dejar luego la tumba intacta. La cámara mortuoria del túmulo de Bornhöck fue expoliada con toda probabilidad ya en la Edad Media. La galería permitió que entrasen oxígeno y microorganismos al centro del túmulo, lo cual condujo a que las maderas viejas, conservadas anteriormente por la ausencia de aire, se descompusieran durante los siguientes siglos. La cabaña mortuoria colapsó; piedras y tierra se precipitaron desde arriba y rellenaron el espacio interior original.

Con ello tendríamos una explicación para los esqueletos de los perros de la Edad Media y para la circunstancia de que la cámara mortuoria fuera hallada, según los informes, llena de tierra en lugar de rebosante de ofrendas funerarias. Sin embargo, de esta manera nos hallamos otra vez ante nuevos enigmas: ¿quién saqueó el túmulo de Bornhöck hace más de ochocientos años? Y ¿de dónde procede el oro principesco de Dieskau?

* * *

Ya se expoliaban tumbas en la Edad del Bronce, y ningún faraón encontró un reposo duradero en su pirámide. Sin embargo, apenas se sabe nada acerca de los saqueos medievales de tumbas prehistóricas, al menos a esta escala. Saquear un túmulo de las medidas del de Bornhöck no es ninguna aventurilla de tres al cuarto. No es tan sencillo como cuentan las sagas islandesas acerca de Grettir el Fuerte, quien con un compañero excava de noche un agujero en una colina, se desliza con una cuerda en su interior, vence al espíritu maligno de la tumba y regresa a la luz del día con una caja llena de oro y plata.

No. Para construir una galería en el túmulo de Bornhöck se precisaba de buenos conocimientos mineros. El túnel debía sustentarse con vigas y tener una longitud de treinta metros largos. Eso tenía unos costes considerables. A continuación, había que conseguir perforar la coraza pétrea formada por bloques erráticos de un metro, y hacer el trabajo de modo que uno no pereciera aplastado por las rocas desencajadas. No se trataba de ningún trabajo para gandules.

Así pues, en la Edad Media, ¿quién tenía la capacidad y los recursos necesarios para emprender una aventura semejante? Tenía que ser alguien que supiera que esa misión valía la pena, alguien consciente de que se hallaba ante una tumba en la que yacía un tesoro. Al fin y al cabo, debía conseguir la autorización de las autoridades, pues una operación semejante no podía hacerse de la noche a la mañana y, por consiguiente, no pasaría desapercibida.

Si nos preguntamos quién, durante la época fijada por los esqueletos de los perros, es decir, durante la segunda mitad del siglo XII, ostentaba un rango en la región del actual estado federado de Sajonia-Anhalt que le hiciera candidato a ser el autor del gran expolio del túmulo de Bornhöck, nos topamos de inmediato con uno de los personajes más ambiguos de la Edad Media alemana: el arzobispo de Magdeburgo, Wichmann von Seeburg (1116-1192). Pocas cosas sucedían en esas tierras de las que no estuviera él al tanto. Conocía bien la región; cerca de Dieskau, concretamente en la localidad de Lochau, donde setecientos años después, la señora Zimmermann dio la orden de que se desmontase el túmulo de Bornhöck, Wichmann fundó en 1167 una iglesia. Como confidente íntimo del emperador Federico I, el arzobispo estuvo involucrado en las disputas bélicas que enfrentaron al gibelino con los wendos y el rey güelfo Enrique el León. El arzobispo llegó incluso a abastecer de soldados a Barbarroja en Italia.

Hasta el momento no poseemos ninguna prueba que señale al arzobispo de Magdeburgo como responsable del saqueo medieval del túmulo de Bornhöck. No obstante, hay una serie de elementos que lo convierten en el principal sospechoso. En primer lugar, como señor de las tierras poseía la autoridad y los recursos necesarios para llevar a cabo el expolio. En segundo lugar, tenía un motivo: su compromiso militar era extremadamente caro. En 1182 recibió del emperador y del cabildo catedralicio de Magdeburgo la aprobación para extraer el oro y la plata del propio tesoro de la catedral para pagar los gastos de las guerras contra Enrique el León. Quien no se arredró en su día de echarle el guante al tesoro de la propia iglesia, seguramente ni pestañearía siquiera ante la posibilidad de expoliar un túmulo pagano.

En tercer lugar, disponía de los conocimientos necesarios. Wichmann estuvo en las cruzadas en Tierra Santa en 1164, fue hecho prisionero por los sarracenos y perdió una oreja. Seguramente, en la época de la cruzada en el Oriente Próximo se enteró de las posibilidades lucrativas de la expoliación de tumbas. El laborioso expolio del túmulo de Bornhöck muestra que, fuera quien fuera el responsable, sabía que allí había tesoros por descubrir. Finalmente, en cuarto lugar, Wichmann podía recurrir a los recursos técnicos y de ingeniería que se precisaban para una empresa de ese calibre. En 1180 mandó erigir unos diques para sumergir bajo el agua la fortaleza de la localidad de Haldensleben, que tenía sitiada. No en vano, la galería practicada en el túmulo de Bornhöck estaba construida con tanta profesionalidad que ha aguantado el paso de los siglos.

Todo sigue siendo pura especulación. No poseemos ningún indicio de que en la Edad Media se hubiera fundido oro pagano encontrado en tumbas para convertirlo en objetos de altar cristianos, ni que sirviera de sueldo para los soldados del emperador. En el tesoro de la catedral de Magdeburgo no se encuentra tampoco ninguna joya del Bronce Antiguo. De todos modos, aparece ahora bajo una nueva luz el hacha de tipo «horma de zapato» (*Schuhleistenkeil*) ya mencionada, de más de 6.500 años de antigüedad, que está expuesta en la catedral de Halberstadt. Una herramienta parecida, datada en el Neolítico Medio, formó parte del ajuar funerario del príncipe de Leubingen. Por tanto, ¿procede el ejemplar de Halberstadt de una tumba principesca expoliada? ¿Quizás incluso del túmulo de Bornhöck? La catedral de Halberstadt pertenecía también al arzobispado de Magdeburgo. De hecho, fue destruida por Enrique el León, el enemigo de Wichmann, en 1179; la reconstrucción gótica fue bendecida en 1220. Encajaría perfectamente en lo relativo a las fechas.

Además eso explicaría por qué se encontraron vacíos tantos túmulos ya en el siglo XIX. El túmulo de Bornhöck tenía un equivalente en la orilla opuesta del río Elster Blanco, el túmulo de Schönhöck. No era tan gigantesco, pero sí tenía las dimensiones del de Leubingen. La Asociación para el Estudio de la Antigüedad lo encontró vacío ya en el año 1820. Quien expolió el túmulo de Bornhöck, no podía haber dejado intacto el de Schönhöck.

Ahora bien, sin las pruebas fehacientes todo esto no es sino materia para un libro de Dan Brown. Sin embargo, ahora viene lo más extraño de todo: mientras nuestras investigaciones sobre Bornhöck iban a toda marcha, Wichmann von Seeburg, fallecido en el año 1192, apareció en persona como invitado al museo de Halle. En unas excavaciones realizadas en la catedral de Magdeburgo, los arqueólogos se toparon casualmente con su tumba, olvidada hacía mucho tiempo, y la recuperaron. Así pues, mientras nosotros debatíamos su posible implicación en un expolio medieval, el arzobispo yacía *en persona* en el laboratorio de los talleres de restauración. Seguía teniendo el báculo pastoral a su lado dentro del ataúd. La mitra de Wichmann, así como sus zapatos, restaurados concienzudamente por las restauradoras textiles, estaban maravillosamente entretejidos de oro. ¡Qué no habríamos dado por formular al arzobispo la pregunta sobre la procedencia de ese oro!

Pero basta de especulaciones. Regresemos a los esqueletos de los perros. ¿Qué hacían esos animales dentro de la tumba en el siglo XII?

Posiblemente los encerraron como perros guardianes en la galería, en donde quedaron asfixiados o murieron de hambre. Sin embargo, también podrían haber sido sacrificados: ¡los usos paganos son los más fiables para conjurar a los espíritus paganos! Como si el asunto no fuera ya lo bastante enigmático, los huesos no se encontraron dentro de la cámara, sino justo al lado. Por lo tanto, los expoliadores de tumbas tuvieron que haberse topado primero con el lado alargado de la cabaña funeraria y, a continuación, tuvieron que abrirse camino hacia una entrada. ¿Qué espectáculo se ofreció a sus ojos cuando miraron en el interior de la cámara a la luz de las antorchas? ¿Qué dijo Howard Carter sosteniendo una vela en el interior de la cámara funeraria de Tutankamón? «Veo cosas maravillosas.»

Así pues, la cámara central del túmulo de Bornhöck fue saqueada con toda probabilidad ya en la Edad Media. ¿Tenemos que dar carpetazo a nuestra tesis de que a una tumba monumental le corresponde un tesoro monumental? No, creemos que no. Los enterramientos posteriores aprovechando los túmulos existentes son una práctica habitual durante toda la prehistoria, especialmente en los monumentos dinásticos. En el caso del túmulo de Bornhöck, la inmensa cantidad de trabajo requerido, que representaba una sobrecarga enorme para cualquier sociedad y que con toda seguridad no siempre era voluntario, resultaría más factible si el monumento mandado erigir por el soberano no era solo para sí mismo, sino también para sus sucesores.

Por consiguiente, si el oro de Dieskau no procedía de la cámara central, podía provenir tal vez de otra tumba situada en el interior del túmulo. Esto encaja con el hecho de que el hacha de oro, por sus características estilísticas, puede datarse del año 1750 a. C. en adelante más que en el periodo de construcción de la tumba, en torno al año 1800 a. C.. El túmulo de Bornhöck era lo suficientemente grande. Los trabajadores pudieron haberse topado casualmente en el año 1874 d. C. con uno o varios enterramientos posteriores. Aunque la asociación tenía un ojo puesto en el túmulo de Bornhöck, nadie controlaba cómo se llevaban de allí la tierra año tras año. El desmonte del túmulo se prolongó durante décadas, y ello significa que en la obra solo participaban unos pocos hombres. Son las condiciones ideales para que el hallazgo de un tesoro permanezca en secreto.

Los excavadores del siglo XXI, bajo la dirección de Schunke, descubrieron junto a la coraza pétrea una irregularidad en el suelo que podía reconocerse con claridad. Por lo visto, en el siglo xix detectaron allí algo que dio ocasión a que se excavara un hoyo de 1,70 por 1,20 m y de más de un metro de profundidad. El resto de la base del túmulo estaba intacto. Y —la historia se repite de nuevo— dejaron tirada en el hoyo una botella, exactamente lo mismo que hicieron los expoliadores en el caso del hoyo del disco celeste. Así pues, ¡algo tuvo que haber estado escondido en el suelo! Podría haberse tratado de una tumba.

¿Había muerto alguien poco después de la muerte del príncipe de Dieskau? La colina de tierra no estaba terminada aún. ¿Acaso su hijo, el nuevo príncipe, que falleciera por sorpresa? Es improbable. A él le habrían erigido como mínimo una morada fúnebre conforme a su estatus. El difunto podría haber sido una persona allegada, un jefe del ejército, o la esposa del señor del túmulo. Sin embargo, también es posible que los enterramientos posteriores se situasen a un lado, en un flanco de la colina, o directamente encima de la coraza de piedra. Por desgracia no se encontrará ya ninguna prueba arqueológica al respecto. Todas desaparecieron hace más de cien años.

¿Nos hallamos entonces ante un panteón dinástico que iba creciendo con cada nuevo enterramiento? El primer túmulo se movía en torno a las dimensiones del de Leubingen; a continuación se produjeron cinco ampliaciones en forma de capas, cada una de las cuales poseía otra vez el volumen del de Leubingen. Debajo de cada capa, ¿estaba enterrado un príncipe? En contra de esta hipótesis está la uniformidad del material constructivo y la carencia de huellas de erosión en las respectivas capas. Entre ellas hay probablemente un intervalo de entre uno y dos años, en ningún caso décadas. ¿O acaso el mantenimiento ritual del túmulo para la memoria de los príncipes era tan bueno, que hace parecer como de una sola pieza cada una de las capas del túmulo de Bornhöck? En favor de la hipótesis de varios enterramientos está la composición inusual del conjunto de oro de Dieskau. Sorprendentemente hay muchos brazaletes en él. Si realmente se encontraron allí trece piezas, y estas llegaban a pesar casi dos kilos, no sería descabellado que los trabajadores del siglo xix se hubieran topado con dos o tres tumbas. ¿Quién sabe? Tal vez encontraron muchas más piezas que las trece declaradas y las vendieron a otros comerciantes.

* * *

Detrás de esa búsqueda de tesoros está la pregunta: ¿cómo estaba organizado políticamente Unetice? ¿Y cómo encaja el túmulo de Bornhöck en esa organización? Ya se trate de una jefatura o de un Estado incipiente, en ambos casos hay que suponer que el poder era hereditario y que había un centro de poder. Por ello fue motivo siempre de sorpresa el hecho de que los túmulos principescos de Leubingen y de Helmsdorf estuvieran separados por más de cincuenta kilómetros. En un sistema dinástico cabría esperar que los túmulos estuvieran juntos. Desde Egipto, pasando por Mesopotamia y llegando incluso hasta los príncipes vikingos de Jelling, las genealogías de los soberanos que se manifiestan en las tumbas muy próximas unas de otras han sido siempre uno de los medios más importantes para legitimar el poder.

Tal vez los túmulos dispersos de los representantes de la cultura de Unetice representan una topografía del poder: la dominación debía ser visible en todas partes. Podría haberse tratado de un principado itinerante, y que los príncipes fuesen enterrados allí donde morían. ¿O tenía cada uno su propio territorio? Bernd Zieh propuso denominar *dominios* a unos territorios semejantes. Sin embargo, esto no hace sino situar el problema en otro nivel diferente: ¿existía entonces en cada dominio una dinastía propia? Tendríamos que encontrar los enterramientos dinásticos respectivos. Además, esto no encaja bien del todo con el idéntico ornato de los soberanos encontrado tanto en Leubingen como en Helmsdorf: los reinos vecinos se separan simbólicamente unos de otros. Entonces, ¿se trasladaba la autoridad política de un dominio a otro? ¿Nos hallamos ante una especie de principado electivo como la monarquía alemana en la Edad Media? Por otra parte, el poder tiende a ser monopolizado. Un principado electivo funcionaría solamente mientras los dominios se encontraran en un equilibrio bien sopesado, o en donde una institución fuerte supervisara el sistema desde fuera (como el papado en la Edad Media).

¿O era esta la tarea del príncipe supremo sepultado bajo el túmulo de Bornhöck? Unetice era una sociedad extremadamente jerarquizada, cuyos diferentes niveles eran reconocibles por un sofisticado sistema de símbolos. La riqueza de los ajuares de oro, así como la monumental arquitectura funeraria señalizan que nos hallamos ante un gobernante al que hay que situar en una esfera por encima de la de los príncipes de Leubingen y de Helmsdorf. Así pues, ¿estamos ante el rey de Unetice?

¿Rey? Reconozcamos que no es término previsto por la arqueología para la prehistoria centroeuropea. Esto se debe sobre todo a que tradicionalmente no se considera que en la Europa Central existieran formaciones similares a Estados. Además, los debates en torno a la monarquía de derecho divino o la monarquía militar de los germanos han complicado el asunto. Sin embargo, el término *rey* se impone ahora para el príncipe de Dieskau enterrado bajo el túmulo de Bornhöck, a la vista de los hallazgos arqueológicos y de las reflexiones sociológicas expuestas. No existen otras alternativas.

Existe la posibilidad (y es la más probable porque es la explicación más sencilla) de que la perpetuación de la dominación en Alemania Central permitiese acumular tal volumen de excedentes extraídos de las tierras negras y ganancias obtenidas con el intercambio a larga distancia que, con el paso de los siglos, los príncipes fuesen adquiriendo cotas de poder y suntuosidad nunca vistas. Al fin y al cabo, fueron precisos trece Luises para que Luis XIV se construyera en Versalles un palacio que hiciera los honores a un rey Sol. El túmulo de Bornhöck es hasta el momento la tumba principesca más reciente en el tiempo. Los que en su día fueron príncipes, ¿acabaron convirtiéndose en reyes?

¿Se alcanzó aquí, de forma violenta incluso, un nuevo nivel de poder? Un brazalete de oro, que se parece muchísimo al de Leubingen y que por ello puede considerarse un aro principesco conforme a la tradición, apareció doblado por la fuerza. Tales brazaletes se forjaban para el brazo de los soberanos y permanecían con ellos también en la tumba. Este de aquí, ¿se lo arrancaron violentamente a otro príncipe? ¿Significa esto que el trono fue usurpado y que el nuevo señor, de un rango desconocido hasta entonces, llevaba dos brazaletes estriados de oro como distintivo de su grandeza? El asesinato del príncipe de Helmsdorf había ocurrido tan solo dos o tres décadas atrás y, por consiguiente, en la época del príncipe sepultado en el túmulo de Bornhöck. Sin embargo, el príncipe de Helmsdorf seguía llevando su brazalete en la tumba.

Las preguntas acerca de cuál fue realmente la organización política de Unetice en la actual Alemania Central no podrán tener explicaciones concluyentes hasta que hayamos encontrado otros túmulos. Las pesquisas van a toda máquina. Ya existe una lista de posibles candidatos, no faltan iniciativas en este sentido. Por tanto continúa el suspense, especialmente si tenemos presente cuántos conocimientos nuevos, revolucionarios, hemos de agradecer a un único túmulo eliminado de la faz de la tierra. «Lo que más me fascinó del túmulo de Bornhöck —dice el excavador Schunke— fue que había caído por completo en el olvido. Nos pusimos tras su pista casi por casualidad, ¡y de pronto se desplegó un panorama completamente nuevo!»

Se está procediendo con los restos del túmulo de Bornhöck con el debido cuidado. Dado que el centro del túmulo, sobre el que se alzaba la cámara mortuoria, no puede quedar protegido en el campo, los arqueólogos lo han rescatado como un bloque completo de tierra. Para que cupiese en un camión de plataforma para transportes especiales, fue necesario cortar ese bloque en tres segmentos. Cada uno de ellos mide 2,5 × 5 m y pesa veinticinco toneladas largas. En el otoño de 2017, un transporte de mercancías pesadas pasó tres veces por Halle para llevar los bloques a los talleres de restauración. Allí están siendo investigados y preparados para que los visitantes del museo puedan contemplar el lugar en el que yació el que posiblemente fue el primer rey de la Europa Central.

21

Ejércitos de la Edad del Bronce

Igual que el disco celeste de Nebra, el túmulo de Bornhöck, el más grande en la Europa Central de la Edad del Bronce, es una provocación: ambos son producto de esfuerzos humanos que no podíamos imaginarnos hasta ahora en esta parte de Europa y en esa época. Nos obligan a encontrar respuestas acerca de cómo fue posible tal cosa. El túmulo de Bornhöck no representa solamente un esfuerzo de trabajo colosal. El príncipe sepultado en él representa la cima de una sociedad estructurada jerárquicamente; como una cima recién explorada, la pirámide social de la Edad del Bronce se eleva a las alturas con esa verticalidad que solo conocemos en las grandes civilizaciones. En el contexto regional, podríamos hablar con propiedad de un faraón del norte. Y esto suscita la pregunta de cómo pudo perdurar un régimen que iba acompañado de una tremenda desigualdad social. ¿Cuál fue el fundamento de esa dominación? ¿En qué estuvo basado el poder? Traigamos de nuevo a colación la pregunta de Pierre Bourdieu: ¿Cómo consiguió el de arriba obligar a los muchos de abajo a someterse a un sistema estandarizado de niveles sociales y a trabajar en recintos funerarios monumentales?

La riqueza no basta como respuesta. Las buenas tierras, la sal, la situación central como centro de intercambio de la Edad del Bronce crearon los excedentes con los que se financiaba la élite. Ahora bien, esto despertó las codicias y ya hemos visto cómo se alternaban anteriormente las culturas y a qué conflictos se llegaba entonces. Aquí no ofrecen protección las fronteras naturales como los desiertos o las cordilleras. Sin embargo, la arqueología muestra que aquellas personas vivieron por lo menos cuatrocientos años en paz, habitaron en poblados sin fortificar repartidos por el país, no se vieron obligadas a atrincherarse apiñadas detrás de muros ni obras de tierra. Así pues, ¿cuál fue el secreto de los señores de Unetice?

La respuesta se la debemos de nuevo a la construcción de una autopista. Esta vez a un enlace de la B85 con la nueva A71 cerca de la localidad de Dermsdorf. Agucen los oídos los lectores expertos en autopistas: tan solo una salida más allá está el área de servicio *El túmulo del príncipe de Leubingen*. Bajo la dirección de Mario Küßner, los excavadores del Servicio de Arqueología y Patrimonio de Turingia sacaron allí a la luz una de las casas más grandes de la Edad del Bronce descubiertas hasta la fecha en Alemania Central. Medía 44 m de largo y 11 m de ancho, y no tenía otros edificios alrededor. En la prensa se dijo enseguida que aquella construcción de postes y de tres naves era una «catedral de la Edad del Bronce Antiguo», la «sala de representación del príncipe de Leubingen». A fin de cuentas, su tumba se encontraba al alcance de la vista.

Por uno de los lados estrechos, la casa alargada rozaba un túmulo de la cultura de la cerámica cordada. Pero por el otro lado estrecho (la entrada), los arqueólogos se toparon con un recipiente de cerámica que estaba colocado en el eje central de la casa. Estaba lleno a rebosar de hachas. Noventa y ocho piezas. Además había dos hojas de alabarda en bruto. Todo el conjunto alcanzaba un peso total de 25 kg. Tales depósitos no son ninguna rareza en la Edad del Bronce. En todas partes se enterraban artefactos de metal, desde la costa atlántica hasta el mar Negro, desde el sur de Suecia hasta el Mediterráneo. El disco celeste de Nebra junto con los objetos hallados con él es un depósito. Algunos investigadores defienden la opinión de que se trata de tesoros escondidos o depósitos de comerciantes que cayeron en el olvido. Sin embargo, predomina la hipótesis de contemplar en esos depósitos los objetos de un comercio muy especial, el comercio con los dioses. Los humanos los entregaban a la tierra para saldar una deuda; los sacrificaban para obligar a los dioses o a los poderes de la naturaleza a una contraprestación, pues una ofrenda reclama otra ofrenda de vuelta.

Sin embargo, el hallazgo de Dermsdorf nos llevó a una idea diferente, completamente banal, a la idea de que esas hachas son, sobre todo, lo que son, es decir, armas. En ocasiones, las hachas de la Edad del Bronce, así como los denominados *lingotes-torques*, que suelen aparecer en fardos, son considerados lingotes de metal de la prehistoria; siempre fue más económico transportar el metal acabado que el mineral. Sin embargo, si solo se tratara aquí de lingotes de metal, nos sorprendería en primer lugar la circunstancia de que en el hallazgo de Dermsdorf había también hachas usadas (otros depósitos de hachas se componen por completo de ejemplares utilizados); en segundo lugar nos sorprenderían las dos hojas de alabarda.

Si tomamos las hachas y las alabardas como armas y las ponemos en relación evidente con la casa alargada, se impone una interpretación simple: la casa es el alojamiento o el lugar de reunión de aquellos hombres cuyas armas fueron depositadas allí. Por la etnografía conocemos muchos casos de «casas de hombres». Servían como lugares de reunión, para hacer un alto, a menudo también de dormitorio de hombres, además de almacenes de armas, máscaras y objetos de culto. El acceso estaba vedado a las mujeres y a los niños.

Por consiguiente, esta habría sido una casa para cien hombres. Las camas del ejército alemán tienen en la actualidad una anchura de 90 cm. Cien camas contiguas darían un resultado de 90 m. Los dos lados largos de la casa dan juntos 88 m. Como el promedio de la estatura de los hombres de la cultura de Unetice era de 1,68 metros y teniendo en cuenta que el lecho mortuorio del bien alimentado príncipe de Helmsdorf tenía una anchura de 65 cm, seguramente los lechos de la Edad del Bronce eran algunos centímetros más estrechos y por consiguiente tendrían plaza también los dos jefes de acuerdo con su rango. Y es que esta sería la siguiente consecuencia de nuestra teoría: nos hallamos ante 98 portadores de hacha y dos alabarderos. En todas las épocas se confirma que cada tropa de guerreros tiene sus jefes. Las alabardas eran un arma muy difundida en Europa; estaban formadas por una hoja de puñal enmangada en madera o bronce como si fuese un hacha. Servía exclusivamente para ejercer la violencia contra seres humanos y aparece asociada a personajes destacados. Una alabarda es una insignia de poder.

La proximidad de la casa alargada de Dermsdorf al príncipe de Leubingen no será ninguna casualidad (también encaja en el tiempo). ¿Se trataba de su guardia personal? ¿Tenía estacionadas allí a sus tropas? Entonces, también el hiperequipamiento de armas en la tumba del príncipe cobra sentido: igual que una alabarda representa a un oficial, los puñales y las hachas dobles representan la autoridad del príncipe. Así pues, el príncipe no solo se autorrepresenta en la tumba como señor del metal y heredero de los gigantes de tiempos remotos, sino también como comandante de su ejército.

La ubicación fue elegida con inteligencia estratégica. Desde allí se puede vigilar el norte de la Cuenca de Turingia, que está limitada por las cadenas montañosas de Kyffhäuser, Hohe Schrecke y Hainleite, y controlar la importante vía de la *Porta Thuringica*, que pone en comunicación con tierras lejanas. Posiblemente el príncipe entregó las armas a sus tropas y estas las depositaron a la muerte de aquel frente a la casa común de culto. El nuevo príncipe volvía a entregar armas nuevas a aquellos guerreros que le prestaban juramento. Los análisis metalúrgicos de los depósitos apoyan esta hipótesis: la mayoría de las hachas halladas en un depósito se componen de un metal similar y por tanto deben proceder de la misma fuente. Precisamente al presentar huellas de desgaste se demuestra que fueron utilizadas y depositadas en grupo.

¿Hubo casas de hombres similares también en otros lugares? En Zwenkau, al sur de Leipzig, se encontró una casa alargada ubicada también en un lugar estratégico similar; su longitud era de nada menos que de 57 metros. De tres naves, igual que en Dermsdorf, se encontraba en las afueras de un asentamiento que se componía de casas de dos naves. Esta casa también se erigió directamente sobre los vestigios de una ocupación de la cultura de la cerámica cordada; esta vez se trataba de dos tumbas limitadas por una fosa circular. Si calculamos con el mismo cociente que para la casa alargada de Dermsdorf, esta habría tenido una cabida para 126 hombres. Curiosamente, en el municipio de Schkopau, a una distancia de algunos kilómetros, se encontró un depósito de 124 hachas. No pertenecería ciertamente a la base de Zwenkau, pero demuestra que existían contingentes formados por ese número de integrantes, ya que si se añaden a los 124 portadores de hachas, los dos jefes que tal vez depositaron sus alabardas en algún otro lugar, se llega en efecto a la cifra de 126 hombres.

* * *

¿Ejércitos ya a principios de la Edad del Bronce? Hasta ahora se tenía tal cosa por imposible. La mayoría de las veces solo se aceptan para el Neolítico y para la Edad del Bronce altercados vinculados a los clanes o robos por asalto; las grandes disputas bélicas se relacionan como muy pronto con el final de la Edad del Bronce y con la Edad del Hierro. Ahora bien, si leemos las fuentes que informan desde la perspectiva romana sobre los pueblos que habitaban al norte de los Alpes, no podemos sino preguntarnos por su prehistoria, pues aquello que en su día aterrorizó a Roma no pudo haber surgido simplemente de la nada. Ya la primera colisión de entidad en la batalla del Alia con las tribus celtas, tenidas por bárbaras, condujo en el año 387 a.C. a una desastrosa derrota romana que acabó con el saqueo de Roma. También las guerras siguientes con el norte horrorizaron a los observadores mediterráneos a causa de la gran cantidad de «bárbaros» y de su fuerza combativa. Incluso si partimos de la base de que las fuentes de la Antigüedad exageran sin mesura, y suponemos por consiguiente tan solo un 10 % de las tropas citadas en las fuentes, el resultado seguiría siendo para el caso de la guerra cimbria, por ejemplo, un ejército de 40.000 guerreros. Dado que no cambiaron en lo esencial el modo económico ni el volumen de población durante los dos primeros milenios antes de Cristo, en la Edad del Bronce se habrían dado las condiciones para la existencia de considerables contigentes de tropas.

Estas suposiciones se basan en uno de los descubrimientos arqueológicos más importantes de los últimos años en Alemania. Pese a los idílicos meandros del río Tollense por los verdes terrenos inundables al sur del actual estado federado de Mecklemburgo-Antepomerania, lo que los arqueólogos se encontraron allí fue espeluznante. De los declives de las orillas sobresalían restos de esqueletos, puntas de flechas clavadas en los huesos de los brazos, las mazas de madera recordaban unas veces a palos de béisbol y otras a mazos de croquet. La extensa excavación sacó a la luz esqueleto tras esqueleto pertenecientes casi de manera exclusiva a hombres jóvenes. Sus heridas no dejan ningún resquicio a la duda: aquí tuvo lugar una violenta batalla hace 3.300 años. Se saquearon las pertenencias de los cadáveres y luego los dejaron allí tirados. Ese valle debió de haber sido en su día un lugar brutal del horror. Los arqueólogos calculan que en la batalla participaron unos 6.000 combatientes. La forma de las puntas de flecha, así como los análisis de isótopos de los dientes indican que la mayor parte de los guerreros procedía del sur. La batalla a orillas del río Tollense está datada en torno al año 1300 a. C.; eso son justamente trescientos años después de que el disco celeste de Nebra fuera enterrado en la montaña de Mittelberg. ¿Hubo ejércitos también en el Bronce Antiguo? No es algo imposible en absoluto.

* * *

Estamos convencidos de haber encontrado la clave para la comprensión del Reino del disco celeste. En primer lugar veamos las consecuencias resultantes de la hipótesis de que, tras los depósitos de armas, se ocultan tropas de carne y hueso, y de que su composición refleja una jerarquía militar. No obstante hay que tener en cuenta que numerosos depósitos fueron descubiertos en el siglo XIX al arar las tierras y, por consiguiente, no puede asegurarse que todos los objetos fueran a parar a los museos. Alguna que otra hacha permanecería enterrada, tal vez fue descubierta con anterioridad o se retuvo oculta como recuerdo; cuando aparecen tantas piezas de golpe no parece muy grave quedarse con alguna. Ahora bien, dado que los depósitos se realizaban regularmente en recipientes, hay que contar con un grado elevado de integridad en los hallazgos.

Lo llamativo es que los depósitos, por regla general, no se componen solamente de hachas o de puñales, por ejemplo, sino que suelen contener armas de diferentes clases. Las distintas clases aparecen en proporciones determinadas que se reflejan también en la suma total de las piezas. En Alemania Central se han hallado 1.174 hachas, a las que se añaden 36 alabardas, 20 puñales y 11 hachas dobles. Este patrón recuerda la estructura de mando de los ejércitos. Cada unidad tiene un jefe cuyo rango es tanto más elevado cuantos más soldados tiene a sus órdenes. Las proporciones numéricas son semejantes a las que conocemos en el ejército romano de la época imperial con centuria, manípulo, cohorte y legión, o en el ejército prusiano, estructurado en sección, compañía, batallón y regimiento. Así pues, las armas operan a la vez como distintivo de rango y reflejan la jerarquía militar. El hacha representa a un soldado raso; la alabarda, al equivalente de un suboficial de la Edad del Bronce; el puñal, a un oficial; y el hacha doble, posiblemente a una especie de general.

Lo fascinante de las teorías nuevas es cuando resultan ser fecundas y conducen a su vez a otras hipótesis que luego se confirman.

Las armas de bronce expuestas en los museos nos aparecen todas en la actualidad con la misma pátina verde en mayor o menor medida. Ahora bien, si las contemplamos con la premisa de que representan rangos militares, llama la atención la composición de sus metales: las numerosas hachas se componen todas de cobre en mayor o menor medida. Las armas de los supuestos oficiales, es decir, los puñales, las alabardas o las hachas dobles, poseen por regla general añadidos de arsénico, antimonio o estaño. Esto no solo las convierte en armas más duras que las hachas de los soldados rasos, sino que, sobre todo, las aleaciones cambian el color hacia el de la plata, y en el caso del estaño, hacia el color del oro. Esto refuerza su carácter como armas de representación y medios de distinción: la jerarquía salta mucho más a la vista.

Otro indicio para la hipótesis de la existencia de un ejército: la mayoría de los depósitos de hachas de la cultura de Unetice puede dividirse por siete. Y eso que hay indicios de que por aquel entonces ya se utilizaba el sistema decimal: los lingotes de cobre en forma de costilla, rescatados en la localidad bávara de Oberding, estaban atados con ramitas en fajos de diez piezas; diez de estos fajos formaban a su vez un paquete que contenía cien barras. Por ello, el predominio del siete en los depósitos de hachas apunta tal vez a un motivo funcional. Siete no es solamente el número de las Pléyades, también es el «número de Miller». El psicólogo George A. Miller probó mediante experimentos que las personas solo pueden tener simultáneamente presentes en la memoria corta un promedio de siete unidades de información. Ya el filósofo inglés John Locke (1632-1704) había llegado al resultado de que las personas a las que se coloca frente a un gran número de objetos durante unos pocos instantes son capaces de recordar hasta siete objetos con una tasa de éxito de casi el cien por cien. A partir de los siete objetos, esa tasa desciende bruscamente. La capacidad de comprensión humana parece ser el motivo de que las tropas militares se compongan casi siempre de siete u ocho personas en sus unidades de combate más pequeñas. En la refriega es importante reconocer de un vistazo si están todos. ¿Por qué no iban a estar compuestas de siete guerreros las unidades de combate más pequeñas en la cultura de Unetice?

Ahora bien, todo esto ¿no es pura especulación? El viejo y buen principio escolástico de la parsimonia, conocido también como la *na-*

vaja de Ockham, exige dar preferencia entre las diferentes explicaciones posibles a aquella que sea la más simple, es decir, aquella que se las arregle con el menor número de premisas. Y la suposición de que un montón de armas es simplemente un montón de armas es difícil de superar en simplicidad. Y aclara toda una serie de peculiaridades que de otra manera continúan siendo enigmáticas.

En primer lugar, la existencia de tropas encaja perfectamente con el hecho de que en Unetice se sepultara sin armas a la inmensa mayoría de los hombres, a diferencia de lo que pasa en las culturas anteriores y posteriores. Tan solo el príncipe y algunos representantes de la élite, tal vez los comandantes, recibían armas como ofrendas funerarias. Esta es incluso una explicación para el hiperequipamiento funerario de los príncipes: se autorrepresentan como señores de las armas. Por tanto, un estricto orden militar encaja perfectamente con la sociedad meticulosamente estratificada de Unetice. Una jerarquía reglamentada en la que las personas señalizan su rango a través de atributos que saltan a la vista (recordemos las agujas de cabeza de ojal) es una innovación de la Edad del Bronce Antiguo. La existencia de un ejército resulta una consecuencia lógica.

Así pues, tampoco es ninguna casualidad que encontremos una concentración de depósitos de hachas nada menos que en los alrededores de Dieskau, la región más rica con el túmulo de Bornhöck como sepultura de una excepcionalidad absoluta. Los depósitos más grandes en esa zona se componen cada uno de más de trescientas hachas. En asuntos de tumbas, oro y tropas, cabe esperar que el rey reclame mucho más de lo que le correspondía por derecho a un príncipe como el de Leubingen.

Por último, los ejércitos explican por qué los miembros de la cultura de Unetice consiguieron establecerse durante siglos en las mejores tierras y controlar el comercio. No existe documentación arqueológica sobre intentos de invasión. Pese a una intensa búsqueda, el equipo de Peter Ettel, profesor de Prehistoria y Protohistoria en la Universidad de Jena, no pudo descubrir ni recintos fortificados, ni poblados en las cimas de las colinas. Las personas se establecieron por aquellas tierras de manera dispersa, allí donde les resultaba más práctico, y no donde era más seguro. Las aldeas con sus casas alargadas orientadas en este-oeste se alineaban como collares de perlas a lo largo de los ríos, los campos de cultivo estaban directamente detrás de las viviendas. Hasta el momento no se ha encontrado una sola casa que quedase reducida a escombros y cenizas por una acción bélica. Ya hemos expuesto detalladamente que durante milenios este paraíso de tierra negra fue objeto de ardientes disputas; ¿iba a estar ahí simplemente al alcance de cualquiera sin que nadie pretendiera hacerse con aquellas tierras? ¿O había tropas estacionadas en puntos estratégicos que garantizaban la protección?

Recordemos los impresionantes molinos procedentes del túmulo de Bornhöck. Mientras que las familias molían ellas mismas la harina para su propio consumo, esas piedras de molino no solo eran demasiado grandes para tal fin, sino que además precisaban de construcciones propias que estaban instaladas en edificios aparte. Roberto Risch indicó al respecto que el trabajo en ellas solo podía haber sido un trabajo forzado realizado por esclavos o prisioneros de guerra. La posible existencia de esclavos no solo representaría una pieza más de encaje en el puzle global de un Estado, sino que esas colosales piedras de molino por sí mismas son el testimonio de la recolección, el procesado y la distribución de los recursos en un sistema centralizado. No es desacertado pensar que servían para producir la harina para los soldados. Por cierto, mencionamos de nuevo un paralelismo destacable pero casual mantenido con el paso de los milenios: aquellas piedras de molino, que podrían haber producido la harina para las tropas de la Edad del Bronce, reposan en la actualidad en el almacén del museo de Halle que se encuentra en lo que fue una gigantesca panadería para el ejército alemán, no muy lejos del río Saale. Allí se hornearon miles y miles de panes de munición para los soldados.

* * *

Así pues, en Unetice habríamos hallado aquello que Max Weber designaba con la grandilocuente expresión de *aparato coercitivo*, es decir, el monopolio del ejercicio legítimo de la violencia. La mayoría de las definiciones de «Estado» ven en ese monopolio el principal criterio de diferenciación entre un sistema de jefaturas y un Estado. Por consiguiente, además de la larga duración del Reino de Nebra, de la existencia de conocimientos complejos y de la marcada jerarquización, nos hallamos ante otro argumento fundamental para defender el carácter de Estado. Sin embargo, esto tuvo su precio: bajo el sistema de

Unetice, los campesinos vivieron presumiblemente seguros y largo tiempo en paz, pero tuvieron que realizar contribuciones extraordinarias para financiar tanto a los soldados como la ostentación de los príncipes. Ahora bien, gracias a la elevada productividad de las tierras de cultivo, esa carga impositiva fue probablemente más llevadera que en otros lugares.

De esta manera se explica también que el reino de los príncipes de la cultura de Unetice no se dedicara principalmente (como se suponía tradicionalmente) a la explotación de las fuentes de las materias primas como la sal y el cobre en las tierras aledañas al macizo del Harz, sino al aseguramiento de su perfecta situación geográfica en lo relativo a las comunicaciones. Esto permitió a los príncipes controlar durante siglos el comercio entre el norte y el sur. Y lo del control hay que tomarlo muy en serio en el caso de Unetice. Mientras que aquí y entre los amigos bohemios del sur, el ámbar báltico estaba muy extendido, la cartografía arqueológica muestra que se impidió activamente que el «oro báltico» llegara a las lejanas tierras meridionales. Muy pocas piezas de ámbar alcanzaron durante esta época Grecia, Oriente Próximo o incluso Italia. A la inversa, los príncipes cerraron la vía de entrada del cobre en Escandinavia y retrasaron allí la Edad del Bronce durante algunos siglos. Sin la fuerza de las armas sería inimaginable un bloqueo económico de tal envergadura.

No pretendemos inaugurar nuevos campos de investigación para historiadores militares, solo estamos reconstruyendo el mundo del disco celeste de Nebra para examinar si encaja con los ambiciosos resultados de los trabajos de investigación que presentamos en la primera parte del libro. Ahora podemos afirmar sin objeción alguna que estamos ante un Estado temprano que, durante un largo periodo de tiempo, organizó el intercambio a larga distancia del estaño, del cobre, del ámbar, seguramente también de la sal y para tal fin se sustentó en un aparato militar. Sobre esta base se originó en efecto una conciencia de las necesidades de un calendario, tal como se manifestó con el disco celeste. Ya se tratara de los tiempos de servicio de los soldados, de la coordinación del relevo de las tropas en las fronteras exteriores, de la coordinación del intercambio a larga distancia, o de las cuestiones relativas al abastecimiento, a las entregas y a la distribución de los excedentes, todo funcionaba mucho mejor al disponer de la posibilidad de cuadrar las fechas con exactitud.

«La sincronización», escribe Pierre Bourdieu, «es un presupuesto tácito para el buen funcionamiento del mundo social». Cuanto más compleja sea la sociedad, tanto mayor será la necesidad de sincronización. Por este motivo, los Estados precisan de un calendario. «La constitución del Estado coincide con la constitución de puntos de referencia temporales comunes.» Solo estos puntos de referencia crean un «tiempo público», algo que es una obviedad únicamente para nosotros en la actualidad. Todos los «fundadores de Estados», escribe Bourdieu, «cuando es posible producir genealogías tan extensas a través de comparaciones antropológicas, tuvieron que confrontarse con este problema», es decir, con el sometimiento de sus súbditos al mismo régimen de tiempo. Resumiendo: el Reino de Unetice, con su sentido de las jerarquías, en las cuales las personas tenían sus puestos asignados, era muy receptivo para cualquier intento de aportar orden en el transcurso del tiempo. La regla de sincronización fijada en el disco celeste tiene que haber parecido realmente un regalo del cielo.

* * *

Nuestra teoría postula asuntos inesperados para la Edad del Bronce Antiguo en la Europa Central. A pesar de que las pruebas arqueológicas no siempre abundan tanto como nos gustaría, sostenemos que es plausible nuestra argumentación. También plantea preguntas nuevas y emocionantes: ¿habría habido ejércitos solamente aquí en la Unetice situada en la actual Alemania Central? Ofrecemos un ejemplo prominente: Stonehenge. Hace ya tiempo que se vienen hallando paralelismos entre la cultura de Wessex en el sudoeste de Inglaterra y la de Unetice. El príncipe del túmulo de Bush Barrow, ubicado al alcance de la vista desde Stonehenge, tenía en su tumba, además de magníficas ofrendas funerarias (entre ellas dos fascinantes rombos de oro decorados geométricamente), una cabeza de maza de piedra, tres puñales y un hacha de cobre. El mango de mandera de uno de los puñales estaba decorado con miles y miles de diminutos clavos de oro.

Los puñales y las hachas las encontramos de nuevo a tan solo mil metros de distancia, grabados en los ortostatos de arenisca de Stonehenge. A esos grabados no se les ha otorgado mucha atención hasta el momento. En el año 2011 fueron identificadas, mediante un escaneo con láser, 115 hachas y tres puñales; por su estilo fueron datadas en un intervalo de tiempo que va desde el año 1750 hasta el año 1500 a.C. Esas hachas y esos puñales en las piedras de Stonehenge, ¿no podrían ser también representaciones de tropas de guerreros y de sus oficiales al servicio de los príncipes de Wessex que se perpetuaban allí con ese acto? A la vista de las estrechas relaciones entre Wessex y Unetice se impone la pregunta: ¿disponían de ejércitos también los señores de Stonehenge?

Si con todo esto afirmamos que, en un lugar que hasta ahora nadie había tenido en mente a la hora de investigar culturas prehistóricas desarrolladas, se llegó a la formación del primer Estado tal vez en la Europa Central, con un rey y también con un ejército, entonces deberíamos poseer también una buena explicación acerca de cómo y por qué pudo suceder tal cosa nada menos que aquí. Esto es lo que vamos a exponer a continuación.

22
Los primeros alquimistas

Un Reino de Nebra con un soberano a la cabeza que se comportaba como un faraón del norte y mandaba sobre ejércitos de soldados armados con hachas, ¿no suena demasiado a una historia de las *Mil y una noches*? Puede que sí. Pero vamos incluso a dar un paso más allá. No solo vamos a ofrecer una explicación en la que no van a faltar dioses, oro ni sacrificios humanos; empezaremos por mostrar que las condiciones para la aparición de este gobierno autoritario excepcional no podrían haber sido peores. No hay nada que nos señale que al este del macizo de Harz se tuviera una predisposición especial para aceptar el sometimiento, todo lo contrario.

Hagamos memoria: a mediados del tercer milenio, en la actual Alemania Central se hallaban dos culturas frente a frente, cuyos representantes se retorcerían en sus tumbas si supieran que se les denomina por la forma de decorar sus vasijas de cerámica: la cultura del vaso campaniforme y la cultura de la cerámica cordada. Ambas poseían unas raíces que se hundían en mayor o menor medida en las extensas estepas de oriente. En ambos casos nos hallamos ante culturas que conferían a sus ritos funerarios un carácter marcadamente marcial.

El hecho de que poseyeran una percepción heroica de sí mismos (lo cual no es precisamente el mejor requisito previo para la obediencia de los soldados) se demuestra en que en ambas culturas se realizaban duelos rituales entre los guerreros. Algunos transcurrían de acuerdo a unas reglas fijas y no eran letales, al menos en su mayoría. «En los centenares de tumbas de la cultura de la cerámica cordada que conocemos en Alemania Central, nos topamos una y otra vez con esqueletos en los que diagnosticamos un trauma craneal o una trepanación», informan los antropólogos Nicole Nicklisch y Kurt W. Alt. Las trepanaciones se encuentran entre las intervenciones quirúrgicas más antiguas de la humanidad: en la bóveda craneal se practicaba un agujero, que solía tener la anchura de un dedo pulgar, para reducir la presión en el interior del cerebro debida a hemorragias o a tumores (es decir, para posibilitar una salida del cuerpo a los malos espíritus). Los pacientes, que tenían que soportarlas sin anestesia propiamente dicha, sobrevivían con sorprendente frecuencia a esta cirugía prehistórica. Los traumatismos craneales observados tampoco conducían por regla general a la muerte, sino que sanaban.

A los antropólogos les llamó la atención un patrón típico: las heridas se encontraban la mayoría de las veces en el mismo lugar, a la izquierda, por encima de la denominada *línea del ala del sombrero*, lo que indica que eran resultado de un golpe dado desde arriba por un diestro. Y siempre se trataba de un solo golpe. Para los antropólogos esto es una prueba de que se trataba de duelos que se desarrollaban conforme a unas reglas fijas. «De haber existido una intención letal, tendríamos que hallar más heridas en un mismo cráneo. Lo principal es que los golpes no fueron dados por la parte del filo cortante del hacha, sino por su parte roma», constatan. Además faltan las heridas defensivas en brazos y manos. Probablemente los miembros de la cultura de la cerámica cordada llevaban una protección en la cabeza que reducía la fuerza de los golpes.

También entre los individuos de la cultura del vaso campaniforme se encuentran pruebas de formas ritualizadas de violencia, pero en su caso no se trataba tanto de una manera de medir las fuerzas como de regular los conflictos. Así, los arqueólogos se toparon con difuntos sepultados con todos los honores que presentaban una gran cantidad de típicas heridas de guerra. Sin embargo se trataba de hombres de más de cuarenta o cincuenta años y no de hombres jóvenes, que son quienes realmente van a la guerra. Como eran marcadamente musculosos se supone que se trataba de combates singulares, en los que cada luchador representaba a su grupo, para resolver algún conflicto.

Los menhires de esa época muestran bosquejos de cuerpos humanos provistos de todo un arsenal de armas, como alabardas, hachas y puñales. Svend Hansen ve «representaciones de los grandes héroes» en estas primeras esculturas de gran formato en Europa. Así pues, podemos estar seguros de que tanto en la cultura de la cerámica cordada como en la del vaso campaniforme existía una casta guerrera que estaba comprometida con un ideal heroico que, como prueban las ofrendas funerarias en forma de armas, no se detenía siquiera ante el mundo de los antepasados.

Así pues, para regresar a nuestra pregunta del comienzo: ¿cómo se logró arrebatar a semejantes guerreros sus armas y, por consiguiente, su identidad? Imaginémonos la sublevación que viviríamos en la actualidad si a los ciudadanos de países como Estados Unidos o Suiza se les retirara el derecho a la tenencia de armas, por no hablar del desarme de cualquiera de esos señores de la guerra en los territorios en crisis de este mundo. Por tanto, podemos precisar nuestra pregunta central en lo relativo al nacimiento de un Estado: ¿cómo se logra que una multitud de individuos entregue las armas y siga obedientemente a uno solo?

* * *

Todo parece indicar que fue significativamente más sencillo de lo que nos indicaría nuestra imaginación. No se precisó violencia. Las excavaciones no proporcionan indicios de conflictos bélicos. Los representantes de la cultura del vaso campaniforme se infiltraron a partir del año 2500 a. C. en la actual Alemania Central y convivieron allí con los ya residentes en la región perteneciente a la cultura de la cerámica cordada. No en la misma aldea, pero sí tal vez en vecindad regional. El resultado fue que la cultura de la cerámica cordada fue desvaneciéndose en los siguientes doscientos años, se volvió invisible en cuanto a hallazgos arqueológicos. No obstante, tal como demuestran las investigaciones genéticas del Instituto Max Planck para la Ciencia de la Historia Humana, con sede en Jena, los representantes de la cultura de la cerámica cordada pervivieron; no fueron asesinados ni expulsados. Se fundieron con los representantes de la cultura del vaso campaniforme para formar la nueva cultura de Unetice.

Los representantes de la cultura del vaso campaniforme dominaron este proceso. Nosotros los hemos presentado como señores del metal; fueron quienes llevaron la metalurgia a Inglaterra. Montados a caballo eran capaces de salvar grandes distancias con rapidez. En la tumba del Arquero de Amesbury, de estilo de la cultura del vaso campaniforme y situada no muy lejos de Stonehenge, se encontraron los objetos de oro más antiguos hasta la fecha descubiertos en la isla. Fueron las gentes de la cultura del vaso campaniforme quienes se toparon con el estaño en Cornualles durante su búsqueda de oro en ríos como el Carnon, y con sus experimentos metalúrgicos fabricaron bronces con estaño que brillaban como el oro. Muchos detalles hablan a favor de que esta fue una innovación que se les debe a ellos. Los más ricos se representaban a sí mismos en sus tumbas como herreros del nuevo metal. Dado que se trataba de un grupo con una elevada movilidad, instalaron en Europa una red de conocimiento y de comercio.

A través de esta conexión de la cultura del vaso campaniforme, los metales y el conocimiento tecnológico fluyeron hacia la actual Alemania Central. También aquí, el oro más antiguo hallado hasta la fecha procede de una tumba de la cultura del vaso campaniforme. Ciertamente, el cobre se usaba ya en Europa en el cuarto milenio, pero su uso se estancaba una y otra vez. ¿Por qué? No lo sabemos. En cualquier caso parece que los representantes de la cultura del vaso campaniforme dieron a la metalurgia el decisivo impulso innovador. Como prospectores expertos descubrieron nuevos yacimientos minerales.

A partir del año 2200 a. C., la producción de bronce experimentó un gran auge en Inglaterra, y no debemos subestimar la fuerza simbólica de este hecho. Las gentes de la cultura del vaso campaniforme habían conseguido algo mágico: gracias al estaño podían hacer una nueva especie de oro, más duro, a partir del cobre. Fueron los primeros alquimistas. Con esas gentes dieron comienzo las épocas doradas. El nuevo bronce se convirtió en el símbolo del estatus de las élites. Otros elementos de distinción de los representantes de la cultura de Unetice, como los puñales y los anillos de oro para el pelo, también proceden de su atrezo. ¿Puede expresarse el dominio con mayor claridad? Y esta tradición perduró durante siglos, tal como demuestran el estaño y el oro procedentes de Inglaterra.

A las gentes de la cultura del vaso campaniforme se les suele designar como «las que trajeron la luz». Parecen haber sido el motor de la innovación; allá donde quiera que llegasen, revolucionaban la sociedad. A ellas les debemos la nueva era, la Edad del Bronce. Pero a pesar de que los representantes de la cultura de la cerámica cordada parecen haberse llevado la peor parte desde un punto de vista cultural, contribuyeron en buena medida a la cultura híbrida recién nacida. Lo hemos mostrado en el capítulo «El misterio del poder»: los magníficos túmulos, bajo los cuales fueron sepultados los príncipes de Unetice, son tan solo el ejemplo más prominente. Esto es ya una parte de la respuesta a la pregunta de por qué nos hallamos en este lugar de Europa ante el nacimiento de una formación similar a un Estado: la competencia fue importante. Dos culturas similares, pero sin embargo diferentes, se fundieron en una nueva y poderosa aleación. La denominamos Unetice.

Esta nueva época es percibida como tal también por sus contemporáneos, algo que se refleja en la cerámica de uso cotidiano. Durante el Neolítico, por tanto también en las culturas del vaso campaniforme y de la cerámica cordada, las vasijas de barro estaban profusa y marcadamente decoradas. Dentro de una misma cultura, las decoraciones eran muy similares, pero presentaban particularidades locales, en las que se suelen ver pautas regionales vinculadas a un linaje, una estirpe o una tribu. Es decir, forman parte de lo que los antropólogos denominan *ethnic marking* o «marcadores étnicos». Ahora bien, esas señas de identidad desaparecen después. La vajilla de Unetice no tiene decoración. Los antiguos grupos regionales parecen haberse convertido en una estructura mayor. Nos hallamos ante una ruptura cultural que parece haber sido percibida como un progreso. La nueva cerámica es oscura y pulida, imita el reluciente brillo del metal.

¿Quién iba a querer echar mano de su vieja hacha de piedra? Las nuevas hachas fundidas evitan incluso cualquier reminiscencia formal con las hachas de piedra primorosamente facetadas de la cultura de la cerámica cordada. Quien pudo, desfiló al son de los nuevos tiempos. Los demás (así se constata al menos en la arqueología) desaparecieron en las tinieblas de la historia.

* * *

Vemos que probablemente no existió en absoluto el problema de desarmar a los antiguos héroes. La élite de Unetice surgió de la élite de la cultura del vaso campaniforme. Esta estaba en posesión de los codiciados bienes de prestigio y supo traducir su monopolio tecnológico en dominio tanto económico como cultural. Cuando alrededor del año 2000 a. C. se descubrieron nuevos yacimientos de cobre en la actual Eslovaquia, caracterizados por sus minerales cenicientos (*Fahlerze*) con un elevado contenido de níquel, Unetice conoció un auge del metal que las élites utilizaron para acumular riqueza. Estas controlaban los recursos, el intercambio y la producción, pero sobre todo eran ellas quienes adjudicaban las armas nuevas. De esta manera establecieron relaciones clientelares. Este fue el germen de aquellos contigentes de tropas que describimos en el capítulo anterior. Gracias a las buenas tierras y a la excelente ubicación para el intercambio, debió de ser más fácil financiarlas que en otras partes. Todo eso no sucedió de la noche a la mañana, pero sí como una secuencia de cambios determinantes.

Los ya mencionados análisis de metales apoyan esta tesis: los bronces estanníferos más antiguos se encuentran en las tumbas de los príncipes. Las armas de la élite, las que utilizarían los oficiales de las tropas cuya existencia defendemos, es decir, las alabardas y las hachas dobles, se elaboraron con una aleación de arsénico o antimonio, y más adelante, de estaño. Su brillo primero plateado y luego dorado era una señal de liderazgo. Por contra, las hachas de los soldados rasos eran solo de cobre; en el caso de estar presente el estaño, su contenido era mínimo, justo el necesario para mejorar las propiedades físicas de las armas pero sin influir en su color. El oro estaba reservado al reducidísimo círculo del poder.

Este descubrimiento concuerda a la perfección con la norma estricta relativa a las agujas de cabeza de ojal que ya presentamos en el contexto de las tumbas de los príncipes. También aquí vimos los objetos materiales como distintivos de estatus. Las agujas de oro estaban reservadas exclusivamente a los príncipes, pero la élite podía llevarlas de bronce. También aquí los análisis demuestran que un elevado porcentaje de estaño les aseguraba una apariencia dorada.

Las gentes estaban fascinadas con las posibilidades que se les ofrecían por primera vez: ahora podían determinar los colores y la dureza de los metales. Este es un aspecto que, en la actualidad, como dijimos, ya no se percibe debido a la pátina verde que recubre los objetos de bronce. Cuando tratamos los comienzos de la metalurgia constatamos la enorme importancia de la estética, del efecto señalizador de los colores. Vemos establecerse aquí aquel código de colores de oro, plata y bronce que continúa existiendo en la actualidad en la forma de las medallas olímpicas. Podemos observar con ello cómo se origina lo que está firmemente arraigado en nuestro mundo cotidiano como *corporate design*: las organizaciones sociales quieren que se las identifique a primera vista, y los colores son el mejor medio para ese fin.

Así pues, en nuestro Reino de Nebra no nos hallamos solamente ante una sociedad fuertemente jerarquizada, sino ante una sociedad que desarrolló un sistema de diferencias sutiles para que la jerarquía fuera reconocible a primera vista por todos los miembros de la sociedad. Por desgracia, sabemos muy poco acerca de la vestimenta utilizada en la Edad del Bronce, aunque cabe suponer que, si existían reglas para el uso de detalles como las agujas, también debían de contar con una norma para las prendas de vestir.

En todo caso, el código cromático de las armas, visible para cualquiera, ya encuadraba por sí mismo a los soldados en un orden fijo. El doble juego del tipo de arma y de su color transforma a los individuos en funcionarios reconocibles públicamente. La jerarquía social se traduce en una uniformización incipiente. El Estado adquiere una forma visible.

* * *

A los sociólogos les gusta emplear en este contexto el término altisonante de *sistema de bienes de prestigio*. Allí donde el cambio social disolvió las antiguas jerarquías basadas en las relaciones de parentesco, se precisó de nuevos distintivos de dignidad reconocibles por cualquiera, eso que el sociólogo Stefan Breuer denomina «artículos ceremoniales y objetos raros, cuya posesión identifica a su portador como a una persona tocada por la gracia, dotada de carisma». Al controlar la producción y la circulación de los escasos bienes de prestigio, quien ejerce la dominación está en condiciones de quedarse con los excedentes y vincular a las élites a su persona. Por tanto, es poder lo que se transmite a los objetos, lo que proporciona a las cosas su prestigio y las hace codiciables.

¡En el caso del metal, este proceso transcurre en la dirección opuesta! En este caso, el poder se debe en primer lugar a los objetos. El metal crea élites y, por consiguiente, prestigio. Los representantes de la cultura del vaso campaniforme se impusieron en la competencia porque disponían de los conocimientos técnicos para descubrir y procesar los metales. Poseían la red para organizar el comercio y la distribución del metal. Y poseían el acceso al estaño. Todo esto se plasmaba en una superioridad económica y la riqueza resultante sirvió entonces para asegurarse las relaciones clientelares que funcionaron como el fundamento de su dominación.

A este respecto, el punto central es que el secreto del poder reside en el conocimiento, y concretamente en el conocimiento esotérico, es decir, conocido únicamente por los iniciados. Esto aseguraba a la élite la base de su dominación. El conocimiento de la fórmula del bronce; el conocimiento de cómo procurarse y, sobre todo, de dónde hallar estaño; el conocimiento de las vías necesarias para llegar hasta allí, todo ello eran saberes reservados que aseguraban y servían a la dominación. Por ello habría sido imposible erigir un sistema de poder similar sobre la base del monopolio de la sal.

Para obtener sal no hacía falta una gran pericia. Y así, cualquiera que dominara la producción de la sal habría estado en constante peligro de ser desbancado. En cambio, los príncipes de Unetice eran insustituibles gracias a su conocimiento y a sus contactos.

«La difusión de las materias primas, de los productos manufacturados y semimanufacturados se realizaba dentro de complejos sistemas de intercambio y con redes de gran alcance» —dice también François Bertemes, especialista en la cultura del vaso campaniforme—. «Sin rígidas estructuras jerárquicas ni valores comunes, y probablemente sin sistemas premonetarios de pago, habría sido impensable.» Todo esto puso los cimientos para aquellas estructuras que en el caso de Unetice condujeron al Estado. Y puede comprobarse también con la arqueología que los representantes de la cultura de Unetice monopolizaron el conocimiento: el secreto del bronce estannífero no se transmitió al norte. Aislaron a propósito a Escandinavia del flujo de metales. Solo después del declive de Unetice despunta la Edad del Bronce nórdica con una opulencia tal, que solo es explicable por un hambre desmedida de metales. Debido a su situación de escasez, los codiciados puñales del sur se tallaban en sílex, e incluso se imitaban en piedra las rebabas de los originales metálicos.

* * *

Con esto nos hallamos ante una segunda vía hacia el Estado, ante una segunda modalidad de formación de un Estado. Las teorías tradicionales sobre el origen de los Estados se basan por regla general en lo que aconteció sobre todo en Mesopotamia, pero también en Egipto: la laboriosa agricultura basada en sistemas de riego, en combinación con un fuerte crecimiento demográfico en un espacio reducido y delimitado, hacía necesaria una administración que organizara el trabajo, recaudara los excedentes y los redistribuyera. Para estos fines se inventó la escritura como instrumento de dominación. La sequedad creciente y la salinización de los suelos condujeron a otra vuelta de tuerca para la concentración de la población en las ciudades. Estas entonces comenzaron a competir entre ellas, lo cual trajo consigo gastos crecientes en las labores de defensa y en la administración. La burocracia fue, en este caso, la progenitora del Estado.

Ahora bien, tal como muestra el ejemplo de la cultura de Unetice, esta no es la única vía para la creación de un Estado. En este caso son el conocimiento y las innovaciones tecnológicas los que originan la riqueza y los complejos sistemas de dominación. Esto no debería sorprendernos mucho; también en la actualidad la ventaja en lo tocante a los conocimientos, el acceso a las tecnologías innovadoras, posibilita trayectorias impresionantes. Superdotados de la informática que ya de pequeños comenzaron a romperse la cabeza con los ordenadores, se convirtieron en las personas más ricas e influyentes del planeta (Bill Gates). En ocasiones se les concede incluso una especie de estatus sagrado (Steve Jobs). Y los nuevos protagonistas globales de la incipiente era digital, los gigantes de internet como Google, Facebook o Amazon, cimientan su poder en el conocimiento (datos). Una de las cuestiones abiertas del siglo XXI es si nos hallamos aquí ante los brotes de unos nuevos hiperestados transnacionales. También nos es familiar en este caso la afición a los «artículos ceremoniales y objetos raros, cuya posesión identifica a su portador como a persona tocada por la gracia, dotada de carisma». Los artilugios en cuestión demuestran que, además, pertenecemos a una nueva e innovadora sociedad del conocimiento. Por ellos nos exponemos gustosos a unas dependencias, cuyos efectos todavía no podemos evaluar en lo más mínimo.

Dado que la conversión en Estado se llevó a cabo en Unetice a través del conocimiento y no mediante la administración, las consecuencias fueron de índole diferente que en Mesopotamia: aquí no fueron necesarias las ciudades. Las tierras fértiles, la continua disponibilidad de agua y la carencia de situaciones de amenaza permitieron los asentamientos dispersos allí donde resultaban más efectivos, es decir, a lo largo de los ríos, en directa vecindad con los campos de cultivo. Tampoco hubo una necesidad perentoria de escritura. No debemos olvidar que en sus albores se usó como instrumento de la burocracia. La cantidad de trabajo y la necesidad de distribución de alimentos eran menores a la vista de las extensas tierras negras, y había que realizar los laboriosos trabajos de mantenimiento de los sistemas de irrigación con sus canales y embalses. Tal como demuestra el *Brotlaibidol* [«ídolo en forma de hogaza»] hallado en el túmulo de Bornhöck, aquí seguramente bastó con sistemas de notación sencillos como los palos de cómputo para organizar la distribución de los tributos. En este sentido es una equivocación excluir una forma de Estado solo a causa de la carencia de ciudades y de escritura.

Y de nuevo todo encaja con el disco celeste. No solo por el hecho de que se compone manifiestamente de bronce estannífero y de oro, los metales de la cultura del vaso campaniforme. No solo por el hecho de que el origen de su oro y del estaño demuestra los siglos de estabilidad de las conexiones establecidas por la cultura del vaso campaniforme por media Europa. No solo por el hecho de que documenta un interés muy sorprendente por el conocimiento. Su fabricación como memograma esotérico y la sucesiva transformación de su apariencia gráfica prueban también que el conocimiento fue mantenido en secreto y estaba recluido en un círculo del poder tan reducido, que la transmisión podía interrumpirse si un soberano moría por sorpresa antes de haber iniciado en el secreto a su sucesor. Así pues, si el disco celeste de Nebra es representativo de algo, lo es de esto: ¡el conocimiento es poder! Este fue el secreto del éxito de Unetice.

* * *

Todo el mundo deseaba participar por aquel entonces de la novedad. Con el tiempo se originaron dependencias que fueron haciéndose cada vez mayores. Un sistema semejante no se basó al principio, tal como vimos ya, en una coacción física. Fue un paulatino proceso acumulativo de sometimiento. Y esta es una gran diferencia respecto de las denominadas *grandes civilizaciones*, de las que nos haremos una imagen equivocada si las celebramos como «cunas de la civilización». A pesar de los fantásticos logros culturales que se produjeron allí, no debemos olvidar que, lo que sucedió en Mesopotamia, el sociólogo Karl August Wittfogel lo describió como «despotismo oriental». Y Toby Wilkinson, egiptólogo de Cambridge, constata lo siguiente en su exposición de la historia del Antiguo Egipto: «Desde la época de los sacrificios humanos durante la primera dinastía hasta la sublevación campesina bajo la dinastía ptolemaica, en la sociedad del Antiguo Egipto, la relación del rey con sus súbditos no se basaba en el afecto y en la admiración, sino en la opresión y en el miedo. Bajo el poder absoluto del rey, una vida humana valía bien poco».

No podemos decir si los soberanos de Unetice fueron verdaderamente más filantrópicos. Ya hemos debatido los indicios de la existencia de esclavos. Sin embargo, las condiciones básicas eran más favorables. No se requerían trabajos forzados para producir los necesarios excedentes en las fértiles tierras negras. Las gentes sacaban provecho de la protección ofrecida por los ejércitos en las fronteras exteriores. La población vivía en paz, no padecía hambre tal como demuestran las investigaciones de los antropólogos Nicole Nicklisch, Corina Knipper y Kurt W. Alt, su salud era mejor que la de las poblaciones de los milenios anteriores. La carga fiscal era menor porque no había que financiar ningún gran aparato administrativo y represor. Así pues, el Reino de Nebra fue un «Estado mínimo». Dado que, según todas las apariencias, el «despotismo europeo» se comportó más moderadamente, las condiciones para una larga existencia fueron más favorables. En el centro de unas fronteras abiertas, un Estado excesivamente explotador habría estado condenado al fracaso.

Con esto, se vuelve algo más trivial la gran pregunta acerca de cómo se consiguió en el corazón de Europa aquello que los demás no consiguieron, esto es, mantener una dominación duradera durante siglos. El conocimiento, las relaciones a larga distancia y la riqueza resultante desempeñaron un papel central. Sin embargo, tampoco son suficientes. Volvamos a recurrir a Pierre Bourdieu: «Me parece que no pueden entenderse las relaciones de fuerzas en las que se basa el orden social sin incluir la dimensión simbólica de esas relaciones —dijo en sus conferencias pronunciadas en París sobre el Estado—. Si esas relaciones de fuerzas fueran solamente de índole física, militar o incluso económica, probablemente serían infinitamente más frágiles y más fáciles de derribar». Se necesita algo más, un «poder invisible que actúa tan imperceptiblemente, que todos se olvidan de su exis-

tencia porque se da por supuesto, por algo completamente natural».
Bourdieu lo denomina *el poder simbólico*. Ahora bien, los representantes de la cultura del vaso campaniforme también llevaban ese poder
en su equipaje, tal como vamos a ver a continuación. Para enunciarlo
con una fórmula llamativa: ¡se llevaron Stonehenge a Alemania!

23
Las fuerzas del cosmos

En la actualidad muy pocos visitantes de Stonehenge son conscientes de la similitud de su proceder con el de las personas de hace 4.500 años. Si seguimos las teorías de Mike Parker Pearson, el director del mayor proyecto de excavación de estos últimos años en Stonehenge, las gentes se reunían primeramente en Durrington Walls, a unos tres kilómetros largos al nordeste. Allí celebraban un banquete para el solsticio de invierno, descendían en procesión al río Avon con el santuario circular Woodhenge (de apariencia tan misteriosa en la actualidad) a la vista, se subían a las barcas y atracaban allí donde la vía procesional, hoy conocida como «la Avenida», las conducía hasta el impactante círculo megalítico. Alcanzaban su meta sobrecogidas por el aura del lugar sagrado. Sobre lo que sucedía entonces no podemos decir gran cosa desde la arqueología. Para Parker Pearson, Stonehenge fue un lugar donde se rendía culto a los ancestros.

Ciertamente, el culto a los antepasados ya solo forma parte del conjunto de creencias de una pequeña parte de la humanidad; no obstante, aún hoy en día siguen reuniéndose los peregrinos de Stonehenge en el centro de visitantes ubicado a tres kilómetros largos al noroeste que, con su atrevida arquitectura, da la impresión de ser un santuario renacido de la Edad de Piedra. Una exposición prepara al público para la visita, en las mesas de picnic toman un último tentempié antes de subirse al autobús. El recorrido por la meseta de Salisbury lleva en línea recta al círculo megalítico, el último tramo hay que recorrerlo a pie. Los visitantes contemplan con asombro y devoción aquellas moles de piedra, hablan entre susurros como si estuvieran en una iglesia, y luego regresan para adquirir en la tienda turística del monumento algunos objetos devocionales sobre Stonehenge.

¿Por qué ese círculo de piedras atrae tanto a la gente? No es que se acerquen hasta allí seguidores de la Nueva Era ni que druidas zombis con sus hoces invadan el condado de Wiltshire en el solsticio de verano. Se trata de turistas completamente normales, millones de turistas que hacen lo posible por estar al menos una vez en la vida en este lugar único. ¿Por qué?

«El anhelo de conocimiento y el amor por el misterio son dos de los impulsos humanos más poderosos, y Stonehenge los satisface ambos», escribe Rosemary Hill. En este punto tiene sin duda toda la razón esta historiadora. Sin embargo, Stonehenge atrae a la gente por otro motivo más que tiene su origen en las raíces religiosas del *Homo sapiens* y que debemos entender si queremos indagar en el misterio del Reino de Nebra y de sus soberanos. Al fin y al cabo nos las estamos viendo aquí con aquel «poder simbólico» del que hablaba Pierre Bourdieu, y que opera de una manera tan imperceptible, que nos olvidamos de su existencia. Un tercer motivo que además nos prepara mejor para los extraordinarios resultados de las excavaciones que vamos a revelar en este capítulo.

* * *

Para explicar fenómenos turísticos como la visita a Stonehenge se nos suele remitir a su dimensión performativa: el mismo acto de planificar, viajar, visitar e informar de lo vivido refuerza los valores sociales y reafirma al viajero. Después de todo, en la actual sociedad de consumo es válida la máxima «¡soy de todos los lugares en los que he estado!». Sin embargo, la cosa no acaba aquí. Cuando alguien llega a Stonehenge, o contempla por primera vez la Mona Lisa, o pisa la Capilla Sixtina, percibe algo; lo sobrecoge una sensación de elevación sublime, se siente hechizado por la magia de ese lugar tan especial. Y a pesar de que está prohibido, en Stonehenge todo el mundo experimenta esas ansias de tocar una de las piedras al menos una vez. No es un acto muy racional que digamos.

Lo mismo ocurre con el disco celeste: hay visitantes que afirman haberse quedado atónitos al tenerlo enfrente en el oscuro sanctasanctórum del museo. Y la pregunta más habitual que la gente formula a todo aquel que ha participado en su estudio es: «¿Qué sintió usted cuando tuvo entre sus manos el disco celeste por primera vez?». Ahora bien, semejantes fenómenos podrían describirse como vestigios de aquellos tiempos en los que la religión dominaba la vida de las personas, como una pervivencia profana de los viajes de peregrinación y del culto a las reliquias. Pero en nuestro mundo secularizado deberían haber desaparecido del todo. Y es justamente todo lo contrario. Desde el Taj Mahal hasta los museos del Vaticano: en todo el mundo hay lugares especiales que atraen cada vez a más y más visitantes. Hasta el punto de que en muchos sitios ya no se sabe cómo gestionar la afluencia de esas masas.

Hace mucho tiempo que las ciencias de la religión refutaron la tesis de la desaparición del elemento religioso. Desde William James, pasando por Jean Piaget hasta llegar a Pascal Boyer y a Justin L. Barrett, los psicólogos han demostrado que los seres humanos poseen una inclinación innata hacia lo que de momento llamaremos aquí lo *extracotidiano* o lo *especial*. No obstante, sigue dominando una comprensión unidimensional de la religión que proyecta en la profundidad del pasado nuestras ideas actuales acerca de la religión. Debemos, pues, distinguir entre las religiones particulares y ese sustrato religioso «biológico», que brota en los seres humanos como otro rasgo de la evolución y que, en principio, está presente en todos, si bien, como la sensibilidad musical, los individuos pueden poseerlo en un grado distinto. Las religiones son creaciones culturales que se han desarrollado de manera diferente de época en época y de sociedad en sociedad. Se asientan sobre el sustrato natural, pero pueden entrar perfectamente en contradicción con él.

Dado que la arqueología tiene poco que decir acerca de las creencias prehistóricas, nos contentamos a menudo con referencias al «culto» o nos remitimos a la premisa de que la religión nos ha servido siempre para arreglárnoslas con el misterio de la muerte. Solo que esto pasa por alto el hecho de que, durante la mayor parte de la historia de la humanidad, la muerte no fue ningún gran enigma para los representantes de la especie *Homo*.

Por supuesto que a los humanos no les ha gustado nunca morir, pero originariamente no se devanaban los sesos en exceso con lo que les esperaba después. Los humanos somos dualistas natos: el alma y el cuerpo son para nosotros dos cosas diferentes. Mentalmente, y sobre todo en sueños y en trance, podemos abandonar nuestro cuerpo, nos encontramos con personas fallecidas. Con el último aliento puede que le haya llegado su final a nuestra envoltura mortal, pero eso no vale para el alma. En prácticamente todas las culturas del mundo, los antropólogos han podido constatar la creencia en la pervivencia de las almas en forma de espíritus o de ancestros, o la creencia en la reencarnación, es decir, en el renacimiento del alma en un cuerpo nuevo. Esto es, por llamarlo así, la forma natural de la fe.

Esto va acompañado del hecho de que los seres humanos interpretamos todos los acontecimientos en primer lugar como acontecimientos sociales: detrás de cada suceso se esconde alguien, un ser que persigue una intención. Ya dijimos que la evolución fomentó un pensamiento de este tipo: era mejor ver una voluntad maligna de más que ser demasiado confiado. Los desprevenidos se quedaban en la estacada.

Allí donde no podían descubrirse autores concretos de un suceso, entraban en juego todos los poderes que en circunstancias cotidianas se sustraían a la percepción humana: espíritus, ancestros, demonios, las fuerzas sustanciales de la naturaleza o los dioses de cualquier género y bajo la forma que fuese. Los seres humanos creían en un mundo numinoso, animado en todas partes. Además no había ninguna distinción entre lo racional y lo irracional, entre la ciencia y la religión.

Así pues, la religión en sus inicios fue un intento de comprender el mundo. Con el desarrollo de cada cultura, la religión iba acompañada de estrategias diferentes, pero a menudo muy similares, con el propósito de explorar las intenciones de los poderes suprasensibles y de ganarse la simpatía de aquellos seres que se suponía que determinaban el destino de los humanos. Los ritos, los sacrificios, las invocaciones a los espíritus y el arte de la adivinación surgen en este contexto. En el fondo, siempre se suponía que podía procederse con las fuerzas sobrenaturales de la misma manera que con los seres humanos. Por consiguiente, solo había que hablar bien de ellas, preocuparse por su bienestar, tranquilizarlas con regalos en caso de desavenencias o ganárselas para el futuro mediante sacrificios. Después de todo, ellas estaban también detrás de todas las desgracias: durante toda la historia de la humanidad, las enfermedades y las catástrofes han sido consideradas obra de demonios, de ancestros disgustados o como el castigo de los dioses encolerizados. La ventaja evolutiva de semejantes creencias fue que, incluso sin ciencia, los seres humanos podían organizar sus experiencias en el trato con el mundo y buscar vías para escapar de las desgracias en el futuro, evitando todas aquellas acciones sospechosas de desatar la cólera de los dioses.

Todo esto fue necesario para la supervivencia de la humanidad durante milenios y se ha grabado bien profundamente en nuestra psique. Los pocos milenios de ciencia han sido un periodo demasiado corto como para cambiar algo en lo fundamental. Por este motivo, los seres humanos, en nuestro mundo moderno, seguimos en posesión de una fina sensibilidad ante los poderes especiales que nos ha ofrecido muy buenos servicios la mayor parte del tiempo de nuestra evolución. Igual que ocurre con el sentido de la musicalidad, la cantidad y la forma en que se despliega esta sensibilidad religiosa depende de las facultades individuales, de la socialización y de la cultura. De ahí que no pocas personas carezcan por completo de afinación musical para la religión.

Por tanto, puede que estén disminuyendo las visitas a las iglesias en el mundo occidental, pero las personas no se vuelven arreligiosas, sino que buscan nuevas vías para desplegar su necesidad de creer. Detrás están todas las experiencias transcendentales alternativas de nuestros días, todo eso que en la actualidad se etiqueta como formas de «espiritualidad». En este sentido ya se ha constatado con frecuencia que también el arte, la historia y los museos son los herederos de la religión oficial. A ellos les debemos las salas sagradas de nuestros días. Proveen a nuestra sensibilidad biológica de elementos «extracotidianos» con un suministro que es aceptable incluso para los ateos. Esa veta religiosa nace de nuestra debilidad por los lugares especiales y por los objetos misteriosos que son sospechosos de estar en conexión con las fuerzas superiores que determinan nuestro destino. Eso no significa ni de lejos que tengamos que creer en ellos, pero la evolución nos ha convertido en seres cuya atención es estimulada de inmediato en cuanto entran en juego tales secretos. ¡Y es que nunca se sabe!

* * *

Bien, regresemos ahora a la prehistoria. En aquellos tiempos, los seres humanos estaban ocupados en explorar tanto el mundo físico como el sobrenatural y en encontrar medios por los que influir en sus fuerzas polimorfas. Se podía contactar con ellos en algunos lugares especiales; a través de personas especiales; en estados especiales como el sueño, el trance o la embriaguez; o en épocas especiales, como por ejemplo en los solsticios. Los objetos especiales también servían como instrumentos de mediación. Vamos a calificar todo eso de *carismático*. El «carisma» designa en griego un don otorgado con benevolencia; quien lo recibía quedaba tocado por la gracia de las fuerzas sobrenaturales. Carismáticos serán para nosotros todos aquellos lugares y personas, ocasiones y objetos, que a ojos de los seres humanos han sido agraciados por lo divino y que, por tanto, están predestinados a formar parte del otro mundo, de lo sagrado.

¿Por qué concedemos tanta importancia al carisma? El carisma, ese privilegio que permite el acceso a las fuerzas del destino, es lo que está en el origen de la dominación. El carisma representa la fuente quizá más importante del poder simbólico. La investigación concuerda en gran parte con la explicación de Max Weber de que el dominio sobre los seres humanos comenzó como una dominación carismática y que los primeros Estados se originaron como Estados carismáticos. Para Weber, el carisma era «una cualidad extracotidiana de una persona [...] en virtud de la cual esta es valorada como alguien dotado de fuerzas o propiedades sobrenaturales o sobrehumanas, o por lo menos específicamente extracotidianas no accesibles a cualquiera, o como a un enviado de Dios, o como alguien ejemplar y, por ello, como un "guía"». En los tiempos prehistóricos, el carisma tenía siempre un origen sobrenatural: los dones especiales de un gobernante, ya fueran de índole física, espiritual o incluso económica, eran regalos celestiales. Eso dispensaba legitimación: ¿quién no iba a querer seguir a un favorito de los dioses? Pero, sobre todo: ¿quién osaría interponerse en su camino?

Las personas, lugares u objetos carismáticos eran, por consiguiente, puntos de contacto entre lo cotidiano y lo extracotidiano, entre la esfera humana y la divina. El egiptólogo Jan Assmann, nada sospechoso de un uso descuidado de los anglicismos, hablaba en este contexto de *interfaces*. Un lugar carismático como Stonehenge opera en efecto como interfaz, como médium que «acopla entre sí los procesos y los órdenes cósmicos y terrenales», tal como lo formula Assmann; en él se produce una «comunicación entre arriba y abajo», en él tiene lugar un flujo de energía, en él se origina el poder simbólico.

El problema del carisma: es una esencia sumamente volátil. Incluso una persona percibida como carismática puede perder su aura con el tiempo. Como muy tarde desaparece por regla general con sus hijos y con sus sucesores. Por este motivo, Weber describía la «cotidianización» de lo «extracotidiano» como el verdadero desafío para el nacimiento de los Estados. El carisma tiene que perdurar más allá de una vida humana particular. Y es aquí donde entran en juego los lugares y los objetos sagrados. Operan como médiums duraderos que solidifican la esencia volátil del carisma. Procuran continuidad a las sociedades. En Stonehenge esto sucede porque allí se sincronizan los procesos cósmicos con el ritmo anual de los seres humanos. Su grandiosa arquitectura hace visible esto a todo el mundo de una manera duradera. Sin embargo, ¿cuál es el origen real del carisma de Stonehenge?

Para nosotros, en la actualidad, el aura de Stonehenge se alimenta de los milenios en los que ese círculo megalítico desafió a los elementos, se nutre del tremendo trabajo realizado y del conocimiento perdido de los antiguos, así como de los millones de visitantes. Todo esto nos induce a pensar que nos hallamos ante un lugar absolutamente extraordinario. Ninguna persona querría perdérselo. Ahora bien, ¿por qué este lugar se convirtió en un sitio carismático, en una interfaz que unía las esferas entre sí, hace 5.000 años?

Se trataba de un paisaje peculiar, y este es un bonito ejemplo de lo que comentábamos acerca de la percepción del mundo en los tiempos en que los seres humanos desconocían las relaciones físicas entre fenómenos. Tres surcos de deshielo bien marcados transcurren en la tierra en una suave pendiente de un paisaje calizo. En algún momento, los humanos se dieron cuenta de que esos surcos señalaban justamente aquel punto de la elevación por detrás del cual el sol se ponía durante el solsticio de invierno, y que corrían en la otra dirección a la salida del sol en el solsticio de verano. Como la mente humana posee la tendencia teleológica a contemplar tales fenómenos como el resultado de «actos» con una determinada finalidad, estaba claro que aquellas eran marcas de los dedos de los dioses. Allí, unos seres divinos habían grabado los surcos en la tierra con sus propias manos. ¿Por qué? Porque querían indicar a los humanos que construyeran su santuario en aquella elevación del terreno. No en vano, el solsticio de invierno, a partir del cual los días vuelven a alargarse, era el día del cumpleaños del sol. Y los surcos en el suelo se convirtieron en la vía sagrada de las procesiones, la avenida ceremonial.

Los investigadores de hoy en día dicen en cambio: tenemos que agradecer a un azar geológico el monumento más significativo de la prehistoria europea. Fue el agua del deshielo de la última glaciación la que excavó tres arroyadas en la meseta caliza de suave declive, casualmente en la dirección del solsticio. También este es un ejemplo bonito, pero esta vez lo es del desencantamiento científico del mundo.

La estructura básica de Stonehenge, una fosa circular de algo más de 110 m de diámetro con un terraplén exterior, se originó después del año 3100 a. C. Además de un pequeño acceso en el sur, la entrada principal estaba orientada hacia el nordeste, justo hacia los surcos divinos que desde aquí arriba señalan en dirección a la salida del sol en el solsticio de verano. Dentro de esta obra de tierra había una hilera de postes y probablemente tres piedras en posición vertical. Las dataciones de Parker Pearson muestran que también los «agujeros de Aubrey» (llamados así en honor de su descubridor, John Aubrey, investigador británico de la Antigüedad), que recorren el perímetro interior de la fosa, pertenecen a esta primera fase. La función de estos 56 agujeros es controvertida, como en realidad lo es todo en Stonehenge. Parker Pearson está convencido de que sus piedras más pequeñas, conocidas como «piedras azules», que fueron transportadas hasta aquí desde el sur de Gales, a una distancia de 240 km, estaban ubicadas originariamente en ellos.

Ya desde sus inicios se enterraron personas en Stonehenge; solo en el hoyo de Aubrey n.º 7 excavado por Parker Pearson se encontraron los restos de más de sesenta cremaciones. Esto no debe sorprendernos. Encontrar el reposo eterno en una interfaz hacia el otro mundo podía evitar probablemente que las almas de los muertos se perdieran en el camino y vagaran como trasgos o espíritus errantes. Al mismo tiempo, colocar a los ancestros en un lugar tan importante era acto astuto por parte de los vivos, ya que de esa manera se aseguraban su favor. En el tercer milenio antes de Cristo, Stonehenge fue el mayor cementerio de Inglaterra.

También es objeto de grandes debates la pregunta de cuándo tuvo lugar la construcción principal de este monumento megalítico, esa alineación de bloques de arenisca de hasta 8 m de altura y entre 25 y 50 t de peso. Durante mucho tiempo se barajó el periodo comprendido entre los años 2440 y 2100 a.C. Por consiguiente, ese círculo megalítico habría sido obra de la cultura del vaso campaniforme que, según indica el estado actual de las investigaciones, se expandió masivamente por aquella época hacia Inglaterra partiendo de los Países Bajos. Según los últimos resultados de las excavaciones, el trabajo monumental de colocación de las piedras se data aún más atrás, en torno al año 2500 a.C Por consiguiente, las gentes de la cultura del vaso campaniforme adoptaron Stonehenge y continuaron su práctica. No pudieron hacer caso omiso al aura de aquel imponente lugar. Lo reconocieron como poderosa fuente de poder simbólico y exportaron la idea al continente.

* * *

Hemos excavado el producto de esa exportación. Se trata de un santuario sumamente complejo en el actual estado federado de Sajonia-Anhalt. Los arqueólogos de la Martin Luther Universität y el servicio estatal de arqueología pusieron al descubierto una superficie de 1,5 ha. «El Stonehenge alemán», rezaban los titulares de los periódicos; lo cual es exagerado, por supuesto. Al menos en lo que se refiere a la impresión óptica y al esfuerzo del trabajo realizado. Tampoco puede competir con Stonehenge en el nombre: Pömmelte-Zackmünde. En cambio, no tiene nada de exagerado compararlos en lo tocante a su valor arqueológico.

A 20 km al sudeste de Magdeburgo no había bloques de arenisca que pesaran toneladas. El santuario circular fue levantado con miles de troncos de árboles que formaban cinco círculos concéntricos de postes, a los que se añadió un terraplén y diferentes estructuras funerarias. Esta instalación, que entretanto ha sido reconstruida, se alza imponente sobre una pequeña elevación en la vega del río Elba, que fluye perezoso apenas a dos kilómetros de distancia.

En Stonehenge, las excavaciones han sido muy puntuales hasta la fecha. «La gente se queda sorprendida una y otra vez cuando se entera de las escasas investigaciones arqueológicas que han tenido lugar en Stonehenge y en sus alrededores —dice el arqueólogo británico Mike Parker Pearson—. La verdad es que la mayor parte de Stonehenge y de su entorno no ha sido apenas investigado.» Pese a las espectaculares interpretaciones realizadas en estos últimos años gracias al *Stonehenge Riverside Project* dirigido por Parker Pearson, sus campañas de excavación sobre el pasado de Stonehenge solo han podido ser parciales.

Ocurrió todo lo contrario en Pömmelte. Aquí, los arqueólogos pudieron hacer uso de todas sus artes para excavar la instalación completa que anteriormente solo había sido hollada por el arado, y se toparon con un segundo santuario en vecindad directa con el anterior: el santuario de Schönebeck. Lo que hace especialmente emocionantes estas excavaciones para nosotros es su ubicación, ya que Pömmelte y Schönebeck están situados en aquella latitud geográfica que puede calcularse por los arcos del horizonte fijados con posterioridad en el disco celeste. La localidad de Nebra está localizada en una latitud un poco más al sur. Con Pömmelte y con Schönebeck, ¿nos hallamos ante la región en la que se realizó una de las principales modificaciones del disco?

Stonehenge es solo uno de los muchos, si bien el más espectacular de los monumentos *henge*, esto es, unas estructuras circulares, en ocasiones también ovaladas, con fosa y muralla. Por regla general están construidas con madera. Ya mencionamos que no estamos ante ninguna especialidad británica. También la Europa Central estaba repleta de construcciones, cuyos nombres parecen estar sacados del diccionario del código de circulación: «recintos circulares» o «rotondas». Algunos de ellos son significativamente más antiguos que las construcciones británicas y datan del periodo que va del 4900 y 4500 a.C. En la primera parte de este libro ya nos referimos a Goseck, de casi 7.000 años de antigüedad.

Se debate mucho acerca de la función para la que debieron construirse. Con frecuencia se habla de «observatorios solares», de «templos de las estrellas» o de «edificios calendario». Actualmente, la investigación ve en ellos construcciones multifuncionales. En ellas se celebraban festividades, había mercados, se practicaban rituales; pero además las gentes se reunían allí para acordar matrimonios, medirse en duelos y homenajear a los antepasados. También los difuntos encontraban en ellas su reposo eterno. Cuando, el sol salía o se ponía por una de las puertas o a través de la empalizada, el acontecimiento que se estuviera produciendo allí quedaba legitimado y las personas se encontraban en consonancia con los poderes del cosmos.

Por tanto, no encontramos ninguna «proto-astronomía» en primer plano; sino que era el cielo el que consagraba el suceso terrenal. Las empalizadas de madera creaban un horizonte artificial y focalizaban el cielo en las personas congregadas en el interior. Por consiguiente, estas construcciones operaron durante milenios como las interfaces más importantes de la prehistoria europea. Eran interfaces carismáticas, que producían legitimación. Los ritos y los sacrificios que se realizaban en concreto eran diferentes dependiendo de cada cultura, de cada época, y es difícil averiguar cuáles eran con los recursos arqueológicos actuales. Se trataba siempre de entrar en contacto directo con los poderes sobrenaturales.

Los recintos circulares tenían un fabuloso efecto secundario que repercutía de manera muy concreta en el aquí y en el ahora. Solucionaban uno de los problemas centrales de las sociedades del Neolítico cada vez mayores y más anónimas (entre los años 6000 y 2000 a. C., la población europea pasó aproximadamente de uno a ocho millones de personas). Creaban sentimientos de pertenencia y de comunidad que se forjaban en el impresionante trabajo que había que realizar para su construcción. La excavación de las fosas, a menudo de varios centenares de metros de longitud, con palas de madera, la tala y el desbastado de miles de árboles para los círculos de la empalizada, todo esto indicaba: ¡esta es nuestra obra, nuestro prestigio, nuestro poder! En aquellos recintos solemnes separados del mundo exterior, la multitud se percibía a sí misma como unidad, de una manera no muy diferente a lo que sucede en la actualidad en los estadios de fútbol. Aquellos círculos producían identidad al definir quiénes somos «nosotros». «Nosotros» somos los que estamos dentro del círculo. El vocablo latino *definitio* designa eso exactamente: «delimitación». Las fosas circulares son los escenarios del «nosotros».

* * *

El descubrimiento del disco celeste colocó las fosas circulares de la actual Alemania Central en el foco del interés científico. El proyecto de investigación de la Fundación Alemana para la Investigación Científica, coordinado por François Bertemes, *Hacia nuevos horizontes. Los hallazgos de Nebra (Sajonia-Anhalt) y su significado para la Edad del Bronce de Europa* puso las antenas para la detección selectiva de aquellas construcciones que procedieran de la época del disco celeste. Fue una labor pionera porque en la RDA no habían existido trabajos arqueológicos iniciados a partir de imágenes aéreas. Ahora se evaluaba de manera sistemática aquellas estructuras de forma circular, observadas desde el avión, que podían reconocerse en diversos campos cubiertos por la vegetación. Los expertos identificaron una docena de construcciones cuya datación no estaba clara. Poseían un diámetro de entre 50 y 130 m, se realizaron prospecciones geofísicas y se abrieron sondeos. Los resultados fueron espectaculares: el espectro temporal iba desde el Neolítico inicial hasta la Edad del Hierro, es decir, cubrían el intervalo entre los años 5000 y 750 a. C. No existen muchos tipos de arquitectura que hayan permanecido prácticamente inalterados durante más de 4.000 años.

Pareció muy prometedor sobre todo el recinto circular de Pömmelte-Zackmünde en el distrito de Salzland, no muy lejos del río Elba. «Ya los hallazgos en la primera área de excavación sugerían actividades relacionadas con el culto», recuerda el arqueólogo André Spatzier, que dirigió las excavaciones. Además puso fecha a la construcción en el horizonte de transición del Neolítico final a la Edad del Bronce Antiguo, es decir, justo en el periodo entre los años 2300 y 2100 a. C. en el que adquirió forma el mundo de Unetice. Así que se dispusieron a excavarla por completo. Enseguida quedó claro que no habrían podido elegir una mejor construcción candidata para entender cómo se produjo el comienzo de una nueva época. En ella puede observarse realmente el nacimiento del Reino del disco celeste y entenderse cómo se llegó a la que puede ser la primera forma de Estado en tierras centroeuropeas.

¿Es acaso una casualidad que el santuario circular de Pömmelte, con aproximadamente 115 m, tenga prácticamente el mismo diámetro que el de Stonehenge? La arquitectura de madera remite a las construcciones de Woodhenge y de Southern Circle, pertenecientes asimismo al complejo de Stonehenge; también estas se componían de varios círculos concéntricos de troncos de árboles. La principal fase de uso de Pömmelte está fechada en la época que va del año 2300 al 2050 a. C. Los hallazgos de cerámica dicen con claridad que los creadores de ese santuario pertenecían a la cultura del vaso campaniforme. Así pues, del mismo modo que por sus redes fluían las innovaciones metalúrgicas procedentes de Inglaterra, sus creencias tomaron también esa ruta. Pömmelte es única en su complejidad dentro del espacio de la Europa Central.

Deseamos entender cómo puede explicarse el dominio de la cultura del vaso campaniforme sobre la cultura de la cerámica cordada y cómo esto condujo a la génesis de la cultura de Unetice. En primer lugar es muy reveladora la elección del lugar. No podemos decir si la cercanía al río poseía un significado ceremonial tal como postula Parker Pearson para el río Avon en Stonehenge. Tampoco podemos decir si existieron aquí, hace más de cuatro milenios, algunas peculiaridades geológicas que pudieran haberse entendido como señales realizadas por los dedos de los dioses. De todas formas, la construcción estaba ubicada de tal forma, que en las crecidas del río Elba dominaba sobre la corriente en lo alto de una isla, igual que Ávalon en el lago.

Lo cierto es que ese lugar ya tenía un significado carismático para los representantes de la cultura de la cerámica cordada. El equipo de excavación de Spatzier se topó con una cabaña funeraria sobre la cual podría haberse levantado un túmulo. Dos hachas de piedra, una de ellas tipo hacha de combate, identifican al sepultado como a un guerrero de la cultura de la cerámica cordada. Justo al este de allí hay un recinto casi perfectamente cuadrado de 15 m de lado. Una de las dos entradas daba a la salida del sol durante el solsticio de verano; la otra estaba orientada a la puesta del sol durante el solsticio de invierno. Este santuario de la cultura de la cerámica cordada tenía ya una antigüedad de tres siglos, quizá de cuatro, cuando los representantes de la cultura del vaso campaniforme levantaron su monumental santuario circular. ¿Una instrumentalización consciente de los ancestros? ¿O una usurpación intencionada y la superación de antiguas tradiciones para demostrar la propia superioridad?

Tal como se descubrió recientemente, en el año 2017, el círculo megalítico de Avebury, no muy lejos tampoco de Stonehenge, y que con un diámetro de 330 m es el mayor crómlech del mundo, está ubicado allí donde anteriormente existió un cuadrado de piedra más antiguo de 30 m de lado. Volvemos a comprobar que los santuarios se erigen en lugares carismáticos que se destacan por un suceso anterior, una peculiaridad geológica o una importante construcción de sus predecesores como interfaz entre este y el otro mundo. Las iglesias cristianas siguen levantándose allí donde había templos romanos o santuarios germánicos.

* * *

Dispongámonos a dar una vuelta. Todavía podían reconocerse con claridad las huellas de los postes del círculo más exterior de Pömmelte. Los postes de madera no estaban aquí pegados unos a otros, sino repartidos con holgura. Diez metros más adentro seguía otro círculo que se componía de una sucesión de fosas, unas ovales y otras rectangulares, una al lado de la otra. A continuación, venía una fosa circular de aproximadamente 78 m de diámetro, de más de 1 m de profundidad y entre 2 y 3 m de anchura con un terraplén que corría por su borde exterior; por el interior seguía una empalizada que no dejaba ver a través.

En el espacio interior de la rotonda había dos coronas de postes a una distancia de 8 y 14 m respectivamente de la fosa circular. En ellas, los maderos estaban separados unos de otros por 1 m, y a veces hasta por 2 m de distancia. Se supone que estaban unidos por vigas colocadas por arriba y por ello se parecían a Stonehenge, donde por cada dos jambas había un dintel. De esta manera se originaba en el interior una plaza delimitada varias veces. En Pömmelte, el diámetro de esta arena era de casi 50 m.

«El proyecto arquitectónico completo incluye cuatro ejes que conducen a los accesos al interior de la construcción», explica el excavador Spatzier. Están marcados por las interrupciones de los círculos y las fosas, así como por la disposición simétrica de los postes. «No indican las fechas de los solsticios» —aclara el astrónomo Wolfhard Schlosser—, «sino las fiestas trimestrales intermedias». Es decir, aquellas fiestas que se celebraban los días que quedaban situados justo entre un equinoccio y un solsticio. También los celtas celebraban allí festivales como Beltaine, Imbolc y Samhain; con posterioridad tendrían lugar las celebraciones cristianas como la Fiesta de la Candelaria o Todos los Santos. Por consiguiente, la rotonda de Pömmelte tenía una clara referencia solar, sobre todo teniendo en cuenta que en la dirección de la salida del sol en el solsticio de invierno había existido una interrupcción de la fosa circular y otra del anillo de fosas aisladas, que fueron completadas con posterioridad.

«Resulta improbable que el recinto sirviera como observatorio de los astros», dice Spatzier. También hay que excluir que nos hallemos ante una construcción defensiva, puesto que para tal fin los círculos con los postes son excesivamente permeables. Por tanto, las más de cincuenta puntas de flecha de sílex encontradas no hay que valorarlas como vestigios de un ataque. Los arqueólogos suponen más bien que los guerreros de la cultura del vaso campaniforme competían allí en disparo con arco. ¿Era el círculo de Pömmelte una Olimpia a orillas del río Elba?

Los individuos con los que se toparon los arqueólogos, esqueletos de hombres, mujeres y niños, siguen siendo un enigma. El primer misterio tiene que ver con la diferente manera en que fueron tratados. En la mitad oriental del recinto, es decir, en la dirección de la salida del sol, había una docena de inhumaciones en fosas simples. Se trataba exclusivamente de hombres, según la determinación antropológica. Tenían entre veinte y treinta años de edad, por tanto, se encontraban en su plenitud como guerreros. ¿Por qué fueron elegidos para ser enterrados en este lugar especial? ¿Sin ofrendas funerarias? No se encontraron indicios sobre las circunstancias de las defunciones. El caso de las mujeres y los niños era distinto: no habían sido enterrados, sino arrojados a fosas.

Dentro del foso circular se habían abierto veintinueve pozos de hasta más de dos metros de profundidad. Su relleno era extraño: estaba formado por capas de objetos que no se depositaron de una vez, sino que entre algunas de ellas pasaron décadas. Spatzier reconstruyó el siguiente patrón: en la parte más profunda se hallaron restos de recipientes cilíndricos para víveres, fabricados con material orgánico, que habrían contenido a los demás objetos. Estos consistían en su mayor parte en recipientes de cerámica, sobre jarras, tazas y vasos para líquidos; habían sido rotos a propósito. En la segunda capa había piedras de moler y huesos de animales, la mayoría de vacas. Las huellas de corte y de golpes sugieren restos de comida o una matanza. Además, aparecieron otros huesos, estos pertenecientes a niños, adolescentes y mujeres.

«Esta segunda capa se depositó enseguida, probablemente junto con la más profunda», dice Spatzier. En la parte superior estaban las piedras soleras o las volanderas de los molinos, puestas por lo general con la cara sobre la que se molía hacia arriba, pero también había mandíbulas inferiores de vacas. Como si su misión fuera sellar el depósito.

Finalmente había una tercera capa: en ella había hachas de piedra o cráneos humanos de individuos más bien jóvenes. Dado que también se encontraron hachas de piedra en hoyos de los que se habían retirado los postes de la empalizada, cabe pensar que su deposición tuvo que ver con el desmantelamiento del monumento. ¿Se les retiraron a los guerreros las hachas de piedra siguiendo algún ritual? ¿Quizá los cráneos allí enterrados habían desempeñado algún papel en las ceremonias?

Las hachas de piedra, igual que una gran parte de los molinos, presentan desperfectos. Como tampoco estaban presentes todos los fragmentos de las vasijas de cerámica y como también faltaban algunas partes a los esqueletos humanos, Spatzier supone que «los objetos depositados pudieron haber sido inutilizados antes de la demolición mediante un acto simbólico de matanza o de destrucción, es decir, sustraídos al ciclo de la vida propiamente dicho». En lo que respecta a las mujeres y a los niños, el acto de la matanza fue cualquier cosa salvo únicamente simbólico.

El enterramiento en sí ya es espeluznante. El esqueleto de un niño de entre cinco y siete años de edad colgaba cabeza abajo en la fosa; simplemente habían arrojado allí el pequeño cadáver. No obstante, le faltaban las piernas desde las rodillas, así como el brazo derecho. El cráneo de la criatura yacía también en la fosa, a medio metro de distancia del cuello, en el borde superior del pozo. Como no pudieron demostrarse huellas de cortes, el cuerpo pudo haber sido mutilado cuando el proceso de descomposición ya estaba avanzado.

En otro pozo yacían el torso de una mujer de entre quince y diecisiete años de edad, a la que le faltaban las cuatro extremidades, y una criatura de unos diez años, sin piernas. Ambas presentaban en el cráneo y en el tórax eso que los antropólogos denominan *traumatismos perimortales*, es decir, heridas que se produjeron en torno a la hora de la defunción. O bien fueron torturadas y murieron por esa causa, o fueron maltratadas cuando ya estaban muertas. En lo más profundo de otra de las oquedades yacía una mujer de entre treinta y cuarenta años, boca abajo, con la pierna izquierda torcida en una posición no natural. «Directamente sobre ella yacía un niño de entre cinco y siete años, boca arriba, con las piernas plegadas en posición de jinete», se dice en el informe de la excavación. «Los brazos girados hacia la derecha junto al cuerpo estaban puestos de tal manera, que ambas muñecas estaban directamente una encima de la otra e indicaban probablemente que el individuo estaba maniatado.»

Se encontraron muchísimas huellas de violencia brutal en los huesos; en ocasiones también señales de mordeduras de animales. Una mujer presentaba un agujero debajo del ojo derecho. ¿La alcanzó una flecha? ¿Un puñal? André Spatzier llega a la siguiente conclusión: «Los indicios sugieren que los niños y las mujeres fueron víctimas de acciones violentas y que murieron por los golpes brutales recibidos por delante, por los lados y por detrás de la cabeza y en el tronco». Pese a lo difícil que le resulta a la arqueología demostrar incuestionablemente los sacrificios humanos, todo parece indicar que los difuntos de los pozos fueron víctimas de sacrificios rituales.

¿Cómo encaja todo esto? En un lado yacen hombres jóvenes, enterrados honorablemente aunque sin ofrendas funerarias. ¿Como héroes? En otro lado yacen las mujeres y los niños. Innegablemente fueron víctimas de una violencia brutal, se las eliminó sin piedad en las fosas. ¿O se trata de una interpretación apresurada, condicionada por los prejuicios? También en el caso de los hombres puede tratarse de sacrificios. En ese caso fueron asesinados de un modo que no dejó ningún rastro en el esqueleto: ¿Estrangulados? ¿Envenenados? ¿Los degollaron? De todas formas, y esto lo demuestran los análisis de isótopos en dientes y en huesos realizados por el antropólogo Marcus Stecher, prácticamente todos los difuntos de Pömmelte eran personas de la región, que no presentaban grandes diferencias en cuanto a la alimentación, es decir, probablemente pertenecían a la misma clase social.

Los sacrificios representan un comercio con las fuerzas sobrenaturales. O bien se trata de saldar una deuda, aplacar su cólera o de buscar el favor de los dioses. Cuanto mayor es la inversión, mayor es el efecto. Por tanto, los sacrificios humanos apuntan a situaciones dramáticas. ¿Se quería persuadir a los dioses de retirar una epidemia enviada como castigo? Como ya dijimos, existen algunos indicios de la propagación de la peste.

Pero tal vez estas personas fueron torturadas y ejecutadas sin más. Las mujeres eran un bien valioso, escaso. Gracias a la genética sabemos que tanto en la oleada invasiva de los representantes de la cultura de la cerámica cordada como también de la del vaso campaniforme, se trataba sobre todo de hombres. Se tomaban a las mujeres del lugar, o también las raptaban. Tal vez estas habían opuesto resistencia, o no querían renunciar a sus familias, o se habían mezclado con otros hombres y fueron castigadas de una manera terrible en ese lugar sagrado y a la vista de todo el mundo como castigo ejemplar. Ya vimos en el caso de Eulau con qué vehemencia se libraban los conflictos en torno a las mujeres. Por desgracia no poseemos todavía los análisis genéticos que podrían aportar un poco de luz a esta oscuridad. Volveremos después al fenómeno de los sacrificios humanos.

Retengamos por el momento lo siguiente: Pömmelte fue una construcción extraordinariamente compleja en lo que a arquitectura y a uso se refiere. Poseemos indicios claros de un culto al cráneo y a los ancestros, no pueden negarse los sacrificios humanos. La estructura múltiple del santuario apunta a que había diferentes zonas destinadas a actividades y grupos específicos de personas. Podemos imaginar procesiones a través de las puertas orientadas a la carrera del sol. En ocasión de las festividades se molía el grano ritualmente y se sacrificaban vacas. La cerámica presente de forma masiva prueba la rica disponibilidad de bebidas. Se debate si los vasos campaniformes que dan nombre a esta cultura no servirían para tomar bebidas embriagadoras y para rituales relacionados con estas. También en Stonehenge la visita al santuario estaba estrechamente relacionada con festines que se celebraban en el cercano lugar de Durrington Walls. Los experimentos sonoros practicados en el recinto reconstruido de Pömmelte prueban la sofisticada acústica de las empalizadas, no solo para poder oír bien en todas partes las palabras pronunciadas en el centro, sino que además estos lugares resultaban perfectamente apropiados para la música; sobre todo los instrumentos de percusión producían un efecto tremendo, ya que los ecos flotantes se veían reforzados rítmicamente. Si además había competiciones y prácticas sacrificiales que no deseamos imaginarnos, podemos afirmar sin miedo a exagerar que Pömmelte era un lugar espectacular. Estamos ante un escenario en el que los humanos representaban un espectáculo al que asistían los dioses como público.

Por consiguiente, esta rotonda es un lugar con un carisma indudablemente profundo, ya que si a los poderes sobrenaturales les satisfacía la escenificación terrenal, recompensaban a sus protagonistas. En

Pömmelte, o se ganaba el favor de los dioses, o se aplacaba su cólera. Aquí fluía un poder de rico simbolismo que había que traducir en poder real. Con Stonehenge y la metalurgia en el equipaje se comprende que los representantes de la cultura del vaso campaniforme, en calidad de portadores de la luz, hicieran sombra a los representantes de la cerámica cordada.

* * *

La mezcla de culturas no deja nada intacto. La cultura del vaso campaniforme también se transformó. Esto lo vemos en Pömmelte; la cerámica hallada en el santuario cambió para convertirse en aquellas formas no decoradas que serán típicas de la cultura de Unetice. Aquí surgió algo nuevo, y el mismo santuario de Pömmelte fue su primera víctima. Y es que Pömmelte no estaba aislado; los arqueólogos excavaron un segundo santuario, el de Schönebeck, a tan solo 1.300 m de distancia. Se erigió cuando ya existía Pömmelte y continuó existiendo cuando Pömmelte fue arrasado. Ambas construcciones son asombrosamente parecidas y, sin embargo, completamente diferentes. Pömmelte parece seguir anclado en el mundo antiguo; Schönebeck señala ya hacia el mundo nuevo con un gobierno centralizado.

También Schönebeck es un recinto circular con una arquitectura de similar complejidad compuesta de varios anillos concéntricos, algo más pequeña; el diámetro total alcanza los 80 m, pero también aquí había tumbas, empalizadas y una plaza delimitada por coronas de postes. La diferencia estaba justamente en lo que faltaba: no había enterramientos en pozos. No había puntas de flecha. No había fosas, no había sacrificios, no había ofrendas de cerámica, ni de animales, ni de seres humanos. Los excavadores detectaron, sin embargo, un *cushion stone* que había sido depositado allí: estos yunques de piedra eran una señal de la nueva era de la metalurgia. El Arquero de Amesbury enterrado en Stonehenge se llevó uno a la tumba igual que el príncipe de Leubingen. ¿Casualidad o fue algo hecho a sabiendas?

Lo importante son las dataciones: Pömmelte fue utilizado entre los años 2350 y 2050 a. C. El círculo de Schönebeck está datado en la época que va del año 2100 al 1800 a. C. Es decir, cuando fue erigido Pömmelte seguía funcionando. Sin embargo, siguió siendo utilizado cuando ya hacía tiempo que se había abandonado Pömmelte, en la época en que gobernaron los príncipes de Leubingen y de Helmsdorf. Como ambas construcciones existieron en paralelo durante un tiempo, sería lógico imaginar que estuvieran relacionadas y que cumplieran diferentes funciones. Al principio puede que fuera así, pero Schönebeck se independizó. Y ese proceso tuvo sus consecuencias lógicas: es el resultado de la monopolización del carisma.

La ausencia de tumbas y de sacrificios, de cualquier indicio de una veneración a los ancestros, sugiere que aquí se practicó otra forma de culto. Un culto que nos parece más racional, digamos que más enfocado. Y que fue tal vez el que se llevó la victoria. Mientras que Schönebeck siguió cumpliendo su finalidad durante siglos, Pömmelte no solo fue abandonado, sino que ¡fue arrasado! En algún momento entre el año 2100 y el 2025 a. C. se produjo el abandono de esta construcción. Se retiraron los postes, se rellenó la fosa circular con una capa mezcla de humus y gravilla, pero sobre todo con cantidades ingentes de cenizas. Allí ardió una hoguera gigantesca. La explicación sugerida: se quemó la empalizada de madera. Es significativo que las hachas de piedra representen el último estrato de los hoyos de los postes de Pömmelte. Junto con los ancestros, se desarmó también a los héroes.

Ya no debía existir competencia ninguna. Si Pömmelte tiene sus raíces en el antiguo mundo heroico del que iba a forjarse la Edad del Bronce, Schönebeck representa la nueva era, en la que los príncipes que alcanzaban el poder eliminaban a todos sus rivales. No se encontró ni un fragmento de vasija que hubiera apuntado aún a la cultura del vaso campaniforme. ¡Se trataba ya de pura cultura Unetice! El nuevo mundo.

* * *

Ni sacrificios humanos, ni culto al cráneo, ni culto a los ancestros, ni banquetes rituales. El recinto de Schönebeck tenía sus propias reglas. Estamos ante una revolución religiosa: el hallazgo recuerda la revuelta iconoclasta de la Reforma, cuando fueron retiradas de las iglesias las imágenes de los santos y las reliquias que obraban milagros, y en adelante lo principal iba a ser exclusivamente la palabra de Dios. Nos hallamos ante un proceso de racionalización, ante eso que Max Weber denominó *desencantamiento*. Cuando se renuncia a los sacrificios dramáticos de igual manera que a los ancestros, ha dejado de creerse en su fuerza mágica, en eso que nosotros denominamos *carisma*. Eso significa que han perdido su encantamiento. Por lo menos de manera oficial.

Sin embargo, de acuerdo con nuestras explicaciones sobre el carisma, debería quedar claro que el desencantamiento no pudo ser total, pues entonces el círculo habría sido un lugar carente de carisma, no habría sido ninguna interfaz. ¿Toda aquella labor inmensa se había realizado para nada? No. Nos hallamos ante una transformación del carisma. Al desencantamiento lo acompañó otro encantamiento. Puede que los ancestros y los sacrificios humanos desaparezcan, pero el círculo permanece. El carisma se monopoliza, se concentra con toda probabilidad en el sol.

Los recintos circulares tuvieron desde siempre un relación con el sol; el círculo es también de por sí un símbolo del sol. Ya vimos qué papel inmensamente importante desempeña el sol en el disco celeste de Nebra. Como muy tarde desde la Edad del Bronce Medio, Europa es dominada por una religión solar. El carro solar de Trundholm es el testimonio más destacado. El desencantamiento del mundo de las creencias antiguo va acompañado de un encantamiento del sol.

El bronce de color dorado ¿no ha traído acaso el brillo del sol a la Tierra? Sus creadores, ¿no eran acaso orfebres del cielo? Sobre todo fueron orfebres del poder. En el plano simbólico contemplamos lo que hemos descrito en el plano del dominio: el poder es retirado a la multitud (se la desencanta) y se transmite a un individuo (se le confiere una naturaleza mágica). Los múltiples héroes se convierten ahora en soldados; el único se convierte en el superhéroe. Y el carisma pasa de los ancestros de la multitud al príncipe único: la monopolización del carisma conduce en última instancia a la divinización del gobernante. El oro del sol es su metal. Y con esta tenemos otra prueba más de que en Unetice nos hallamos en el proceso de formación de un Estado.

El filósofo y politólogo Eric Voegelin denominó a lo que se origina aquí *imperio cosmológico*. Con esa expresión se refirió a aquellas sociedades que legitiman su poder en su relación con los poderes cósmicos del sol, de la luna y de las estrellas. En Egipto, en Mesopotamia o en China se desarrollaron imperios cosmológicos de manera independiente. Estamos ante una «forma simbólica», en palabras de Voegelin, «creada por las sociedades en cuanto estas escalan un peldaño por encima de las sociedades tribales». Resumiendo, son típicas de los primeros Estados, y del Reino de Nebra.

Voegelin subraya que estas sociedades necesitan símbolos, puntos de conexión física a través de los cuales «la corriente del ser del cosmos» pueda fluir hacia el reino terrenal, como si se tratara de una especie de «ombligos del mundo». Para ello introdujimos con el egiptólogo Jan Assmann el término *interfaz*, pues por medio de esta se ponen en contacto la esfera celeste y la esfera terrenal. También Schönebeck fue un «ombligo del mundo» en el que «las fuerzas trascendentes del ser fluían hacia el orden social», una fuente del poder divino del soberano. Y en la actualidad se sigue entendiendo a primera vista el hecho de que también el disco celeste de Nebra debía de ser una interfaz cosmológica de primer nivel.

* * *

Tradicionalmente se considera la Edad del Bronce una época de héroes. Eso es engañoso. Tal como expuso convincentemente el arqueólogo Svend Hansen, el nuevo tipo social del héroe es comprobable ya a finales del cuarto milenio antes de Cristo: el ideal de personas extraordinarias dignas de una imponente escenificación de sí mismas más allá de la vida. Ya lo describimos: las culturas de la cerámica cordada y del vaso campaniforme anteriores a la Edad del Bronce practicaban el culto a los héroes. Pero lo que verdaderamente vemos en la Edad del Bronce (y ciertamente en el contexto de los primeros Estados en el Oriente Próximo y en el espacio mediterráneo) es el nacimiento de los superhéroes.

Los superhéroes (y esto es válido incluso para sus réplicas modernas en el cómic) se caracterizan, más allá de las culturas, por dos cosas: en primer lugar, son los favoritos de los dioses, sí, más aún, reclaman poseer un origen divino. De Gilgamesh, el mítico rey de Uruk y primer superhéroe de la literatura universal, se dice: «Dos terceras partes de él son dios». Se dice de él que su madre fue la diosa Ninsun. También el casi invulnerable Aquiles es un «favorito de los dioses», hijo de Tetis, ninfa del mar, bisnieto de Zeus. ¿Y por qué pudo salvarse el faraón Ramsés II cuando tuvo enfrente al enemigo en la batalla de Qadesh? Porque en su apuro se dirigió a su padre, el dios Amón:

«Te llamo a ti, Amón, padre mío». Y este respondió: «¡Estoy contigo! Soy tu padre Amón».

En segundo lugar, la divinización de los héroes, su ensalzamiento a una grandeza de tipo cósmico, conlleva el empequeñecimiento de sus súbditos. Gilgamesh, en la primera tablilla de la epopeya de doce días, es presentado como el «rey de innumerables personas», es el «pastor de Uruk». Tan excepcional es que los humanos se quejan a los dioses porque Gilgamesh no se detiene ante ninguna de las mujeres («¡Él es su toro, y ellas son las vacas!»). Aquiles, rey de Ftía, comanda a los mirmidones anónimos en la batalla («como lobos, ávidos de carne, y con el corazón pleno de una fuerza inconmensurable», escribe Homero), llevan escudos negros, armaduras negras, son totalmente fieles y poseen una fuerza inigualable en el combate. Cincuenta mirmidones iban en cada uno de los cincuenta barcos de Aquiles. En ningún otro lugar está ilustrada con más fuerza esa visión del único como en el relieve de la batalla de Qadesh en el templo de Abu Simbel. En medio de innumerables soldados solo un héroe salta a la vista: representado a tamaño superior al natural, Ramsés II va a toda velocidad montado en un carro de guerra, sus flechas aciertan en los enemigos, sus caballos los pisotean. Asistimos al nacimiento de un mito tan perdurable como irrespetuoso con la dignidad humana: ya pueden dar sus vidas todos los soldados que quieran, que solo el rey obtendrá la victoria.

La divinización del soberano, su conexión con las fuerzas que dominan el cosmos, ese es el secreto del éxito de los primeros Estados. La monopolización del carisma es la premisa de la formación del Estado. Y dado que el rey obtiene con ello carácter divino, su carisma se transmite también a sus sucesores. Si él mismo es de origen divino, también lo son sus herederos. Con ello queda resuelto el problema principal de la soberanía carismática: convertir en cotidiano lo extracotidiano, extender el poder más allá de lo que dura una vida humana. En resumidas cuentas, en ningún lugar se ha originado un Estado sin el apoyo del cielo. Los dioses son quienes dan la respuesta a la pregunta de Bourdieu acerca de por qué muchos siguen a pocos, y además de manera duradera.

* * *

Y aquí tenemos que regresar de nuevo a los sacrificios humanos de Pömmelte. La dominación tiene que hacerse visible. Más aún: tiene que convertirse en realidad. Al fin y al cabo cualquiera puede afirmar que es un favorito de los dioses. Por este motivo, en los comienzos tiene que haber algún acto real. Este puede ser una victoria sobre los enemigos, pero también sacrificios humanos, pues el hecho de que uno se eleve por encima de los demás y reclame para sí el poder de matarlos públicamente, tal vez incluso de torturarlos terriblemente sin que ninguna fuerza terrenal ni celestial se lo impida, hace que en ese poder absoluto sobre la vida y la muerte se manifieste el carisma. Entonces el derecho a dominar ya no es solo retórica, sino que se convierte en una sangrienta realidad. Los sacrificios humanos procuran legitimidad, son la prueba de la verdad del carisma.

Por esta razón siempre encontramos sacrificios humanos allí donde se originan los primeros Estados. Así lo constató ya el arqueólogo Gordon Childe (1892-1957), y los estudios de estos últimos años lo ha puesto de manifiesto cada vez con mayor claridad. Los sacrificios humanos acompañan regularmente el nacimiento de los Estados arcaicos, como si fueran sus terribles dolores del parto. Esto es válido, si bien con una intensidad y de un modo diferente, para Egipto, Mesopotamia y China, pero también para el antiguo México o para el Perú precolombino.

Un estudio publicado en *Nature* en 2016 presentó los resultados de un análisis de 93 culturas históricas de la familia de lenguas austronesias; se trata de culturas enormemente diferentes que pueden encontrarse desde Madagascar hasta Hawaii en el océano Índico y en el océano Pacífico. Las matanzas rituales que pudieron constatarse en cuarenta de ellas, mostraban una gran diversidad y en parte eran extremadamente crueles. Por lo general, las víctimas provenían de un estrato social bajo; en ocasiones procedían de culturas vecinas. La distribución fue reveladora: mientras que las sociedades igualitarias solo sacrificaban a un 25 % de personas, en las sociedades ligeramente estratificadas este valor era del 37 %; y en las sociedades altamente estratificadas ascendía hasta el 67 %. Los autores del estudio lo resumen de este modo: «Los sacrificios humanos ayudaron a erigir sistemas sociales estrictamente divididos en clases y a reforzar la desigualdad social en general». Ya lo dijimos en un capítulo anterior: la vía hacia el Estado no fue para los súbditos una senda que condujera a la felicidad.

Uno de los coautores del estudio, Russell Gray, director del departamento de Revolución Lingüística y Cultural del Instituto Max Planck para la Ciencia de la Historia Humana, ubicado en Jena, constata: «Los sacrificios humanos ofrecían un medio especialmente efectivo de control social porque proporcionaban una justificación sobrenatural para el castigo. Tanto los soberanos, como los sacerdotes y los jefes militares, eran tenidos a menudo por enviados de los dioses, y el sacrificio ritual de una persona era la demostración amenazadora de su poder».

Este es un punto central: la demostración amenazadora del poder. Sin embargo, el poder simbólico del que habla Bourdieu tiene que haber sido una vez experimentable y completamente real; solo después puede actuar de manera invisible. Sin esta conexión con la realidad no lo creería nadie. «La mayor solemnidad estriba en la amenaza de la muerte», constató ya el helenista Walter Burkert. El hecho biológico de la muerte parece la única prueba que verdaderamente cuenta para el ser humano. Todo lo demás puede afirmarse, falsificarse, revisarse. Solo la muerte crea verdad. Por este motivo, la matanza pública es la prueba última y amenazadora del carisma, la prueba de que uno es un elegido. Dado que no topa con ninguna resistencia, sucede de acuerdo a la voluntad de los dioses. A los humanos no les queda otro remedio que el sometimiento, se convierten por completo en súbditos.

Los sacrificios humanos como estrategia amenazadora de legitimación no deberían sorprendernos demasiado: a las religiones judía y cristiana se les atribuye haber proscrito la práctica del sacrificio humano. Sin embargo, ambas obtienen credibilidad a partir de él. Abraham, sacando el cuchillo y disponiéndose a sacrificar a su hijo Isaac por orden de Dios, demuestra hasta qué punto se tomaba en serio la fe. Y para muchos cristianos, la circunstancia de que Dios sacrificara a su propio hijo, el hecho de que Jesús muriera efectivamente en la cruz, es la demostración de la verdad de la fe cristiana.

Ahora bien, algunos científicos como Peter Turchin han advertido que la práctica de sacrificios humanos resulta «disfuncional» a la larga. El temor y el horror que propagan descomponen las sociedades desde dentro, las personas buscan desesperadamente las vías para ponerle un punto final; no tienen nada que perder. Por este motivo desaparecen los sacrificios humanos allí donde los Estados consiguen establecerse.

Así pues, los sacrificios humanos de Pömmelte aparecen exactamente allí donde podía esperarse que surgieran: en la fase de formación de la dominación. Y el hecho de que desaparezcan en Schönebeck es la prueba de que Unetice logró consolidar esa dominación. Por consiguiente, la circunstancia del arrasamiento de Pömmelte puede valorarse también como una promesa a los humanos convertidos en súbditos: «¡Se acabó! ¡Ya nos vamos a sacrificaros más!». Ya en las tumbas de los príncipes nos pareció ver que estos se autorrepresentaban como seres reconciliadores.

* * *

Extraigamos conclusiones de los últimos capítulos: el conocimiento tecnológico y las relaciones de intercambio a larga distancia constituyeron la fuente del poder incipiente de Unetice. Gracias a las tierras fértiles, a la sal y a una ubicación geográfica perfecta para el intercambio, la élite pudo obtener aquí enormes excedentes. Como esta élite disponía también de impresionantes santuarios, poseía el carisma necesario y un enorme poder simbólico para establecer su dominación. No se arredró a la hora de demostrar este poder de forma amenazadora mediante sacrificios humanos.

Dentro de esa élite, un príncipe consiguió erigirse sobre los demás. Este es un proceso de monopolización que va acompañado de la expropiación y la humillación de la multitud: perdieron importancia tanto los guerreros como los ancestros. Aparece un «imperio cosmológico» típico de los primeros Estados que legitima la dominación mediante la transferencia de las fuerzas del cosmos dispensadoras de carisma —en especial las del Sol—, con las cuales se alimenta el poder del reino.

Este carisma se transmite a la sociedad mediante un sistema de bienes de prestigio bien sopesado, basado en un código exacto del color, el material y el número, y, por supuesto, a través de las «mercedes»: el rey era el señor de los recursos materiales y religiosos, otorgaba las armas a quienes se sometían a él y de este modo se creaba un séquito. La jerarquía así visible representa aquella estructura del poder que aseguró la estabilidad y la durabilidad al Reino de Unetice. Y si el rey es de origen divino, sus hijos también lo son. La consecuencia lógica es el dominio dinástico.

Los hallazgos arqueológicos ponen en consonancia todo esto. El derrocamiento de los antiguos poderes se muestra, en el plano religioso, en el abandono de los ancestros, tal como vimos en la transición de Pömmelte a Schönebeck. Y, en el plano terrenal, se plasma en la privación de poder de los guerreros: tan solo a la élite se le permite llevar armas a la tumba. También resulta fascinante que esa estratificación masiva, ese desarrollo de una jerarquía casi similar a las castas, pueda probarse incluso en el metal empleado, pues mientras que las armas de los soldados eran solo de cobre, al príncipe se le ofrendaban bronces de estaño que brillaban como el oro. Cuando se incrementó el porcentaje de estaño también en las hachas, a nuestro rey de Dieskau solo le valió entonces el oro. De oro era su hacha, de oro eran presumiblemente también sus puñales desaparecidos.

Y esto lo pone en relación con los reyes-dioses de Oriente. Ya el primer héroe conocido por su nombre, un rey de Ur llamado Meskalamdug («héroe de la buena tierra»), se llevó puñales de oro a la tumba. Y ya mencionamos que también Tutankamón poseía un puñal de oro. Esta práctica puede haberse originado, por un lado, a través del contacto de las élites entre ellas. Por otro lado, también puede tener lugar de forma independiente: la necesidad de distinción de las élites condujo por fuerza a la creación de semejantes armas de representación. Por tanto, su aparición delata la existencia de una jerarquía extrema como la que conocemos en los primeros Estados.

Mientras que el rey se hace enterrar en una pirámide del norte, a los súbditos solo se les permite una fosa simple. Como esa tremenda diferencia de estatus no debe terminar con la muerte, el soberano, además de su dotación de armas y de sus insignias de poder, se lleva consigo para su viaje al otro mundo todo un arsenal de medios de producción: una aldea, tierra negra en abundancia e impresionantes piedras de molino para abastecer a sus soldados con provisiones para toda la eternidad.

* * *

Hemos descrito tan minuciosamente este proceso porque nos hallamos ante desarrollos que marcarán la historia de la humanidad en los siguientes cuatro milenios. Vemos cómo la tijera social se abre por primera vez de una manera desconocida hasta entonces. Se originaron imponentes diferencias en la riqueza que repercutieron en las oportunidades para la vida y para la reproducción. Ya mencionamos la alimentación privilegiada de los príncipes, sus impresionantes tumbas. Además cabe suponer que en Unetice sucedió lo mismo que en Oriente: los soberanos no solo monopolizaban los recursos, sino también las mujeres. ¿Cómo se decía en el *Poema de Gilgamesh*?: «¡Él es su toro, y ellas son sus vacas!». El harén era uno de los elementos de la realeza. Entretanto, los estudios genéticos están suministrando los primeros indicios de que en esas épocas pocos hombres tenían muchos hijos, pero muchos hombres no tenían hijos.

Si *Homo sapiens* había vivido la mayor parte de su historia en grupos igualitarios, su destino a partir de entonces se asemejó al de las abejas: salvo unos pocos zánganos, todo el mundo tenía que bregar para el bienestar de la reina; solo que, en el caso humano, la reina es un hombre. También para el Reino de Nebra habrá sido válido, al menos en sus albores, lo que Karl August Wittfogel constató para el «despotismo oriental»: el «brillo proverbial» de las primeras grandes civilizaciones es el producto de la «miseria proverbial de sus súbditos». En Oriente uno no puede acercarse sino de rodillas a los soberanos equiparados a dioses, con la cara tocando el polvo del suelo. ¿Fueron mejor las cosas en Unetice?

Hemos bosquejado el proceso de cómo llega a monopolizarse el carisma, de cómo se transmite de la multitud al individuo, de cómo los muchos héroes se convierten en soldados uniformes y cómo ese uno se convierte en el rey esplendoroso. Este proceso está estrechamente entrelazado con la innovación tecnológica de la metalurgia del bronce. Por primera vez en la historia podían fabricarse objetos en serie. Si anteriormente cada hacha de piedra había sido un objeto único en el que influía la individualidad de su creador, ahora se producen hachas en serie. Esto tuvo como consecuencia lo que Walter Benjamin describió en su ensayo *La obra de arte en la época de su reproducibilidad técnica*: la pérdida del aura, del carisma. El objeto producido en serie ya no es nada especial, es intercambiable, ya no posee el encanto individual inherente a una pieza única. Estamos ante aquel paso que finalmente nos deparará esa sociedad de masas que suele tacharse de «sin rostro», cuyos miembros padecen un anhelo de individualidad que en parte puede describirse como desesperado.

Ese proceso de transformación también tienen lugar en el plano religioso; hablamos de una revolución religiosa. Tal como se ha expuesto aquí, el carisma designa la idea de «estar tocado por la gracia divina». Por consiguiente nos hallamos ante la génesis de una idea que marcará la historia de una manera especialmente pertinaz: la idea de que la soberanía de algunos individuos sobre la masa de sus congéneres es algo deseado por Dios. Sus soberanos masculinos tienen una conexión directa con los dioses, que en adelante, por regla general, serán asimismo de naturaleza masculina. Aunque los monarcas no afirmen ellos mismos ser dioses o poseer un origen divino, no obstante reclaman que su dominio es una gracia de Dios, y con ello deciden también el destino menos grato de sus súbditos.

Así se origina una variante de la religión cuyo objetivo principal es asegurar la dominación; esta variante produce el poder simbólico necesario para tal fin. La religión se configura por primera vez como un ámbito independiente. Es una religión de la dominación que prescribe a los seres humanos lo que han de creer. Para ello precisa de especialistas cuya misión será convencer a todos de la verdad de su doctrina mediante la máxima opulencia ritual, y al mismo tiempo vigilar con ojos de Argos que nadie dude de ella, pues quien dudase dudaría también de la dominación.

Este es un proceso que puede observarse reiteradamernte en la historia de la religión: se centraliza el acceso a la esfera celeste, se suprimen los poderes religiosos intermedios. Los ancestros ya no sirven; a las personas normales se les expropia la religión. Sin embargo, al lado de esta religión oficial sigue existiendo la religión extraoficial del día a día, que continúa cuidando su intercambio directo con los ancestros, con las fuerzas de la naturaleza o con las antiguas divinidades femeninas desbancadas por el poder. Una religión en la que no es necesaria ninguna coacción para creer, puesto que está muy estrechamente unida a las necesidades religiosas de las personas. Esto concuerda con lo que describimos al comienzo del capítulo como *sustrato de la fe*, y lo que muchos en la actualidad entienden como el fundamento de la espiritualidad. Esta esfera es escudriñada críticamente por la religión oficial, a menudo es denunciada y combatida como superstición. Todavía en la actualidad se pasa por alto que las religiones oficiales, por regla general, están más estrechamente unidas al gobierno que a la necesidad de creer de las personas; el disco celeste de Nebra también da testimonio de ello.

24

La venganza de los dioses

Al principio del libro prometimos que intentaríamos escribir una «novela de arqueología» basada en hechos, continuando con la tradición de *Dioses, tumbas y sabios*. En lo que respecta al análisis del disco celeste y a la exploración del mundo fantástico del que procede, puede que hayamos logrado acercarnos a aquel tipo de reportaje de investigación que C. W. Ceram tenía en mente para hacer participar de cerca a los lectores en la adquisición de conocimientos. Mostramos que hace más de 4.000 años existió en la actual Alemania Central una cultura de elevada complejidad que fue capaz de producir una obra maestra como el disco celeste. Sin embargo, ahora que vamos acercándonos al final del libro, ¿no deberíamos intentar también novelar con hechos el destino concreto del disco celeste en el Reino de Nebra?

¡Que no cunda el pánico! Ya existen suficientes novelas fantasiosas sobre el disco celeste. No pretendemos competir con ellas. No obstante, parece razonable reflexionar sobre qué aspecto podría adoptar una novela de arqueología basada en hechos cuando detrás se oculta la pregunta de cómo pueden vincularse las observaciones arqueológicas con los sucesos reales. ¿Cómo podría relatarse una historia más o menos coherente en la que encaje la vida sumergida del disco celeste en el mundo desaparecido de la Edad del Bronce Antiguo de Europa que hemos reconstruido aquí? Para ello tenemos que dar respuestas concretas a preguntas como estas: ¿Quién fue entonces el creador del disco celeste y, sobre todo, cómo llegó a tener conocimiento de la regla de sincronización que toma como referencia las Pléyades? ¿Qué mito se esconde detrás de la barca solar? ¿De dónde procede? ¿Y por qué al final fue ocultado en secreto un tesoro tan valioso como si se tratara del tesoro de los nibelungos?

Admitimos que incluso bosquejar tan solo una trama novelesca es una empresa más que aventurada. Hay que lidiar con las dificultades específicas de la arqueología prehistórica. De hecho tenemos que vérnoslas principalmente con esqueletos, tanto en un sentido real como figurado. El tiempo y sus pequeños ayudantes microscópicos devoraron en épocas remotas la carne, la vida, los pensamientos, los sueños y las historias.

La siguiente dificultad: no todos los estamentos sociales de una cultura superan el paso del tiempo igual de bien. Su legado suele representar a las élites, y además con la misma desmesura con la que se entregaron en vida al lujo. Los pobres, en cambio, son casi invisibles para la arqueología. Algo similar ocurre con los sexos. También la esfera femenina está representada solo de forma minoritaria en los hallazgos. ¿Qué sabemos sobre las mujeres de Unetice? Nos hemos topado con ellas casi únicamente en el papel de víctimas de la violencia. Existen algunos indicios de enterramientos ricos de mujeres, pero son referencias todavía demasiado escasas como para concluir algo más. Resulta una pena porque nos gustaría saber, por ejemplo, si a partir de la circunstancia de que las mujeres en Unetice eran enterradas de la misma manera que los hombres, podría derivarse una imagen nueva de los roles para ellas.

Ni siquiera nos fue posible identificar con seguridad una sede principesca. Incluso en el supuesto de que alguna de aquellas casas de casi sesenta metros de longitud sirviera de residencia, no podemos decir con qué ostentación estaba amueblada: no sobrevivió al tiempo la arquitectura compuesta de madera y arcilla con sus tallas, su cromatismo y sus tapices. ¿Y cómo se retenía lo noticiable? ¿Se grababan las listas de impuestos en la madera o se hacían nudos en cordeles como hacían los incas en los Andes? En la Europa Central tampoco perduraron semejantes medios, a pesar de que por lo menos en los asentamientos levantados en terrenos húmedos tendrían que haberse encontrado restos de ellos. Entre los celtas, los druidas operaban como almacenes mentales del conocimiento. Ya solo mediante la memorización acumulaban una inmensidad de conocimientos y los transmitían de generación en generación. El disco celeste es una prueba impresionante de que en Unetice existía al menos una conciencia de que el conocimiento también puede almacenarse externamente, es decir, fuera de las cabezas. Vemos que, a pesar de todos los progresos de estos últimos años en el campo de la investigación, dominan los espacios en blanco. En lugar de una novela de arqueología podríamos intentar la arqueología de una novela. Por este motivo tendremos que contentarnos con el esbozo de una posible trama novelesca. Para mostrar que procedemos basándonos en hechos y que no reclamamos ninguna licencia poética desmedida, incluiremos cada vez comentarios aclaradores. Por desgracia, estos despliegan una vida independiente. Por este motivo, nuestro fragmento novelado recordará un poco a la novela de E. T. A. Hoffmann, *Opiniones del gato Murr*. En ella, el gato anota sus recuerdos en la parte posterior, en blanco, de unas hojas de papel de desecho ya escritas. Como el impresor era bastante descuidado, imprimió ambas caras, y los lectores obtuvieron el relato de dos historias alternativamente. Así pues, hagamos una arqueología del «cómo podría haber sido», aun a sabiendas de que todo fue mucho más azaroso de lo que pueda imaginar nuestro entendimiento ilustrado.

* * *

La Tierra tiembla, una y otra vez. Luego se queda quieta durante largo tiempo. Sin embargo, nadie quiere dormir ya en su casa. La espera se está convirtiendo en una tortura. Ya hace mucho que deberían haber regresado los mensajeros que se embarcaron para ir a buscar ayuda. ¿Por qué hace tanto tiempo que la isla está siendo sacudida por temblores de tierra? ¿Qué significa ese humo que asciende de las aguas? ¿De dónde procede ese olor a podrido? Las fuerzas de la naturaleza están trastornadas. Por fin se otea una vela en el horizonte, luego otra más, se acerca una flota entera. Es necesaria. No en vano se cuentan por millares las personas que viven en la isla. La mayor parte de ellas están decididas a abandonar su tierra y a trasladarse a Creta. Han recogido sus enseres y sus pertenencias, van camino abajo, hacia el puerto. 3.600 años más tarde, los arqueólogos solo encontrarán a un único difunto. ¿Pretendía saquear las casas? ¿Se negó a abandonar su hogar? ¿Lo dejaron atrás como castigo? Vio, en cualquier caso, cómo llovían cenizas, pero el cielo volvió a despejarse enseguida. Vio cómo aumentaban las erupciones, cómo la luz del día cambiaba continuamente de color y adquiría tonos dramáticos. Cuando finalmente explotó el volcán de Tera porque el agua de mar penetró en la cámara magmática, ya hacía mucho tiempo que él había muerto. El sol oculta su semblante durante días sobre el Mediterráneo oriental. Los relámpagos cruzan las nubes de ceniza. Si alguna vez pareció que iba a acabarse el mundo, fue en ese momento.

En aquella época, 2.000 kilómetros más al norte, el último rey de su reino asciende por la ladera de una montaña sagrada. Tiene prisa, impele a su séquito para que no se demore. Hay que consumar el sacrificio antes de que se ponga el sol de color rojo sangre. Es su última oportunidad, de lo contrario todo se habrá perdido...

No, no buscamos un inicio efectista al comenzar este esbozo de novela con el dramatismo de la erupción del volcán Tera en el mar Egeo. Su columna de lava y humo se alzó casi cuarenta kilómetros hacia la atmósfera. La isla se resquebrajó (sus restos son conocidos en la actualidad por los turistas con el nombre de Santorini). Esa erupción pasa por ser la protocatástrofe de la Antigüedad. Desde el hundimiento de la Atlántida hasta la división del mar Rojo causada por el tsunami posterior y mencionada en la Biblia, muchos comentaristas relacionan algunos de los grandes mitos con la erupción del Tera. No hay ninguna prueba de tal cosa, pero al menos sí se encontraron huellas de inundaciones en las costas de Creta y de Anatolia. Los cálculos sugieren que la erupción levantó olas de 35 m de altura en el mar. Ahora bien, ¿qué tiene esto que ver con el disco celeste de Nebra?

Una vez más tenemos que practicar la arqueología con retrospectiva. Al fin y al cabo no tenemos ninguna referencia directa que nos permita establecer la antigüedad del disco celeste. La única fecha concreta que poseemos es el momento en el que se depositó en tierra no muy lejos del río Unstrut. La datación por carbono-14 de la corteza de abedul de una de las empuñaduras de las espadas, así como la primera aparición de las espadas en tierras de Alemania Central y el final de la Edad del Bronce Antiguo diagnosticado por la arqueología, indican que el conjunto del disco celeste fue enterrado en la montaña de Mittelberg en torno al año 1600 a. C. Y por consiguiente nos hallamos exactamente en el intervalo temporal de la erupción del Tera. ¿Una casualidad? Nosotros no lo creemos así.

Ciertamente se debate desde hace décadas sobre la datación de la erupción volcánica que, en otro tiempo, se solía asociar con la destrucción de los grandes palacios de la cultura minoica en Creta; sin embargo, los nuevos resultados científicos están procurando también aquí una precisión cada vez mayor. Según la datación de dos olivos sepultados por la lluvia de cenizas, la «erupción minoica» tuvo lugar, con un 95,4 % de certeza, entre los años 1627 y 1600 a. C. La mencionada datación por radiocarbono de la corteza de abedul de una de las dos espadas de Nebra sin utilizar, prácticamente recién fundidas, dio como resultado el intervalo más ajustado: el periodo entre los años 1625 y 1600 a. C. El hoyo para el disco celeste, al que fue a parar junto con las espadas, fue excavado con toda probabilidad después de que el mundo del Mediterráneo oriental se viera sacudido masivamente por la erupción del Tera. Volveremos después sobre este punto.

Por este motivo no se trata de ninguna artimaña comenzar con este final dramático. Solo de esta manera encontramos el punto de partida de nuestra historia. Calculemos con retrospectiva: el aspecto gráfico del disco celeste experimentó repetidas veces transformaciones tan serias, que tuvieron que estar precedidas por un cambio en el ideario colectivo. Por esta razón hay que partir de la base de un uso de seis generaciones como mínimo. Además, la combinación de oro y bronce no nos remite únicamente a los príncipes de Leubingen (en torno al año 1940 a. C.) y de Helmsdorf (en torno al año 1830 a. C.). Los análisis de Gregor Borg y Ernst Pernicka arrojaron pruebas científicas de que nos hallamos ante el mismo oro de Cornualles que se empleó para algunos elementos del aderezo principesco. Ahora bien, como las huellas más antiguas de actividad minera detectadas en la región de Mitterberg, en los Alpes orientales (lugar del que proviene el cobre del disco) proceden a su vez del siglo XVIII a. C., llegamos a la conclusión de que hay que concederle al disco celeste una vida terrenal de entre 150 y 200 años. Por tanto, hay que situar a su artífice entre los años 1800 y 1750 a. C.; pertenece a la esfera temporal y social de los príncipes de Bornhöck, de los reyes de Dieskau. No es ninguna sorpresa. En ese periodo contemplamos el Reino de Nebra en todo su esplendor.

Por tanto, después de haber comenzado nuestra novela fragmentaria con el escenario apocalíptico del volcán Tera, vamos ahora a realizar una retrospectiva para acompañar en su viaje al primer maestro artesano del disco celeste. Debemos una explicación acerca de cómo consiguió ese conocimiento astronómico. Con toda probabilidad no lo adquirió en Alemania Central. La meteorología no solía ofrecer una visión libre y continuada del cielo estrellado. Además, en una sociedad sin escritura faltaban con toda probabilidad las posibilidades de anotación de los cuarenta años que se precisan para la observación continuada del cielo. Así pues, nuestro protagonista podría haber emprendido un viaje a Oriente hace casi 4.000 años. No pudo haber sido un príncipe en el cargo, pues la dominación exige presencia. Por tanto fue un hijo suyo, tal vez el heredero al trono.

Nuestro joven protagonista, un príncipe de Dieskau, parte hacia el sur. Los aros dorados para el cabello, la ostentosa vestimenta sujeta por agujas de cabeza de ojal y el puñal de bronce indican su elevado rango. Allí adonde llega, es acogido con todos los honores. Su misión: renovar antiguas alianzas para el futuro. También lo reciben amistosamente cuando prosigue su viaje a través de las fronteras de los reinos amigos. Conocen sus conexiones, saben que en su tierra gobiernan hombres al mando de muchos guerreros. Pero a nuestro protagonista algo lo impulsa a continuar más allá. Sigue el curso del Danubio, viaja por tierras ricas; las gentes poseen mucho oro. Siempre realiza paradas breves. ¿Qué es lo que lo mueve? ¿Pretende llegar al mar Negro? ¿Contemplar el Egeo? Podrían ser las historias que circulan por ahí y que él oye de camino, los rumores sobre reinos lejanos y sus poderosos soberanos. Lo espolean las ansias de explorar. ¿O acaso sabe que allí adonde viaja se codicia el estaño y se anhela el ámbar del mar Báltico al que Ovidio denominará, milenios después, las «lágrimas de las hijas del sol»? En cualquier caso, él lleva consigo un talego con cuentas de ámbar. Su ligereza y su belleza las convierten en obsequios perfectos.

¿No estamos exagerando con las ansias exploradoras de nuestro Marco Polo de la Edad del Bronce? En los primeros años de las investigaciones sobre el disco celeste fuimos muy prudentes e intentamos explicarnos todo de la manera más local posible. Entretanto nos hemos formado otro punto de vista y nos encontramos sobre un terreno bien firme. Ya la elevada movilidad de la cultura del vaso campaniforme fascinaba a los arqueólogos. El Arquero de Amesbury sepultado en Inglaterra procedía probablemente de los Alpes. Semejantes viajes no solo eran posibles, sino que eran necesarios. La profesora danesa de arqueología, Helle Vandkilde, defiende la tesis de que en la Edad del Bronce tiene lugar la «primera globalización», a raíz de la extracción del estaño, que tenía lugar en muy pocas partes del mundo. Vankilde ve la Edad del Bronce como un «ejemplo único de interconexión de un gran espacio intercontinental africano-euroasiático [...] que se formó en torno al año 2000 a. C. y que volvió a desaparecer aproximadamente el año 1200 a. C.». Posteriormente, con la llegada del hierro, cada cual podrá recurrir a los recursos locales de mineral de hierro. La regionalización será su consecuencia lógica.

Ahora bien, ¿cómo se materializó semejante espacio intercontinental? Los bienes eran más móviles que las personas, seguro; sin embargo, siempre se precisaba de los viajes de personas en concreto. Ellas eran quienes trababan primero las redes comerciales. Las élites podían mantener sus relaciones a varios miles de kilómetros únicamente a través de un contacto personal, por muy esporádico que este fuera. El «Grand Tour», ese gran viaje por Europa que formaba parte obligatoria de la educación de los nobles jóvenes desde el Renacimiento, podría haber tenido una especie de precursor en la Edad del Bronce Antiguo. ¿Cuál es el primer gran tema de la literatura universal? ¡El héroe viajero! De Gilgamesh a Ulises.

La arqueología era en otros tiempos escéptica en lo que se refiere a relaciones comerciales a distancia, pero desde que la genética está demostrando cada vez más el producto de las migraciones que es Europa, las tornas están cambiando. La agricultura fue traída a Europa desde Oriente. El idioma indoeuropeo se lo debemos probablemente a los representantes de la cultura de la cerámica cordada, cuyos antepasados proceden de las profundidades de la estepa euroasiática. Todavía sabemos muy poco acerca de la posterior diferenciación de las lenguas europeas. Ahora bien, como el indoeuropeo no llegó a Europa hasta el tercer milenio antes de Cristo, a comienzos del segundo milenio las lenguas en Europa no se habrían distanciado todavía tanto como para que la gente no pudiera comprenderse en absoluto. Así pues, a los viajeros no debía resultarles demasiado difícil hacerse entender.

También los anillos de oro para el cabello presentes desde la Península Ibérica hasta el Cáucaso testimonian un espacio europeo global de comunicación. En peor posición se encuentran las pruebas contundentes para contactos más allá de Europa. Entre los ejemplos clásicos de contactos a larga distancia están las agujas de bucle de los siglos XXI al XX a. C.; a todo el mundo deja perplejo la coincidencia formal entre Chipre y la Europa Central. Se encuentran, igual que los lingotes-torques, en algunas cantidades en Oriente Próximo, sobre todo en el Líbano. Incluso el ejemplar de electro del príncipe de Dieskau tiene una réplica en Biblos, en la costa mediterránea oriental.

Por desgracia, seguimos careciendo de investigaciones metalúrgicas, que podrían aportar más certezas. En el caso de la punta de lanza de Kyhna ya se han realizado, pero los análisis no han solucionado realmente la enigmática cuestión de los contactos a distancia. Esa pieza, única por estos pagos, procede de un depósito realizado por un representante de la cultura de Unetice, que fue enterrado entre los años 2100 y 2000 a.C. a una distancia de Bornhöck que no llega a los veinte kilómetros. Puntas de lanza similares se encuentran en el Egeo, sobre todo en las islas Cícladas. ¿Una pieza de importación? No. Los análisis muestran que se fabricó con metal autóctono. Las lanzas que se habían extendido por el Mediterráneo oriental ya en el tercer milenio no aparecen en la Europa Central hasta mucho más tarde. En este sentido hay que suponer para la punta de Kyhna algo similar que para el disco celeste: alguien habría estado por aquella época en tierras lejanas, donde la vio y luego, de vuelta a casa, encargó que se la forjaran. Por consiguiente existiría ya un contacto a distancia en una época anterior al príncipe de Leubingen. De una época posterior, de la época de Dieskau, existen indicios recientes de un contacto Unetice-Egeo: en las tumbas de pozo de Micenas se encuentran algunas cuentas aisladas de ámbar báltico. Ahora bien, como en esa época de Unetice no se comerciaba con ámbar en esas latitudes del sur, podrían haber llegado allí como obsequios principescos.

Después de la época del disco celeste aumentan los indicios de contactos a distancia. Sobre una de las losas de una tumba de rey, en Kivik, en el sur de Suecia (aproximadamente del año 1300 a.C.), puede verse un carro de guerra de dos ruedas tirado por caballos. Pero solo había carros como esos en Grecia y en Oriente Próximo. Por tanto, el príncipe de la Edad del Bronce sepultado en Kivik tuvo que haber visto ese carro allí. Luego están las maravillosas cuentas azules de cristal que se encuentran en tumbas del norte de Alemania y de Dinamarca de los siglos xv y xiv a.C. Los análisis químicos han demostrado que proceden en realidad de Mesopotamia y de Egipto. Tradicionalmente se ha interpretado que esas alhajas relucientes eran importaciones comerciales. Sin embargo, dado que siempre se encuentran solamente unas pocas, nosotros creemos que documentan viajes de personas concretas. Ligeras, atractivas y desconocidas en Europa, representan la moneda de viaje ideal, lo mismo que suponemos, a la inversa, para el ámbar. Esas cuentas de vidrio son, por tanto, vestigios de antiguos viajes, «cheques de viaje» canjeados de la prehistoria. Irónicamente, los mismos europeos llevarían consigo cuentas de vidrio cuando milenios más tarde se abrieron paso a través del «salvaje Oeste» en América del Norte.

Regresemos a nuestro protagonista. Estaba familiarizado con los viajes largos. Seguramente había llegado a Inglaterra con su séquito por la antigua ruta del estaño y del oro, había admirado Stonehenge y los túmulos blancos. Como sucesor al trono conocía desde niño los entresijos del poder, estaba iniciado en los secretos de la metalurgia y de los lugares donde podían encontrarse los ingredientes necesarios. Eso era lo que correspondía a los hijos varones de la dinastía. Renovar los juramentos de antiguos pactos, establecer nuevos contactos, descubrir yacimientos desconocidos de minerales. En resumidas cuentas, introducirse en el mundo, ponerse a prueba como héroe para ocupar en el futuro el lugar que le correspondía en el entramado europeo del poder fundamentado en las relaciones personales de príncipe a príncipe. Sin embargo, en su caso siempre hubo algo más, un deseo perentorio de llegar al fondo de las cosas y de descubrir algo nuevo.

Nuestro futuro maestro del disco celeste está de camino hacia el sur. No malgasta un solo pensamiento en darse la vuelta. Lo atrae el reino de aquel soberano de quien se cuentan fabulosas historias en todas las aldeas por las que pasa. Dicen de él que es un favorito de los dioses, sabio, inteligente y perspicaz, con talento estratégico, vencedor en muchas batallas. Ha creado un reino a orillas de grandes ríos, un reino como el que no ha habido nunca antes. Victoria tras victoria lo volvieron inmortal. De hecho, aún en nuestros días todo el mundo conoce el nombre de ese rey: Hammurabi. Hizo grande a Babilonia, hallamos su imagen en los libros de texto escolares.

¡Alto! ¿No es pura especulación poner en relación el disco celeste con el nombre más famoso de Oriente? Bueno, si nos tomamos en serio las dataciones, apenas tenemos otra opción. Nuestro maestro artesano del disco celeste es, en efecto, contemporáneo de Hammurabi. Y si estaba de camino hacia Mesopotamia, debió de oír todo tipo de historias acerca del rey babilónico. ¿Llegó a toparse con él? ¿Alcanzó al menos su reino? En cualquier caso, Hammurabi habría tenido un montón de cosas que ofrecer a su huésped procedente de Europa.

Hammurabi I gobernó entre los años 1792 y 1750 a.C. En calidad de sexto rey de la dinastía de Babilonia era portador del título de rey de Sumeria y de Acadia. Comenzó siendo rey de un reino pequeño, de los muchos que había a orillas del Éufrates y del Tigris; al final gobernó en toda Mesopotamia. En una estela de diorita negra de más de dos metros de altura hay consignadas veinticuatro ciudades sobre las que él gobernó: Ur, Uruk, Assur y Nínive se contaban entre ellas y, por supuesto, Babilonia, su ciudad de residencia. Marduk, su deidad local, asciende bajo el dominio de Hammurabi a soberano del panteón mesopotámico. Recordemos que Marduk fue aquel dios de quien se dirá que estableció el año maravillosamente regular de 370 días, en el que el sol y la luna se hallaban en armonía; de Marduk se decía también que venció a los siete demonios malignos, los Sebitti.

Esa estela de diorita es famosa en todo el mundo: el «Código de Hammurabi» se cuenta en la actualidad entre las piezas esplendorosas del Museo del Louvre de París. Aunque tuvo sus precursores, pasa por ser el código de leyes más antiguo del mundo. En el prólogo que antecede a los más de 280 parágrafos se explica que fueron los dioses quienes encargaron a Hammurabi que procurara un orden justo. El rey era el «sol de Babilonia [...] que hace salir la luz por encima de las tierras de Sumeria y Acadia». El relieve que adorna el Código muestra a Hammurabi de pie ante un dios en un trono que solo es un poco más alto que el rey. Se trata de Shamash, el dios del sol (Utu para los sumerios). Es hijo del dios de la Luna. Gracias a su luz que lo ilumina todo, gracias a su órbita por el cielo, a los ojos de Shamash no se le pasa nada por alto de lo que sucede en la Tierra. Esto lo convertía en el guardián ideal de la justicia y del orden.

La corona astada del dios está rematada por un disco solar; con la mano derecha sostiene un estilete para escritura y un aro algo más grande que aquellos que conocemos de las tumbas principescas de Unetice. Los arqueólogos ven un símbolo de poder monárquico en el aro que seguramente era de oro, la materia de la que estaba hecho el sol. Significativo es el contacto visual directo entre Hammurabi y Samas; el rey y el dios del sol también están en contacto directo a través del anillo. En esa imagen fluye el poder divino hacia el soberano terrenal. De esa vinculación personal resulta el carisma de Hammurabi, que le otorga la legitimación de disponer de la justicia sobre todas las personas de su reino. El relieve nos presenta, por tanto, justo lo que contemplamos en el capítulo anterior: la legitimación de los soberanos se alimenta de una fuente cósmico-divina. ¡El poder del sol es transferido al gobernante! Así funcionan los imperios cosmológicos.

Babilonia tenía no poca inspiración que ofrecer a un príncipe proveniente de un floreciente país en desarrollo como la actual Alemania Central en época de Unetice. Por las Crónicas de Babilonia sabemos que Hammurabi, en el decimoquinto año de su reinado, mandó confeccionar una imagen para los «Siete», lo cual dio también el nombre a ese año. Diversos investigadores ponen esto en relación con las Pléyades, las representantes celestes de los funestos demonios Sebitti, un hecho que a nosotros no nos sorprende en absoluto.

Así pues, en la antigua Babilonia de Hammurabi se halla exactamente esa combinación que caracteriza también al disco celeste. El sol, las Pléyades y los reyes que apelan a un contacto directo con la divinidad. Por no hablar de la luna, omnipresente en Mesopotamia, que dominaba en el calendario. Y es esta combinación la que encontramos en una segunda y aún mayor celebridad de la época: Gilgamesh, el legendario rey de Uruk. Su dios protector también es Shamash, el dios del sol. Con su apoyo, Gilgamesh se pone en camino para someter al guardián del bosque de cedros, al espíritu maligno Humbaba. En este episodio de «Gilgamesh y Humbaba», transmitido por separado, también desempeñan un papel los Siete. El dios del sol encarga a los Sebitti que muestren a Gilgamesh el camino hacia el bosque de cedros a través de los pasos de montaña. El arqueólogo Tomislav Bilic ve ahí la prueba escrita más antigua de la utilización de las estrellas como instrumento celeste de navegación. No hay ninguna duda de que la combinación de sol, Pléyades y demonios, dios, héroe y rey forma parte del ADN cultural del mundo de Mesopotamia.

Vemos que es en Babilonia donde el príncipe de Unetice podría haber entrado en contacto con el conglomerado de saber que caracteriza al disco celeste. Qué no daríamos por enterarnos de si nuestro protagonista se encontró personalmente con Hammurabi o si bien se sentó una noche en uno de los zigurats (templos con forma de torre piramidal) a escuchar a los astrónomos babilónicos, que lo introdujeron en los secretos del cielo estrellado. Quién sabe, tal vez tenga razón el astrónomo de Hamburgo Rahlf Hansen, cuando supone para el año 1778 a. C. una «situación ideal» en el cielo: la última aparición anual de las Pléyades coincidió con el cuarto creciente más joven, es decir, con la primera aparición de la luna en el cielo nocturno después de la luna nueva. En opinión de Hansen, esa fue la ocasión celeste para que Hammurabi creara una imagen de culto con los Siete. Como mínimo, nos parece probable esto: el hijo viajero de un príncipe se enteró en algún lugar entre el Éufrates y el Tigris del secreto de cómo acompasar la carrera anual del sol y de la luna. No cabe duda de que supo valorar la importancia de la regla de sincronización; su costosa materialización en el disco celeste así lo demuestra.

En Babilonia, el príncipe se entera de cosas que se adecúan perfectamente a los desafíos que le esperan en su tierra en cuanto ascienda al trono. También él, igual que Hammurabi, se ve a sí mismo como «el buen pastor» de sus tierras. Oye que sus súbditos en sus cartas al rey tienen que autodenominarse «esclavos». Colmado de todas estas novedades, nuestro protagonista inicia el camino de vuelta a casa. Tal vez el camino lo lleve allí donde se hallaba el legendario bosque de cedros del que se habla en la epopeya de Gilgamesh, tal vez incluso le guíen en el camino las Pléyades al servicio del dios del sol. Probablemente llegaría a Biblos, el lugar más importante de transbordo de la madera de cedro del Líbano. De allí se lleva consigo un pequeño brazalete de electro para regalárselo a su hijo en casa.

En el puerto de Biblos se sube a un barco que lo lleva a Grecia. Lo reciben amistosamente en la corte de Micenas. El rey se dirige a él y a su séquito: «Forasteros —dice—, ¿quiénes sois? ¿De qué parajes os traen las olas? ¿Dónde prosperáis, o acaso vagáis sin rumbo de un lado al otro del mar, como depredadores de las costas que desprecian su vida para dañar a gentes desconocidas?». El príncipe representante de la cultura de Unetice informa con amabilidad y paciencia. Las últimas cuentas de ámbar que entrega como obsequio le abren los corazones de sus anfitriones. La corte entera está fascinada por la fuerza mágica de esas perlas; si se las frota, atraen los cabellos. El asombro y las risas ya no pueden dominarse.

Cenan juntos, llevan a cabo los sacrificios. Nuestro protagonista admira la forma con que se fija aquí el oro a los metales. Ya lo había visto en Oriente, pero aquí se decoran también así los puñales maravillosamente. Le sobreviene una idea. Tal vez sería posible fabricar una imagen en la que pudiera perpetuarse el secreto del cielo del que se ha enterado en Babilonia. Reflexiona sobre

cómo podría llevarlo a cabo al regresar a su tierra, sobre todo aquello que ten-
dría que figurar en la imagen para fijar ese conocimiento en oro. Al despedirse,
el rey de Micenas le dice: «¡Eres de sangre noble, hijo mío; lo testimonia tu
forma de hablar! De los muchos tesoros que guardo en mi casa, voy a regalarte
la joya más bella y valiosa. ¡Te entrego una copa elaborada con sublime arte,
de plata pura y oro engastado en el borde! Es mi obsequio para ti».

Lo admitimos. Esas frases que ponemos en boca de nuestro rey de
Micenas no son nuestras. Las hemos tomado prestadas del poeta más
grande, proceden de la *Odisea* de Homero, en concreto de la *Telema-*
quia, que narra el viaje de Telémaco buscando por todas partes a su
padre, Ulises. La primera cita es de Néstor, el domador de caballos,
el soberano de Pilos; la segunda, en la que se habla efectivamente de
una copa damasquinada, son palabras pronunciadas por Menelao, el
rey de Esparta, dirigidas a Telémaco.

La *Telemaquia* ilustra, aunque sea de una época posterior al disco
celeste, cómo viajaban los más aventureros, cómo eran acogidos en
cortes extranjeras por sus pares y cómo intercambiaban presentes.
Por tanto, creemos que nuestro protagonista de Unetice no solo se
trajo un fantástico conocimiento astronómico de su particular odisea, que lo condujo tanto al Oriente como a Micenas, sino que además se trajo a sus tierras la técnica del damasquinado, desconocida
hasta entonces, y que esta técnica fue la que le dio la idea para per-
petuar su conocimiento en oro y en bronce. Así pues, el disco celeste
es, tanto en su contenido como en su forma, el producto de un viaje
grandioso.

De vuelta en Dieskau, el príncipe encarga al orfebre de su corte que le fabrique
un disco de bronce y de oro. Sin embargo, para su elaboración no debe emplear
el cobre con el que se funden las armas de los soldados, no; tiene que ser el
mineral de tierras lejanas que por aquel tiempo hacía poco que había llegado
a Unetice desde los Alpes. Y el oro tenía que ser, por descontado, aquel que ya
hacía tiempo que llegaba desde Cornualles para engalanar a sus ancestros.
Aquello que debe plasmar un conocimiento valioso sobre las leyes del cielo, no
puede fabricarse con un material común y mundano.

Cuando el príncipe sube al trono, coloca el disco celeste en su pabellón,
donde sus estrellas fulgen a la luz de las antorchas. Solo llegan a verlo de
cerca los miembros del círculo más íntimo del poder. Como rey que comparte un

secreto con el dios del sol, encarga forjar armas de oro, algo que también ha visto hacer en sus viajes. Cuando se acerca a la muerte, lega a su hijo el disco celeste y lo inicia en su secreto.

Tal vez suene muy peliculero, pero podría haber sucedido más o menos así. ¿Qué resulta más probable: que el sol, la luna, las Pléyades y el reinado absoluto se pusieran en relación (algo que solo podía ocurrir tras una compleja observación del cielo) de manera independiente dos lugares alejados entre sí aproximadamente al mismo tiempo; o bien que esta relación llegara a la Europa Central gracias a un viajero que hubiera encontrado en Oriente respuestas para las preguntas con las que se lidiaba en casa?

E incluso si nuestro protagonista no llegó a estar en Mesopotamia, debería haber quedado claro lo bien que armonizaba el Reino del disco celeste con el pensamiento político oriental. Por consiguiente tendríamos otra confirmación sociológica sobre nuestra hipótesis acerca del Estado: si nuestro protagonista estuvo en Oriente, ¡fantástico! Si no, ¡mejor aún! Entonces nos hallamos en Unetice exactamente ante aquellas estructuras que produjeron de manera independiente una ideología semejante. Y por lo tanto, significaría que las cosas debieron haber sido mucho más complejas de lo que suponemos.

* * *

Ahora se vuelve aún más difícil nuestro esbozo novelesco. Entran en escena nuevos personajes. Recordémoslo: del disco celeste se retiran dos estrellas, a cambio se le provee a izquierda y derecha con los arcos del horizonte. Con ello quedó destruida al menos en principio la regla original de sincronización. Se nos ofrecen diferentes explicaciones al respecto. La primera: se interrumpe la continuidad. Un soberano falleció por sorpresa, de nuevo un asesinato, un accidente, una enfermedad…, en cualquier caso no hubo tiempo de iniciar a su sucesor. La segunda: tuvo lugar una modificación consciente para ampliar el conocimiento o para adaptar el disco a las condiciones de la zona. Se integraron los conocimientos orientales combinándolos con el ideario tradicional de Europa en el que, tal como documentan los recintos circulares, lo importante era la carrera del sol.

Los 83º que resultan de los arcos del horizonte encajan con la latitud geográfica de Pömmelte y de Schönebeck; el centro de poder de Dieskau, queda más al sur. Pömmelte hacía mucho tiempo que había sido abandonado; la utilización del santuario de Schönebeck finalizó también alrededor del año 1800 a. C., al menos eso es lo que sugieren los datos actuales. Esto encajaría bien con aquel proceso de centralización del poder en la región de Dieskau; un santuario situado en la periferia del reino tenía las cosas mucho más difíciles. Por tanto, ¿ la nueva composición nos indica que nos encontramos ante una reactivación de antiguas tradiciones? Al menos, donde mejor puede adquirirse el conocimiento de los ángulos entre las salidas y las puestas de sol en las épocas de los solsticios es en un recinto circular con su horizonte artificial creado por empalizadas. Entonces, el disco celeste se habría convertido gracias a los arcos del horizonte en el foco de una construcción semejante, en el ombligo del mundo, en el ojo del cosmos, en la interfaz perfecta entre el cielo y la Tierra.

En todo caso es seguro que el disco celeste permanece en el círculo de la élite, pues el cálculo de los ángulos exactos y el deplazamiento hacia el norte de los arcos de horizonte hablan en favor de grandes capacidades intelectuales. Puede que los trabajos de modificación del disco representen una fractura en el conocimiento, pero lo que sí atestiguan es la continuidad de sus gobernantes. El oro empleado en los cambios procede también del antiguo yacimiento explotado por los príncipes en Cornualles. Tal vez las remodelaciones tenían como misión fundamentar las pretensiones territoriales de los príncipes. Del rey sumerio Lugalzagesi se dice que el dios supremo Enlil le obsequió con no tener ningún rival en el reino «desde la salida hasta la puesta del sol». En el reino de un rey que es el sol de su territorio, los arcos del horizonte marcan las fronteras de su reino. Al menos una cosa es segura: los cambios en el disco lo alejaron del memograma de conocimiento astronómico refinado para conducirlo hacia un símbolo de poder.

* * *

Hemos perdido el hilo de nuestra novela. Tal vez nuestro argumento sirva más para una obra de teatro que para el esbozo de un relato. Una tragedia en cinco actos. El tercero representa el clímax, a partir del cual se acelera la acción hacia el final, hacia la catástrofe. En todo caso, ahí vuelven a cambiar los personajes. Es entonces cuando aparece la barca en el disco. Su procedencia es un misterio. Deberíamos seguir siendo consecuentes: si suponemos que en lo que atañe al conocimiento y a su configuración, el disco celeste fue el producto de un gran viaje por Oriente y el Egeo durante la Edad del Bronce, ¿por qué no suponer que, entretanto, el sucesor al trono de una dinastía ya asentada viajó también hacia el sudeste?

Dudamos en afirmar que su viaje lo condujo hacia Egipto. Sin embargo, sería la explicación más sencilla. A la vista de la evidente referencia solar del Reino de Nebra, parece improbable cualquier otra interpretación del arco de la parte inferior del disco que no sea la de una barca solar. Pero puede también que nuestro protagonista de la quinta o sexta generación llegara a conocer ese mito egipcio en uno de sus viajes. La materia de ese mito es menos compleja que la regla de armonización del año solar y el lunar. No obstante, debió de cautivar al príncipe porque ese mito encajaba a la perfección con la cosmovisión de su dinastía. Y no debemos olvidar que en la hoja de una de las espadas de Nebra culebrea una serpiente que, asimismo, podría tener un origen egipcio. Se trata de una singularidad digna de reseñar, teniendo en cuenta que, entre los arqueólogos, la Edad del Bronce Antiguo de la Europa Central es conocida en general por su rechazo a las imágenes.

Dado que también Egipto se cuenta entre los imperios cosmológicos, merece la pena echar un vistazo al mito y a su transformación. Ra, el dios del sol, viaja de día en la barca solar por el cielo y durante la puesta del sol se sube a la barca de la noche en la que viaja a través del inframundo. Pero allí lo ataca regularmente la gigantesca serpiente Apofis; se bebe las aguas celestiales para que encalle la barca solar. Es el oscuro dios Seth quien protege a Ra. Está apostado en la proa, lancea a la serpiente en un costado, con lo cual Ra puede proseguir su viaje nocturno para iniciar a la mañana siguiente, radiante y renacido, su nuevo viaje a través del cielo. Desde tiempos inmemoriales los faraones egipcios se consideraban «hijos de Ra».

Es destacable la transformación que experimenta con el tiempo este mito solar: si originariamente eran muchos dioses los que participaban en el viaje solar, estos desaparecen después. El dios del sol viaja solo, ni siquiera hay ya espacio para la serpiente. Una acción conjunta se convierte en una acción solitaria. Lo que el egiptólogo Jan

Assmann designa como «la focalización monista de la vida cósmica en una sola fuente» no es difícil de reconocer como aquel proceso de desencantamiento que observamos en el paso del santuario de Pömmelte al de Schönebeck. Es el proceso de monopolización del carisma como consecuencia de la monopolización del poder. En la Tierra igual que en el cielo: al soberano absoluto le conviene que su fuente divina de legitimación sea autárquica y no tenga competidores. Y por ello el sol, que dispensa la vida y domina en solitario el cielo de día, es la divinidad ideal.

En ningún otro lugar puede observarse esto mejor que en Egipto. Ciertamente estas evoluciones no alcanzan su apogeo sino cuando el disco celeste hace ya más de doscientos años que reposa en tierra, pero resulta útil echar una breve mirada, pues se trata de procesos que pudieron desarrollarse de la misma manera en lugares distintos porque pertenecen a la lógica de la dominación de los imperios cosmológicos. Además, la barca solar desempeña un papel destacado. Es el vehículo a través del cual el mito se convierte en realidad.

Amenofis III, conocido también como Amenhotep III, fue el noveno faraón de la dinastía XVIII y gobernó del año 1390 al 1353 a.C. La dominación de Egito en Oriente había alcanzado tales cotas, que a este «heredero de un trono bendecido por el dios del sol —como comenta con sorna el egiptólogo Toby Wilkinson—, le resultó especialmente difícil refrenar su impulso de autoglorifación real». ¿Y qué encajaba mejor en esa escenificación que el sol? Así, Amenofis mandó construir un lago artificial por el que lo paseaban a golpe de remo en una barca real llamada *El reluciente disco solar*. Además de esto afirmaba no solo ser el «hijo de Ra», sino también compartir «la misma esencia que el sol, que el dios creador que iluminaba el mundo y dispensaba la vida». La cosa culminó en una ceremonia megalómana durante las celebraciones por el aniversario de la ascensión al trono. A ambas orillas del Nilo se construyeron gigantescos puertos. El día de la fiesta aparecían en la orilla Amenofis III y su esposa Tiye para ofrecer a los dignatarios del reino un grandioso espectáculo de su poder y de la divinidad del rey. «Cubiertos de oro de la cabeza a los pies, brillaban como el sol», describe Wilkinson el acto. La pareja se subía a la barca solar en el puerto oriental. Los cortesanos tiraban de ella con cuerdas a lo largo de la orilla: «[...] una reminiscencia del milagro diario por el cual el dios del sol se levantaba en el cielo al amanecer». Luego, arribados al puerto occidental, la pareja real transbordaba a la barca vespertina. Ahora se repetía el acto, esta vez para que adquiriera forma la inmersión del sol en el inframundo. El faraón era el mismo sol.

Por este motivo, el hijo de Amenofis III, Amenofis IV, pasa por ser injustamente un archihereje, cuando solo llevó consecuentemente hasta el final la obra iniciada por su padre. Fue famoso bajo su nuevo nombre, Akenatón, el «servidor de Atón», el servidor del disco solar visible. Marido de Nefertiti y fundador del primer monoteísmo conocido en la historia universal, despreciaba a las demás divinidades, sobre todo a Amón, cuyo lugar como dios creador supremo asumía ahora Atón. Bajo sus órdenes se desató una tormenta de las imágenes. Los cultos tradicionales fueron prohibidos y sus templos, cerrados. En lugar de los múltiples dioses se expuso la representación del disco solar en el cielo. Sin embargo, cuando Akenatón murió en el año 1336 a. C., el poderoso clero de Amón restituyó los derechos de los antiguos dioses, y el hijo de Akenatón, pasó de ser Tutankatón («la imagen viva de Atón»), a llamarse Tutankamón.

El nuevo dios de Akenatón era el «sol vivo» y nada más que el sol; «aquella energía» —explica Assmann—, «que producía el tiempo mediante su movimiento y la luz y todas las cosas visibles mediante su radiación». La imagen nueva de la carrera del sol es «antimítica», dice el egiptólogo. Atón, el sol, queda representado como un mero disco del que parten rayos de luz. Una imagen que en principio es de una racionalidad y de un desencantamiento similar es a los de los astros que figuran en el disco celeste de Nebra.

Lo que nos gustaría demostrar con este breve excurso sobre Egipto es que el sol no empezó a ser el astro favorito de los soberanos absolutistas con Luis XIV, el *Rey Sol*. También los emperadores romanos de época tardía elegirán al «invicto dios del sol», al «Sol Invictus», como dios personal de protección y soberano del Imperio Romano. Y desde luego no es ninguna casualidad que el emperador Constantino, que ayudó al cristianismo a llegar al poder como la religión monoteísta de Roma, se autorrepresentara ante todo como Sol Invictus. El sol es el símbolo ideal para los gobernantes autoritarios.

Por ello hay algunos elementos a favor de interpretar también la barca solar del disco celeste como señal de soberanía. ¿Representaba al soberano mismo que vela por su país como el sol? Así pues, la barca no es el emblema de una nueva fe que hubiera arrastrado a toda la población; es el símbolo de la religión de dominación que describimos en el último capítulo y la consecuencia de la soberanía absoluta. Por este motivo, es posible que el soberano de Dieskau recién ascendido al trono se entregase al mito egipcio del sol sin importar dónde tuvo conocimiento de él. Y lo hiciese con tal pasión que decidiese perpetuarlo en el venerable objeto que heredaba su dinastía generación tras generación.

No es fácil trasladar todo esto a la acción novelesca. Faltan puntos concretos de referencia que nos protejan de la arbitrariedad. Solo constatamos que por entonces ya nadie piensa más en la astronomía. Lo importante ahora es el poder, se mitifica al rey, se lo diviniza. Por consiguiente, el disco celeste se convierte de repositorio de conocimientos a aparato de dominación: ¡del logos al mito! El disco celeste, ahora con una antigüedad de algunas generaciones y ya solo por ello un objeto carismático, se convierte en el recurso principal para legitimar el dominio soberano. Su mensaje es claro como el agua y radiante como el sol: arriba solo puede haber uno.

Los resultados arqueológicos coinciden con esto. Desde finales del siglo XVIII a. C., apenas se encuentran tumbas en la actual Alemania Central. La arqueología sigue encontrando depósitos y restos de asentamientos, pero las personas, o bien son enterradas en fosas de los asentamientos, o bien ya no llegan a la tierra, no reciben ninguna sepultura que perdure en el tiempo. E igualmente desaparece del registro arqueológico la élite que podía llevarse a la tumba las sortijas de oro para el cabello u otras ofrendas de metal.

Así pues, el acto tercero representa en efecto el apogeo de la centralización del dominio soberano: ya solo existe un rey igual al sol, desaparecen todos los poderes intermedios, se elimina a cualquier competidor potencial. La diferencia entre el uno de arriba que lo tiene todo y los muchos de abajo, que ni siquiera reciben ya una sepultura, no podría ser mayor. Sin embargo, la experiencia enseña que cuanto mayor es la distancia entre la pobreza y la riqueza, entre el poder y la impotencia, tanto mayores son las resistencias. E igual que en la tragedia griega, también aquí el acontecer en su apogeo guarda en su interior el germen de su hundimiento.

* * *

Por el momento vamos a seguir siendo fieles a la analogía teatral. Para mantener en alto el suspense, el cuarto acto contendrá el denominado *momento retardante* a la manera clásica: en él se retarda la catástrofe una vez más. Otra vez nos hallamos ante un nuevo soberano de Unetice. Y este manda agujerear el venerable disco celeste. Golpe a golpe, un herrero hace 39 agujeros en el borde. ¿Con la finalidad de hacer un calendario colgante? No podemos excluir tal cosa. Sin embargo, todas las transformaciones del disco celeste se realizaron bajo el signo del sol y, por consiguiente, de la dominación. Y lo importante ahora ya no es ningún conocimiento astronómico secreto, sino unas pretensiones políticas, y estas no valen ya para estar encerradas entre cuatro paredes sino que exigen publicidad. ¿A quién le interesan los detalles? ¿Qué más da que se trate de la barca o de los arcos del horizonte?, aquí se perfora todo sin contemplaciones.

El protagonista del cuarto acto manda montar el disco celeste con remaches de color dorado sobre un estandarte. Tal vez los muchos remaches tengan como misión simbolizar los rayos del sol como en las ilustraciones del disco solar de Akenatón. En cualquier caso, el disco celeste es presentado ahora públicamente: se expone como objeto carismático junto al soberano en ocasiones especiales. ¿Se convirtió acaso en protagonista de los actos de culto durante las festividades?

Nuestra mirada hacia Egipto mostró cómo el mito del sol cobró vida allí convirtiendo al faraón en un dios mediante un espectáculo a la vista de todo el mundo. También la Edad del Bronce en Escandinavia, que arrancó con posterioridad, suministra indicios de que el sol era el protagonista de los actos rituales. El disco del carro solar de Trundholm no solo posee una cara de día y una cara de noche, sino que además puede retirarse de su fijación, posiblemente para ser transportado por otros vehículos. Procedentes del norte conocemos, también los estandartes solares, discos de ámbar fijados a un mango. Algunos petroglifos muestran cómo esos estandartes, montados en barcas, viajaban por encima de las aguas. Los acompañan personajes fantásticos que dan saltos por encima de las embarcaciones. Algunos arqueólogos daneses encontraron los correspondientes personajes de bronce: un acróbata, una mujer de ojos dorados que se agarra el pecho y una serpiente. Todos disponen de mecanismos de enganche con los que podrían haber sido colocados en maquetas de embarcaciones para imitar el viaje del sol en el ritual. Ya comentamos en la primera parte de este libro que el arqueólogo danés Flemming Kaul, había reconstruido las estaciones respectivas de ese suceso cíclico en el que estaban implicados diferentes animales como caballos o serpientes, pero también embarcaciones. Ahora cabe preguntarse si ese mundo mítico no fue inspirado por nuestro viajero de Unetice, que se trajo consigo el motivo de la barca solar del mundo del Mediterráneo, desde donde llegó posteriormente más al norte. Teniendo en cuenta la omnipresencia del mar en aquellas latitudes pudo tener allí un efecto mucho mayor que en las tierras de Alemania Central, alejadas de las costas. También nuestro protagonista podría haberse traído en el equipaje el motivo egipcio de la serpiente; no solo lo encontramos en una época posterior en el norte, sino también en una de las espadas de Nebra.

El disco celeste, entretanto ya de una antigüedad de como mínimo cinco generaciones, tal vez incluso de ocho o nueve, se ha convertido en un símbolo poderoso. Con su edad, su aura y su misterio impresiona a las personas. Probablemente desempeña ahora el papel protagonista en un grandioso acto de culto. Los contenidos astronómicos han quedado olvidados en su mayor parte, el conocimiento secreto ya solo cuenta como misterio. En lo sucesivo, el disco legitimará públicamente la dominación como objeto carismático: se convierte en instrumento de propaganda. Por consiguiente, los agujeros del borde son, al mismo tiempo, documentos de una crisis; el soberano se halla sometido a la presión de tener que justificarse como tal. Se siente tan amenazado, que lo moviliza todo para salvar su poder.

* * *

El quinto acto, tal como es preceptivo en una tragedia clásica, muestra el desenlace fatal. El disco celeste es enterrado en la montaña de Mittelberg junto con dos valiosas espadas guarnecidas en oro, dos hachas, dos brazaletes y un cincel. Ya hemos mencionado en algún pasaje del libro que el conjunto del disco celeste fue depositado como una ofrenda a los dioses. ¿Podemos estar realmente seguros de tal cosa? ¿No podría ser que simplemente se enterrara un tesoro, de manera similiar a lo que hizo el legendario Hagen de Tronje, quien hundió en el Rin el tesoro robado de los nibelungos?

No. La manera de proceder muestra que fue su propia gente la que enterró el disco con todos los honores. El conjunto remite con extrema claridad a la composición normalizada de los ajuares funerarios que conocemos de la tradición principesca y real de la cultura de Unetice tal como se desarrolló en Alemania Central. Por esta razón, exceptuando las decoraciones, en el depósito de Nebra no hay oro. El antiguo tabú que prohibía enterrar objetos de oro puro seguía vigente. Si se hubiera tratado de un tesoro escondido, esto no habría importado en absoluto. Además, las espadas de bronce fechadas por radiocarbono estaban prácticamente recién forjadas cuando fueron enterradas. Están fabricadas con el mismo cobre de Mitterberg que el disco celeste, y el oro de sus empuñaduras es el mismo oro de Cornualles del que están hechas las agujas de cabeza de ojal de los príncipes de Leubingen y de Helmsdorf, así como gran parte de las figuras del disco celeste. Hacía más de trescientos años que los príncipes del reino empleaban ese oro de Cornualles. Así pues, el Estado seguía intacto.

En este sentido habla el lugar elegido que, a causa de sus peculiaridades en lo que atañe a la carrera del sol, encaja perfectamente con los arcos del horizonte del disco celeste. En la montaña de Mittelberg hallamos también aquellas antiguas tumbas de la cultura de la cerámica cordada que son puntos de referencia carismáticos renovados. Así pues, intentemos esbozar otro pasaje de nuestra novela:

Es el último rey de Unetice, descendiente de un antiguo linaje por la gracia del sol. Grande es la desesperación. Los enemigos se van volviendo cada vez más fuertes, y la paz en el país se quebró hace ya mucho tiempo. Cada vez son más los soldados que se niegan a la obediencia. No es que se subleven, sino que simplemente desaparecen. Y ahora el cielo está en llamas, y lleva ya mucho tiempo así. Los rumores que llegan del sur siembran el pánico entre las gentes. Hablan de la cólera de los dioses. Dicen que caen del cielo rocas del tamaño de casas y que han enviado mareas altas para ahogar a humanos y a animales. Por todas partes corre la pregunta temerosa, a pesar de ser expresada entre susurros: ¿qué ha hecho encolerizar a los dioses de tal manera? ¿Quién es el culpable? ¿A quién quieren castigar?

Todo depende de él. Es el favorito de los dioses, ha sido puesto en el trono por los dioses, igual que su padre y el padre de su padre, para gobernar en sus tierras. Tiene que tranquilizarlos. Tiene que demostrar que aún goza de su favor, que él es uno de ellos. Y ha de acallar esas acusaciones de que los dioses se están vengando de él porque descuidó venerarlos y porque solo se había entregado a la ostentación. Sobre todo, debe acallar los rumores que afirman que todo va a ir a peor si no se elimina al rey que ha atraído sobre sí la venganza de los dioses. Tras largas deliberaciones con sus allegados más íntimos se ha decidido por una acción inmensa. No ve ninguna otra posibilidad: tiene que hacer un gran sacrificio, va a ofrecer a los dioses el objeto hereditario más importante de su dinastía para recuperar su favor. Ahora hay que apurarse. ¡Cuando se ponga el sol, su destino habrá quedado visto para sentencia!

Las presiones sobre el Reino de Unetice, originadas tanto desde dentro como desde fuera, se intensificaron cada vez más. Durante siglos había funcionado con asombrosa eficacia. Las investigaciones antropológicas muestran que la gente vivía bien. Las tierras fértiles y un clima favorable procuraban que la carga de los impuestos fuera más llevadera que en Oriente. Para fortuna de los súbditos (pero para desgracia de los arqueólogos), aquí no se levantaron palacios ni templos en forma de pirámides monumentales, que habrían hecho necesarios los trabajos forzados a gran escala. El despotismo europeo fue más moderado que el de Oriente.

A pesar de todo, la brecha social se amplió, y fue agrandándose con el tiempo cada vez más. En Egipto este sistema funcionó durante milenios. Allí, los faraones divinos podían sustentarse en una amplia élite, en una administración eficaz con multitud de sacerdotes y de soldados, y en la escritura. Pero sobre todo fue el desierto lo que proporcionó protección tanto hacia dentro como hacia fuera. No era posible pensar en una fuga. *Enjaulamiento*, lo denominó el sociólogo Michael Mann, tomando prestado el término de las teorías del etnólogo Robert L. Carneiro, quien había indicado que los primeros Estados, con sus jerarquías verticales, solo pudieron formarse allí donde las fronteras naturales impedían el éxodo de los sectores de la población más maltratados.

En las fronteras abiertas de la Europa Central faltaba una jaula natural semejante. Solo un soberano débil hacía que todo se tambaleara. Por supuesto, no faltaban rivales, como queda demostrado con el asesinato del príncipe de Helmsdorf. Y con la creciente altanería de los gobernantes, que hacían como si descendieran directamente del cielo, el círculo de los disconformes fue agrandándose cada vez más. Las tumbas muestran que la nobleza portadora de los aros de oro para el pelo fue derrocada. Así pues, cuanto más pronunciadas se volvían las diferencias sociales, tanto mayor era el peligro de que el sistema colapsara. A la vista de las fronteras abiertas, se carecía de la posibilidad de reaccionar a las resistencias con una mayor represión. Formulémoslo en forma de paradoja: en el corazón de Europa, el modelo de dominación del despotismo oriental topó con sus límites debido a que allí no había límites.

En este punto puede trazarse un gran arco que pase por encima de los milenios. Dudamos de que los gobernantes comunistas del siglo xx hayan tomado prestadas sus teorías de la prehistoria europea, pero el principio del «enjaulamiento» lo entendieron bien. Cuando erigieron un gobierno despótico en el este de Alemania, que incluía el antiguo Reino de Nebra, se preocuparon por levantar una frontera insuperable bajo la forma de un muro germano-germánico. Cuando esa jaula, ese «telón de acero», empezó a agujerearse porque Hungría suprimió las vallas fronterizas, se desmoronó el gobierno despótico llamado República Democrática Alemana.

Hace 3.600 años, a la presión de dentro se le sumó la presión del exterior: en la cultura de Unetice de la actual Alemania Central, el intercambio ser regía por el principio del monopolio. Si se traza un mapa de todos los hallazgos de ámbar en la Europa del Bronce Antiguo, se observa un fenómeno llamativo. El ámbar procedente del Báltico solo llega a los vecinos amigos y se entrega en cantidades modestas a aquellas culturas con las que se mantiene el intercambio, la del sur de Alemania, la de Suiza o la del sudoeste de Inglaterra. Hacia el sur, es decir, hacia el área mediterránea, no se comercia con el ámbar (solo se entrega como aislados obsequios diplomáticos cuando las élites entran en contacto directamente), a pesar de que ese oro del norte es altamente codiciado. El fenómeno a la inversa se muestra si se examinan las vías de expansión del cobre. Unetice bloquea el comercio del cobre con el norte. En Escandinavia, en donde no hay cobre, prosigue la Edad de Piedra; los anhelados puñales de bronce se imitan con pedernal.

En ambos casos, pues, el Reino de Unetice actúa como un cerrojo del intercambio en el centro de Europa. La acumulación de poder, de conocimiento y de riqueza, presente en los albores del Estado, vale para todos los recursos. Este es el secreto del éxito, pero a la larga conduce al hundimiento. La tendencia a la monopolización impide poner en práctica las oportunidades geopolíticas que se ofrecen en el corazón de Europa. Si esa cultura hubiera comerciado con cobre en el norte, y con ámbar, tal vez también con estaño y pieles, y probablemente incluso con mujeres y esclavos en el sur, gracias a su óptima ubicación geográfica habría podido constituirse en una plataforma de confluencia y distribución del intercambio internacional de bienes. Entonces, tal vez se habrían alcanzado unas dimensiones de riqueza completamente nuevas, y el reino habría existido durante más tiempo que esos cuatrocientos años. Sin embargo, posiblemente las diferencias sociales se habrían hecho también mucho más marcadas con mayor rapidez, y habrían conducido antes al desmoronamiento. No deberíamos subestimar en ningún caso esos cuatrocientos años en los que fue capaz de afirmarse el poder.

La barrera comercial instituida por los representantes de la cultura de Unetice era una espina que llevaban clavada sus vecinos, que se veían apartados de los codiciados recursos. Lo intentaron todo para derribar esa barrera. Eso se muestra, irónicamente, en el conjunto del disco celeste. A finales del siglo XVII a. C. se difundieron las espadas por Europa; relevaron a los tradicionales puñales. Las más codiciadas se fabricaban en la cuenca de los Cárpatos, y en muchos lugares se imitaron las de depósito húngaro de Apa. Si cartografiamos los hallazgos correspondientes de espadas, queda demostrado que el sur consiguió con el tiempo eludir el Reino de Unetice. La nueva vía conduce hacia el este a lo largo del río Oder. ¿Fue necesario abrirse paso en esa vía con las armas? En cualquier caso, en lo sucesivo también se fabricarán espadas en el norte, adonde ahora fluye también el cobre. Simultáneamente, cambiará la forma de las hojas. De allí proceden los modelos de las dos espadas de Nebra: sus empuñaduras toman como referencia las espadas de Apa de la cuenca de los Cárpatos; en cambio, las hojas, pertenecientes al tipo denominado *de Sögel*, proceden del norte. Las espadas de Nebra, por tanto, son a la vez producto y testimonio del dominio perdido sobre el comercio.

De hecho, el reino de Dieskau colapsó en algún momento en torno al año 1600 a. C.. La barrera cae (los hallazgos lo documentan con mucha claridad) y el ámbar fluye a partir de entonces sin trabas hacia el sur hasta el área mediterránea, mientras que, a la inversa, el cobre llega en masa a Escandinavia y desata allí la fiebre del bronce. Es emocionante lo que sucede a continuación en la Unetice de Alemania Central: al colapso del poder absoluto le sigue el regreso al antiguo mundo heroico. Al Estado le sigue la sociedad tribal. La multitud de guerreros regresa donde ya no hay ningún rey. Ahora nos hallamos ante una jefatura. En los entierros vuelve a permitirse a los hombres llevarse armas a la tumba, ahora son espadas. La actual Alemania Central se convertirá en una provincia durante milenios; en el futuro, la historia transcurrirá en otros lugares.

* * *

Ahora bien, ¿qué fue lo que condujo al desmoronamiento de esta sociedad? No encontramos indicios de conflictos bélicos ni de epidemias. ¿Colapsó el Reino de Unetice simplemente sin más, con un suspiro en lugar de con un estallido? Esto no encajaría del todo con el depósito del disco celeste junto con las valiosas espadas; representaría entonces tan solo el acto nostálgico del entierro de las reliquias de un mundo extinto. Y para enterrar un tesoro se habría elegido cualquier lugar, no uno tan destacado. Por este motivo creemos más en el gran estallido y no en un leve suspiro.

El círculo se cierra, por consiguiente, cuando entra en juego la erupción minoica. Por aquellos años explotó el volcán de Tera. Hasta el momento, los historiadores del clima no han detectado ninguna prueba firme de que la Tierra por aquel entonces quedara a merced de un invierno volcánico, y eso ¡a pesar de que la erupción de Tera se cuenta entre las cinco mayores erupciones volcánicas de los últimos 5.000 años! Aunque sus repercusiones en el medio ambiente fueron perceptibles durante algunos años, el empeoramiento climático generalizado que se produjo en Europa parece asociado a una disminución cíclica de la actividad solar. En ese sentido sigue siendo una incógnita en qué medida afectó la erupción volcánica a las regiones más apartadas de Europa, si provocó malas cosechas, por ejemplo. Al menos hay que suponer que las cantidades de polvo y partículas en suspensión que alcanzaron la atmósfera generaron salidas y puestas de sol de un especial dramatismo, lo cual provocó zozobra en las culturas de la Edad del Bronce fijadas en el sol.

Las conclusiones expuestas en el IV Congreso Arqueológico de Alemania Central, celebrado en Halle en 2011, fueron espectaculares. Allí se debatió la cuestión de si la catástrofe de Tera condujo a un cambio cultural radical en Europa. Los datos la mostraban como un suceso tan heterogéneo como revelador. A lo largo y ancho de Europa se experimentaron diferentes efectos. En algunas regiones se produjo la desintegración y el hundimiento de culturas, en otros lugares florecieron otras. Pero con frecuencia no era posible registrar ninguna transformación socioeconómica. Se equivocará quien suponga que los diferentes patrones de reacción se distribuyen conforme a una mayor o menor cercanía al lugar de la catástrofe. No puede constatarse ninguna singularidad desde el punto de vista geográfico. Aunque sí desde el punto de vista político, ¡y vaya singularidad! «Precisamente en aquellas sociedades que no superaron el siglo xvi a. C. es donde son más claras las pruebas arqueológicas de concentración de plusvalía, de estructuras de poder organizadas territorialmente y de una división social y del trabajo avanzada»; esta fue la conclusión más importante del congreso. Para decirlo de una manera más sencilla: la erupción del volcán llevó a la desaparición a todas aquellas sociedades en Europa que, al igual que Unetice, eran firmes candidatas para constituirse en formas tempranas de Estado: El Argar, en la costa mediterránea de España; la cultura de Wessex, en el sudoeste de Inglaterra; o las culturas de los *tells* en la región de los Cárpatos.

Por muy destacable que sea este conocimiento, apenas hay motivos para la sorpresa, aunque solo sea por el hecho de que las sociedades tradicionales se caracterizan a lo largo de todas las épocas por una solidez mucho mayor en los asuntos relativos a las catástrofes. Lo decisivo es que los antropólogos han demostrado que atribuir las calamidades a poderes sobrenaturales responde a un patrón universal. Los mitos están llenos de actos fruto de la cólera o de la envidia de los dioses, así como de los castigos que envían a los humanos por sus deslices. Esto continúa siendo así en la actualidad: el sida, el huracán Katrina, el tsunami del año 2004... No son pocas las voces que afirman que Dios castiga a los pecadores en la Tierra con semejantes desastres.

Este es el talón de Aquiles de los imperios cosmológicos: el destino de los potentados que basaron sus derechos de dominación sobre una relación privilegiada con los poderes del cielo, depende, para bien y para mal, del acontecer cósmico. Ya un eclipse no previsto de luna podía poner al soberano en el apuro de tener que buscar explicaciones. Lo mínimo es que quien se consideraba a sí mismo representante de los poderes divinos estuviera iniciado también en sus propósitos. No es de extrañar que los reyes mesopotámicos ocuparan a legiones de expertos en la exploración del cielo y de la Tierra buscando señales de calamidades futuras.

Una catástrofe de las dimensiones de la erupción del Tera sacudió incluso los cimientos de la dominación. Las gentes, pero sobre todo las élites derrocadas, exigieron explicaciones: ¿castigaban los dioses al soberano por su lujo desmedido? En su obsesión por el poder, ¿acaso el rey había olvidado reverenciarles como merecían? ¿Se estaban vengando? Ya dijimos que, ante la ignorancia de las relaciones causales de las leyes de la naturaleza, se precisaba de explicaciones alternativas, y estas eran siempre de índole social, nunca geofísica.

El extraordinario suceso de la catástrofe volcánica cuestionó radicalmente la legitimación de los soberanos. Los dioses ya no estaban en el bando de los poderosos, este era el mensaje de esa calamidad a los ojos de todo el mundo. En ningún otro lugar se concreta esto con mayor claridad que en Creta, donde con la cultura palacial minoica nació la primera «gran civilización» de Europa. A causa de su cercanía a Tera, la catástrofe afectó con especial intensidad a la isla: en la costa del norte, las oleadas del maremoto destruyeron aldeas, puertos y barcos. Durante mucho tiempo se creyó que el ocaso de la misma cultura minoica fue una consecuencia directa de la erupción del volcán. No es el caso. Sin embargo, lo que los arqueólogos encontraron fueron destrucciones que se prolongaron en un intervalo de dos generaciones. «Una serie de indicios sugiere que hay que buscar la causa en las disputas internas de Creta» —informó el arqueólogo Wolf-Dietrich Niemeier en el congreso sobre Tera—. «Al menos en algunos lugares solo se prendió fuego a las residencias de las élites, pero no a las casas de la población común.» Se destruyeron especialmente las insignias del dominio soberano. La pérdida de autoridad de los poderosos condujo a la anarquía y a las revueltas.

Hasta el momento no se han registrado huellas de levantamientos en otros lugares de Europa. No obstante, cabe pensar que la erupción del Tera emitió también olas mentales que rompieron sobre Europa como un tsunami invisible, y que hicieron tambalearse la autoridad de los soberanos de tal modo que acabaron cayendo desde sus altos tronos. Ese tsunami invisible fue también lo que nos arrojó a las manos el disco celeste de Nebra en forma de mensaje en una botella.

* * *

Después de todo lo que hemos dicho sobre el fundamento divino del Reino de Unetice, debería entenderse por qué un cielo teñido de tonalidades dramáticas junto con rumores llegados desde el sur impelieron a los soberanos a dar explicaciones. Seguramente, la erupción del volcán de Tera no fue la única causa del hundimiento del Reino de Nebra, que había perdurado durante cuatrocientos años, pero probablemente representó el «punto de inflexión», fue la gota que colmó el vaso.

También en Creta se hallaron depósitos de armas de bronce. Wolf-Dietrich Niemeier las interpreta como síntomas de una «atmósfera de inseguridad» tras la erupción; posiblemente se enterraron los bronces «para asegurar su valor para el futuro». Esto no puede negarse, pero no es aplicable al depósito del disco celeste. En su contra está la composición de todo el conjunto. Lo importante aquí no era esconder objetos valiosos; a esto se añade que la composición es demasiado similar a la de los ajuares de las tumbas de los príncipes. Además, el lugar para realizar el depósito fue elegido deliberadamente. La montaña de Mittelberg no podría ajustarse mejor al disco celeste.

Así pues, estamos ante un depósito, ante un sacrificio a los dioses. Los intercambios con los poderes que determinan los destinos sigue las mismas leyes que los de la economía humana. Quien invierte mucho espera el rendimiento correspondiente: cuanto más grande sea el sacrificio, tanto mayor es también la contraprestación esperada. Sin embargo, tanto mayor es igualmente la crisis contra la cual se suplica la ayuda de los poderes sobrenaturales. Sacrificar el disco celeste, la pieza central y secular del dominio soberano de Unetice, es una apuesta que apenas puede superarse.

Pero eso no es todo: para asegurar la mayor repercusión posible por el sacrificio, se eligió el lugar ideal. Se requería la interfaz perfecta entre el mundo y el cosmos. La montaña de Mittelberg ha sido desde tiempos inmemoriales un lugar carismático, ya la cultura de la cerámica cordada había erigido túmulo tras túmulo en su cumbre. De la misma forma que Stonehenge pasaba por ser lugar predilecto de los poderes sobrenaturales debido al azar de la geología, que hizo coincidir los cauces del agua de deshielo con los solsticios, la montaña de Mittelberg habría sido igualmente distinguida por su relación solar con los montes Brocken y Kyffhäuser. Hemos destacado hasta la saciedad lo bien que armonizaban la montaña y el disco.

Por este mismo motivo creemos que el disco celeste no fue enterrado un día cualquiera sino, o bien en el atardecer del 1 de mayo, o bien al atardecer del solsticio de verano (nuestra fecha favorita). En el primer caso, el sol se puso por detrás de la montaña de Kyffhäuser visto desde la montaña de Mittelberg; en el segundo, por detrás del monte Brocken. Instantes perfectos en los que el cielo y la Tierra, el espacio y el tiempo estaban sincronizados. En ningún otro instante podría conseguir un efecto mayor un sacrificio.

Ahora toca abordar el papel desempeñado por las valiosas ofrendas, principalmente las espadas decoradas con oro. El hecho de no haber sido utilizadas en absoluto nos permite suponer que fueron fabricadas ex profeso para el sacrificio del disco celeste. En una ocasión semejante no podía emplearse cualquier espada. Tratándose de calmar a los dioses no debía repararse en gastos.

Si nos tomamos en serio las reflexiones acerca de los mitos del viaje solar, se nos abre entonces una maravillosa opción interpretativa, y es que, en el sacrificio efectuado en la montaña de Mittelberg, se materializa el mito del viaje del sol por el inframundo, tal como lo simboliza la barca solar en el disco celeste. Entregando a la tierra el disco celeste, cuyo carácter solar resulta innegable, este inicia su viaje nocturno, al final del cual le aguarda un renacimiento con un brillo nuevo. Y es aquí donde entran en juego las espadas, pues según el antiguo mito egipcio, el sol es atacado por la serpiente Apofis en su viaje por el inframundo y debe defenderse para poder salir de nuevo. Para ello precisaba de las espadas.

¿Demasiado rebuscado? En absoluto, pues ¿qué encontramos en una de las cuchillas de las espadas? ¡Una serpiente de tres cabezas! Durante mucho tiempo apenas se le prestó atención. Posteriormente se vio en ella un efecto apotropaico, un símbolo mágico que obra contra las fuerzas malignas y contra los enemigos, así como algún tiempo después los escudos griegos mostrarían, con preferencia en la cara dirigida al enemigo, cabezas de gorgonas que debían convertir en piedra a los rivales.

Ahora bien, en la espada de Nebra, las tres cabezas de la serpiente no están dirigidas contra el enemigo, sino que se alzan contra la empuñadura y, por consiguiente, contra la mano del portador mismo de la espada. De esta manera, la espada y su propietario se convierten en matadores de serpientes, en matadores de dragones. Encontramos esa misma idea en la *Ilíada* de Homero. También en la coraza del rey griego Agamenón se levantan tres serpientes o tres dragones (dependiendo de la traducción) contra el cuello de Agamemón. Pero eso no es todo, para un rey eso no es suficiente: «La correa de su escudo era argentada, y sobre la misma enroscábase cerúleo dragón de tres cabezas entrelazadas, que nacían de un solo cuello». ¡Tamaño héroe quien hace frente a semejante nidada de serpientes!

En el caso del depósito de Nebra esto significaría que las dos espadas acompañan al disco celeste en su viaje al inframundo para auxiliarlo en la lucha contra la serpiente. Su misión es vencer sobre los poderes oscuros del caos y la decadencia. Gracias a semejante protección existe la esperanza de que el disco celeste vuelva a renacer radiante y de que el reino se salve. En el depósito del disco celeste, por tanto, un mito entero adquiere forma, y cobra realidad en el momento en que esos objetos son enterrados y alcanzan efectivamente el inframundo. Con el disco celeste, el último rey de Unetice pone su destino en manos de los dioses para reconciliarlos a través de ese gran sacrificio y mantener alejadas las oscuras fuerzas que amenazan el Reino de Nebra.

* * *

Este sería, pues, nuestro final: un sacrificio extraordinario, llevado a cabo por el último soberano del Reino de Nebra en una montaña sagrada, justo cuando al anochecer del solsticio de verano el cielo y la Tierra se funden en un mismo punto. En aquel tiempo, el sol y el disco celeste iniciaron en el mismo instante su viaje al inframundo: el disco del sol aparentemente ocultándose tras el monte Brocken; el disco celeste, en la montaña de Mittelberg. De hecho, los expoliadores encontrarían el disco 3.600 años después en posición vertical en la tierra, igual que si el sol se hubiera sumergido en el suelo.

Esta es la escena final de nuestro intento de recrear el destino del disco celeste y del Reino de Nebra, sin estar seguros siquiera de si resulta más apropiado darle un tratamiento novelesco o uno trágico. De todos modos, gracias al finísimo polvo de las partículas volcánicas en el aire, podemos ofrecer un gran final con una puesta del sol al rojo vivo, algo que no puede ser sino intensamente dramático. No hay un final feliz, pues sí sabemos que los dioses rechazaron el inmenso sacrificio del disco celeste. Al día siguiente, simplemente volvió a salir, una vez más, el sol. El Reino de Nebra desapareció. Una gran desgracia para el último rey de Unetice; un gran golpe de suerte para la arqueología.

Las siete enseñanzas del disco celeste y final abierto

Lo diremos ahora antes de que le llame la atención a alguien más: el lugar en el que fue depositado el disco celeste, la montaña de Mittelberg cerca de Nebra, se halla en la misma latitud que Stonehenge. Solo se encuentra a unos diez kilómetros al norte, es decir, a unos seis minutos. Sin embargo, como no creemos en lugares de fuerzas secretas, ni en corrientes globales de energía, solo nos vamos a limitar a consignarlo como una coincidencia curiosa digna de destacar.

En la actualidad, el emplazamiento en el que reposó en la tierra el conjunto del disco celeste 3.600 años está abovedada por un gran disco pulido de acero inoxidable. La mirada al suelo pasa a ser una mirada al cielo, y si la verja no lo impidiera, veríamos nuestra imagen reflejada en las nubes. Esto es válido en un sentido figurado también para las investigaciones presentadas en este libro: la mirada al pasado nos permite reconocernos mejor a nosotros mismos en una constelación mucho más amplia.

En la introducción comentábamos que el disco celeste era una botella con mensaje que había llegado a nosotros a través del océano de los milenios. Gracias a la ayuda de científicos perspicaces hemos logrado descifrar su mensaje, al menos en sus rasgos fundamentales. Después, nos dispusimos a explorar el mundo del que procedía. Nosotros no éramos sus destinatarios, por supuesto que no. Quien quiera que fuese la persona que hundió en la tierra el cielo forjado, no se imaginó como receptor a arqueólogos, ni mucho menos a los atribulados furtivos que lo destrozaron con una piqueta de bomberos y lo transportaron como botín en un Trabant. Además, el disco celeste no tenía como misión transmitir un mensaje, sino templar favorablemente a los dioses para que el reino de Nebra se librara del hundimiento. No obstante podemos extraer toda una serie de conocimientos a partir de él y de su historia, conocimientos que poseen relevancia en la actualidad, para nosotros. El disco celeste se convierte entonces en una especie de oráculo.

Cada una de las siete enseñanzas que vamos a formular a continuación merecería probablemente un libro propio. Nosotros solo podemos exponerlas aquí brevemente para su debate.

Primera enseñananza: investigar forma parte de nuestra naturaleza

«La investigación está en nuestra naturaleza», citábamos en la introducción al astrónomo Carl Sagan, de quien también tomamos prestada la metáfora de la botella con mensaje. Estamos obligados a explorar mundos desconocidos y a solucionar sus enigmas. No podemos ni sabemos hacer otra cosa. El disco celeste demuestra que el instante del nacimiento de la ciencia (si realmente hubo algo así) se sitúa mucho antes de lo que se acostumbra a suponer. Cada época a su manera y con los medios a su alcance ha intentado explorar el mundo y las fuerzas que determinan la vida. Este es el sentido del disco celeste, pero también de las investigaciones que provocó su hallazgo. Son verdaderamente sorprendentes los esfuerzos y los gastos realizados para descifrar hasta el último secreto de un viejo trozo de metal. Tampoco nosotros podemos hacer otra cosa: queremos y tenemos que saber. Unos fijan sus resultados en bronce y en oro; otros, por medio del papel y la tinta.

Segunda enseñanza: somos caminantes

«Comenzamos como caminantes, y seguimos siendo caminantes», continúa diciendo la cita de Sagan. Hemos visto qué producto de la globalización es el disco celeste y también que el reino de Nebra fue un producto de las migraciones. Para los cazadores y recolectores, ya de por sí dotados de una enorme movilidad, el seguir avanzando por las tierras solía ser la estrategia más inteligente para reaccionar ante las crisis, las catástrofes o los conflictos. Sin embargo, a menudo se trataba simplemente de constatar si la hierba de más allá era o no más verde. De lo contrario, ¿cómo habríamos conquistado el planeta? Pero sobre todo: ¿cómo habríamos sobrevivido si no?

Continuemos citando a Carl Sagan que envió el Disco de Oro de las Voyager para su viaje más allá de los límites de nuestro sistema solar: «Veranos largos, inviernos suaves, copiosas cosechas, caza en abundancia... nada de todo esto es eterno. No podemos predecir el futuro. Las catástrofes aparecen por sorpresa y nos pillan desprevenidos. Nuestra vida, la vida de nuestra familia, incluso la vida de toda nuestra especie hay que agradecérsela probablemente a algunos pocos caminantes incansables que, impelidos por un anhelo inconcebible e incomprensible, se pusieron en marcha hacia tierras desconocidas y hacia nuevos mundos».

Hemos descrito cómo el crecimiento poblacional provocado por la agricultura obligó empujó a los humanos cada vez con más premura a probar suerte en otros lugares. Sin embargo, la evolución nos ha preparado extraordinariamente mal para los problemas resultantes de un modo de vida sedentario.

Lo fascinante es que la ciencia genética es capaz de identificar las migraciones realizadas en los últimos milenios a partir de la herencia genética de cada ser humano. No hay duda de que el artífice del disco celeste, que en su día emprendió la aventura de su viaje a Oriente, conocía ese «anhelo inconcebible e incomprensible». Muchos de nosotros lo sentimos también en ocasiones.

Tercera enseñanza: lo salvaje continúa existiendo en nosotros

En este libro nos hemos topado una y otra vez con rituales en la actualidad resultan misteriosos y perturbadores, como con cultos a los muertos, sacrificios humanos y prácticas ocultistas. Descubrimos cosas insólitas en nuestro propio pasado, no tan distintas de las que no hace tanto se contaban a veces sobre los «salvajes primitivos» o los «caníbales» de tierras exóticas.

Sorprendentemente, algunas cosas nos recuerdan en algunos aspectos a la cultura popular de nuestros días. Podemos considerarnos tan ilustrados como queramos, pero por las noches nos encanta contemplar el horror desde nuestros sofás: asistimos a un espectáculo de zombis, vampiros, fantasmas, resucitados y cualquier cosa que tenga que ver con aparecidos y asesinatos misteriosos. Un espectáculo en el que brota y fluye la sangre, se mutilan los cuerpos y los hay que ni encuentran reposo en sus tumbas. Es como si existiera una especie de subconsciente colectivo que anhela todavía el culto a la muerte, la magia negra y los sacrificios sangrientos. ¿De dónde nace esta fascinación por el horror?

Cuarta enseñanza: el conocimiento es poder

Es emocionante observar cómo, hace ya más de 4.000 años, el conocimiento, la innovación y el acceso privilegiado a los recursos condujeron al acopio de riquezas, pero sobre todo a la monopolización del poder, cuya consecuencia fue la capitulación de los seres humanos a su destino de súbditos. Étienne de La Boétie (1530-1563), amigo de Michel de Montaigne, ya escribió en su ensayo *Discurso sobre la servidumbre voluntaria*: «Ese ser humano que os domina y somete solo tiene dos ojos, solo tiene dos manos, solo tiene un cuerpo y no tiene nada que sea diferente de cualquier otro hombre de la masa innúmera de vuestras ciudades; la única ventaja que tiene sobre vosotros es el privilegio que vosotros le concedéis para que os arruine. ¿De dónde tomaría tantos ojos para vigilaros si no se los prestarais vosotros mismos?». La retrospectiva hacia el reino del disco celeste procura a este fenómeno una profundidad tremenda y muestra que, en efecto, con demasiada frecuencia son esos muchos quienes se entregan voluntariamente a la servidumbre de los pocos. Sin embargo, la historia del disco celeste también nos ha permitido observar cómo el acopio de conocimiento y la monopolización del poder desarrollaron obstáculos en la cooperación y conjuraron resistencias tanto desde fuera como desde dentro.

Quinta enseñanza: también crecen las formas de pensar

Lo que convirtió al libro de Jared Diamond *Armas, gérmenes y acero* en un éxito de ventas mundial fue que mostraba en qué medida la

LAS SIETE ENSEÑANZAS DEL DISCO CELESTE Y FINAL ABIERTO

geografía ha determinado el desarrollo de las culturas humanas. Una enseñanza del mundo del disco celeste es que también la geología influye en el desarrollo de cada cultura y, ciertamente, en la mentalidad. Hemos comentado las ventajas de los suelos de loess en Europa: para cultivarlos no eran necesarios esfuerzos colectivos. Allí cualquiera podía practicar a solas la agricultura, lo cual favoreció más bien el nacimiento de cosmovisiones liberales. La idea de que «cada cual forja su suerte» no es válida donde las personas son simples ruedecillas de un gigantesco mecanismo de gestión de las aguas, necesario para cultivar arroz, trigo o cebada, y esto solo es posible en un colectivo muy bien organizado. El hecho de que floreciera en Europa el individualismo, mientras que en otras partes del mundo maduraban mentalidades más colectivistas, depende también por completo de las condiciones geológicas y climáticas, y de las formas de cultura agrícola que hicieron posibles.

Sexta enseñanza: el despotismo no es nuestro destino

Hemos visto cómo en el reino de Nebra se produjo una rigurosa organización mediante el control de las nuevas tecnologías, y se logró una posición crucial para el comercio que trajo consigo paz y presumiblemente también un modesto bienestar. En el adelgazado Estado de Unetice, el lastre de la carga impositiva es más bajo y resulta más fácil de satisfacer a la vista de la elevada productividad de los suelos, a diferencia de lo que ocurre en otros Estados arcaicos. No obstante, con los años, la jerarquía fue volviéndose cada vez más vertical y el soberano adoptó cada vez más los modelos de los reyes-dioses orientales. Las personas quedaron rebajadas a la condición de súbditos: probablemente debían seguir estrictas normas, incluso en lo tocante a la vestimenta, y ni siquiera tenían derecho a una sepultura propia. Las divisiones sociales se acentuaron. Durante un tiempo sorprendentemente largo, las cosas funcionron bien así, pero se transita hacia el colapso una vez que se pone en entredicho la legitimación divina del soberano. Con posterioridad a esa época, se retrocede al nivel tribal: en lo que hoy es la Alemania central volvieron a gobernar entonces cabecillas militares, y a los guerreros se les permitió de nuevo llevarse las armas a la tumba. Ciertamente seguían existiendo diferencias sociales, pero eran menos pronunciadas que en el reino de Nebra. Todos los intentos por restablecer un dominio soberano con un rey se verán frustrados durante los dos mil años siguientes. Falta la jaula, la contención geográfica de las personas. Uno siempre podía huir; además, las fronteras estaban abiertas para todos los competidores.

Lo importante es que, por regla general, hay que ver de una manera absolutamente positiva para las personas la vida fuera de los primeros Estados, pues el bienestar de un pueblo no debe confundirse con el poder de su soberano. Tal como constata el politólogo estadounidense James C. Scott, entre otros, en la «edad de oro de los bárbaros» a la mayoría de la gente le iba claramente mejor que en los Estados despóticos; aunque, como es natural, la vida no era ni mucho menos paradisíaca, pues vivir bajo un jefe militar convierte la existencia en un tormento en todas partes.

Séptima enseñanza: la escritura no lo es todo

El hecho de que en la temprana Europa apenas existieran formaciones estatales exitosas no depende de que por aquí se viviera en el «subdesarrollo». Simplemente había muchas posibilidades de sustraerse al despotismo. No obstante, esto significa también que deberíamos enterrar el concepto de las denominadas «civilizaciones con un elevado grado de desarrollo», especialmente en lo que respecta a su ejemplaridad.

No en vano el egiptólogo de Cambridge Toby Wilkinson se queja de que nuestra visión del reino de los faraones tiene una tonalidad demasiado «rosa» y lamenta la «veneración ciega» que se le rinde al antiguo Egipto, y eso mismo vale también para los antiguos reinos a orillas de los ríos Éufrates y Tigris. Las gentes se entusiasman por las artes y por una cultura esplendorosas, reniega Wilkinson, «y prefieren no entrar en detalles sobre cómo se vivía bajo las órdenes de un déspota fanático». El poder y el esplendor de los reyes-dioses orientales se deben a la guerra, al sometimiento de los vencidos y a la explotación de los súbditos.

También se incluye en este contexto uno de los logros culturales maestros por excelencia: la escritura. Este fue el motivo fundamental por el que se dio a los primeros Estados el título de «civilización con un elevado grado de desarrollo» y por el que se consideró, por tanto, que las tierras sin escritura eran «incivilizadas». Sin embargo, esto pasa por alto que la escritura se originó como un recurso de la administración, como una herramienta de la burocracia. Para decirlo con las palabras del etnólogo Claude Lévi-Strauss: una función primaria de la escritura fue «facilitar la esclavización», ella favorece «la explotación de las personas […], mucho tiempo antes de que ilumine su espíritu».

En este sentido no es seguramente ninguna casualidad que la Europa Central y la Europa del Norte se opusieran durante largo tiempo tanto a la escritura como al Estado. Renunciaron a los dos. El disco celeste demuestra que se estaba en disposición de utilizar alternativas muy ingeniosas, lo demuestran los logros maestros de los druidas celtas que guardaban solo en la mente inmensos tesoros del conocimiento. Nuestro propio pasado no es ni mucho menos tan primitivo como nos gusta creer.

De hecho, no es casual que la monarquía y la escritura no hagan su entrada en la Europa Central hasta el advenimiento del manto protector de una religión prepotente, en la que un dios absoluto legitima el dominio soberano: la Edad Media será cristiana, y su escritura, sagrada.

* * *

Las siete enseñanzas del disco celeste muestran que la historia de la humanidad no puede leerse como una simple línea de progreso. No tiene ningún sentido tampoco establecer una neta separación entre la prehistoria y la historia propiamente dicha, del mismo modo que es poco válida una evaluación de las culturas por su supuesto grado de desarrollo. Cada cultura encuentra su razón en sí misma, y si tiene que haber por fuerza un criterio de evaluación, este debería ser el de la calidad de vida de los muchos, no la de los pocos.

Sin embargo, esto abre campos completamente nuevos en la investigación. Nos quedan aún muchas cosas por descubrir. Nosotros mismos somos conscientes de las lagunas que existen en nuestra reconstrucción del reino de Nebra. Seguiremos trabajando para paliarlas. En ese sentido, actualmente prosigue la búsqueda de más túmulos, santuarios o posibles fortificaciones en las fronteras del reino de Nebra, así como los intentos por recabar más información sobre cómo era la vida de las mujeres en Unetice.

¿Se descubrirá un segundo disco celeste durante esos trabajos? A menudo nos hacen esa pregunta. Después de todo lo que hemos averiguado sobre el origen y el periplo del disco celeste, estamos seguros de que se trata de una pieza única, tan espectacular como singular. Ahora bien, eso no significa que no puedan encontrarse otras, tal vez incluso más fantásticas. La búsqueda prosigue. No podemos ni sabemos hacer otra cosa.

Agradecimientos

El proyecto de un libro que reúne los resultados actuales de la investigación no solo en el campo de la arqueología sino también en los diferentes ámbitos de la astronomía, de la genética molecular, de la antropología, de la metalurgia y de la geología, no puede llevarse a cabo sin el apoyo de los respectivos especialistas. Por ello, nuestro primer agradecimiento va dirigido a todos los colegas que han compartido con nosotros sus investigaciones y sus resultados recientes, algunos todavía sin publicar, y que han enriquecido inmensamente este manuscrito con numerosas sugerencias y comentarios críticos: Kurt W. Alt, François Bertemes, Gregor Borg, Michal Ernée, Manuel Frey, Susanne Friederich, Wolfgang Haak, Rahlf Hansen, Florian Innerhofer, Reinhard Jung, Johannes Krause, Mario Küßner, Nicole Nicklisch, Ernst Pernicka, Roberto Risch, Wolfhard Schlosser, Torsten Schunke, André Spatzier, Carel van Schaik y Christian-Heinrich Wunderlich.

Al mismo tiempo queremos dar las gracias a un sinnúmero de colegas que nos permitieron estar al tanto de sus investigaciones o que nos explicaron solícitamente «sus» monumentos arqueológicos *in situ*, como por ejemplo Stonehenge o el Arquero de Amesbury: Timothy Darvill, Andrew Fitzpatrick, Svend Hansen, Anthony Harding, Flemming Kaul, Kristian Kristiansen, Mike Parker Pearson, Joshua Pollard, Courtenay V. Smale y Harald Stäuble.

En calidad de reconocido especialista en sistemas de cronología para la Europa Central, Ralf Schwarz nos apoyó activamente en todas las cuestiones relativas a la datación y a la clasificación tipológica.

Damos las gracias por sus estimulantes conversaciones a Jan-Heinrich Bunnefeld, Louis D. Nebelsick, Jonathan Schulz y Andreas Stahl.

Queremos agradecer cordialmente a Konstanze Geppert, y de manera muy especial a Franziska Knoll, su apoyo incansable en todos los aspectos, tanto científicos como organizativos, puesto que además estos últimos llevaron mucho tiempo y fueron motivo de muchos nervios. Nuestro agradecimiento a Alfred Reichenberger por su asesoramiento en cuestiones de relaciones públicas; Klaus Pockrandt creó una cubierta maravillosa, y Peter Palm, los mapas que invitan a inspeccionar el mundo de la Edad del Bronce. A Birte Janzen le debemos con gratitud la infografía «Exploraciones en el Reino de Nebra» que aparece en la edición alemana.

Nuestro más cordial agradecimiento al fotógrafo Juraj Lipták y al artista e ilustrador Karol Schauer, con quienes debatimos muchos aspectos de este libro y que nos impulsaron hacia delante con su crítica creativa. Sus imágenes enriquecieron la obra.

Querríamos dar las gracias muy cordialmente también a Jared Diamond, que es capaz de entusiasmarse con cosas tan distantes (al menos desde la perspectiva de Los Ángeles) como el disco celeste de Nebra. Lo mismo vale para nuestros agentes John y Max Brockman en Nueva York, también a ellos y a sus colaboradores, muy especialmente a Russell Weinberger y a Michael Healey, les debemos una especial gratitud; fueron ellos quienes hicieron posible la publicación de este libro.

La editorial Propyläen nos apoyó activamente con Kristin Rotter, Julika Jänicke, Franziska Brinkmann, Juliane Junghans, Hannah Fietz y Christoph Steskal, así como, por supuesto, su editor, Gunnar Cynybulk. Su compromiso y su entusiasmo por el proyecto de este libro nos condujeron con seguridad a la meta. Dunja Reulein realizó un trabajo tan extraordinario como sensible para pulir la última versión del texto. Nuestro más sincero agradecimiento a todos ellos.

Una vez más, nuestras familias nos apoyaron en todos los sentidos, nos motivaron con su curiosidad y nos respaldaron en todo momento. Para decirlo a la manera del disco celeste: a Franziska, Emilia, Katharina, Anna y Nikolai les debemos mucho más que solo una estrella.

Bibliografía

Hemos renunciado a las notas a pie de página para hacer la lectura más ágil. A cambio, ofrecemos aquí una lista de la bibliografía empleada, por capítulos, y remitimos a la bibliografía secundaria. Nos hemos abstenido de emplear denominaciones dobles. Amplios pasajes del libro se basan, además, en conversaciones personales con los científicos implicados, así como en nuestras propias investigaciones. Los fundamentos de los sucesos ilustrados al principio del libro fueron extraídos de las actas de los procesos y de las declaraciones verbales realizadas por aquel entonces, de las notas de las actas, así como de los informes de las pesquisas, de los testimonios de los testigos, de las conversaciones con los implicados y de grabaciones cinematográficas. También nos fue de ayuda el libro de Thomas Schöne, *Tatort Himmelsscheibe. Eine Geschichte mit Raubgräbern, Hehlern und Gelehrten* [Lugar del crimen: Disco celeste. Una historia con expoliadores de tumbas, traficantes de obras de arte y eruditos].

Bibliografía general sobre la Edad del Bronce Antiguo y sobre la cultura de Unetice en Alemania Central

H. Fokkens y A. Harding (ed.), *The Oxford Handbook of the European Bronze Age* (Oxford, 2013).

A. Harding (ed.), *European Societies in the Bronze Age* (Cambridge, 2000).

K. Kristiansen y T. B. Larsson, *The Rise of Bronze Age Society. Travels, Transmissions and Transformations* (Cambridge, 2005). (Versión en castellano: *La emergencia de la sociedad de bronce: viajes, transmisiones y transformaciones*. Barcelona: Edicions Bellaterra, 2006, trad. de María José Aubet Semmler.)

H. Meller (ed.), *Der geschmiedete Himmel. Die weite Welt im Herzen Europas vor 3600 Jahren* (Stuttgart, 2004).

H. Meller (ed.), *Bronzerausch. Spätneolithikum und Frühbronzezeit. Begleithefte zur Dauerausstellung des Landesmuseums für Vorgeschichte Halle*, vol. 4 (Halle, 2011).

H. Meller y F. Bertemes (ed.), *Der Griff nach den Sternen. Wie Europas Eliten zu Macht und Reichtum kamen* (Halle, 2010).

H. Meller y F. Bertemes (ed.), *Der Aufbruch zu Neuen Horizonten. Neue Sichtweisen über die Europäische Frühbronzezeit Halle* (Halle, en preparación).

H. Meller (ed.), R. Maraszek, *Die Himmelsscheibe von Nebra. Kleine Reihe zu den Himmelswegen*, vol. 1 (Halle, 2014).

W. A. von Brunn, *Die Hortfunde der frühen Bronzezeit aus Sachsen-Anhalt, Sachsen und Thüringen* (Berlín, 1959).

B. Zich, *Studien zur regionalen und chronologischen Gliederung der nördlichen Aunjetitzer Kultur* (Berlín / Nueva York, 1996).

Introducción

C. W. Ceram, *Götter, Gräber und Gelehrte. Roman der Archäologie*. Nueva edición revisada (Reinbek, 2011). (Versión en castellano: *Dioses, tumbas y sabios*. Barcelona: Destino, 2003, trad. de Manuel Tamayo Benito.)

J. Diamond, *Arm und Reich. Die Schicksale menschlicher Gesellschaften* (Fráncfort del Meno, 2000). (Versión en castellano: *Armas, gérmenes y acero. Breve historia de la humanidad en los últimos trece mil años*. Barcelona: Debate, 2004, trad. de Fabián Chueca.)

Y. N. Harari, *Eine kurze Geschichte der Menschheit* (Múnich, 2013). (Versión en castellano: *De animales a dioses: breve historia de la humanidad*. Barcelona: Debate, 2014, trad. de Joandomènec Ros.)

C. Sagan, *Blauer Punkt im All. Unsere Zukunft im Kosmos* (Múnich, 1996). (Versión en castellano: *Un punto azul pálido: una visión del futuro humano en el espacio*. Barcelona: Planeta, 2006, trad. de Marina Widmer Caminal.)

J. R. R. Tolkien, *Der Herr der Ringe*, 3 vols. (Stuttgart, 1980). (Versión en castellano: *El señor de los anillos*. Barcelona: Círculo de Lectores, 2003, trad. de Matilde Horne y Luis Domènech.)

1. Arqueología secreta, 2. Entre expoliadores de tumbas

H. Meller, «Nebra. Vom Logos zum Mythos - Biographie eines Himmelsbildes». En: H. Meller y F. Bertemes (ed.), *Der Griff nach den Sternen. Wie Europas Eliten zu Macht und Reichtum kamen* (Halle, 2010), págs. 23-73.

H. Meller, «Der Hortfund von Nebra im Spiegel frühbronzezeitlicher Deponierungssitten». En: H. Meller, F. Bertemes, H.-R. Bork y R. Risch (ed.), *1600 - Kultureller Umbruch im Schatten des Thera-Ausbruchs?* (Halle, 2013), págs. 493-526.

E. Pernicka, C.-H. Wunderlich, A. Reichenberger, H. Meller y G. Borg, «Zur Echtheit der Himmelsscheibe von Nebra - Eine kurze Zusammenfassung der durchgeführten Untersuchungen». En: *Archäologisches Korrespondenzblatt* 38, 2008, págs. 331-352.

T. Schöne, *Tatort Himmelsscheibe. Eine Geschichte mit Raubgräbern, Hehlern und Gelehrten* (Halle, 2010).

3. El rastro de las estrellas

H. Burri-Bayer, *Die Sternenscheibe* (Múnich, 2003).

Hesiod, *Sämtliche Werke*. Traducción de T. von Scheffer (Wiesbaden, 1947). (Versión en castellano: Hesíodo, *Obras: Teogonía; Trabajos y días; Escudo*. Madrid: Consejo Superior de Investigaciones Científicas, 2014, trad. de J. A. Fernández Delgado.)

Homer, *Ilías - Odyssee*. Traducción de J. H. Voß (Múnich, 2004). (Versión en castellano: Homero, *Ilíada; Odisea*. Barcelona: Argos Vergara, 1960, trad. de Luis Segalá y Estalella.)

Kaul, *Ships on Bronzes. A Study in Bronze Age Religion and Iconography* (Copenague, 1998).

Kaul, *Bronzealderens religion. Studier af den nordiske bronzealders ikonografi* (Copenague, 2004).

H. Meller, «Die Himmelsscheibe von Nebra - Ein frühbronzezeitlicher Fund von außergewöhnlicher Bedeutung». En: *Archäologie in Sachsen-Anhalt* N. F. 1, 2002, págs. 7-20.

W. Schlosser, «Zur astronomischen Deutung der Himmelsscheibe von Nebra». En: *Archäologie in Sachsen Anhalt* N. F. 1, 2002, págs. 21-23.

W. Schlosser, «Astronomische Deutung der Himmelsscheibe von Nebra». En: *Sterne und Weltraum* 40,12 / 2003, págs. 34-40.

W. Schlosser, «Die Himmelsscheibe von Nebra - Astronomische Untersuchungen». En: H. Meller y F. Bertemes (ed.), *Der Griff nach den Sternen. Wie Europas Eliten zu Macht und Reichtum kamen* (Halle, 2010), págs. 913-933.

W. Schlosser y J. Cierny, *Sterne und Steine. Eine praktische Astronomie der Vorzeit* (Stuttgart, 1997).

4. A juicio

R. Burger, «Eine Komödie der Irrungen». En: *Frankfurter Allgemeine Zeitung*, 16-03-2005.

5. En el laboratorio

D. Berger, *Bronzezeitliche Färbetechniken an Metallobjekten nördlich der Alpen. Eine archäometallurgische Studie zur prähistorischen Anmendung uon Tauschierung und Patinierung anhand uon Artefakten und Experimenten* (Halle, 2012).

D. Berger, R. Schwab y C.-H. Wunderlich, «Technologische Untersuchungen zu bronze- zeitlichen Metallziertechniken nördlich der Alpen vor dem Hintergrund des Hortfundes von Nebra». En: H. Meller y F. Bertemes (ed.), *Der Griff nach den Sternen. Wie Europas Eliten zu Macht und Reichtum kamen* (Halle 2010), págs. 751-777.

E. Pernicka, «Die naturwissenschaftlichen Untersuchungen der Himmelsscheibe». En: H. Meller (ed.), *Der geschmiedete Himmel. Die weite Welt im Herzen Europas vor 3600 Jahren* (Stuttgart, 2004), págs. 34-37.

E. Pernicka, «Archäometallurgische Untersuchungen am und zum Hortfund von Nebra». En: H. Meller y F. Bertemes (ed.), *Der Griff nach den Sternen. Wie Europas Eliten zu Macht und Reichtum kamen* (Halle, 2010), págs. 719-734.

E. Pernicka y C.-H. Wunderlich, «Naturwissenschaftliche Untersuchungen an den Funden von Nebra». En: *Archäologie in Sachsen-Anhalt N. F.* 1, 2002, págs. 24-31.

C.-H. Wunderlich, «Vom Bronzebarren zum Exponat - Technische Anmerkungen zu den Funden von Nebra». En: H. Meller (ed.), *Der geschmiedete Himmel. Die weite Welt im Herzen Europas vor 3600 Jahren* (Stuttgart, 2004), págs. 38-43.

C.-H. Wunderlich, «Wie golden war die Himmelsscheibe von Nebra? Gedanken zur ursprünglichen Farbe der Goldauflagen». En: H. Meller, R. Risch y E. Pernicka (ed.), *Metalle der Macht - Frühes Gold und Silber* (Halle, 2014), págs. 349-351.

6. «¡Falsificación!»

K. Michel, «Echt, nicht echt, doch echt». En: *Die Zeit*, 52, 2004.

P. Schauer, «Kritische Anmerkungen zum Bronzeensemble mit ‹Himmelsscheibe› angeblich vom Mittelberg bei Nebra, Sachsen-Anhalt». En: *Archäologisches Korres- pondenzblatt*, 2005, págs. 323-328.

7. La fiebre del oro

G. Borg, «Warum in die Ferne schweifen? Geochemische Fakten und geologische Forschungsansätze zu Europas Goldvorkommen und zur Herkunft des Nebra-Goldes». En: H. Meller y F. Bertemes (ed.), *Der Griff nach den Sternen. Wie Europas Eliten zu Macht und Reichtum kamen* (Halle, 2010), págs. 735-749.

G. Borg y E. Pernicka, «Goldene Zeiten? Europäische Goldvorkommen und ihr Bezug zur Himmelsscheibe von Nebra». En: *Jahresschrift für Mitteldeutsche Vorgeschichte* 96, 2017, págs. 111-137.

A. Ehser, G. Borg y E. Pernicka, «Provenance of the Gold of the Early Bronze Age Nebra Sky Disk, Central Germany. Geochemical Characterization of Natural Gold from Cornwall». En: *European Journal of Mineralogy* 26 / 6, 2011, págs. 895-910.

M. Frotzscher, *Geochemische Charakterisierung von mitteleuropäischen Kupfervorkommen zur Herkunftsbestimmung des Kupfers der Himmelsscheibe von Nebra* (Halle, 2012).

8. El código de las estrellas

A. Gopnik, «Explanation as Orgasm and the Drive for Causal Understanding: The Function, Evolution, and Phenomenology of the Theory Formation System». En: F. C. Keil y R. A. Wilson (ed.), *Cognition and Explanation* (Cambridge MA, 2000), págs. 299-323.

R. Hansen, «Die Himmelsscheibe von Nebra - Neu interpretiert. Sonne oder Mond? Wie der Mensch der Bronzezeit mit Hilfe der Himmelsscheibe Sonnen- und Mondkalender ausgleichen konnte». En: *Archäologie in Sachsen-Anhalt* N. F. 4, 2006, págs. 289- 304.

R. Hansen y C. Rink, «Kalender und Finsternisse - Einige Überlegungen zur bronze- zeitlichen Astronomie». En: G. Wolfschmidt (ed.), *Prähistorische Astronomie und Ethnoastronomie* (Hamburgo, 2008), págs. 130-167.

9. El arte de elaborar calendarios

F. Blocher, «Gestirns- und Himmelsdarstellungen im alten Vorderasien von den Anfängen bis zur Mitte des 2. Jt. v. Chr.». En: H. Meller y F. Bertemes (ed.), *Der Griff nach den Sternen. Wie Europas Eliten zu Macht und Reichtum kamen* (Halle, 2010), págs. 973-987.

A. Demandt, *Zeit. Eine Kulturgeschichte* (Berlín 2015).

H. Hunger, «Möglichkeiten und Grenzen früher Astronomie in Mesopotamien». En: G. Meller y F. Bertemes (ed.), *Der Griff nach den Sternen. Wie Europas Eliten zu Macht und Reichtum kamen* (Halle, 2010), págs. 969-972.

S. M. Maul, *Die Wahrsagekunst im Alten Orient. Zeichen des Himmels und der Erde* (Múnich, 2013).

M. Rappenglück, «The Pleiades and Hyades as Celestial Spatiotemporal Indicators in the Astronomy of Archaic and Indigenous Cultures». En: G. Wolfschmidt (ed.), *Prähistorische Astronomie und Ethnoastronomie* (Hamburgo, 2008), págs. 13-40.

C. Ruggles, *Handbook of Archaeoastronomy and Ethnoastronomy*, 3 vols. (Nueva York, 2015).

J. Rüpke, *Zeit und Fest. Eine Kulturgeschichte des Kalenders* (Múnich, 2006).

J. M. Steele, «The Length of the Month in Mesopotamian Calendars of the First Millenium BC». En: J. Steele (ed.), *Calendars and Years. Astronomy and Time in the Ancient Near East* (Oxford, 2007), págs. 133-148.

J. M. Steele, «Making Sense of Time. Observational and Theoretical Calendars». En: K. Radner y E. Robson, *The Oxford Handbook of Cuneiform Culture* (Oxford, 2011), págs. 470-485.

J. M. Steele, «Astronomy and Politics». En: C. Ruggles, *Handbook of Archaeoastronomy and Ethnoastronomy*, Vol. 1 (Nueva York, 2015), págs. 93-101.

J. M. Steele, *Rising Time Schemes in Babylonian Astronomy* (Cham, 2017).

S. Stern, *Calendars in Antiquity. Empires, States, and Societies* (Oxford, 2012).

B. L. van der Waerden, *Erwachende Wissenschaft* (Basilea, 1968).

L. Verderame, «Pleiades in Ancient Mesopotamia». En: *Mediterranean Archaeology and Archaeometry* 16 / 4, 2016, págs. 109-117.

10. «Su aliento es la muerte»

M. Albani, «‹Der das Siebengestirn und den Orion macht› (Am 5,8). Zur Bedeutung der Plejaden in der israelitischen Religionsgeschichte». En: B. Janowski y M. Köckert (ed.), *Religionsgeschichte Israels. Formale und materiale Aspekte* (Gütersloh, 1999), págs. 139-207.

J. L. Barrett, *Cognitive Science, Religion, and Theology. From Human Minds to Divine Minds* (West Conshohocken PA, 2011).

J. L. Barrett, «Exploring Religion's Basement. The Cognitive Science of Religion». En: R. D. Paloutzian y C. L. Park (ed.), *Handbook of the Psychology of Religion and Spirituality* (Nueva York, 2013), págs. 234-255.

P. Boyer, *Und Mensch schuf Gott* (Stuttgart, 2004).

Das Gilgamesch Epos. Nueva traducción comentada por S. M. Maul (Múnich, 2005). (Versión en castellano: *Poema de Gilgamesh*. Madrid: Tecnos, 1988, trad. de Federico Lara Peinado.)

S. Guthrie, *Faces in the Clouds. A New Theory of Religion* (Nueva York, 1993).

D. Hume, *Die Naturgeschichte der Religion* (Hamburgo, 2000). (Versión en castellano: *Historia natural de la religión*. Madrid: Tecnos, 2010, trad. de Carlos Mellizo.)

G. V. Konstantopoulos, *They are Seven. Demons and Monsters in the Mesopotamian Textual and Artistic Tradition* (Tesis no publicada de la Universidad de Michigan, 2015).

C. Lévy-Strauss, *Mythologica I. Das Rohe und das Gekochte* (Fráncfort del Meno, 1976). (Versión en castellano: *Mitológicas I. Lo crudo y lo cocido.* Ciudad de México: Fondo de Cultura Económica, 1968, trad. de Juan Almela.)

F. Nietzsche, «Götzen-Dämmerung. Oder: Wie man mit dem Hammer philosophiert». En: F. Nietzsche, *Werke*, Vol. 2 (Múnich, 1955). (Versión en castellano: *El crepúsculo de los ídolos o Cómo se filosofa a martillazos.* Barcelona: Ediciones Brontes, 2019, trad. de Enrique Eidelstein.)

H. G. Gundel «Pleiaden». En: *Paulys Realencyclopädie der classischen Altertumswissenschaft* (RE), Vol. XXI, 2 (Stuttgart, 1952), págs. 2485-2523.

J. Piaget, *Das Weltbild des Kindes* (Múnich, 1992). (Versión en castellano: *La representación del mundo en el niño*. Madrid: Editorial Morata, 1993, vol. 9 de la *Obra completa*, trad. de V. Valls y Angles.)

M. Rappenglück, «The Pleiades in the ‹Salle des Taureaux›, Grotte de Lascaux. Does a Rock Picture in the Cave of Lascaux Show the Open Star Cluster of the Pleiades at the Magdalénien Era (ca 15 300 BC)?» En: *Actas del IV Congresso de la SEAC «Astronomy and Culture»* (Salamanca, 1997), págs. 217-225.

M. Weber, *Wissenschaft als Beruf* (Stuttgart, 1995). (Versión en castellano: *La ciencia como profesión*. Madrid: Biblioteca Nueva, 2009, trad. de Joaquín Abellán.)

11. Metamorfosis

A. Jeremias, *Handbuch der altorientalischen Geisteskultur* (Leipzig, 1929).

K. O. Knausgärd, *Sterben* (Múnich, 2011). (Versión en castellano: *Mi lucha I. La muerte del padre*. Barcelona: Anagrama, 2015, trad. de Kristi Baggethun y de Asunción Lorenzo.)

Segunda parte: El Reino del disco celeste

A. Bignasca (ed.), *Der versunkene Schatz. Das Schiffswrack von Antikythera* (Basilea, 2015).

J. Marchant, *Die Entschlüsselung des Himmels. Der erste Computer - Ein 2000 Jahre altes Rätsel wird gelöst* (Reinbek, 2011).

P. C. Tacitus, *Agrícola. Germania. Dialogus de oratoribus. Die historischen Versuche.* Traducción de K. Büchner (Stuttgart, 1963). (Versión en castellano: Tácito, *Agrícola, Germania, diálogo sobre los oradores.* Madrid: Gredos, 2001, trad. de José María Requejo Prieto.)

12. Más allá del Edén

G. Barker, *The Agricultural Revolution in Prehistory. Why did Foragers become Farmers?* (Oxford, 2005).

J. Diamond, «The Worst Mistake in the History of the Human Race». En: *Discover Magazine,* mayo 1987, págs. 64-66.

D. O. Edzard, *Geschichte Mesopotamiens. Von den Sumerern bis zu Alexander dem Großen* (Múnich, 2009).

R. Gerlach y E. Eckmeier, «Das Problem der ‹Schwarzerden› im Rheinland im archäologischen Kontext - Ein Resümee». En: A. Stobbe y U. Tegtmeier (ed.), *Verzweigungen. Eine Würdigung für A. J. Kalis und J. Meurers-Balke* (Bonn, 2012), págs. 105-124.

W. Haak *et al.*, «Ancient DNA from European Early Neolithic Farmers Reveals Their Near Eastern Affinities». En: *PLoS Biology* 8, 2010, págs. 1-16.

H. Küster, *Am Anfang war das Korn. Eine andere Geschichte der Menschheit* (Múnich, 2013).

J. Lüning (ed.), *Die Bandkeramiker. Erste Steinzeitbauern in Deutschland* (Rahden / Westfalia, 2005).

H. Meller, «Vom Jäger zum Bauern - Der Sieg des Neolithikums. Der unumkehrbare Auszug des Menschen aus dem Paradies». En: T. Otten, J. Kunow, M. M. Rind y M. Trier (ed.), *Revolution Jungsteinzeit* (Darmstadt, 2015), págs. 20-28.

H. Meller y T. Puttkammer (ed.), *Klimagewalten - Treibende Kraft der Evolution* (Halle, 2017).

T. Otten, J. Kunow, M. M. Rind y M. Trier (ed.), *Revolution Jungsteinzeit* (Darmstadt, 2015), págs. 20-28.

H. Parzinger, *Die Kinder des Prometheus. Eine Geschichte der Menschheit vor der Erfindung der Schrift* (Múnich, 2014).

D. T. Price, *Europe before Rome. A Site-by-Site Tour of the Stone, Bronze, and Iron Ages* (Oxford, 2013).

S.Riehl, M. Zeidi y N. J. Conard, «Emergence of Agriculture in the Foothills of the Zagros Mountains of Iran». En: *Science* 341 / 6141, 2013, págs. 65-67.

S. von Schnurbein (ed.), *Atlas der Vorgeschichte. Europa von den ersten Menschen bis Christi Geburt* (Stuttgart, 2009).

C. van Schaik, *The Primate Origins of Human Nature* (Hoboken NJ, 2016).

M. A. Zeder, «The Origins of Agriculture in the Near East». En: *Current Anthropology* 52 / 54, 2011, págs. 221-235.

13. Guerra por el territorio

S. Hansen, J. Renn, F. Klimscha, J. Büttner y B. Helwing y S. Kruse, «The Digital Atlas of Innovations. A Research Program on Innovations on Prehistory and Antiquity». En: Graßhoff y M. Meyer (ed.), *Space and Knowledge. eTopoi Journal for Ancient Studies*, vol. 6 (Berlín, 2016), págs. 777-818.

J. Helbling, *Tribale Kriege - Konflikte in Gesellschaften ohne Zentralgewalt* (Fráncfort del Meno / Nueva York, 2006).

C. Meyer, C. Lohr, D. Gronenborn y K. W. Alt, «The Massacre Mass Grave of Schöneck- Kilianstädten Reveals New Insights into Collective Violence in Early Neolithic Central Europe». En: *Proceedings of the National Academy* 112 (36), 2015, págs. 11217-11222.

H. Meller (ed.), *3300 BC - Mysteriöse Steinzeittote und ihre Welt* (Maguncia, 2013).

H. Meller, «Krieg im europäischen Neolithikum». En: H. Meller y M. Schefzik (ed.), *Krieg - Eine archäologische Spurensuche* (Halle, 2015), págs. 109-116.

H. Meller y S. Friederich (ed.), *Salzmünde-Schiepzig - Ein Ort, zwei Kulturen. Ausgrabungen an der Westumfahrung Halle* (A143) (Halle, 2014).

H. Meller y S. Friederich (ed.), *Salzmünde - Regel oder Ausnahme?* (Halle, 2017).

H. Meller y M. Schefzik (ed.), *Krieg - Eine archäologische Spurensuche* (Halle, 2015).

T. Otto, H. Thrane y H. Vankilde, *Warfare and Society. Archaeological and Social Anthropological Perspectives* (Santa Bárbara, 2006).

J. Piek / T. Terberger, *Frühe Spuren der Gewalt - Schädelverletzungen und Wundversorgung an prähistorischen Menschenresten aus interdisziplinärer Sicht* (Schwerin, 2006).

J.-J. Rousseau, *Schriften*, vol. 1 (Berlín, 1981). (Versión en castellano: *Discurso sobre el origen y los fundamentos de la desigualdad entre los hombres y otros escritos.* Madrid: Tecnos, 2018, trad. de Antonio Pintor-Ramos.)

M. Stecher, B. Schlenker y K. W. Alt, «Die Scherbenpackungsgräber». En: H. Meller (ed.), *3300 BC - Mysteriöse Steinzeittote und ihre Welt* (Maguncia, 2013), págs. 282-289.

R. Schwarz, «Das Mittelneolithikum in Sachsen-Anhalt - Die Kulturen und ihre Erdwerke». En: H. Meller (ed.), *3300 BC - Mysteriöse Steinzeittote und ihre Welt* (Maguncia, 2013), págs. 231-238.

14. Los guerreros de las estepas

D. W. Anthony, *The Horse, the Wheel, and Language. How Bronze-Age Riders from the Eurasian Steppes Shaped the Modern World* (Princeton NJ, 2007).

B. Cunliffe, *10 000 Jahre - Geburt und Geschichte Eurasiens* (Darmstadt, 2016).

Focke-Museum (ed.), *Graben für Germanien - Archäologie unterm Hakenkreuz* (Darmstadt, 2013).

W. Haak *et al.*, «Ancient DNA, Strontium Isotopes, and Osteological Analyses Shed Light on Social and Kinship Organization of the Later Stone Age». En: *Proceedings of the National Academy of Science* 105, 2008, págs. 18 226-18 231.

W. Haak *et al.*, «Massive Migration from the Steppe is a Source for Indo-European Languages in Europe». En: *Nature* 522, junio 2015, págs. 207-211.

J. Krause y W. Haak, «Neue Erkenntnisse zur genetischen Geschichte Europas». En: H. Meller, F. Daim, J. Krause y R. Risch, *Migration und Integration von der Urgeschichte bis zum Mittelalter* (Halle, 2017), págs. 21-38.

I. Mathieson *et al.*, «The Genomic History of Southeastern Europe». En: *Nature* 555, marzo 2018, págs. 197-203.

C. Meyer, G. Brandt, W. Haak, R. Ganslmeier, H. Meller y K. W. Alt, «The Eulau Eulogy. Bioarchaeological Interpretation of Lethal Violence in Corded Ware Multiple Burials from Saxony-Anhalt, Germany». En: *Journal of Anthropological Archaeology* 28, 2009, págs. 412-423.

A. Muhl, H. Meller y K. Heckenhahn, *Tatort Eulau. Ein 4500 Jahre altes Verbrechen wird aufgeklärt* (Stuttgart, 2010).

I. Olalde *et al.*, «The Beaker Phenomenon and the Genomic Transformation of Northwest Europe». En: *Nature* 555, marzo 2018, págs. 190-196.

S. Rasmussen *et al.*, «Early Divergent Strains of Yersinia pestis in Eurasia 5,000 Years Ago». En: *Cell* 163 / 3, 2015, págs. 571-582.

D. Reich, *Who We Are and How We Got Here. Ancient DNA and the New Science of the Human Past* (Oxford, 2018).

T. Schunke, «Klady - Göhlitzsch. Vom Kaukasus nach Mitteldeutschland oder umgekehrt?» En: H. Meller (ed.), *3300 BC - Mysteriöse Steinzeittote und ihre Welt* (Maguncia 2013), págs. 151-155.

A. A. Valtueña *et al.*, «The Stone Age Plague and Its Persistence in Eurasia». En: *Current Biology* 27 (23), 2017, págs. 3683-3691.

15. Tiempos de esplendor

D. Berger, E. Pernicka, B. Nessel, G. Brügmann, C. Frank, N. Lockhoff, «Neue Wege zur Herkunftsbestimmung des bronzezeitlichen Zinns». En: *Blickpunkt Archäologie* 2014 / 4, págs. 76-82.

F. Bertemes, «Die Metallurgengräber der zweiten Hälfte des 3. und der ersten Hälfte des 2. Jt. v. Chr.». En: H. Meller y F. Bertemes (ed.), *Der Griff nach den Sternen. Wie Europas Eliten zu Macht und Reichtum kamen* (Halle, 2010), págs. 131-162.

A. P. Fitzpatrick, *The Amesbury Archer and the Boscombe Bowmen. Bell Beaker Burials at Bos- combe Down, Amesbury, Wiltshire* (Salisbury, 2011).

G. P. Murdock y C. Provost, «Factors in the Division of Labor by Sex. A Cross-Cultural Analysis». En: *Ethnology* 12 (2), 1973, págs. 203-225.

S. Hansen, «Der Held in historischer Perspektive». En: T. Link y H. Peter-Röcher (ed.), *Gewalt und Gesellschaft. Dimensionen der Gewalt in ur- und frühgeschichtlicher Zeit* (Bonn, 2014).

V. Heyd y K. Walker, «The First Metalwork and Expressions of Social Power». En: C. Fowler, J. Harding y D. Hofmann (ed.), *The Oxford Handbook of Neolithic Europe* (Oxford, 2014), págs. 672-691.

E. Pernicka, «Die Ausbreitung der Zinnbronze im 3. Jahrtausend». En: B. Hänsel (ed.), *Mensch und Umwelt in der Bronzezeit Europas* (Kiel, 1998), págs. 135-147.

M. Radivojevic, T. Rehren, E. Pernicka, D. Sljivar, M. Brauns y D. Boric, «On the Origins of Extractive Metallurgy. New Evidence from Europe». En: *Journal of Archaeological Science* 37, 2010, págs. 2775-2787.

L. Rahmstorf, «The Bell Beaker Phenomenon and the Interaction Spheres of the Early Bronze Age East Mediterranean. Similarities and Differences». En: A. Lehoerff (ed.), *Construire le temps. Histoire et méthodes des chronologies et calendriers des derniers millénaries avant notre ère en Europe occidentale* (Glux-en-Glenne / Bibracte, 2008), págs. 149-170.

B. W. Roberts, C. P. Thornton y V. C. Pigott, «Development of Metallurgy in Eurasia». En: *Antiquity* 83, 2009, págs. 1012-1022.

16. Las dos colinas

G. Eberhardt, *Spurensuche in der Vergangenheit. Eine Geschichte der frühen Archäologie* (Darmstadt, 2011).

H. Größler, «Das Fürstengrab im großen Galgenhügel am Paulsschacht bei Helmsdorf (im Mansfelder Seekreise)». En: *Jahresschrift für Vorgeschichte der Sächsisch-Thüringischen Länder* 6, 1907, págs. 1-87.

P. Höfer, «Der Leubinger Grabhügel». En: *Jahresschrift für Vorgeschichte der Sächsisch-Thüringischen Länder* 5, 1906, págs. 1-59.

F. Klopfleisch, «Kurzer Bericht über die erste Ausgrabung des Leubinger Grabhügels». En: *Neue Mitteilungen aus dem Gebiet der historisch-antiquarischen Forschungen* 14, 1878, págs. 544-561.

I. Knapp, «Fürst oder Häuptling? Eine Analyse der herausragenden Bestattungen der frühen Bronzezeit». En: *Archäologische Informationen* 22 / 2, 1999, págs. 261-268.

H. Meller (ed.), *Hermann Größter - Lehrer und Heimatforscher* (Lutherstadt Eisleben, 2013).

C. Rýzner, «Radové hroby blíz Unétic». En: *Památky archeologické* II, 1880, págs. 289-306.

C. Steffen, *Die Prunkgräber der Wessex- und der Aunjetitz-Kultur. Ein Vergleich der Repräsentationssitten von sozialem Status* (Oxford, 2010).

17. El misterio del poder

D. W. Anthony, P. Bogucki, E. Comsa, M. Gimbutas, B. Jovanovic, J. P. Mallory y S. Milisaukas, «The "Kurgan Culture", Indo-European Origins, and the Domestication of the Horse. A Reconsideration». En: *Current Anthropology* 27 / 4, 1986, págs. 291-313.

P. Bourdieu, *Über den Staat. Vorlesungen am College de France 1989-1992* (Fráncfort del Meno, 2017). (Versión en castellano: *Sobre el Estado: cursos en el Collège de France 1989-1992*. Barcelona: Anagrama, 2014, trad. de Pilar González Rodríguez.)

S. Breuer, *Der Staat. Entstehung - Typen - Organisationsstadien* (Reinbek, 1998).

S. Breuer, *Der charismatische Staat. Ursprünge und Frühformen staatlicher Herrschaft* (Darmstadt, 2014).

R. L. Carneiro, «Eine Theorie zur Entstehung des Staates». En: K. Eder (ed.), *Die Entstehung uon Klassengesellschaften* (Fráncfort del Meno, 1973), págs. 153-174.

J. Diamond, *Kollaps. Warum Gesellschaften überleben oder untergehen* (Fráncfort del Meno 2011). (Versión en castellano: *Colapso. Por qué unas sociedades perduran y otras desaparecen*. Barcelona: Debate, 2006, trad. de Ricardo Pérez García.)

S. Hansen, «"Überausstattungen" in Gräbern und Horten der Frühbronzezeit». En: Müller (ed.), *Vom Endneolithikum zur Frühbronzezeit. Muster sozialen Wandels?* (Bonn, 2002), págs. 151-163.

M. Harris, *Kulturanthropologie. Ein Lehrbuch* (Fráncfort del Meno, 1989). (Versión en castellano: *Antropología cultural*. Madrid: Alianza Editorial, 2009, trad. de Vicente Bordoy Hueso y de Francisco Revuelta Hatuey.)

E. Hobsbawm y T. Ranger, *The Invention of Tradition* (Cambridge, 1992). (Versión en castellano: *La invención de la tradición*. Barcelona: Editorial Crítica, 2002, trad. de Omar Rodríguez Estellar.)

F. Knoll y H. Meller, «Die Ösenkopfnadel - Ein "Klassen"-verbindendes Trachtelement der Aunjetitzer Kultur. Ein Beitrag zu Kontext, Interpretation und Typochronolo- gie der mitteldeutschen Exemplare». En: H. Meller, H. P. Hahn, R. Jung y R. Risch, *Arm und Reich - Zur Ressourcenverteilung in prähistorischen Gesellschaften* (Halle, 2016), págs. 283-367.

K.-H. Kohl, *Ethnologie - Die Wissenschaft vom kulturell Fremden. Eine Einführung* (Múnich, 2012).

N. Lockhoff y E. Pernicka, «Archaeometallurgical Investigation of Early Bronze Age Gold Artefacts from Central Germany Including the Gold from the Nebra Hoard». En: H. Meller, R. Risch y E. Pernicka (ed.), *Metalle der Macht - Frühes Gold und Silber* (Halle, 2014), págs. 223-236.

M. Mann, *Geschichte der Macht*, 2 vols. (Fráncfort del Meno / Nueva York, 1990 / 91). (Versión del castellano: *Las fuentes del poder social*. Madrid: Alianza Editorial, 1991, trad. de Pepa Linares.)

A. Mayor, *The First Fossil Hunters. Dinosaurs, Mammoths, and Myth in Greek and Roman Times* (Princeton NJ, 2011).

H. Meller, D. Gronenborn y R. Risch (ed.), *Überschuss ohne Staat - Politische Formen in der Vorgeschichte* (Halle, en preparación).

H. Meller, «Die neolithischen und bronzezeitlichen Goldfunde Mitteldeutschlands - Eine Übersicht». En: H. Meller, R. Risch y E. Pernicka (ed.), *Metalle der Macht - Frühes Gold und Silber* (Halle, 2014), págs. 611-716.

E. Pernicka, J. Lutz y T. Stöllner, «Bronze Age Copper Produced at Mitterberg, Austria, and its Distribution». En: *Archaeologia Austriaca* 100, 2016, págs. 19-55.

S. Pinker, *Gewalt. Eine neue Geschichte der Menschheit* (Fráncfort del Meno, 2011).

R. Schwarz, «Goldene Schläfen- und Lockenringe - Herrschaftsinsignien in bronze- zeitlichen Ranggesellschaften Mitteldeutschlands - Überlegungen zur Gesellschaft der Aunjetitzer Kultur». En: H. Meller, R. Risch y E. Pernicka (ed.), *Metalle der Macht - Frühes Gold und Silber* (Halle, 2014), págs. 717-742.

J. C. Scott, *Against the Grain. A Deep History of the Earliest States* (Yale CT, 2017).

T. Stöllner y I. Gambaschidze, «The Gold Mine of Sakdrisi and early Mining and Metallurgy in Transcaucasus and the Kura-Valley System». En: G. Narimanishvili (ed.), *Proceedings of the International Conference in the Problems of Early Metal Age Archaeology of Caucasus and Anatolia* (Tiflis, 2014), págs. 101-124.

T. Stöllner y K. Oeggl (ed.), *Bergauf, bergab. 10.000 Jahre Bergbau in den Ostalpen* (Bochum, 2015).

P. Turchin, *Ultrasociety. How 10.000 Years of War Made Humans the Greatest Cooperators on Earth* (Chaplin Co, 2016).

M. Weber, *Wirtschaft und Gesellschaft* (Tubinga, 1980). (Versión en castellano: *Economía y sociedad: esbozo de sociología comprensiva*. Madrid: Fondo de Cultura Económica de España, 2002, trad. de Johann Joachim Winckelmann.)

T. Stöllner *et al.*, «Gold in the Caucasus. New Research on Gold Extraction in the Kura-Araxes Culture of the 4th and early 3rd Millenium BC». En: H. Meller, R. Risch y E. Pernicka (ed.), *Metalle der Macht - Frühes Gold und Silber* (Halle, 2014), págs. 71-110.

18. Fue asesinato

G. Brandt, C. Knipper, C. Roth, A. Siebert y K. W. Alt, «Beprobungsstrategien für aDNA und Isotopenanalysen an historischem und prähistorischem Skelettmaterial». En: Meller y K. W. Alt (ed.), *Anthropologie, Isotopie und DNA - Biographische Annäherung an namenlose vorgeschichtliche Skelette?* (Halle, 2010), págs. 17-32.

M. Foucault, *Überwachen und Strafen. Die Geburt des Gefängnisses* (Fráncfort del Meno, 1977). (Versión en castellano: *Vigilar y castigar. El nacimiento de la prisión*. Barcelona: Círculo de Lectores, 1999, trad. de Aurelio Garzón del Camino.)

P. Gostner, P. Pernter, G. Bonatti, A. Graefen y A. R. Zink, «New Radiological Insights into the Life and Death of the Tyrolean Iceman». En: *Journal of Archaeological Science* 38, 2011, págs. 3425-3431.

C. Knipper *et al.*, «Superior in Life - Superior in Death. Dietary Distinction of Central European Prehistoric and Medieval Elites». En: *Current Anthropology* 56, 2015, págs. 579-589.

A. D. Rezepkin, *Das frühbronzezeitliche Gräberfeld von Klady und die Majkop-Kultur in Nord-westkaukasien* (Bonn, 1996).

F. Schiller, *Sämtliche Werke* (Múnich, 2004). (Versión en castellano: *Teatro completo*. Barcelona: Aguilar, 1974, trad. de Rafael Cansinos Assens.)

H. A. Schlögl, *Das Alte Ägypten. Geschichte und Kultur von der Frühzeit bis zu Kleopatra* (Múnich, 2006).

W. Shakespeare, *Sämtliche Werke*. Traducción de A. W. von Schlegel y de Ludwig Tieck (Darmstadt, 2005). (Versión en castellano: *Teatro completo*. Barcelona: Planeta, 1967-1968. 2 vols., trad. de José María Valverde.)

19. La pirámide del norte

Wolfgang David (ed.), «AENIGMA - Der rätselhafte Code der Bronzezeit. ‹Brotlaibi-dole› als Medium europäischer Kommunikation vor über 3500 Jahren». *Mitteilungen der Freunde der Bayerischen Vor- und Frühgeschichte* 130, agosto 2011, págs. 2-15.

J. Filipp y M. Freudenreich, «Dieskau Revisited I. Nachforschungen zur ‹Lebensge- schichte› des Goldhortes von Dieskau und zu einem weiteren Grabhügel mit Goldbeigabe aus Osmünde im heutigen Saalekreis, Sachsen-Anhalt». En: H. Meller, R. Risch y E. Pernicka (ed.), *Metalle der Macht - Frühes Gold und Silber* (Halle, 2014), págs. 743-752.

H. Meller y T. Schunke, «Die Wiederentdeckung des Bornhöck - Ein neuer frühbronze- zeitlicher ‹Fürstengrabhügel› bei Raßnitz, Saalekreis. Erster Vorbericht». En: H. Meller, H. P. Hahn, R. Jung y R. Risch, *Arm und Reich - Zur Ressourcenverteilung in prähistorischen Gesellschaften* (Halle, 2016), págs. 427-465.

R. Risch, *Recursos naturales, medios de producción y explotación social. Un análisis económico de la industria lítica de Fuente Álamo (Almería), 2250-1400 ANE* (Maguncia, 2002).

B. Zich, «Aunjetitzer Herrschaften in Mitteldeutschland - ‹Fürsten› der Frühbronzezeit und ihre Territorien (‹Domänen›)». En: H. Meller, H. P. Hahn, R. Jung y R. Risch, *Arm und Reich - Zur Ressourcenverteilung in prähistorischen Gesellschaften* (Halle, 2016), págs. 371-406.

20. ¿Rey del disco celeste?

H. Born, D. Günther, A. Hofmann, M. Nawroth, E. Pernicka, W. P. Tolstikow y P. Velicsanyi, «Der Hortfund von Eberswalde - Archäologie, Herstellungstechnik, Analytik». En: *Acta Praehistorica et Archaeologica* 47, 2015, págs. 199-218.

M. Freudenreich y J. Filipp, «Dieskau Revisited II. Eine mikroregionale Betrachtung». En: H. Meller, R. Risch y E. Pernicka (ed.), *Metalle der Macht - Frühes Gold und Silber* (Halle, 2014), págs. 753-760.

J. Filipp y M. Freudenreich, «Dieskau und Helmsdorf- Zwei frühbronzezeitliche Mikroregionen im Vergleich». En: H. Meller, H. P. Hahn, R. Jung y R. Risch, *Arm und Reich - Zur Ressourcenverteilung in prähistorischen Gesellschaften* (Halle, 2016), págs. 407-426.

Uhlirz, Karl, «Wichmann von Seeburg». En: *Allgemeine Deutsche Biographie* 42 (1897), págs. 780-790.

21. Ejércitos de la Edad del Bronce

M. Abbott *et al.*, *Stonehenge Laser Scan: Archaeological Analysis Report* (Portsmouth, 2012).

E. Anati y M. Varela Gomes, *Stonehenge Prehistoric Engravings. Weapons for Ancestors or for Gods?* (Lisboa, 2014).

S. Behrendt, M. Küßner y O. Mecking, «Der Hortfund von Dermsdorf, Lkr. Sömmerda - Erste archäometrische Ergebnisse». En: T. J. Gluhak, págs. Greiff, K. Kraus y M. Prange (ed.), *Archäometrie und Denkmalpflege* (Bochum, 2015), págs. 98-100.

C. Chippindale, «The Rock-Engravings of Stonehenge. Ways Today of Figuring out its Prehistoric Art». En: *Wiltshire Archaeological and Natural History Magazine* 109, 2016, págs. 27-37.

P. Ettel y C. Schmidt, «Höhensiedlungen und Siedlungen der Frühbronzezeit in Thüringen - Untersuchungen im Rahmen der DFG-Forschergruppe ‹Nebra›». En: *Neue Ausgrabungen und Funde Thüringen* 6, 2010-2011 (2012), págs. 59-73.

P. Ettel, «Die frühbronzezeitlichen Höhensiedlungen in Mitteldeutschland und Mitteleuropa - Stand der Forschung». En: H. Meller y F. Bertemes (ed.), *Der Griff nach den Sternen* (Halle, 2010), págs. 351-380.

M. Ernée, «Eine vergessene Bernsteinstraße? Bernstein und die Klassische Aunjetitzer Kultur in Böhmen». En: P. L. Cellarosi, R. Chellini, F. Martini, C. A. Montanaro y L. Sarti (ed.), *The Amber Roads. The Ancient Cultural and Commercial Communication Between the Peoples* (Roma, 2016), págs. 85-105.

D. Jantzen y T. Terberger, «Gewaltsamer Tod im Tollensetal vor 3200 Jahren». En: *Archäologie in Deutschland* 2011 / 4, págs. 6-11.

M. Küßner, «Leubingen und Dermsdorf, Lkr. Sömmerda - ‹Fürsten-grab›, Großbau und Schatzdepot der frühen Bronzezeit». En: I. Spazier y T. Grasselt (ed.), *Erfurt und Umgebung. Archäologische Denk-male in Thüringen*, vol. 3 (Langenweißbach, 2015), págs. 194-197.

G. Lidke, T. Terberger y D. Jantzen, «Das bronzezeitliche Schlacht-feld im Tollensetal - Fehde, Krieg oder Elitenkonflikt?» En: H. Me-ller y M. Schefzik (ed.), *Krieg - eine archäologische Spurensuche* (Halle, 2015), págs. 337-346.

H. Meller, «Armeen in der Frühbronzezeit?» En: H. Meller y M. Sche-fzik (ed.), *Krieg - Eine archäologische Spurensuche* (Halle, 2015), págs. 243-252.

H. Meller, «Armies in the Early Bronze Age? An Alternative Interpre-tation of Únétice Culture Axe Hoards». En: *Antiquity* 91, 2017, págs. 1529-1545.

S. Needham, A. J. Lawson y A. Woodward, «"A Nobel Group of Ba-rrows". Bush Barrow and the Normanton Down Early Bronze Age Cemetery Two Centuries on». En: *The Antiquaries Journal* 90, 2010, págs. 1-39.

T. Schunke, «Die frühbronzezeitliche Siedlung Zwenkau und ihre wirtschaftliche Basis». En: M. Bartelheim y H. Stäuble (ed.), *Die wirtschaftlichen Grundlagen der Bronzezeit Europas* (Rahden / Westfa-lia, 2009), págs. 273-319.

H. Schurtz, *Altersklassen und Männerbünde. Eine Darstellung der Grun-dformen der Gesellschaft* (Berlín, 1902).

Municipio de Erding (ed.), *Spangenbarrenhort Oberding. Gebündelt und vergraben - Ein rätselhajtes Kupferdepot der Frühbronzezeit* (Erding, 2017).

A. Woodward y J. Hunter (ed.), *Ritual in Early Bronze Age Grave Goods. An Examination of Ritual and Dress Equipment from Chalcolithic and Early Bronze Age Graves in England* (Oxford, 2015).

22. Los primeros alquimistas

F. Bertemes, «Krieg und Gewalt der Glockenbecher-Leute». En: H. Meller y M. Schefzik (ed.), *Krieg - Eine archäologische Spurensuche* (Ha-lle, 2015), págs. 193-200.

J. Groth, *Menhire in Deutschland* (Maguncia, 2013).

H. Meller, N. Nicklisch, J. Orschied y K.W. Alt, «Rituelle Zweikämpfe schnurkeramischer Krieger?» En: H. Meller y M. Schefzik (ed.), *Krieg - Eine archäologische Spurensuche* (Halle, 2015), págs. 185-190.

N. Nicklisch, *Spurensuche am Skelett. Paläodemografische und epidemiologische Untersuchungen an neolithischen und jrühbronzezeitlichen Bestattungen aus dem Mittelelbe-Saale-Gebiet im Kontext populationsdynamischer Prozesse* (Halle, 2017).

A. Vierzig, *Menschen in Stein. Anthropomorphe Stelen des 4. und 3. Jahrtausends v. Chr. zwischen Kaukasus und Atlantik* (Bonn, 2017).

T. Wilkinson, *Aufstieg und Fall des Alten Ägypten. Die Geschichte einer geheimnisvollen Zivilisation vom 5. Jahrtausend v. Chr. bis Kleopatra* (Múnich, 2010). (Versión en castellano: *Auge y caída del Antiguo Egipto.* Barcelona: Debate, 2011, trad. de Francisco J. Ramos Mena.)

K. A. Wittfogel, *Die orientalische Despotie. Eine vergleichende Untersuchung totaler Macht* (Berlín, 1977). (Versión en castellano: *Despotismo oriental: estudio comparativo del poder totalitario.* Barcelona: Guadarrama, 1966, trad. de Francisco José Presedo Velo.)

23. Las fuerzas del cosmos

J. Assmann, *Ägypten. Eine Sinngeschichte* (Fráncfort del Meno, 1999). (Versión en castellano: *Egipto: historia de un sentido.* Madrid: Abada Editores, 2005, trad. de Joaquín Chamorro Mielke, revisión de Antonio Pérez Largacha.)

J. Assmann, *Tod und Jenseits im Alten Ägypten* (Múnich, 2001).

W. Benjamin, *Das Kunstwerk im Zeitalter seiner technischen Reproduzierbarkeit* (Fráncfort del Meno, 1963). (Versión en castellano: *La obra de arte en la época de su reproductibilidad técnica.* Madrid: Casimiro Libros, 2011, trad. de Wolfgang Erger.)

F. Bertemes y H. Meller (ed.), *Neolithische Kreisgrabenanlagen in Europa* (Halle, 2008).

W. Burkert, *Kulte des Altertums. Biologische Grundlagen der Religion* (Múnich, 1998). (Versión en castellano: *La creación de lo sagrado: la huella de la biología en las religiones antiguas.* Barcelona: Acantilado, 2017, trad. de Stella Alba Mastrangelo Puech.)

T. Darvill, *Stonehenge. The Biography of a Landscape* (Stroud, 2010).

S. Hansen, «Waffen aus Gold und Silber während des 3. und 2. Jahrtausends v. Chr. in Europa und Vorderasien». En: H. Born / págs. Hansen (ed.), *Helme und Waffen Alteuropas* (Maguncia, 2001), págs. 11-59.

S. Hansen, «Waffen aus Edelmetall». En: H. Meller y M. Schefzik (ed.), *Krieg - Eine archäologische Spurensuche* (Halle, 2015), págs. 297-300.

R. Hill, *Stonehenge* (Londres, 2009).

V. Hubensack, *Das Bestattungsverhalten in Gräberfeldern und Siedlungen der Aunjetitzer Kultur in Mitteldeutschland* (Halle, en preparación).

V. Hubensack y C. Metzner-Nebelsick, «Mitteldeutsche frühbronzezeitliche Sonderbestattungen in Siedlungsgruben». En: N. Müller-Scheeßl (ed.), *«Irreguläre» Bestattungen in der Urgeschichte. Norm, Ritual, Strafe...?* (Bonn, 2013), págs. 279-288.

B. Maier, *Stonehenge. Archäologie - Geschichte - Mythos* (Múnich, 2005).

M. Karmin *et al.*, «A recent bottleneck of Y chromosome diversity coincides with a global change in culture». En: *Genome Research* 25, 2015, págs. 459-66.

J. Müller, «Demographic Traces of Technological Innovation, Social Change and Mobility. From i to 8 Million Europeans (6000-2000 BCE) «. En: S. Kadrow y P. Wlo- darezak, *Environment and Subsistence* (Bonn / Rzeszow, 2013), págs. 493-506.

R. Mussik y V. Reijs, «Akustische Messungen in den rekonstruierten Kreisgrabenanlagen Goseck, Burgenlandkreis, und Pömmelte-Zackmiinde, Salzlandkreis». En: *Archäologie in Sachsen-Anhalt* (en preparación).

M. Parker Pearson (ed.), *Stonehenge. Making Sense of a Prehistoric Mystery* (York, 2015).

J. Pollard y A. Reynolds, *Avebury - The Biography of a Landscape* (Stroud, 2006).

A. Spatzier, *Das endneolithisch-frühbronzezeitliche Rondell von Pömmelte-Zackmiinde, Salzlandkreis, und das Rondell-Phänomen des 4.-1. Jt. v. Chr. in Mitteleuropa* (Halle, 2017).

A. Spatzier, M. Stecher, K. W. Alt y F. Bertemes, «Gendered Burial at a Henge-like Enclosure near Magdeburg, Central Germany. A Tale of Reverence and Ritual Killings?» En: A. C. Valera (ed.), *Recent Prehistoric Enclosures and Funerary Practices in Europe* (Oxford, 2014), págs. 111-128.

B. G. Trigger, *Understanding Early Civilizations. A Comparative Study* (Nueva York, 2007).

C. van Schaik y K. Michel, *Das Tagebuch der Menschheit. Was die Bibel über unsere Evolution verrät* (Reinbek, 2016).

E. Voegelin, *Ordnung und Geschichte*. Vol. 1: *Die kosmologischen Reiche des Alten Orients - Mesopotamien und Ägypten* (Múnich, 2002).

J. Watts, O. Sheehan, Q. Atkinson, J. Bulbulia y R. Gray, «Ritual Human Sacrifice Promoted and Sustained the Evolution of Stratified Societies». En: *Nature* 532, abril 2016, págs. 228-231.

V.-G. Childe, «Directional Changes in Funerary Practices during 50.000 Years». En: *Man* 45, 1945, págs. 13-19.

24. La venganza de los dioses

T. Bilic, «A Note on the Celestial Orientation. Was Gilgamesh Guided to the Cedar Forest by the Pleiades?» En: *Vjasnik Arheoloskog muzeja u Zagrebu* 40, 2007, págs. 11-14.

W. Coblenz, «Ein frühbronzezeitlicher Verwahrfund von Kyhna, Kr. Delitzsch». En: *Ar- beits- und Forschungsberichte zur sächsischen Bodendenkmalpflege* 30, 1986, págs. 37-88.

G. Elsen-Novák y M. Novák, «Der König der Gerechtigkeit. Zur Ikonologie und Teleologie des Codex Hammurapi». En: *Baghdader Mitteilungen* 37, 2006, págs. 131-155.

W. L. Friedrich, B. Kromer, M. Friedrich, J. Heinemeier, T. Pfeiffer y S. Talamo, «Santorini Eruption Radiocarbon Dated to 1627-1600 B. C». En: *Science* 312, 2006, págs. 548.

H. Grimme, *Das israelitische Pfingstfest und der Plejadenkult* (Paderborn, 1907).

R. Hansen y C. Rink, «Die Zahlenkombination 32 / 33 als Indikator für einen plejaden- geschalteten Lunisolarkalender». En: G. Wolfschmidt (ed.), *Der Himmel über Tubinga. Barocksternwarten - Landesvermessung - Hochenergieastrophysik* (Hamburgo, 2014).

F. Kaul, «Die Felsbilder von Lökeberg - Sonnenbilder und Sonnenkult in der Nordischen Bronzezeit». En. H. Meller (ed.), *Der geschmiedete Himmel. Die weite Welt im Herzen Europas vor 3600 Jahren* (Stuttgart, 2004), págs. 66-69.

F. Kaul, «Schiffe als ‹Tempel› der Bronzezeit - Die Figurenensembles von Färdal und Grevensvaenge». En: H. Meller (ed.), *Der geschmiedete Himmel. Die weite Welt im Herzen Europas vor 3600 Jahren* (Stuttgart, 2004), págs. 70-73.

H. Klengel, *König Hammurapi und der Alltag Babylons* (Zúrich, 1991).

S. W. Manning *et al.*, «Dating the Thera (Santorini) Eruption. Archaeological and Acientific Evidence Supporting a High Chronology». En: *Antiquity* 88, 2014, págs. 1164-1179.

F. Miketta, «Der Hortfund von Kyhna und frühbronzezeitliche Kulturkontakte». En: *Archäologie in Rheinhessen und Umgebung* 4, 2011, págs. 85-95.

H. Meller, F. Bertemes, H.-R. Bork y R. Risch (ed.), 1600 - *Kultureller Umbruch im Schatten des Thera-Ausbruchs?* (Halle, 2013).

H. Meller, «Der Hortfund von Nebra im Spiegel frühbronzezeitlicher Deponierungssitten». En: H. Meller, F. Bertemes, H.-R. Bork y R. Risch (ed.), *1600 - Kultureller Umbruch im Schatten des Thera-Ausbruchs?* (Halle, 2013), págs. 493-526.

W.-D. Niemeyer, «Die Auswirkungen der Thera-Eruption im ägäischen Raum». En: H. Meller, F. Bertemes, H.-R. Bork y R. Risch (ed.), *1600 - Kultureller Umbruch im Schatten des Thera-Ausbruchs?* (Halle, 2013), págs. 177-190.

R. Pientka-Hinz, «Midlifecrisis und Angst vor dem Vergessen? Zur Geschichtsüberlieferung Hammurapis von Babylon». En: K.-P. Adam, *Historiographie in der Antike* (Berlín / Nueva York, 2008), págs. 4-25.

K. Randsborg, «Kivik, Archaeology & Iconography». En: *Acta Archaeologica* 64, 1993, págs. 1-147.

K. Randsborg y I. Merkyte, «Bronze Age Universitas. Kivig / Kivik Revisited». En: *Acta Archaeologica* 82, 2011, págs. 163-180.

R. Risch y H. Meller, «Wandel und Kontinuität in Europa und im Mittelmeerraum um 1600 v. Chr». En: H. Meller, F. Bertemes, H.-R. Bork y R. Risch (ed.), *1600 - Kultureller Umbruch im Schatten des Thera-Ausbruchs?* (Halle, 2013), págs. 597-613.

H. Vankilde, «Bronzization. The Bronze Age as Pre-Modern Globalization». En: *Prähistorische Zeitschrift* 91 / 1, 2016, págs. 103-123.

J. Varberg, B. Gratuze y F. Kaul, «Between Egypt, Mesopotamia and Scandinavia. Late Bronze Age Glassbeads Found in Denmark». En: *Journal of Archaeological Science* 54, 2015, págs. 168-181.

Las siete enseñanzas del disco celeste y final abierto

É. de La Boétie, *Von der freiwilligen Knechtschaft des Menschen* (Fráncfort del Meno, 1968). (Versión en castellano: *Discurso de la servidumbre voluntaria.* Barcelona: Tusquets Editores, 1980, trad. de Toni Vicens.)

C. Lévi-Strauss, *Traurige Tropen* (Fráncfort del Meno, 1998). (Versión en castellano: *Tristes trópicos.* Barcelona: Ediciones Paidós Ibérica, 2006, trad. de Noelia Bastard.)

Créditos de las imágenes

Imágenes en blanco y negro:

Imagen pág. 37: Servicio de Arqueología y Patrimonio del Estado federado de Sajonia-Anhalt (Landesamt für Denkmalpflege und Archäologie Sachsen-Anhalt), en adelante SAP, archivo.
Imagen pág. 49: SAP Sajonia-Anhalt, Juraj Lipták.
Imagen pág. 65: SAP Sajonia-Anhalt, Wolfhard Schlosser.
Imagen pág. 71: SAP Sajonia-Anhalt, archivo.
Imagen pág. 73: SAP Sajonia-Anhalt, Flemming Kaul.
Imagen pág. 91: SAP Sajonia-Anhalt, Juraj Lipták.
Imagen pág. 149: SAP Sajonia-Anhalt, Klaus Pockrandt.
Imagen pág. 207: SAP Sajonia-Anhalt, Friedrich Klopfleisch.

Imágenes en color:

Fotografías: SAP Sajonia-Anhalt, Juraj Lipták.
Ilustraciones: SAP Sajonia-Anhalt, Karol Schauer.
Mapas: © Peter Palm, Berlin/Germany.